CAD/CAM/CAE 工程应用丛书

Creo 6.0中文版完全自学手册

第3版

钟日铭 编著

机 械 工 业 出 版 社

Creo 是一个可伸缩的功能强大的设计套件，它集成了多个可互操作的应用程序，功能覆盖整个产品的开发领域，其系列软件在许多行业应用广泛，享有较高的声誉。本书以 Creo 6.0 简体中文版为软件基础，结合典型案例循序渐进地重点介绍了 Creo Parametric 6.0 中文版的软件功能和实战应用知识。全书共 13 章，内容包括：Creo 6.0 简介与 Creo Parametric 入门、二维草绘、基础实体特征与基准特征、工程特征应用、特征复制与移动、高级扭曲特征与修饰特征、专业曲面设计、造型设计、柔性建模、高级应用、装配设计、工程图设计和实战进阶案例。

本书图文并茂、结构清晰、重点突出、实例典型、应用性强，是一本实用的从入门到精通类的学习手册，适合从事机械设计、工业设计、模具设计、产品造型与结构设计等工作的专业技术人员阅读。本书还可供培训班及大中专院校作为专业教材使用。

图书在版编目(CIP)数据

Creo 6.0 中文版完全自学手册/钟日铭编著 . —3 版 . —北京：机械工业出版社,2020. 3

（CAD/CAM/CAE 工程应用丛书）

ISBN 978-7-111-65003-4

Ⅰ . ①C… Ⅱ . ①钟… Ⅲ . ①计算机辅助设计-应用软件-手册

Ⅳ . ①TP391. 72-62

中国版本图书馆 CIP 数据核字（2020）第 039461 号

机械工业出版社（北京市百万庄大街 22 号 邮政编码 100037）
策划编辑：李晓波 责任编辑：李晓波 丁 伦
责任校对：张艳霞 责任印制：张 博
三河市国英印务有限公司印刷
2020 年 4 月第 3 版 · 第 1 次印刷
184mm×260mm · 28. 25 印张 · 699 千字
0001-2000 册
标准书号：ISBN 978-7-111-65003-4
定价：119. 00 元

电话服务 网络服务
客服电话：010-88361066 机 工 官 网：www.cmpbook.com
　　　　　010-88379833 机 工 官 博：weibo. com/cmp1952
　　　　　010-68326294 金 书 网：www.golden-book.com
封底无防伪标均为盗版 机工教育服务网：www.cmpedu.com

前　言

　　Creo 6.0 是一个功能强大的 CAD/CAM/CAE 应用软件套件，它为用户提供了一套从设计到制造的完整解决方案。Creo 6.0 广泛应用于机械设计与制造、模具、家电、玩具、电子、汽车、造船、工业造型等行业。

　　目前，市面上的 Creo 或 Pro/ENGINEER 图书很多，学习者要想在众多的图书中挑选一本适合自己的实用性强的学习用书还真不容易。有不少学习者都有这样的困惑：学习 Creo 很长时间后，却似乎感觉还没有入门，不能够将它有效地应用到实际的设计工作中。造成这种困惑的一个重要原因是：在学习 Creo 时，过多地注重了软件的功能，而忽略了实战操作的锻炼和设计经验的积累等。事实上，一本好的 Creo 教程，除了要介绍基本的软件功能之外，还要结合实例和设计经验来介绍应用知识与使用技巧等，并兼顾设计思路和实战性。鉴于此，笔者根据多年的一线设计经验，编写了这本结合软件功能和实际应用的《Creo 6.0 中文版完全自学手册》。

　　本书以 Creo Parametric 6.0 软件应用为主线，结合软件功能，全面、深入、细致地通过实战案例来辅助介绍 Creo Parametric 6.0 的功能和用法。

　　1. 本书内容及知识结构

　　本书共 13 章，每一章的主要内容说明如下。

　　第 1 章主要是 Creo 6.0 简介与 Creo Parametric 入门知识，具体内容包括 Creo 6.0 软件概述、Creo Parametric 基本设计概念、Creo Parametric 6.0 用户界面、图形文件基本管理、模型视图操作与显示设置、配置 Creo Parametric 基础、模型树和图层等。

　　第 2 章主要介绍草绘器概述、设置草图环境、绘制基准几何图元、绘制基本二维图形、编辑图元、几何约束、尺寸标注与修改、使用草绘器诊断工具、解决尺寸和约束冲突、草绘综合案例等。

　　第 3 章介绍三维实体模型的一些建模起步基础，包括基础实体特征和基准特征。

　　第 4 章介绍工程特征（包括孔特征、壳特征、筋特征、倒角特征、倒圆角特征、自动倒圆角特征、拔模特征和晶格特征等）的应用。

　　第 5 章介绍特征重复类（复制与移动）的实用知识。

　　第 6 章介绍一些常用的高级扭曲特征和修饰特征的应用知识。

　　第 7 章介绍专业曲面设计知识，主要内容包括曲面入门基础、创建基本曲面、创建边界混合曲面、高级曲面命令、创建带曲面、曲面编辑操作和曲面实战学习综合案例。

　　第 8 章介绍如何在零件模式下的"样式（造型）"设计环境中进行设计，具体内容包括"样式"设计环境简介、视图基础、设置活动平面与创建内部基准平面、创建造型曲线、编辑造型曲线、创建自由形式曲面、曲面连接、修剪自由形式曲面、使用曲面编辑工具编辑自由形式曲面、造型特征分析工具，最后还介绍了一个综合性的实战学习案例。

　　第 9 章介绍柔性建模功能，包括柔性建模概述、柔性建模中的曲面选择、柔性建模中的变换操作、阵列识别和对称识别、柔性建模中的编辑特征等。

第 10 章介绍 Creo Parametric 6.0 的一些高级应用，包括重新排序特征、插入模式、零件族表、使用关系式、用户定义特征和向模型中添加图像。

第 11 章首先简述装配模式，接着介绍放置约束、连接装配（即使用预定义约束集）、移动正在放置的元件、阵列元件、镜像装配、重复放置元件、替换元件、在装配模式下新建元件、管理装配视图、装配模型分析等。

第 12 章首先介绍工程图模式，接着循序渐进地介绍设置绘图环境、创建常见的各类绘图视图、视图的可见性和剖面选项、视图编辑、视图注释、使用绘图表格和工程图实战学习综合案例。

第 13 章介绍若干个实战进阶案例（主动齿轮轴、塑料瓶和袖珍耳机），旨在让读者在实战中快速提升自己的综合设计水平。

2. 本书特点及阅读注意事项

本书结构严谨、实例丰富、重点突出、步骤详尽、应用性强，兼顾设计思路和设计技巧，是一本很好的 Creo Parametric 6.0 实战学习手册或完全自学手册。

精选实战案例，能够快速地引导读者步入专业设计工程师的行列，帮助解决工程设计中的实际问题。

在阅读本书时，配合书中实例进行上机操作，学习效果更佳。

本书提供了内容丰富的配套资料包，内含各章的参考模型文件和精选的操作视频文件（通用视频格式），以辅助学习。书中应用案例的参考模型文件均放在配套资料包的根目录下的"Creo 6 配套案例文件/CH#"文件夹（#代表着各章号）里。提供的操作视频文件位于配套资料根目录下的"操作视频"文件夹里，操作视频文件采用 MP4 通用视频格式，可以在大多数的播放器中播放。

配套资料包仅供学习之用，请勿擅自将其用于其他商业活动。

3. 技术支持及答疑

如果读者在阅读本书时遇到什么问题，可以通过 E-mail 的方式与作者联系，作者的电子邮箱为 sunsheep79@ 163. com。欢迎读者提出技术咨询或批评建议。也可以通过关注作者的微信公众订阅号（见下图）进行相关的技术答疑沟通，并可获取更多的学习资料和视频教学观看机会。

另外，作者的 QQ 号码为 617126205，今日头条创作者号为"CAD 钟日铭"。对于读者提出的问题，作者会在力所能及的范围内尽快答复。

本书由深圳桦意智创科技有限公司策划、组编，由钟日铭编著。书中如有疏漏之处，请广大读者不吝赐教。谢谢。

天道酬勤，熟能生巧，与读者共勉。

钟日铭

目 录

第 1 章　Creo 6.0 简介与 Creo Parametric 入门

本章导读：

　　Creo 是一个可伸缩的功能强大的设计套件，它集成了多个可互操作的应用程序，功能覆盖整个产品开发领域。Creo 系列软件广泛应用于机械制造、模具、电子、汽车、造船、工业造型、玩具、医疗设备、国防等行业。Creo 6.0 是当前较新的版本。

　　本章主要是 Creo 6.0 简介与 Creo Parametric 入门知识，具体内容包括 Creo 6.0 软件概述、Creo Parametric 基本设计概念、Creo Parametric 6.0 用户界面、图形文件基本管理、模型视图操作与显示样式设置、配置 Creo Parametric 基础、模型树和图层等。

1.1　Creo 6.0 软件概述

　　Creo 是美国 PTC 公司新的旗舰型 CAD 设计软件套件，该套软件应用程序让用户能够按照自己的想法（而非按照 CAD 工具的要求）设计产品。Creo 套件主要有 3D CAD（包含 Creo Parametric、Creo Direct、Creo Options Modeler、Creo Elements/Direct Modeling）、2D CAD（包含 Creo Sketch、Creo Layout、Creo Schematics、Creo Elements/Direct Drafting）、模拟和可视化（包含 Creo View MCAD、Creo View ECAD、Creo Illustrate、Creo View Mobile）等方面的软件。

　　凭借 Creo，用户可以使用 2D CAD、3D CAD、参数化建模和直接建模功能创建、分析、查看和共享下游设计。每个 Creo 应用程序共享相同的用户界面并可互操作，意味着数据之间可以无缝过渡。

　　使用 Creo 产品开发软件套件，主要可以进行以下工作。

- ◉ 工业设计：综合利用 Creo 基本曲面设计功能、高级曲面设计、渲染和逆向工程功能来进行工业设计。
- ◉ 概念设计：利用市场上强大的概念设计工具（包括自由曲面造型功能、集成参数化和直接建模等）发掘创新产品开发机会。
- ◉ 管道及布线系统设计：为管道、布线和线束轻松创建 2D 示意图和设计文档，并生成相关的 3D CAD 模型。

- 3D 设计：从基础零件建模到装配，以及基于美学的曲面设计。
- 模拟：根据用户设计的 3D CAD 几何数据验证产品的各个方面，包括结构分析、热学分析、模拟振动和其他因素。
- 在整个组织中利用设计数据：让整个组织的相关人员轻松查看、交互和共享产品数据。
- 在多 CAD 环境中进行设计：在单一设计环境中有效使用不同 CAD 系统中的异构数据。
- CAM 软件：利用数据工具和模具设计解决方案实现从产品设计到制造的无缝过渡。

Creo 6.0 是 PTC 公司在 2019 年初正式发布的版本，该新型设计软件包主要包括 Creo Parametric、Creo Direct、Creo Simulate、Creo Sketch、Creo Layout、Creo Modelcheck、Creo Render Studio 和 Creo Options Modeler 等应用程序。用户可以根据需要在相应的应用程序之间无缝切换。

本书主要重点介绍 Creo Parametric。Creo Parametric 是 Creo 套件中的旗舰应用程序，它是值得推荐的 3D CAD 软件，继承了以往 PTC Pro/ENGINEER Wildfire 强大而灵活的参数化设计功能，并增加了柔性建模、直接建模等创新功能。利用 Creo Parametric，用户可以无缝组合参数化建模和直接建模功能，依靠 Unite 技术打开非 PTC 原生 CAD 数据并且几乎可与任何人进行协作。此外，由于知道所有下游可交付结果都将自动更新，自己还可以放松精神，因此产品设计和整合效率高。

1.2　Creo Parametric 的基本设计概念

Creo Parametric 提供强大灵活的参数化 3D CAD 功能和多种概念设计功能。在 Creo Parametric 中，可以设计多种不同类型的模型。在开始设计项目之前，用户需要了解以下几个基本设计概念。

- **设计意图**：设计意图也称设计目的。在进行模型设计之前，通常需要明确设计意图。设计意图根据产品规范或需求来定义成品的用途和功能，确定设计意图能够为产品带来明确的实用价值和持久性。设计意图是 Creo Parametric 基于特征建模过程的核心。
- **基于特征建模**：在 Creo Parametric 中，零件建模是从逐个创建单独的几何特征开始的，特征的有序创建构成了零件模型。特征主要包括基准、拉伸、孔、倒圆角、倒角、曲面特征、切口、阵列、扫描等。设计过程中所创建的特征参照其他特征时，这些特征将和所参照的特征相互关联。一个零件可以包含多个特征，而一个组件（装配体）可以包含多个零件。
- **参数化设计**：Creo Parametric 的一个重要特点就是参数化设计，参数化设计可以保持零件的完整性，并且确保设计意图。特征之间的相关性使得模型成为参数化模型，如果修改某特征，而此修改又直接影响其他相关（从属）特征，则 Creo Parametric 会动态修改那些相关特征。
- **相关性**：相关性也称关联性。通过相关性，Creo Parametric 可以在零件模式外保持设计意图。相关性使同一模型在零件模式、装配模式、绘图（工程图）模式和其他相应模式（如管道、钣金件或电线模式）具有完全关联的一致性。因此，如果在任意一级修改模型设计，则项目将在所有级中动态反映该修改，这样便保持了设计意图。

1.3 Creo Parametric 6.0 用户界面

在安装 Creo Parametric 6.0 软件时，可以设置在 Windows 操作系统桌面上显示 Creo Parametric 6.0 的快捷方式启动图标 。安装好 Creo Parametric 6.0 软件后，在其快捷方式图标 上双击，即可启用 Creo Parametric 6.0。

Creo Parametric 6.0 用户界面（窗口）主要包括的元素有标题栏、"快速访问"工具栏、应用程序菜单、功能区、导航区、图形窗口（或 Creo Parametric 浏览器）、"图形"工具栏和状态区等，如图 1-1 所示。

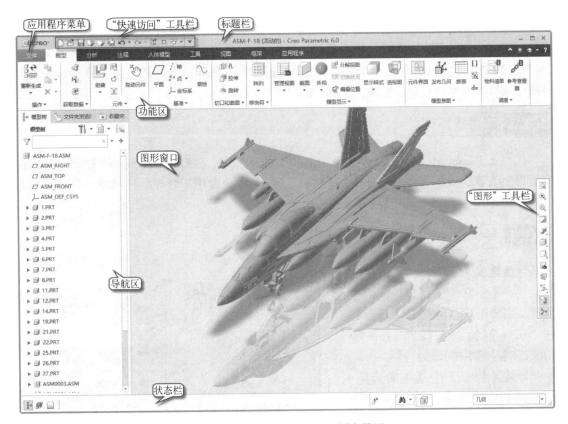

图 1-1 Creo Parametric 6.0 用户界面

1.3.1 标题栏

标题栏位于 Creo Parametric 6.0 用户界面的最上方。当新建或打开模型文件时，在标题栏中显示软件名称、文件名和文件类型图标等。当打开多个模型文件时，只有一个文件窗口

是活动的。在标题栏的右侧部位，提供了实用的"最小化"按钮 ▬、"最大化"按钮 □/
"向下还原"按钮 ▣ 和"关闭"按钮 ✖，它们分别用于最小化、最大化/向下还原和关闭
Creo Parametric 6.0 用户界面窗口。

在初始默认时，在标题栏中还嵌入了一个"快速访问"工具栏。

1.3.2 "快速访问"工具栏与"图形"工具栏

"快速访问"工具栏提供了对常用按钮的快速访问，比如用于新建文件、打开文件、保
存文件、撤销、重做、重新生成、关闭窗口等按钮。此外，用户可以通过自定义"快速访
问"工具栏来使它包含其他常用按钮和功能区的层叠列表。

如果用户希望"快速访问"工具栏显示在功能区的下方，那么可以在"快速访问"工
具栏中单击"自定义快速访问工具栏"按钮 ▼，接着在弹出的下拉菜单中选择"在功能区
下方显示"命令即可。

在零件建模模式下，"图形"工具栏上的按钮控制图形的显示。用户可以设置隐藏或显
示"图形"工具栏上的按钮，其方法是右击"图形"工具栏，接着从快捷菜单中取消选中
或选中所需按钮的复选框即可。用户还可以通过右击"图形"工具栏并从快捷菜单中选择
"位置"级联菜单中的命令选项来更改该工具栏的位置，例如，将"图形"工具栏设置显示
在图形窗口的顶部、右侧、底部、左侧，或显示在状态栏中。

1.3.3 应用程序菜单

在 Creo Parametric 6.0 窗口左上角单击"文件"按钮，将打开一个菜单，这就是所谓的
应用程序菜单，该菜单也被称为"文件菜单"。该菜单包含用于管理文件模型、为分布准备
模型和设置 Creo Parametric 环境和配置选项的命令。

1.3.4 导航区

导航区又称"导航器"，在初始
默认状态下，它位于用户界面的左侧
位置。需要用户注意的是，状态栏上
的"切换导航区域的显示"按钮 ᠁ 可
用于控制导航器的显示。

导航区具有 3 个基本的选项卡，
从左到右依次为 ᠁（模型树/层树）
选项卡、🗃（文件夹浏览器）选项卡
和 ✱（收藏夹）选项卡。

᠁（模型树/层树）选项卡如
图 1-2 所示。模型树以树的结构形式
显示模型的层次关系，如图 1-2a 所
示；当在功能区"视图"选项卡的
"可见性"面板中单击选中"层"按

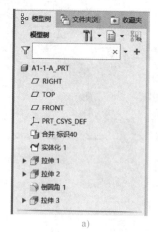

a)   b)

图 1-2 "模型树/层树"选项卡

a)"模型树"导航器 b)"层树"导航器

钮时，该选项卡可显示模型层树结构，如图1-2b所示。

🖳（文件夹浏览器）选项卡如图1-3所示。该选项卡类似于Windows的资源管理器，从中可以浏览文件系统以及计算机上可供访问的其他位置。该选项卡提供文件夹树。

🌟（收藏夹）选项卡如图1-4所示。使用该选项卡，可以添加收藏夹和管理收藏夹，以便于有效组织和管理个人资料。

图1-3 "文件夹浏览器"选项卡

图1-4 "收藏夹"选项卡

1.3.5 功能区

功能区包含组织成一组选项卡的命令按钮。每个选项卡由若干个组（面板）构成，每个组（面板）由相关按钮组成，如图1-5所示。如果单击组溢出按钮，则会打开该组的按钮列表。如果单击位于一些组右下角的"对话框启动程序"按钮🔲，则会弹出一个包含与该组相关的更多选项的对话框。

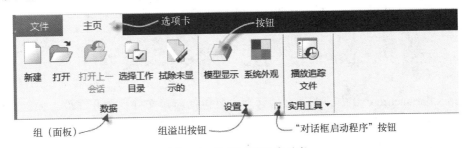
图1-5 功能区的组成元素

用户可以在功能区的右侧区域单击"最小化功能区"按钮🔺来最小化功能区，以获得更大的屏幕空间。另外，允许用户通过添加、移除或移动按钮来自定义功能区。

1.3.6 图形窗口与Creo Parametric浏览器

图形窗口也常被称为"模型窗口"或"图形区域"，它是设计工作的焦点区域。在没有打开具体文件时，或者查询相关对象的信息时，图形窗口通常由相应的Creo Parametric浏览器窗口替代。值得用户注意的是，单击状态栏上的"显示浏览器切换开关"按钮 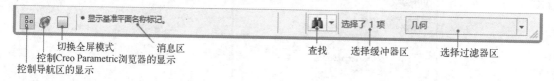，可以控制 Creo Parametric 浏览器的显示。Creo Parametric 浏览器提供对内部和外部网站的访问功能，可用于浏览 PTC 官方网站上的资源中心，获取所需的技术支持等信息。当通过 Creo Parametric 6.0 查询指定对象的具体属性信息时，系统将打开 Creo Parametric 浏览器来显示对象的具体属性信息。

1.3.7 状态栏

每个 Creo Parametric 窗口（用户界面）在其底部都有一个状态栏，如图 1-6 所示。使用时，状态栏将显示以下所述的一些控制和信息区。

图 1-6　状态栏

- ⊙ ⊞：控制导航区的显示，即用于打开或关闭导航区。
- ⊙ ⌖：控制 Creo Parametric 浏览器的显示，即用于打开或关闭 Creo Parametric 浏览器。
- ⊙ □：切换全屏模式。
- ⊙ 消息区：显示与窗口中工作相关的单行消息。在消息区中右击，接着从弹出的快捷菜单中选择"消息日志"命令，可以查看过去的消息。
- ⊙ ⋈：单击此"查找"按钮 ⋈，弹出"搜索工具"对话框，在模型中按规则搜索、过滤和选择项。
- ⊙ 选择缓冲器区：显示当前模型中选定项的数量。
- ⊙ 选择过滤器区：显示可用的选择过滤器。从"选择过滤器"下拉列表框中选择所需的选择过滤器选项，以便于在图形窗口中快速而正确地选择对象。

1.4　Creo Parametric 图形文件基本管理

在 Creo Parametric 6.0 中，图形文件管理主要包括新建文件、打开文件、保存文件、备份文件、选择工作目录、拭除文件、删除文件、重命名、关闭文件与退出系统等。

1.4.1 新建文件

在 Creo Parametric 6.0 系统中，可以创建多种类型的文件以满足不同设计过程中新建工程项目的需要，类型主要包括"草绘""零件""装配""制造""绘图""格式""记事本"。

Creo 是通过构建特征来创建模型的，而要创建特征，首先必须新建一个零件。下面以创建一个新实体零件文件（＊.prt）为例，介绍其新建文件的一般过程。

① 在"快速访问"工具栏中单击"新建"按钮 □，或者单击"文件"按钮并从打开的文件菜单中选择"新建"命令，系统弹出图 1-7 所示的"新建"对话框。

② 在"新建"对话框中，从"类型"选项组中选择"零件"单选按钮，从"子类型"选项组中选择"实体"单选按钮。

③ 在"文件名"文本框中输入由有效字符组成的零件文件名，或者接受默认的文件名。

④ 取消选中"使用默认模板"复选框。

⑤ 单击"确定"按钮，系统弹出"新文件选项"对话框，如图1-8所示。

图1-7 "新建"对话框　　　　图1-8 "新文件选项"对话框

⑥ 在"新文件选项"对话框的"模板"列表框中选择"mmns_part_solid"选项，然后单击"确定"按钮，从而创建一个实体零件文件，并进入零件设计模式。

说明 利用"新文件选项"对话框，用户可以键入模板文件的名称，选取一个模板文件，或浏览到一个文件然后选取该文件作为模板文件。用户根据设计需要来选择公制（mmns）模板或英制（inlbs）模板，对于国内用户而言，首选公制（mmns）模板。

1.4.2 打开文件

启动 Creo Parametric 6.0 系统后，在"快速访问"工具栏中单击"打开"按钮 ，或者单击"文件"按钮并从打开的文件菜单中选择"打开"命令，系统弹出"文件打开"对话框，利用该对话框查找并选择所需要的模型文件后，可以单击"预览"按钮来预览所选文件的模型效果，如图1-9所示，然后单击"文件打开"对话框中的"打开"按钮，从而打开所选的模型文件。

知识点拨 在"文件打开"对话框中，提供了实用的"在会话中"按钮 。若单击"在会话中"按钮 ，则那些保留在系统会话进程内存中的文件便显示在"文件打开"对话框的文件列表框中，此时可以从文件列表框中选择其中所需要的文件来打开。在这里，需要初学者了解 Creo Parametric 6.0 会话进程的概念，通常将从启用 Creo Parametric 6.0 系统到关闭 Creo Parametric 6.0 系统看作是一个会话进程，在这期间用户创建的或打开过的模型文件（即使关闭该文件后），都会存在系统会话进程的内存中，除非用户执行相关命令将其从会话进程中拭除。

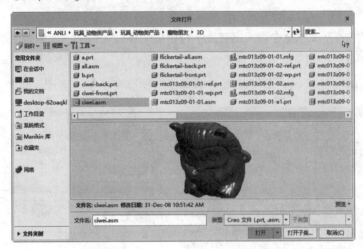

图1-9　文件打开

1.4.3 保存文件与备份文件

在设计过程中时常需要进行保存文件和备份文件的操作。下面介绍"保存""保存副本"和"保存备份"这3个常用命令。

1. "保存"命令

在"快速访问"工具栏中单击"保存"按钮 ▦，或者单击"文件"按钮并从文件菜单中选择"保存"命令，可以以进程中现有文件名保存文件。如果先前已经保存过文件，那么再次选择此命令，在弹出的"保存对象"对话框中没有更改目录的可用选项，此时直接单击"确定"按钮即可完成保存。

注意在磁盘上保存对象生成的文件名格式为 object_name. object_type. version_number，这意味着每次保存对象时，均会创建一个新版本的对象，并将其写入磁盘中。例如，如果创建一个名为 hy_a 的零件，则初次保存时文件为 hy_a. prt. 1，再次保存该相同零件时，生成的文件会变为 hy_a. prt. 2，以此类推。

2. "保存副本"命令

单击"文件"按钮并从文件菜单中选择"另存为"|"保存副本"命令，弹出"保存副本"对话框，利用此对话框保存活动窗口中对象的副本，同类型副本的文件名不能与当前进程中的源模型名称相同。另外，可以将活动对象的副本保存为系统所认可的其他数据类型。

3. "保存备份"命令

"保存备份"命令用于将对象备份到指定目录。如果要用同一个文件名将文件保存到不同的磁盘或目录中，那么使用文件菜单中的"另存为"|"保存备份"命令再合适不过了。

1.4.4 选择工作目录

工作目录是指分配存储 Creo Parametric 文件的区域，通常默认的工作目录是其中启用 Creo Parametric 的目录。在实际设计工作中，为了便于项目文件的快速存储和读取，通常需要事先选择工作目录。

选择工作目录的方法及过程如图 1-10 所示。按照此方法选取工作目录后，退出 Creo Parametric 6.0 时不会保存新工作目录的设置。需要注意的是：如果从用户工作目录以外的目录中检索文件，然后保存文件，则文件会保存到从中检索该文件的目录中；如果保存副本并重命名文件，副本会保存到当前的工作目录中。

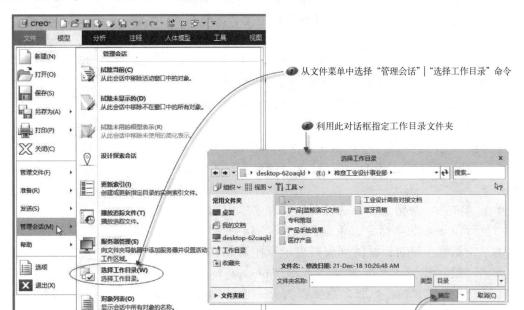

图 1-10　设置工作目录

如果需要在指定的目录下新建一个文件夹作为工作目录，那么可以在"选择工作目录"对话框中单击"组织"按钮，打开一个下拉菜单，如图 1-11 所示，然后从该下拉菜单中选择"新建文件夹"命令。系统弹出"新建文件夹"对话框，在"新目录"文本框中输入新的目录文件名，如图 1-12 所示，然后单击"确定"按钮。

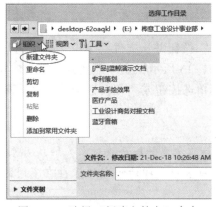

图 1-11　选择"新建文件夹"命令

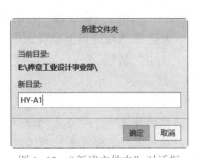

图 1-12　"新建文件夹"对话框

1.4.5　拭除文件

　　拭除文件是指将 Creo Parametric 创建的文件对象从会话进程中清除，而保存在磁盘中的文件仍然保留。既可以从当前会话进程中移除活动窗口中的对象，也可以从当前会话进程中移除所有不在窗口中的对象（但不拭除当前显示的对象及其显示对象所参照的全部对象）。

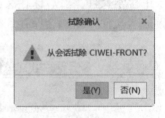

图 1-13　"拭除确认"对话框

　　例如，在某一个打开的实体零件文件中，单击"文件"按钮并从弹出的文件菜单中选择"管理会话"|"拭除当前"命令，则系统弹出图 1-13 所示的"拭除确认"对话框，单击"是"按钮，则将该零件从图形窗口中拭除。

　　如果要从当前会话进程中拭除所有不显示在窗口中的对象，但不拭除当前显示的对象及其显示对象所参照的全部对象，则执行如下操作。

图 1-14　"拭除未显示的"对话框

　　单击"文件"按钮，接着从打开的文件菜单中选择"管理会话"|"拭除未显示的"命令，系统弹出图 1-14 所示的"拭除未显示的"对话框，该对话框的列表列出了哪些对象将从会话中移除，单击"是"按钮。若配置文件选项"prompt_on_erase_not_disp"的值设置为"yes"，那么系统会为每一个已修改但未保存的对象显示提示并允许用户在拭除前保存对象；而若其值设置为"no"（默认值）时，Creo Parametric 会立即拭除所有未显示的对象。

1.4.6　删除文件

　　在文件菜单中的"管理文件"级联菜单中提供了用于删除文件操作的"删除旧版本"命令和"删除所有版本"命令，前者用于删除指定对象除最高版本以外的所有版本，后者则用于从磁盘删除指定对象的所有版本。删除文件的操作要慎重使用。

1.4.7　重命名

　　要重命名当前对象和子对象，则单击"文件"按钮并从文件菜单中选择"管理文件"|"重命名"命令，弹出"重命名"对话框，如图 1-15 所示，在"新文件名"文本框中键入新文件名，并选择"在磁盘上和会话中重命名"单选按钮或"在会话中重命名"单选按钮，然后单击"确定"按钮。

　　⑦说明　如果从非工作目录检索对象，然后重命名并保存该对象，则该对象会保存在从其检索的原始目录中，而不是保存在当前工作目录中。即使将文件保存在不同的目录中，也不能使用原始文件名保存或重命名文件。

1.4.8 激活其他窗口

每个 Creo Parametric 对象在其自己的 Creo Parametric 窗口中打开,而 Creo Parametric 允许同时打开多个窗口,但每次只有一个窗口是活动的,不过仍然可以在非活动窗口中执行某些功能。要激活其他一个窗口,则可以在"快速访问"工具栏中单击"窗口"按钮,如图 1-16 所示,接着在打开的命令列表中选择要激活的窗口即可。

图 1-15 "重命名"对话框   图 1-16 选择要激活的窗口

1.4.9 关闭文件与退出系统

要关闭当前的窗口文件并将对象留在会话进程中,那么可以在"快速访问"工具栏中单击"关闭"按钮，或者在文件菜单中选择"关闭"命令。使用此方法关闭窗口时,模型对象不再显示,但是在会话进程中会保存在内存中。如果需要可以使用相应的拭除命令将对象从内存中清除。

要退出 Creo Parametric 6.0,则可以单击"文件"按钮并从打开的文件菜单中选择"退出"命令,或者在标题栏最右侧单击"关闭"按钮。

1.5 模型视图操作与显示样式设置

本节介绍模型视图操作与显示样式设置的实用知识。

1.5.1 熟悉视图基本操作指令

为了在设计工作中更好地观察模型的结构、获得较佳的显示视角,提高设计效率,用户必须要掌握一些基本的视图操作。

首先用户需要熟悉系统提供的视图控制工具按钮,它们位于功能区的"视图"选项卡中,而在"图形"工具栏中也可以找到一些常用的视图控制按钮,如图 1-17 所示。例如,"重新调整"按钮用于调整缩放等级以全屏显示对象,"放大"按钮用于放大目标几何对象以查看几何对象的更多细节,"缩小"按钮用于缩小目标几何对象以获得更广阔的几何上下文透视图,"重画"按钮用于重绘当前视图。

图 1-17 功能区 "视图" 选项卡和 "图形" 工具栏

1.5.2 显示样式

在零件应用模式或装配应用模式中, 用户应根据设计要求为模型选择适合的显示样式, 其方法是在功能区 "视图" 选项卡的 "模型显示" 面板中单击 "显示样式" 按钮, 接着从打开的按钮列表中选择其中一个显示样式按钮, 如图 1-18 所示。用户也可以在 "图形" 工具栏中单击 "显示样式" 按钮来选择一个显示样式。

图 1-18 选择显示样式

显示样式分 6 种, 分别为 "带边着色" "带反射着色" "着色" "隐藏线" "消隐" 和 "线框", 这些显示样式的图例如图 1-19 所示。

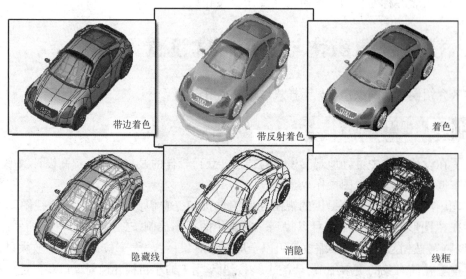

图 1-19 6 种显示样式图例

1.5.3　使用命名的视图列表与重定向

在设计中经常使用一些命名视图，如"标准方向""默认方向""BACK""BOTTOM""FRONT""LEFT""RIGHT"和"TOP"，其方法是在功能区"视图"选项卡的"方向"面板中单击"已保存方向"按钮，或者在"图形"工具栏中单击"已保存方向"按钮，打开视图列表，如图1-20所示，然后从中选择一个所需要的视图指令，则系统以该视图指令设定的视角来显示模型。

图1-20　打开视图列表

a）在功能区"视图"选项卡的"方向"面板中操作　b）在"图形"工具栏中操作

在零件或装配模式中，用户可以将自定义的特定视角视图保存起来，以便以后在操作中可从视图列表中直接调用，这需要应用到"重定向"功能。

重定向的操作步骤如下。

① 在功能区"视图"选项卡的"方向"面板中单击"已保存方向"按钮，或者在"图形"工具栏中单击"已保存方向"按钮，打开视图列表，接着从该视图列表中单击"重定向"按钮，系统弹出"视图"对话框，如图1-21所示。

② 在"视图"对话框的"方向"选项卡中，从"类型"下拉列表框中选择"按参考定向""动态定向"或"首选项"，接着按照要求指定参照、选项和参数，从而对模型进行重新定向，以获得特定的视角方位来显示模型。

● "按参考定向"：可通过指定两个有效参照方位来定义模型的视图方位，如图1-21a所示。

● "动态定向"：通过使用平移、缩放和旋转设置，可以动态地定向视图，只适用于3D模型，如图1-21b所示。

● "首选项"：以"零件"模式为例，可以在"首选项"区域为模型定义旋转中心和默认方向等，如图1-21c所示。

如果要使用透视图，那么在"视图"对话框中切换至"透视图"选项卡，如图1-22所示，从中设置透视图的视图类型、焦距、目测距离、图像缩放比例等参数。

③ 定向模型后，展开"已保存方向"工具盒（即单击"已保存方向"前面的"展开界面"按钮）可看到已保存方向的视图列表，在"视图名称"文本框中输入新视图名称，如图1-23所示，然后单击"保存"按钮。

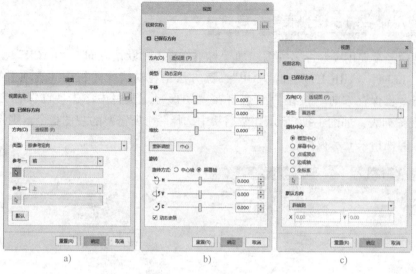

图 1-21 "视图"对话框

a）按参考定向 b）动态定向 c）首选项

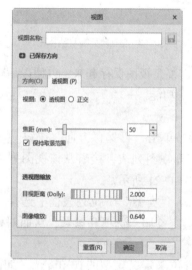

图 1-22 "透视图"选项卡

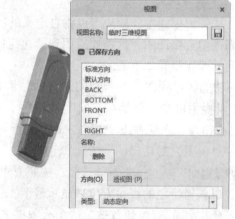

图 1-23 指定要保存的新视图名称等

单击"视图"对话框中的"确定"按钮。此时若在"图形"工具栏中单击"已保存方向"按钮，则可以看到自定义的命名视图名称出现在已保存的视图列表当中。

1.5.4 使用鼠标快速调整模型视角

在 Creo Parametric 6.0 系统中，可以使用鼠标快速地进行模型视图缩放、旋转或平移等操作，见表 1-1。

表 1-1　使用鼠标调整模型视角

调整视角的方式	操作方法说明
旋转视图显示	将鼠标光标置于图形窗口中，按住鼠标中键，然后移动鼠标，可以随意旋转模型视图，注意"图形"工具栏中的"旋转中心"按钮 ✚ 的应用状态（当选中"旋转中心"按钮 ✚ 时，显示旋转中心并在默认位置上使用；当取消选中"旋转中心"按钮 ✚ 时，不使用默认旋转中心而是将指针位置作为旋转中心）
缩放视图显示	将鼠标光标置于图形窗口中，然后直接滚动鼠标中键，可对模型视图进行缩放操作
	也可以同时按下〈Ctrl〉键+鼠标中键，并向前或向后移动鼠标来缩放模型视图
平移视图显示	将鼠标光标置于图形窗口中，同时按住〈Shift〉键和鼠标中键，然后移动鼠标，可以实现模型视图的平移

1.6　配置 Creo Parametric 基础

在 Creo Parametric 系统中，可以通过在"Creo Parametric 选项"对话框的"配置编辑器"选项卡中输入 config. pro 配置文件选项及其值来自定义配置 Creo Parametric 的方式，包括 Creo Parametric 外观及运行的方方面面。

Config. pro 配置文件是一个特殊的文本文件，用于存储定义 Creo Parametric 6.0 处理操作方式的所有设置。Config. pro 中的每个配置选项都可包含以下信息。

◉ 配置选项名称。

◉ 默认和可用的变量或值。默认值用星号"＊"标记。

◉ 描述配置选项的简单说明和注解。

由于 config. pro 配置文件的选项众多，不能一一列举，在此只介绍其一般的设置方法及步骤。

① 单击"文件"按钮，并从打开的文件菜单中选择"选项"命令，弹出"Creo Parametric 选项"对话框，如图 1-24 所示。

② 在"Creo Parametric 选项"对话框的左窗格中选择"配置编辑器"选项以打开"选项"选项卡。

③ 从"排序"下拉列表框中选择"按字母顺序""按设置"或"按类别"选项，接着从"显示"下拉列表中选择一个显示选项，如"所有选项""当前会话""仅更改"选项等，这两个下拉列表框的设置确定了一系列 Creo Parametric 选项在配置选项列表中的显示顺序和显示范围。

④ 要修改配置选项的值，则在配置选项列表中选择该配置选项后在"值"列中单击相应的值，然后从值列表中选择一个不同的值，或者键入一个不同的值。注意默认值后带有星号"＊"，绿色的状况图标用于对所做的更改进行确认。

⑤ 如果要添加配置选项，则单击"添加"按钮，系统弹出图 1-25 所示的"添加选项"对话框，接着在"选项名称"文本框中输入选项名称，在"选项值"框中输入或选择一个值，然后单击"确定"按钮，返回到"Creo Parametric 选项"对话框，在配置选项列表中就会出现该配置选项及该选项的值。

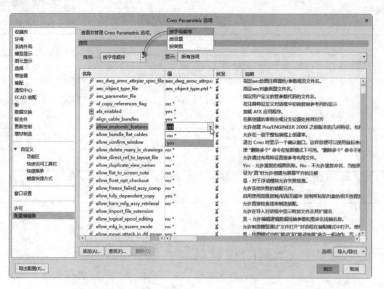

图 1-24　设置 Creo Parametric 基本配置选项

⑥ 如果要查找一个配置选项并将其添加，那么在"Creo Parametric 选项"对话框中单击"查找"按钮，弹出"查找选项"对话框，如图1-26所示。在"1.输入关键字"框中输入一个搜索字符串，在"查找范围"下拉列表框中指定类别，如果需要，可以选中"搜索说明"复选框，以在

图 1-25　"添加选项"对话框

选项说明中搜索字符串。单击"立即查找"按钮，查找结果（匹配字符串或包含字符串的选项）会列在"2.选取选项"列表框中。在"2.选取选项"列表框中选择某个选项，在"3.设置值"下拉列表框中选择一个值或输入一个不同的值。然后单击"添加/更改"按钮，并单击"关闭"按钮来关闭"查找选项"对话框。

⑦ 在"Creo Parametric 选项"对话框中单击"确定"按钮，系统弹出一个消息框，如图1-27所示。如果要保存设置到".pro"文件，则单击"是"按钮，否则单击"否"按钮，此时只将设置仅应用到当前会话。用户可以设置今后不要再显示此消息框。

图 1-26　"查找选项"对话框

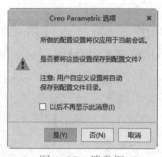

图 1-27　消息框

值得注意的是可将某一会话中的配置选项设置导出到".pro"文件中,稍后再将其导入,这样可以将设置应用到另一个会话。可以保存多个配置选项组合（".pro"文件），每个文件可包含针对某些设计项目的独特设置。

1.7 模型树与层树

在Creo Parametric 6.0中，初学者要掌握模型树与层树的使用，这对设计工作是大有帮助的。

1.7.1 模型树

模型树是零件文件中所有特征的列表，其中包括基准平面特征和基准坐标系特征等。在零件文件中，模型树显示零件文件名称并在名称下显示零件中的每个特征；在装配（组件）文件中，模型树显示装配（组件）名称并在名称下显示所包括的零部件文件。模型树的典型示例如图1-28所示。模型结构以分层（树）形式显示，根对象（当前零件或组件）位于树的顶部，附属对象（特征或零件）位于树的下部，如果打开了多个Creo Parametric 6.0窗口，则模型树内容会反映当前窗口中的文件。在默认情况下，模型树只列出当前文件中的相关特征和零件级的对象，而不列出构成特征的图元（如边、曲面、曲线等），每个模型树项目包含一个反映其对象类型的图标。

a)   b)

图1-28 模型树的典型示例

a) 零件模型树 b) 装配模型树

使用模型树可以进行以下主要操作。

⬤ 重命名模型树中的特征名称。

⬤ 选择特征、零件或装配并使用右键快捷菜单对其执行特定对象操作，或者在模型树上选择特征、零件或装配对象并使用弹出的浮动工具栏对其执行一些快捷操作。可以将浮动工具栏看作是快捷菜单的一部分，而快捷菜单是与选定对象相关的上下文用户界面。

- 在装配（组件）模型树中，可以通过单击装配（组件）文件中的零件并从浮动工具栏中单击"打开"按钮 来将其打开。

- 在模型树导航区上部单击"设置"按钮，打开如图1-29所示的"设置"下拉菜单，选择"树过滤器"命令可以按类型和状况控制模型树项的显示，而选择"树列"命令则可以定制模型树列显示选项。例如，要在零件模型树中用一列来显示特征号，那么在单击"设置"按钮后选择"树列"命令，系统弹出"模型树列"对话框，在"不显示"选项组中，默认类型为"信息"，从列表中选择"特征号"选项（如图1-30所示），单击"添加列"按钮，从而将"特征号"添加到"显示"选项组的列表框中，"特征号"默认的宽度为8，如图1-31所示，然后单击"确定"按钮，此时模型树窗口中添加了"特征号"列，如图1-32所示。

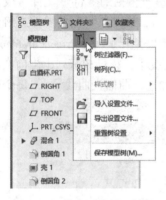

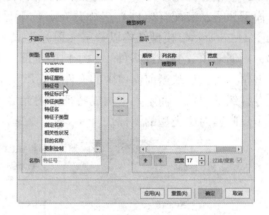

图1-29 单击"设置"按钮 打开下拉菜单

图1-30 "模型树列"对话框中 选择"特征号"选项

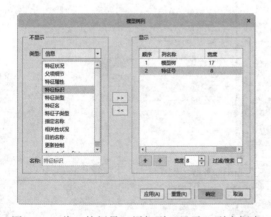

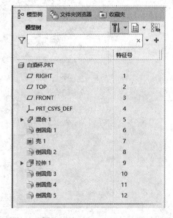

图1-31 将"特征号"添加到"显示"列表框中

图1-32 添加了"特征号"列

- 在模型树中，按住鼠标左键拖动绿色的插入标识条，可以将该插入标识条拖动到模型树上所需的对象之后，可以在该对象之后插入新的建模对象。

1.7.2 层树

使用层树，可以控制图层、层项目及其显示状况。

在功能区"视图"选项卡的"可见性"面板中单击"层"按钮，可在导航窗口或单独的"层"对话框中显示层树。如果要在单独的"层"对话框中查看层树，则需要事先将配置选项"floating_layer_tree"的值更改为"yes"，其默认值为"no"。

当配置选项"floating_layer_tree"的值默认为"no"时，可以在模型树导航窗口中单击"显示"按钮，如图1-33所示，接着选择"层树"命令，便可在导航窗口中显示层树。层树导航窗口提供以下3个实用按钮。

- ：在层树导航窗口中单击此"层"按钮，可以隐藏、取消隐藏、孤立、激活、取消激活、删除、移除、剪切、复制和粘贴项目或层，可以新建层、设置层属性、更改层名称和指定延伸规则等。

- ：在层树导航窗口中单击此"设置"按钮，可以设置在当前层树中包含的层，即可以向当前定义的层或子模型层中添加非本地项目。

- ：在层树导航窗口中单击此"显示"按钮，则可以在打开的菜单中选择相关的显示命令进行操作，如图1-34所示。

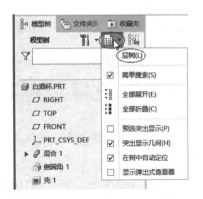

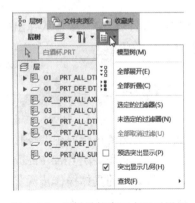

图1-33　在模型树导航窗口单击"显示"按钮　　　图1-34　层树导航窗口之显示设置

下面介绍在零件模式下创建一个新图层并为该新图层添加指定的项目，然后隐藏该新图层的具体操作。

① 在导航区中显示层树后，单击层树导航器的"层"按钮，弹出一个下拉菜单，如图1-35所示。

② 从该下拉菜单中选择"新建层"命令，系统弹出"层属性"对话框，如图1-36所示。

③ 在"层属性"对话框的"名称"文本框中输入新层的名称，也可以接受默认的新层名称，而层标识可以不设置。

④ 此时，"内容"选项卡中的"包括"按钮处于被选中的状态，在图形窗口中或临时切换到模型树中选择所需的项目，所选项目将作为要包括在当前层中的项目。

⑤ 在"层属性"对话框中单击"确定"按钮。

⑥ 新层按照排序方式显示在层树中，在层树中右击该新层，接着从弹出的快捷菜单中选择"隐藏"命令，从而隐藏该层。

图1-35 打开"层"下拉菜单

图1-36 "层属性"对话框

⑦ 再次右击该新层，接着从弹出的快捷菜单中选择"保存状况"命令，从而为所有做过的修改保存层的状态。

1.8 实战学习案例——文件基本操作及视角控制

本实战学习案例要进行的主要操作包括：打开一个玩具鱼的模型文件，进行调整视角的相关操作，拭除文件和关闭 Creo Parametric 6.0 系统。

本实战学习案例的具体操作步骤如下。

① 在 Windows 桌面上双击 Creo Parametric 6.0 的桌面快捷方式图标 ，从而启动 Creo Parametric 6.0 软件。

② 在"快速访问"工具栏中单击"打开"按钮 ，或者单击"文件"按钮并从打开的文件菜单中选择"打开"命令，系统弹出"文件打开"对话框，找到配套的源文件 hy_sz_1.prt，单击"预览"按钮，如图1-37 所示，然后在"文件打开"对话框中单击"打开"按钮。

扫码观看视频

③ 在"图形"工具栏中单击"基准显示过滤器"按钮 ，取消选中"全选"复选框，以设置关闭轴显示、点显示、坐标系显示和平面显示，如图1-38 所示。另外，此时以"着色"显示样式显示模型。

④ 在默认状态下，"图形"工具栏中的"旋转中心"按钮 处于被按下（选中）的状态，表示打开旋转中心。将鼠标指针置于图形窗口中，按住鼠标中键的同时并移动鼠标，将模型旋转至图1-39 所示的视图状态。

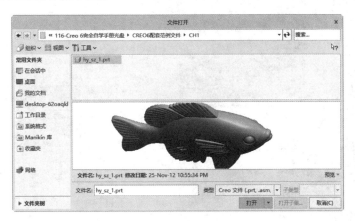

图 1-37　"文件打开"对话框

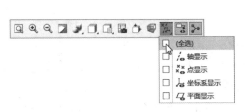

图 1-38　设置关闭相关基准特征显示

图 1-39　旋转模型视图

⑤ 释放鼠标中键后，按〈Ctrl+D〉组合键，则模型恢复为默认的标准方向视角来显示，如图 1-40 所示。

说明 按〈Ctrl+D〉组合键等效于单击"已保存方向"按钮，并从打开的视图列表中选择"标准方向"，也等效于在功能区的"视图"选项卡中单击"方向"面板中的"标准方向"按钮。

图 1-40　以默认的标准方向视角显示

⑥ 在"图形"工具栏中单击"重定向"按钮（该按钮需要用户设置显示在"图形"工具栏中），打开"视图"对话框，从"方向"选项卡的"类型"下拉列表框中选择"动态定向"选项，接着分别通过拖动相关的滑块来调整模型的视角，即分别调整平移、缩放和旋转等参数来获得所需的模型视图，如图 1-41 所示。

⑦ 在"视图名称"文本框中输入"HY-自定义方向"，展开"已保存方向"视图列表，如图 1-42 所示，接着单击"保存"按钮。

⑧ 在"视图"对话框中单击"确定"按钮，接着按〈Ctrl+D〉组合键，将模型以默认的标准方向视角来显示玩具鱼模型。

⑨ 在"图形"工具栏中单击"已保存方向"按钮，打开图 1-43 所示的视图列表，然后从视图列表中选择"HY-自定义方向"，则玩具鱼模型以之前自定义的视角视图显示。

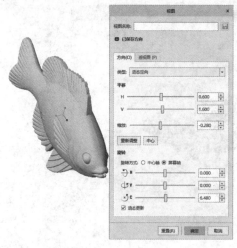

图 1-41　动态定向　　　　　　　　　　图 1-42　输入要保存的视图的名称

⑩ 再次按〈Ctrl+D〉组合键，接着在"图形"工具栏的显示样式列表中单击"带反射着色"按钮▣（或者按〈Ctrl+1〉组合键）以选中它来启用"带反射着色"显示样式，此时玩具鱼模型的显示效果如图 1-44 所示。

⑪ 单击"文件"按钮并从文件菜单中单击"另存为"命令旁边的"展开"按钮▶，接着选择"保存副本"命令，系统弹出"保存副本"对话框，指定要保存到的文件目录中，输入新文件名（由读者自定义），然后单击"确定"按钮。

⑫ 单击"文件"按钮并从文件菜单中选择"管理会话"|"拭除当前"命令，系统弹出"拭除确认"对话框，如图 1-45 所示，然后单击"是"按钮。

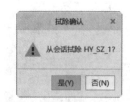

图 1-43　打开已命名视图列表　　　　图 1-44　带反射着色　　　　图 1-45　"拭除确认"
　　　　　　　　　　　　　　　　　　　　　　　　　　　　　　　　　　　　对话框

⑬ 在 Creo Parametric 6.0 软件工作界面右上角处（标题栏最右侧区域）单击"关闭"按钮▣，从而关闭 Creo Parametric 6.0 会话进程。

1.9　思考与练习题

1）如何理解 Creo Parametric 6.0 的这几个基本设计概念：设计意图、基于特征建模、参数化设计和相关性？

2）Creo Parametric 6.0用户界面主要由哪些要素组成？用户界面各组成要素的用途是什么？

3）如何定制"快速访问"工具栏？以向"快速访问"工具栏添加若干工具按钮为例，如图1-46所示。

确保添加这几个工具按钮

图1-46　在"快速访问"工具栏中添加工具按钮

提示 在"快速访问"工具栏中单击"自定义快速访问工具栏"按钮▼，接着在其下拉命令列表中选择"更多命令"命令，弹出"Creo Parametric 选项"对话框，并切换至"快速访问工具栏"选项卡，从"类别"下拉列表框中选择"应用程序菜单"，在命令列表中先选中"拭除当前"，单击"添加"按钮➡，从而将这个命令添加到"快速访问"工具栏中，如图1-47所示。使用同样的方法，再分别将"拭除未显示的""保存副本"和"选择工作目录"命令添加到"快速访问"工具栏中，可以调整命令在"快速访问"工具栏中的放置顺序。

图1-47　自定义快速访问工具栏图解示意

4）请说出在 Creo Parametric 6.0 中"保存""保存副本"和"备份"这 3 个命令的应用特点。

5）拭除文件和删除文件有什么不同之处？

6）如何设置工作目录？设置工作目录有哪些好处？

7）简述如何使用三键鼠标来快速调整模型视角视图。

8）假如要将 Creo Parametric 6.0 图形窗口的背景设置为白色，那么应该如何进行操作？

9）什么是模型树和层树？它们主要用在什么场合？如何打开层树？假如要在零件中新建一个图层，并将某些图元项目添加进该层，然后隐藏该层，且还要在以后打开该文件时该层仍然处于被隐藏状态，那么应该如何操作？

10）简述设置 config. pro 配置文件选项的一般方法及步骤。

第2章 二维草绘

本章导读：

  二维草绘（也称"2D草绘"）是三维建模的一个重要基础。在 Creo Parametric 6.0 中，具有一个专门用于绘制二维图形的草绘模块，该模块通常被称为"草绘器"。建议用户养成良好的草绘习惯，注重草绘质量和效率，这样有利于更好地进行三维建模等工作。

  本章主要介绍草绘器概述、设置草图环境、绘制基本二维图形、编辑图元、几何约束、尺寸标注与修改、使用草绘器诊断工具、解决尺寸和约束冲突、草绘综合案例等。

  初学者一定要认真学习好本章知识，掌握二维图元绘制、编辑、标注、约束和诊断等基础知识与应用技巧，为后面的学习打下扎实根基。

2.1 草绘器概述

  在 Creo Parametric 6.0 中，二维草图基本是在草绘器（草绘模式）中绘制的。

  进入草绘器主要有两种途径，一种途径是直接新建一个草绘文件（草绘文件的后缀名为 .sec），另一种途径则是在创建某些特征的过程中，通过定义草绘平面和参照等自动进入内部草绘器。在这里，以创建一个新草绘文件的方式进入草绘模式为例，其具体的操作步骤如下。

  ① 在"快速访问"工具栏中单击"新建"按钮 ，或者在"文件"应用程序菜单中选择"新建"命令，系统弹出"新建"对话框。

  ② 在"类型"选项组中选择"草绘"单选按钮，在"文件名"文本框中输入新文件名，如图 2-1 所示。

  ③ 在"新建"对话框中单击"确定"按钮，进入草绘文件的草绘器工作界面。草绘器工作界面主要有标题栏、功能区、导航区、绘图区（图形窗口）、状态栏、"图

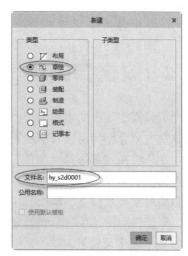

图 2-1 "新建"对话框

形"工具栏和"快速访问"工具栏等。

在草绘器（草绘模式）中使用功能区"草绘"选项卡中的相关工具来绘制和编辑图形，如图2-2所示。在绘制二维图形的过程中，用户需要深刻掌握弱尺寸、弱约束、强尺寸或强约束的概念。系统会为绘制的图形自动添加尺寸或约束，在没有用户确定的情况下，草绘器可以自动移除的尺寸被称为"弱尺寸"，弱尺寸以浅色显示。而弱约束是指Pro/ENGINEER Wildfire 4.0之前版本创建的草绘中自动生成的约束。在手动添加尺寸时，草绘器可以在没有任何确认的情况下移除多余的弱尺寸或弱约束。而草绘器不能自动删除的尺寸或约束便是"强尺寸"或"强约束"。强尺寸或强约束可由用户手动创建或定义，强尺寸和强约束以系统设定的颜色显示。可以理解强约束是指用户定义的约束。如果强尺寸或强约束发生冲突，则草绘器会要求移除其中一个或将其中一个改为参考对象。

图2-2　草绘模式功能区的"草绘"选项卡

在草绘器中进行绘图的时候，如果巧用鼠标各按键，那么可以在一定程度上提高绘图速度。在草绘器中可以使用鼠标执行下列操作。

- 在执行绘图命令的过程中，若单击鼠标中键则可以中止当前操作。
- 右键单击草绘窗口可以访问快捷菜单，注意快捷菜单中的命令会因为当前选定图元的不同而有所不同。
- 草绘时，单击鼠标右键可锁定所提供的约束，再次单击鼠标右键可以禁用该约束，第3次单击鼠标右键可以重新启用该约束。

完成草绘后，可以在退出草绘器之前保存草图，其方法是在"快速访问"工具栏中单击"保存"按钮🖫，或者单击"文件"按钮并从打开的文件菜单中选择"保存"命令，系统弹出"保存对象"对话框，指定要保存到的目录，然后单击"确定"按钮即可将草图保存成一个扩展名为".sec"的文件。

2.2　设置草图环境

可以根据制图的实际情况，通过设置配置文件选项和草绘器首选项等来定义草图环境。在这里主要介绍如何设置草绘器首选项。

在草绘模式下选择"文件"|"选项"命令，系统弹出"Creo Parametric 选项"对话框，在左窗格中选择"草绘器"类别以切换到"草绘器"选项卡，可以设置草绘器首选项，内容包括对象显示设置、草绘器约束假设、精度和敏感度、拖动截面时的尺寸行为、草绘器栅格、草绘器启用选项、草绘器参考和草绘器诊断等，如图2-3所示。例如，在"草绘器启动"选项组中设置进入草绘器时使草绘平面与屏幕平行。

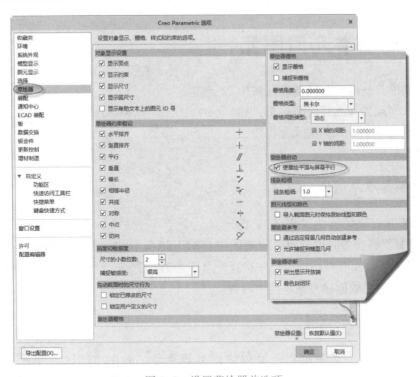

图 2-3　设置草绘器首选项

如果想恢复系统默认的草绘器首选项设置，那么在"Creo Parametric 选项"对话框的"草绘器"选项卡中单击"恢复默认值"按钮。

说明　除了可以在"Creo Parametric 选项"对话框的"草绘器"选项卡中进行草绘器对象显示设置之外，还可以使用"图形"工具栏中的以下按钮复选框或功能区"视图"选项卡的"显示"面板中的对应按钮控制草绘器的一些显示设置首选项，如图 2-4 所示。当选中相应的按钮复选框，或者使相应的按钮处于被按下状态时，表示打开相应的显示状态。

"图形"工具栏　　　　　　　　功能区的"视图"选项卡

图 2-4　草绘器显示设置的按钮

● （尺寸显示）：用于切换尺寸显示开/关，即用于设置显示或隐藏草绘尺寸。

● （约束显示）：用于切换约束的显示开/关，即用于设置显示或隐藏约束符号。

● （栅格显示）：用于显示或隐藏栅格。

● （顶点显示）：用于显示或隐藏草绘顶点。

2.3 绘制基准几何图元

草绘器基准几何图元包括基准几何中心线、基准几何点和基准几何坐标系，如图2-5所示，这些基准几何图元会将特征级信息传递到草绘器之外。

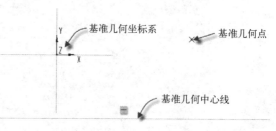

图 2-5 在草绘器中创建基准几何图元

2.3.1 绘制基准几何中心线

基准几何中心线简称为"基准中心线"，它的绘制步骤较为简单，即在功能区"草绘"选项卡的"基准"面板（组）中单击"中心线"按钮 ⁝，接着在图形窗口中选择一点作为第一个点，选择另一点作为中心线要经过的第二点，从而完成创建一条基准中心线。

2.3.2 绘制基准几何点

基准几何点属于一类基准点，要创建此类基准点，则在功能区"草绘"选项卡的"基准"面板中单击"点"按钮 ✕，接着在图形窗口中选择点的位置，即可放置一个基准点。

2.3.3 绘制基准几何坐标系

基准几何坐标系也被称为"基准坐标系"，它的创建步骤为在功能区"草绘"选项卡的"基准"面板中单击"坐标系"按钮 ⊥，接着在图形窗口中选择一个点即可创建一个基准坐标系。

2.4 绘制基本二维图形

基本二维图形就是常说的基本图元，如构造点、直线、四边形、圆形、椭圆、圆弧、样条、圆角、倒角、构造坐标系和文本等。用于绘制基本二维图形的工具按钮位于功能区"草绘"选项卡的"草绘"面板中，如图2-6所示。

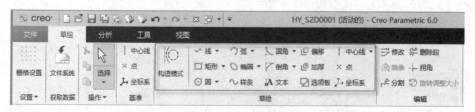

图 2-6 用于绘制基本二维图形的工具按钮

2.4.1 绘制构造点与构造坐标系

点有一般构造点和基准点之分，构造点是草绘辅助，无法在草绘器以外参照，而基准点会将特征级信息传达到草绘器之外（其他基准几何图元同样具有这样的特性）。类似地，坐标系也有构造坐标系与基准坐标系之分，构造坐标系是草绘辅助，不会将任何信息传达到草绘器之外，通常用来辅助标注样条和创建参照，而基准坐标系会将特征级信息传达到草绘器之外。本小节介绍构造点与构造坐标系的创建方法、步骤。

1. 绘制构造点

要绘制一般构造点，则在功能区"草绘"选项卡的"草绘"面板中单击"点"按钮 ，接着在图形窗口中选取点的位置即可绘制一个构造点，可以继续通过选取放置位置来绘制其他构造点。单击鼠标中键，终止构造点创建命令。

绘制构造点的典型示例，如图2-7所示。

2. 绘制构造坐标系

要创建构造坐标系，则在功能区"草绘"选项卡的"草绘"面板中单击"坐标系"按钮 ，接着为坐标系选择中心点即可。在图2-8中便创建有一个构造坐标系，在创建构造坐标系时，会沿着 X 轴和 Y 轴创建构造中心线。

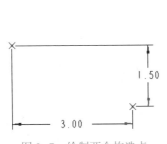

图2-7　绘制两个构造点　　　　图2-8　绘制构造坐标系示例

通常使用构造坐标系来标注样条（通过指定相对于坐标系的 X、Y 和 Z 轴坐标值来修改样条点）和创建参考（将坐标系添加到任何截面以辅助标注）。

2.4.2 绘制直线段与构造中心线

直线段和构造中心线的绘制方法类似。下面介绍绘制直线段和构造中心线的方法。

1. 通过指定两点绘制线链

要创建直线段，可以在功能区"草绘"选项卡的"草绘"面板中单击"线链"按钮 ，接着在图形窗口中选定两点分别作为线段的第一个端点和第二个端点，便可绘制一条直线段，可以继续选择下一个点来绘制连续线链的另一条线段，单击鼠标中键可终止绘制命令，示例如图2-9所示。

2. 创建与两个图元相切的线

要创建与两个图元相切的线，则在功能区"草绘"选项卡的"草绘"面板中单击"直线相切"按钮 ，接着在第一个切点处选取一个圆弧或圆，移动鼠标去另一个弧或圆处选择第二个切点，从而完成相切线的创建，如图2-10所示。

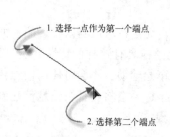

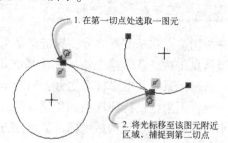

图2-9 通过指定两点绘制线　　　　　图2-10 绘制相切直线

3. 创建构造中心线

要创建构造中心线，可在功能区"草绘"选项卡中单击"草绘"面板中的"中心线"按钮 ⋮ ，接着在图形窗口中分别指定不同的两点即可绘制一条构造中心线。

在图2-11中绘制有4条构造中心线，其中一条为水平中心线，另3条为竖直中心线。

4. 绘制与两个图元相切的构造中心线

要创建与两个图元相切的构造中心线，则在功能区"草绘"选项卡的"草绘"面板中单击"中心线相切"按钮 ⤶ ，接着在弧或圆上选取一个起始位置，在另一个图元上选取第二个切点位置即可，如图2-12所示。

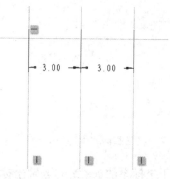

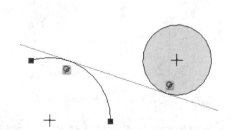

图2-11 绘制构造中心线　　　　图2-12 绘制与两个图元相切的构造中心线

2.4.3 绘制四边形

可以使用单独的绘图工具命令来分别绘制拐角矩形、斜矩形、中心矩形和平行四边形。下面介绍如何绘制这些四边形。

1. 绘制拐角矩形

在功能区"草绘"选项卡的"草绘"面板中单击"拐角矩形"按钮 □ ，接着在图形窗口中选择一点作为矩形的第一个顶点，移动鼠标指针为矩形顶点选择另一个点，从而创建拐角矩形，如图2-13所示。

？说明 创建的此类拐角矩形是具有水平边和垂直边的矩形，其四条边相互独立。如果要创建其他方向的矩形，那么可以使用接下来介绍的"斜矩形"功能。

2. 绘制斜矩形

在功能区"草绘"选项卡的"草绘"面板中单击"斜矩形"按钮◇，接着在图形窗口中选择一点作为第一个顶点，将鼠标指针移到所需位置单击以指定第二个顶点，然后移动鼠标指针至合适位置处单击，从而确定斜矩形的各边，如图 2-14 所示。

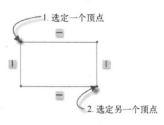

图 2-13　绘制拐角矩形　　　　图 2-14　绘制斜矩形

3. 绘制中心矩形

要通过定义中心创建矩形，则在功能区"草绘"选项卡的"草绘"面板中单击"中心矩形"按钮▣，接着在图形窗口中为矩形选择中心点，从中心点将鼠标指针移至所需位置单击，即可创建一个矩形，如图 2-15 所示。

4. 绘制平行四边形

要绘制平行四边形，则在功能区"草绘"选项卡的"草绘"面板中单击"平行四边形"按钮▱，接着在图形窗口中选择一点作为第一个顶点，将鼠标指针移至所需位置处单击以指定第二个顶点，然后移动指针以动态观察各边的长度和形状角度，并在合适位置处单击以选取第三个顶点，从而创建图 2-16 所示的平行四边形。

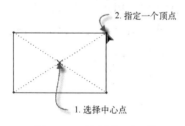
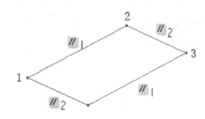

图 2-15　绘制中心矩形　　　　图 2-16　绘制平行四边形

2.4.4　绘制圆

绘制圆的方法主要有"圆心和点"方法、"同心"方法、"3 相切"方法和"3 点"方法。下面详细介绍这些绘制圆的方法。

1. 通过拾取圆心和圆上一点来创建圆

在功能区"草绘"选项卡的"草绘"面板中单击"圆：圆心和点"按钮◉，接着在图形窗口中选择一点作为圆心点，移动鼠标将动态圆周拖动至所需尺寸处，然后单击以放置圆周，如图 2-17 所示。

2. 创建同心圆

在功能区"草绘"选项卡的"草绘"面板中单击"圆：同心"按钮◎，接着在图形窗口中选择已有圆弧、弧中心点，圆和圆中心点这些图元之一作为参照，移动鼠标则系统会跟着鼠标指针动态显示同心圆，在合适位置处单击便可创建一个同心圆，如图 2-18 所示。可以连续创建多个同心圆，单击鼠标中键结束同心圆绘制命令。

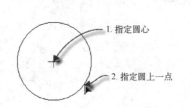
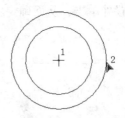

图 2-17　通过选圆心和圆上一点创建圆　　　　图 2-18　绘制同心圆

3. 通过拾取 3 个点来创建圆

在功能区"草绘"选项卡的"草绘"面板中单击"圆：3 点"按钮 ⊙，接着在图形窗口中分别选择合适的 3 个点来创建一个圆，所选的 3 个点不能是同一条直线上的 3 个点，典型示例如图 2-19 所示。

4. 创建与 3 个图元相切的圆

在功能区"草绘"选项卡的"草绘"面板中单击"圆：3 相切"按钮 ⊙，接着选取弧、圆或直线以定义第一个相切图元，选取另一个弧、圆或直线以定义第二个相切图元，然后在弧、圆或直线上选取第三个切点，从而完成一个与 3 个图元均保持相切的圆，典型示例如图 2-20 所示。

？说明 创建与 3 个图元相切的圆时，一定要注意相关图元的选取位置，这将决定着相应切点的位置，即决定着相切圆的生成结果。例如，由于就近指定的切点不同，就算是选取了相同的图元，也可能创建不同的相切圆，如图 2-21 所示。

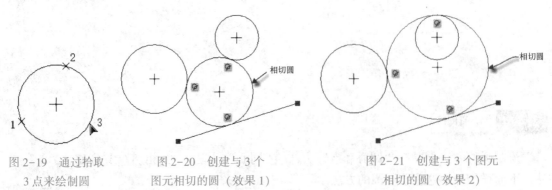

图 2-19　通过拾取　　　图 2-20　创建与 3 个　　　图 2-21　创建与 3 个图元
3 点来绘制圆　　　　图元相切的圆（效果 1）　　　相切的圆（效果 2）

2.4.5　绘制椭圆

椭圆具有这样的特性：具有行为类似于圆心的中心点；具有任意方向上的两个垂直半径。如果删除椭圆的轴则会删除椭圆，如果删除椭圆也会删除其轴和中心点。创建椭圆的方法主要有"轴端点椭圆"和"中心和轴椭圆"。

1. 轴端点椭圆

该方法是指通过定义轴和端点来创建椭圆，其具体的操作步骤如下。

在功能区"草绘"选项卡的"草绘"面板中单击"轴端点椭圆"按钮 ，选取第一个轴端点的位置，在该轴所需长度和方向上选择第二个端点，然后拖动鼠标指针在合适的位置处单击，以定义第二个轴的长度，从而完成椭圆的创建，如图2-22所示。

2. 中心和轴椭圆

该方法是指通过定义中心和轴来创建椭圆，其具体的操作步骤如下。

在功能区"草绘"选项卡的"草绘"面板中单击"中心和点椭圆"按钮 ，接着选取一点作为椭圆中心点，在一个轴的所需方向上选取一个端点，然后移动指针到合适的位置处单击以定义椭圆的另一个轴，从而完成一个椭圆的创建，如图2-23所示。

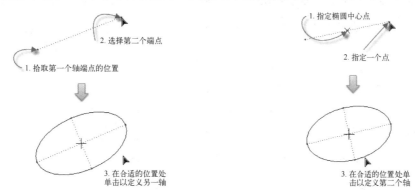

图2-22 使用"轴端点椭圆"命令绘制椭圆　　图2-23 使用"中心和轴椭圆"命令绘制椭圆

2.4.6 绘制圆弧

绘制圆弧的方法主要有"3点/相切端"方法、"同心"方法、"3相切"方法、"圆心和端点"方法和"圆锥"方法。下面详细介绍这些方法。

1. "3点/相切端"方法

该方法是用3个点创建一个圆弧，或创建一个在其端点相切于图元的圆弧。

要通过指定3个点创建一个圆弧，则在功能区"草绘"选项卡的"草绘"面板中单击"3点/相切弧"按钮 ，接着分别选择两点作为圆弧的两个端点，然后移动鼠标指针指定圆弧上的另外一点，从而绘制一个圆弧，如图2-24所示。

要创建相切端弧，则在功能区"草绘"选项卡的"草绘"面板中单击"3点/相切弧"按钮 ，接着在图形窗口中单击一个图元的端点，并移动鼠标指针来选定新圆弧的另一个端点，从而创建一个相切圆弧，如图2-25所示。

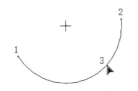 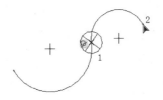

图2-24 通过3点创建圆弧　　　图2-25 创建相切端弧

2. "同心"方法

要创建同心圆弧，可在功能区"草绘"选项卡的"草绘"面板中单击"同心弧"按钮，接着在图形窗口中选择圆弧、弧中心点，圆和圆中心点这些图元之一，此时移动鼠标可以看到一个动态显示的同心构造圆，将构造圆拖动至所需的半径处，单击确定第一个弧端点，接着选取第二个端点，从而创建一个与选定图元同心的圆弧，创建过程如图2-26所示。可以继续创建一系列同心的圆弧，单击鼠标中键可结束该命令操作。

3. "3相切"方法

要创建与3个图元相切的圆弧，则在功能区"草绘"选项卡的"草绘"面板中单击"弧：3相切"按钮，接着选取弧、圆或直线以定义第一个相切图元，选取另一个弧、圆或直线以定义第二个相切图元，再选取第三个弧、圆或直线以定义第三个切点，从而创建一个与3个图元相切的弧，如图2-27所示。

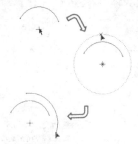

图2-26 绘制同心圆弧

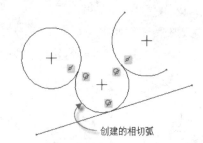

创建的相切弧

图2-27 创建与3个图元相切的圆弧

4. "圆心和端点"方法

要使用圆心和端点创建圆弧，则在功能区"草绘"选项卡的"草绘"面板中单击"弧：圆心和端点"按钮，接着在图形窗口选择一点作为弧中心点，然后移动鼠标指针分别指定圆弧的两个端点即可。使用该方法创建圆弧的示例，如图2-28所示。

5. "圆锥"方法

要创建锥形弧，则在功能区"草绘"选项卡的"草绘"面板中单击"弧：锥形"按钮，选取一点作为锥形弧的第一个端点，再选取一点作为锥形弧的第二个端点，移动鼠标来选取另外一点以指定锥形弧的肩点。创建锥形弧的示例，如图2-29所示。

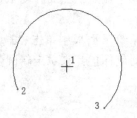

图2-28 通过指定圆心和端点创建弧

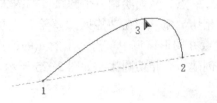

图2-29 创建锥形弧

2.4.7 绘制样条

绘制样条曲线的方法如下。

在功能区"草绘"选项卡的"草绘"面板中单击"样条"按钮 $\sim$，接着单击一点作为样条端点，并依次单击若干点作为其他样条点，然后单击鼠标中键结束样条绘制命令。绘制样条曲线的典型示例，如图2-30所示。

图2-30 绘制样条曲线的典型示例

2.4.8 绘制圆角

可以使用圆角连接非平行线、弧和样条。圆角是在两点之间进行创建的，圆角的大小和位置取决于选择放置圆角的两个点。在 Creo Parametric 6.0 中，有4种圆角工具，即"圆形"按钮、"圆形修剪"按钮、"椭圆形"按钮和"椭圆形修剪"按钮。下面分别结合示例介绍这4种圆角工具的应用。

1."圆形"按钮

"圆形"按钮用于用弧连接两个图元，构造线延伸至交点。使用该按钮工具绘制圆角的方法步骤是，在功能区"草绘"选项卡的"草绘"面板中单击"圆形"按钮，接着选择要连接的第一条直线，在要放置圆角的近似点处选择要连接的第二条直线，即在所选定的点之间创建圆角并修剪直线，同时构造线延伸到交点，如图2-31所示。

2."圆形修剪"按钮

"圆形修剪"按钮用于用弧连接两个图元，不生成构造线。在功能区"草绘"选项卡的"草绘"面板中单击"圆形修剪"按钮，接着选择要连接的第一条直线，并在要放置圆角的近似点处选择要连接的第二条直线，即在所选定的点之间创建圆角并修剪直线，注意不产生延伸到交点的构造线，圆角效果如图2-32所示。

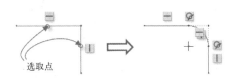

图2-31 绘制带构造线的圆角

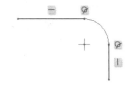

图2-32 绘制圆形修剪圆角

3."椭圆形"按钮

"椭圆形"按钮用于用椭圆弧连接两个图元，构造线延伸到交点。在功能区"草绘"选项卡的"草绘"面板中单击"椭圆形"按钮，接着选择要连接的第一条直线（确保选择要在其位置放置椭圆角的点），在要放置椭圆角的近似点处选择要连接的第二直线，即在所选定的点之间创建椭圆角并修剪直线，同时生成延伸到交点的构造线，如图2-33所示。

4."椭圆形修剪"按钮

"椭圆形修剪"按钮用于用椭圆弧连接两个图元，不生成构造线。在功能区"草绘"

选项卡的"草绘"面板中单击"椭圆形修剪"按钮，接着选择要连接的第一条直线（确保选择要在其位置放置椭圆角的点），在要放置椭圆角的近似点处选择要连接的第二直线，即在所选定的点之间创建椭圆角并修剪直线，如图2-34所示。

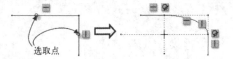

图2-33　创建椭圆圆角（带延伸到交点的构造线）　　　图2-34　创建椭圆形修剪圆角

2.4.9　绘制倒角

在草图中绘制的倒角分两种，一种是在两个图元之间创建倒角并创建构造线延伸，另一种则是倒角修剪。

1. 倒角（带构造线延伸）

在功能区"草绘"选项卡的"草绘"面板中单击"倒角"按钮，选取第一直线或弧（注意选取位置点），在要放置倒角的近似点处选取第二直线或弧，从而完成倒角创建，此倒角会产生延伸到交点的构造线，如图2-35所示。

2. 倒角修剪

在功能区"草绘"选项卡的"草绘"面板中单击"倒角修剪"按钮，接着在要放置圆角的一近似点处选取第一直线或弧，接着选取第二个图元，从而在所选的两个图元之间创建一个倒角，如图2-36所示，注意此倒角不生成延伸到交点的构造线。

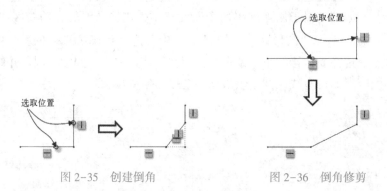

图2-35　创建倒角　　　　　　　图2-36　倒角修剪

2.4.10　投影、偏移和加厚边

本小节介绍从模型边创建几何图形和用偏移边选项创建几何图形的实用知识，包括投影、偏移和加厚边。

1. 投影

在零件模式中进入草绘模式，可以使用"投影"按钮将选定的模型曲线或边投影到草绘平面上创建图元。注意这些选择限制条件：圆被打断为两个弧，采用"单一"选择方式时必须分别选择每一段圆弧；不能选择复合基准曲线，而只能用"查询选择"选择下面的段；不能选择样条的轮廓边；可以通过任何方式定向模型。

在草绘模式中使用"投影"命令创建几何线的具体操作方法如下。

① 在功能区"草绘"选项卡的"草绘"面板中单击"投影"按钮□，系统弹出如图 2-37 所示的"类型"对话框。

② 在"类型"对话框的"选择使用边"选项组中选择"单一"单选按钮、"链"单选按钮或"环"单选按钮。根据所选的类型选项，选择要使用的边。可能还需要使用菜单管理器的相关菜单命令进行操作。

③ 在"类型"对话框中单击"关闭"按钮。从模型边创建投影几何图形的典型示例，如图 2-38 所示。

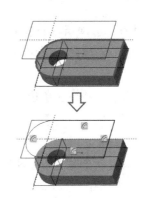

图 2-37 "类型"对话框　　　　图 2-38 通过投影在草绘平面上创建图元

说明 在草绘模式下，执行"投影"按钮□功能时，若用户选择现有的零件轴，则可以创建与该轴自动对齐的中心线。

2. 偏移

类似地，在零件模式中进入草绘模式，可以通过偏移一条边或草绘图元来创建新图元，其偏移值可以为正值，也可以为负值，输入正值表示按默认箭头方向绘制偏移边，而输入负值表示按相反方向绘制偏移边。

要草绘偏移边，在功能区"草绘"选项卡的"草绘"面板中单击"偏移"按钮□，弹出图 2-39 所示的"类型"对话框，接着在"类型"对话框中选择所需的偏移边类型选项，选择一个或多个适当的要偏移的图元或边，按照出现的箭头方向来输入合适的偏移值，如图 2-40 所示，然后单击"接受"按钮，或者按〈Enter〉键确认即可。

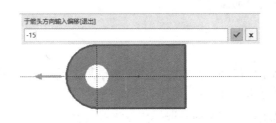

图 2-39 "类型"对话框　　　　图 2-40 于箭头方向输入偏移值

3. 加厚

在草绘器中可以使用"加厚"命令来创建双偏移图元，并可以为加厚边添加平整或圆形端封闭以连接两个偏移图元，或者使加厚边保持未连接（开放）状态。下面介绍如何创建加厚图元。

① 在功能区"草绘"选项卡的"草绘"面板中单击"加厚"按钮 ，系统弹出图 2-41 所示的"类型"对话框。

② 在"类型"对话框中，从"选择加厚边"选项组中选择一种边类型选项。可供选择的边类型选项有"单一""链"和"环"。如果要选取相切边，可以选择"链"单选按钮。

③ 在"端封闭"选项组中选择端封闭选项。"开放"单选按钮用于未创建端封闭，"平整"单选按钮用于创建垂直于加厚边的端封闭，"圆形"单选按钮则用于创建半圆端封闭。

④ 按照要求选取一条或多条边。

⑤ 输入厚度值，按〈Enter〉键或单击"接受"按钮 。此时在所选的边上显示一个方向箭头，如图 2-42 所示。

⑥ 输入于箭头方向的偏移值，按〈Enter〉键或单击"接受"按钮 ，然后在"类型"对话框中单击"关闭"按钮。完成创建的图元示例，如图 2-43 所示，其中添加了圆形端封闭，参考厚度值为 8，于默认方向的偏移值为 2.5。

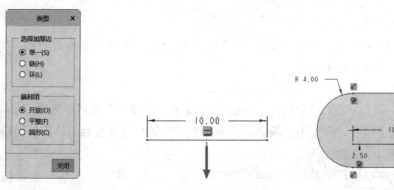

图 2-41 "类型"对话框　　图 2-42 显示默认的箭头方向　　图 2-43 创建加厚图元

说明 注意厚度值与偏移值的关系。要创建完全位于原始边一侧的加厚边，则指定绝对值大于厚度值的偏移值。

2.4.11 创建文本

在草绘器中可以创建文本，这些文本也是二维剖面的一部分。图 2-44 列举了在草绘器中创建的一些文本。

在草绘器中创建文本的一般操作方法和步骤如下。

① 在功能区"草绘"选项卡的"草绘"面板中单击"文本"按钮 。

图 2-44　绘制文本示例

② 在图形窗口上选择两点，两点之间创建了一条构建线，构建线的长度决定文本的高度。此时，系统弹出图 2-45 所示的"文本"对话框。

③ 在"文本"文本框中输入文本。如果有必要，那么单击"文本符号"按钮，打开图 2-46 所示的"文本符号"对话框，从中选择要插入的特殊文本符号，所选符号出现在"文本"文本框和图形区域中，然后单击"关闭"按钮来关闭"文本符号"对话框。

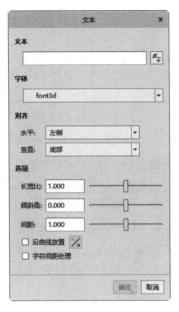

图 2-45　"文本"对话框　　　　图 2-46　"文本符号"对话框

④ 在"字体"选项组的"字体"下拉列表框中选择所需的一种字体。一共有两类字体，一类是 PTC 提供的字体，另一类是 TrueType 字体。分别指定以下选项及参数。在"对齐"选项组中选择水平和竖直位置的组合以放置文本字符串的起始点，其中在"水平"下拉列表框中可以选择"左侧""中心"和"右侧"之一定义水平位置，在"竖直"下拉列表框中可以选择"底部""中间"和"顶部"之一定义竖直（法向）位置。在"选项"选项组中分别设置长宽比、倾斜角和间距等参数。

● 长宽比：使用滑动条改变文本长宽比，或者直接在文本框中输入长宽比值。

● 倾斜角：使用滑动条改变文本斜角，或者直接在文本框中输入文本倾斜角。

● 间距：设置文本之间的间距参数。

⑤ 如果要沿着一条曲线放置文本，那么选中"沿曲线放置"复选框，接着选择要在其上放置文本的曲线，并设置水平和竖直位置的组合选项。若单击"反向"按钮，则可以更改文本随动的方向（将文本反向到曲线的另一侧），如图 2-47 所示，文本字符串被置于所选曲线对面一侧的另一端。

图2-47 更改文本随动的方向

⑥ 如果需要，可选中"字符间距处理"复选框，以启动文本字符串的字体字符间距处理，这样可以控制某些字符对之间的空格，改善文本字符串的外观。

⑦ 在"文本"对话框中单击"确定"按钮，完成文本的创建。

2.5 草绘数据来自文件

本节介绍"草绘数据来自文件"知识，涉及命令工具包括"选项板"按钮 和"文件系统"按钮 。

2.5.1 应用草绘器调色板

在草绘器中具有一个集中预定义形状定制库的调色板，用户可方便地从调色板中将所需的预定义图形导入到活动草绘中。草绘器调色板有表示截面类别的选项卡，每个选项卡中提供了相应的预定义形状，而系统默认有 4 个选项卡："多边形"选项卡包含常规多边形，"星形"选项卡包含常规的星形形状，"轮廓"选项卡包含常见的轮廓图形，"形状"选项卡包含其他常见形状的图形。用户可以将任意数量的选项卡添加到草绘器调色板中，并可以将任意数量的形状按类别放入每个经过定义的选项卡中。当然也可以添加形状或从预定义的选项卡中移除形状。

说明 在草绘器形状目录中创建子目录，子目录名称将作为草绘器调色板中的选项卡标签进行显示，但要注意子目录中至少包含一个截面文件（其扩展名为 .sec），子目录名称才会作为草绘器调色板中的选项卡标签显示。如果要将截面添加到草绘器调色板选项卡中，那么先创建一个新截面或检索现有截面，接着将该截面保存到与草绘器形状目录中的草绘器调色板选项卡相对应的子目录中，则截面文件名作为形状的名称显示在草绘器调色板选项卡中，同时还会显示该截面形状的缩略图。

下面通过一个简单案例介绍如何应用草绘器调色板将外部数据导入到活动草绘中。

① 在功能区"草绘"选项卡的"草绘"面板中单击"选项板"按钮 ，系统弹出"草绘器选项板"对话框（亦可称草绘器调色板）。

② 在"草绘器选项板"对话框中打开所需的选项卡，例如打开"星形"选项卡。

③ 单击与所需形状相对应的缩略图或标签，则与所选形状相对应的截面出现在预览窗格中。例如在"星形"选项卡中单击"5 角星"标签，如图 2-48 所示。

④ 再次双击所选的缩略图或标签，此时将鼠标指针移至图形窗口，则指针显示为包含一个"+"加号的光标。

⑤ 在图形窗口的预定位置处单击以指定放置形状的位置。此时形状图被置于放置处，形状中心和选定位置重合，同时在功能区中出现"导入截面"选项卡。在"导入截面"选项卡中分别输入旋转角度值和缩放因子，如图 2-49 所示。在某些情况下，可能需要在草绘窗口中选取要求的参照。

另外，在导入的图形中出现"缩放"控制图柄 、"旋转"控制图柄 ↺ 和"移动"控制图柄 ⊗。单击和拖动这些控制图柄也可以调整导入的图形。

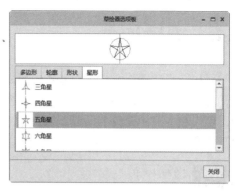

图 2-48 "草绘器选项板"对话框

⑥ 在功能区的"导入截面"选项卡中单击"确定"按钮 ✓。

图 2-49 功能区的"导入截面"选项卡

⑦ 在"草绘器选项板"对话框中单击"关闭"按钮，从而完成在活动草绘中导入所需的图形，示例效果如图 2-50 所示。

2.5.2 将数据文件导入到草绘器中

可以将外部的截面数据文件导入到草绘器中。其操作方法是：在功能区"草绘"选项卡的"获取数据"面板中，单击"文件系统"按钮 ，弹出图 2-51 所示的"打开"对话框，选择所需的文件类型，以及从文件列表中选择所需的可用文件，单击"打开"按钮，接着在图形窗口中单击一个位置以放置导入的图形，并根据要求移动和调整图形大小即可。

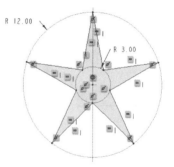

图 2-50 示例：完成导入的图形

图 2-51 "打开"对话框

2.6 编辑图元

可以将复杂图形看作是由基本二维图形经过组合和编辑来创建的。绘制好基本二维图形后，可以使用相关的编辑命令或工具来对已有几何图形进行处理，以获得满足设计要求的复杂图形。在本节中介绍的图元编辑知识包括：镜像图形、旋转调整大小、修剪（包含删除段、拐角和分割）、删除图形、切换构造。

2.6.1 镜像图形

要镜像几何图形，务必要确保在草绘中包含一条中心线。镜像图形的操作步骤如下。

① 选择要镜像的一个或多个图元。选择多个图元时，可以采用框选方式或结合〈Ctrl〉键来选择。

② 在功能区"草绘"选项卡的"编辑"面板中单击"镜像"按钮 。

③ 选择一条中心线作为镜像中心线，系统对于所选的中心线镜像所选的几何图元，镜像图形的图解步骤如图 2-52 所示。

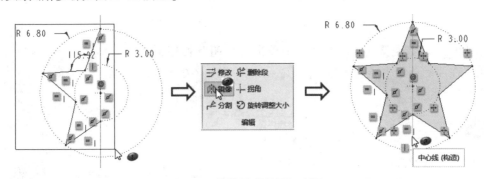

图 2-52 镜像图形的图解步骤

2.6.2 旋转调整大小

使用"旋转调整大小"功能，可以平移、旋转或缩放剖面图形，请看如下的实战操作案例。

① 在功能区"草绘"选项卡的"操作"面板中单击"依次"按钮 ，以框选的方式选择图 2-53 所示的图形。

？ 说明 在本案例中，用户也可以在功能区"草绘"选项卡的"操作"面板中单击"选择"旁的"三角"按钮 ，接着从其命令列表中选择"所有几何"命令以选择所有几何图形作为要编辑操作的图元对象，如图 2-54 所示，或者选择"全部"命令。其中，"依次"命令 用于依次选择项，"链"命令 用于选择成链的一系列图元，"所有几何"命令用于选择所有的几何图元，"全部"命令 则用于选择截面中的所有项。

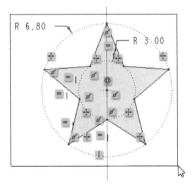

图 2-53　选择要旋转调整大小的图形　　　　图 2-54　单击选择命令选项

② 在功能区"草绘"选项卡的"编辑"面板中单击"旋转调整大小"按钮，系统在功能区中打开"旋转调整大小"选项卡。

③ 此时可以使用鼠标对在所选图形中显示的"缩放"控制图柄、"旋转"控制图柄和"移动"控制图柄进行相关拖动操作，以实时地缩放、旋转或平移图形。

④ 在"旋转调整大小"选项卡中设置水平/平行尺寸值、竖直尺寸值、旋转角度值和缩放因子，如图 2-55 所示，其中旋转角度值设为 30°。

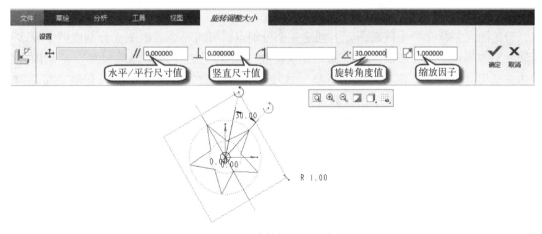

图 2-55　旋转调整图形大小

⑤ 在功能区的"旋转调整大小"选项卡中单击"确定"按钮。

2.6.3 修剪

在功能区"草绘"选项卡的"编辑"面板中提供了 3 种修剪工具按钮，即"删除段"按钮、"拐角"按钮和"分割"按钮。

1. 删除段

删除段是指动态修剪剖面图元，这是最为常用的修剪方式之一。使用该修剪方式可以很方便地将一些不需要的曲线段快速地删除掉，其操作方法为在功能区"草绘"选项卡的"编辑"面板中单击"删除段"按钮，接着单击要删除的段，则所选段被删除。

删除段的修剪示例如图 2-56 所示。

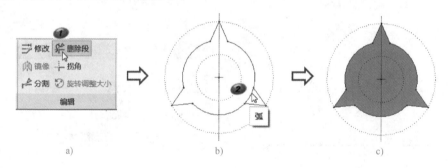

a)　　　　　　　　　　　b)　　　　　　　　　　　c)

图 2-56　删除段的修剪示例

a）单击"删除段"按钮　b）单击要删除的段　c）删除段的结果

2. 拐角

拐角修剪又称相互修剪图元，是指将图元修剪（剪切或延伸）到其他图元或几何图形。其操作方法是在功能区"草绘"选项卡的"编辑"面板中单击"拐角"按钮 ，接着在要保留的图元部分上单击任意两个图元（它们不必相交），则 Creo Parametric 将这两个图元修剪。

拐角修剪的两种典型情形如图 2-57 所示。

3. 分割

分割图元是指在一个截面图元上创建一个分割点，可将一个截面图元分割成两个或多个新图元，如果该图元已经被标注，那么建议使用"分割"命令之前删除尺寸。分割图元的操作方法很简单，就是在功能区"草绘"选项卡的"编辑"面板中单击"分割"按钮 ，接着在要分割的图元位置处单击，即可在指定的位置处分割该图元。

分割图元的典型示例如图 2-58 所示。

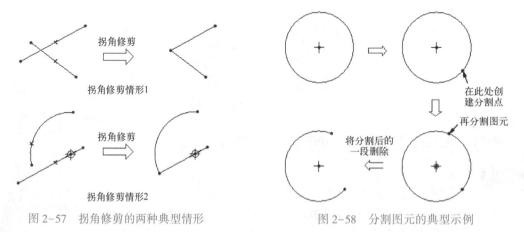

图 2-57　拐角修剪的两种典型情形　　　　　　图 2-58　分割图元的典型示例

2.6.4 删除图形

对于不再需要的图形，可以将其删除掉。删除图形的操作比较灵活：可以先选择不再需要的图形，接着在功能区"草绘"选项卡的"操作"面板中单击"操作"组溢出按钮，如

图 2-59 所示，从中选择"删除"命令，从而将所选的图形删除掉；也可以在选择图形后，直接按键盘上的〈Del〉键，或者右击并从弹出的快捷菜单中选择"删除"命令。

2.6.5 切换构造

可以将实线切换为构造线，构造线以特定虚线形式显示，如图 2-60 所示，构造线主要用作定位辅助线，即用于参照，而不是用于直接创建特征几何体。

要将绘制的实线转化为构造线，其方法是先选择该实线，接着在功能区"草绘"选项卡中单击"操作"溢出按钮，从其溢出列表中选择"构造"命令。如果要将构造线转换为实线，则在选择所需的构造线后，在功能区"草绘"选项卡中单击"操作"组溢出按钮并选择"构造"命令。

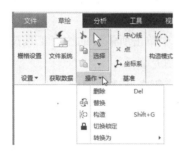

图 2-59 单击"操作"组溢出按钮

图 2-60 构造线示例

知识点拨 如果在功能区"草绘"选项卡的"草绘"面板中单击"构造模式"按钮以使该按钮处于被选中的状态，那么便切换到了构造模式，此时可以使用相关的草绘工具按钮来创建新构造几何。如果再次单击"构造模式"按钮，则关闭构造模式。

2.7 几何约束

几何约束是定义几何图元或图元之间关系的条件。在草绘剖面的过程中，可以根据设计情况创建约束或接受草绘时系统自动给出的约束。几何约束的类型主要包括竖直、水平、正交（垂直）、相切、中点、重合、对称、相等和平行，见表 2-1。

表 2-1 几何约束命令按钮及其相关说明一览表

序号	约束类型	按钮	功能简要说明	适用图元数/备注
1	竖直	┿	使线竖直，或使两顶点竖直放置	单个图元或两个点
2	水平	┿	使线水平，或使两顶点水平放置	单个图元或两个点
3	垂直（正交）	⊥	使两图元相互垂直（正交）	图元对
4	相切	⊘	使两图元相切	图元对
5	中点	╲	在线或弧的中间位置放置点	图元对

（续）

序号	约束类型	按　钮	功能简要说明	适用图元数/备注
6	重合	⊶	创建相同点、图元上的点或共线约束	图元对
7	对称	⇥⇤	使两点或顶点关于中心线对称	图元对
8	相等	＝	创建等长、等半径、等尺寸或相同曲率约束	图元对、三个或更多图元
9	平行	∥	使线平行	图元对、三个或更多图元

要想获取关于某约束的信息，可以先在草绘器图形窗口中选择该约束符号，接着在功能区"草绘"选项卡中单击"约束"组溢出按钮，从该组溢出列表中选择"解释"命令，则该约束的解释说明随即出现在消息区，并且受该约束限制的图元以设定的颜色加亮。

创建约束的典型方法和步骤如下。

① 在功能区"草绘"选项卡的"约束"面板中单击所需要的约束工具按钮。

② 根据约束要求，选择要约束的一个或多个图元。

③ 选择用于定义约束的图元后，约束便成功应用在所选的图元上。单击鼠标中键，结束约束命令操作。

下面介绍一个应用约束的实战学习案例。

① 启动 Creo Parametric 6.0 系统后，在"快速访问"工具栏中单击"打开"按钮，弹出"文件打开"对话框，选择本书配套的"bc_ys. sec"文件，单击"文件打开"对话框中的"打开"按钮，该草绘文件中存在图 2-61 所示的草绘图形。注意确保在"图形"工具栏中选中"约束显示"复选框（），以打开约束的显示。

② 在功能区"草绘"选项卡的"约束"面板中单击"水平"按钮＋。

③ 在消息区出现"➡选择一直线或两点"的提示信息。单击图 2-62 所示的线段，从而使该线段水平。单击鼠标中键，结束"水平"约束命令。

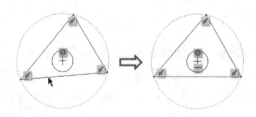

图 2-61　草绘文件中的原始图形　　　图 2-62　创建水平约束

④ 在功能区"草绘"选项卡的"约束"面板中单击"相等"按钮＝。

⑤ 分别单击线段 1、线段 2 和线段 3，从而使所选的这 3 段直线段相等，结果如图 2-63 所示。单击鼠标中键，结束"相等"约束命令。

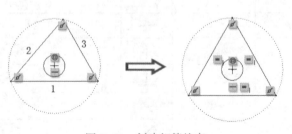

图 2-63　创建相等约束

2.8　尺寸标注与修改

在 Creo Parametric 6.0 中进行草绘的每个阶段，系统都会自动对草绘进行约束和标注以使截面参数保持完整性（完全约束性）。用户可以根据设计需要来定义新尺寸，或者修改自动生成的尺寸、强化弱尺寸以及删除不需要的尺寸等。

在这里又一次提到了强尺寸和弱尺寸。弱尺寸是指系统自动生成的尺寸，它们可在用户修改几何、添加/修改尺寸或添加约束时消失。如果需要，可以将弱尺寸转变为强尺寸，其方法是先选择要操作的弱尺寸，接着在功能区的"草绘"选项卡中单击"操作"组溢出按钮，选择"转换为"|"强"命令，从而加强所选的弱尺寸以防在修改草绘时被系统自动移除。在退出草绘器之前，将想要保留在截面中的弱尺寸强化实际上是一个很好的设计操作习惯。

尺寸包括 4 种主要类型，即常规尺寸（法向尺寸）、周长尺寸、参考尺寸和基线尺寸，它们的创建工具位于功能区"草绘"选项卡的"尺寸"面板（组）中。

2.8.1　创建常规尺寸

常规的定义尺寸（简称为"常规尺寸"）包括线性、径向（半径）、直径、角度、总夹角、弧长、圆锥和纵坐标等这些常见尺寸。创建常规尺寸的基本方法和步骤如下。

① 在功能区"草绘"选项卡的"尺寸"面板中单击"尺寸"按钮 |↔| （通常亦可将该按钮称为"基本尺寸"按钮）。

② 选择要标注的一个或多个图元。

③ 在合适的位置处单击鼠标中键以放置尺寸，并可以在出现的文本框中修改尺寸值。

下面以图解的方式分别介绍创建线性尺寸、角度尺寸、直径尺寸、半径尺寸和对称尺寸等，并且介绍标注样条尺寸等，分别如图 2-64 ~ 2-75 所示。注意在这些图例中均特意隐藏了弱尺寸。

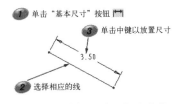

图 2-64　线性尺寸：标注线长

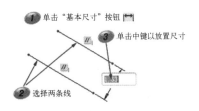

图 2-65　线性尺寸：标注两条平行线之间的距离

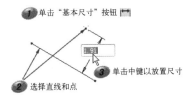

图 2-66　线性尺寸：标注直线和点之间的距离

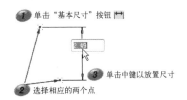

图 2-67　线性尺寸：标注两个点之间的相应距离

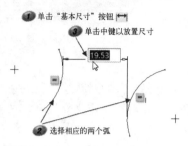

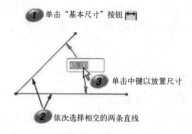

图 2-68　线性尺寸：标注两个圆弧之间的距离　　图 2-69　角度尺寸：标注线之间的角度尺寸

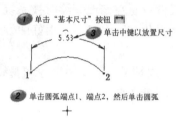

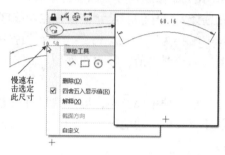

图 2-70　标注弧度尺寸　　　　　　　　　　图 2-71　转换为角度尺寸

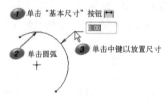

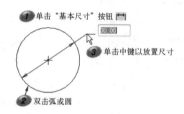

图 2-72　标注半径尺寸　　　　　　　　　　图 2-73　标注直径尺寸

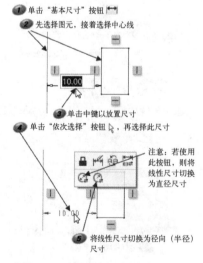

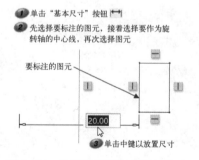

图 2-74　为旋转剖面创建半径尺寸　　　　　图 2-75　为旋转剖面创建直径尺寸

样条曲线的标注比较典型，可以使用样条曲线的端点或插值点（中间点）来添加样条曲线的尺寸。其中，样条曲线的端点尺寸必须要确定的，如果该样条曲线依附于其他几何，并且已经确定其端点的尺寸，那么根据实际情况可不必再添加样条尺寸。可以使用线性尺寸、相切（角度）尺寸和曲率半径尺寸来确定样条曲线端点的尺寸。

在图 2-76 所示的图例中，为样条曲线的指定端点创建相应的线性尺寸。创建样条线性尺寸的方法是单击"基本尺寸"按钮|↔|，接着单击样条端点和要标注尺寸的几何，然后单击鼠标中键来放置该尺寸。

可以创建样条端点和中间控制点的相切（角度）尺寸。以创建样条与参照线之间的某切点角度尺寸为例，其操作方法为单击"基本尺寸"按钮|↔|，接着选择该样条，再选择参照线和样条曲线所要求的一个端点，然后单击鼠标中键来放置尺寸，创建结果如图 2-77 所示。

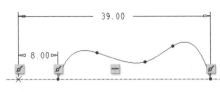

图 2-76　创建样条线性尺寸

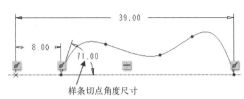

图 2-77　创建样条切点角度尺寸

定义好了样条的切点后，便可以为其创建曲率半径尺寸，其方法是单击"基本尺寸"按钮|↔|，接着单击样条端点，然后单击鼠标中键来放置该曲率半径尺寸。为样条创建曲率半径尺寸的示例如图 2-78 所示。

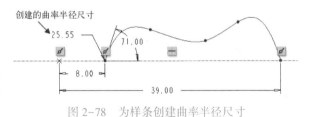

图 2-78　为样条创建曲率半径尺寸

2.8.2　创建周长尺寸

周长尺寸主要用于标注图元链或图元环的总长度。在创建周长尺寸时必须选择一个尺寸作为可变尺寸（亦称变化尺寸），可变尺寸是从动尺寸。当修改周长尺寸时，系统会相应地调整此可变尺寸，而用户无法直接修改此可变尺寸。若删除可变尺寸，那么系统也会删除周长尺寸。

下面以案例的形式介绍如何创建周长尺寸。

① 在功能区"草绘"选项卡的"尺寸"面板中单击"周长尺寸"按钮▯⊹，系统弹出"选择"对话框。

② 系统提示选取由周长尺寸控制总尺寸的几何。在该提示下选择要标注的图元链（结合〈Ctrl〉键可进行几何图元的多选操作），然后在"选择"对话框中单击"确定"按钮。

③ 系统提示选取由周长尺寸驱动的尺寸。在该提示下选择一个现有尺寸作为可变尺寸，从而创建一个周长尺寸，周长尺寸带有"周长"文本标识，而可变尺寸值后面也带有"变量（var）"文本标识。

创建周长尺寸的示例如图 2-79 所示。

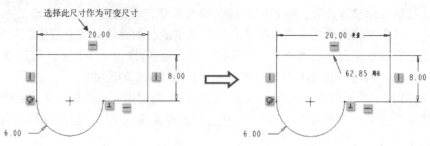

图 2-79　创建周长尺寸

2.8.3 创建参考尺寸

参考尺寸可以使用专门的命令工具来直接创建，也可以将现有的尺寸转换为参考尺寸。参考尺寸会有特定的符号来标识。

要创建参考尺寸，则在功能区的"草绘"选项卡中单击"参考"按钮，接着选择要定义参照尺寸的图元，然后单击鼠标中键来放置尺寸即可，如图 2-80 所示。

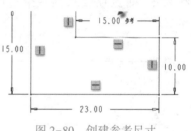

图 2-80　创建参考尺寸

如果要将一般尺寸转换为参考尺寸，那么先选择要转换的尺寸，接着从弹出的屏显工具栏中单击"参考"按钮，或者在功能区"草绘"选项卡的"操作"面板中单击"操作"组溢出按钮并从该组溢出列表中选择"转换为"|"参考"命令即可。

2.8.4 创建基线尺寸

可以在直线、圆弧和圆心及几何（线、弧、圆锥和样条）端点处创建基线尺寸，也可以选择要确定尺寸的模型几何图元作为基线。指定基线后可以相对于基线标注几何尺寸，这样便可以以纵坐标格式表示相应的线性尺寸，如图 2-81 所示。

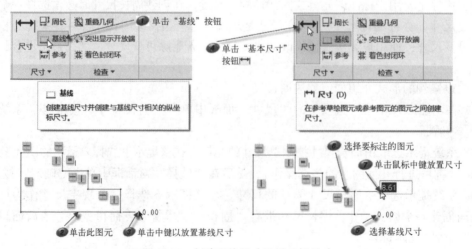

图 2-81　创建基线尺寸及纵坐标尺寸

2.8.5 修改尺寸

要修改一个尺寸，便捷的方法是直接在图形窗口中双击该尺寸，接着在出现的文本框中输入新值，然后按〈Enter〉键确认，则图形按照新尺寸更新。

另外，也可以使用专门的修改工具来修改一个尺寸或多个尺寸，其方法如下。

① 在功能区"草绘"选项卡的"编辑"面板中单击"修改"按钮 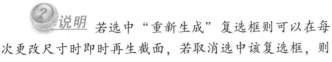。

② 在图形窗口中选择要修改的一个尺寸，系统弹出"修改尺寸"对话框，如图 2-82 所示。此时可以继续选择要修改的其他尺寸，所选要修改的尺寸显示在"修改尺寸"对话框的尺寸列表中。

③ 根据设计情况设置"重新生成"复选框和"锁定比例"复选框的状态，以及设置"敏感度"参数值。

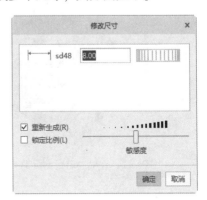

图 2-82 "修改尺寸"对话框

说明 若选中"重新生成"复选框则可以在每次更改尺寸时即时再生截面，若取消选中该复选框，则仅在完成修改全部尺寸并单击"确定"按钮后再生截面。"锁定比例"复选框可用于锁定截面比例。拖动"敏感度"滑块，可以更改选定尺寸的灵敏度。

④ 分别为相应的尺寸输入新值。

⑤ 单击"确定"按钮，确保再生截面及关闭"修改尺寸"对话框。

使用"修改"按钮 ，还可以修改草绘器文本，其典型方法是单击"修改"按钮 ，接着选择要修改的文本，系统弹出"文本"对话框，利用该对话框修改文本格式和参数选项等。

2.9 使用草绘器诊断工具

在草绘器中，可以使用草绘器诊断工具提供与创建基于草绘的特征和再生失败相关的信息。下面简单地介绍"着色封闭环""突出显示开放端"和"重叠几何"这 3 个基于草绘特征的诊断工具。

1. 着色封闭环

使用该诊断工具可检测由活动草绘器几何图元形成的封闭环，注意封闭环着色区的边界由不重叠的草绘图元的封闭链形成。要着色封闭环，那么在功能区"草绘"选项卡的"检查"面板中单击"着色封闭环"按钮 以启用"着色封闭环"诊断模式，则所有的现有封闭环均显示为着色（可以通过设置系统外观颜色的方法来更改草绘封闭环的颜色），如图 2-83 所示。如果草绘包含几个彼此包含的封闭环，那么最外面的环被着色，而内部的环的着色按规则被替换。

2. 突出显示开放端

突出显示开放端是指突出显示不与其他端点或图元重合的端点。要检测图元的开放端点，那么可以在功能区"草绘"选项卡的"检查"面板中单击"突出显示开放端"按钮，以启用该诊断模式，注意在"突出显示开放端"诊断模式中所有现有几何图元的开放端均加亮显示，如图2-84所示。

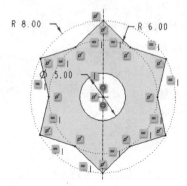
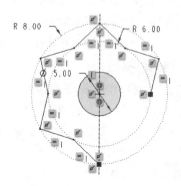

图 2-83　启用"着色封闭环"诊断模式　　　图 2-84　启用"突出显示开放端"诊断模式

3. 重叠几何

使用"重叠几何"诊断工具检测并加亮活动草绘或活动草绘组内与任何其他几何图元重叠的几何图元。重叠的几何图元以"边突出显示（加亮-边）"设置的颜色进行显示，注意构造几何图元的重叠不被加亮。要加亮显示重叠的几何图元，则在功能区"草绘"选项卡的"检查"面板中单击"重叠几何"按钮即可。注意加亮重叠几何工具不保持活动状态。

2.10　解决尺寸和约束冲突

在强化或添加尺寸、几何约束时，与现有强尺寸或约束相冲突，那么冲突尺寸和约束将加亮显示，并且弹出"解决草绘"对话框。

要解决草绘冲突，则必须在图2-85所示的"解决草绘"对话框的冲突列表中选择其中一个冲突尺寸或冲突约束，然后根据设计情况来单击以下按钮之一来处理。

- "撤销"：撤销引起冲突的上次操作。
- "删除"：删除选定尺寸或约束。
- "尺寸>参考"：将所选尺寸转换为参考尺寸。
- "解释"：可以获取所选尺寸或约束的简要说明信息。

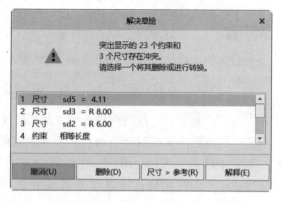

图 2-85　"解决草绘"对话框

2.11 实战学习案例——绘制复杂二维图形

为了读者更有效地掌握草绘知识和草绘思路，在本节特意介绍一个实战学习案例。

本实战学习案例要完成的二维图形如图 2-86 所示。在该实战学习案例中，将综合使用到多种草绘和编辑工具命令来完成较为复杂的二维图形。可以将复杂二维图形看作是由若干基本二维图形经过组合和编辑而成的，在绘制二维图形时，可以先绘制出大概的图形，然后再通过标注尺寸、修改尺寸和添加几何约束等来获得最终的图形效果。

本实战学习案例具体的绘制步骤如下。

① 运行 Creo Parametric 6.0 系统后，在"快速访问"工具栏中单击"新建"按钮🗋，系统弹出"新建"对话框。在"类型"选项组中选择"草绘"单选按钮，在"名称"文本框中输入文件名为"bc_s2_1"，然后单击"确定"按钮。

② 在功能区"草绘"选项卡的"草绘"面板中单击"选项板"按钮🗹，打开"草绘器选项板"对话框，在"多边形"选项卡中，双击"五边形"标签，如图 2-87 所示。

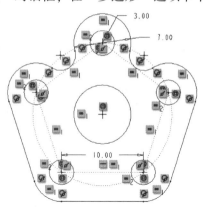

图 2-86 绘制复杂二维图形

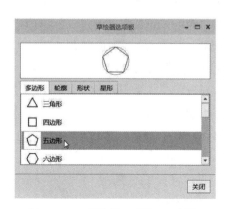

图 2-87 "草绘器选项板"对话框

在图形窗口的适当位置处单击，插入该五边形图形，在功能区中出现"导入截面"选项卡。在"导入截面"选项卡中设置旋转角度值为 0°，设置缩放因子为 10，如图 2-88 所示，然后单击"确定"按钮✔。

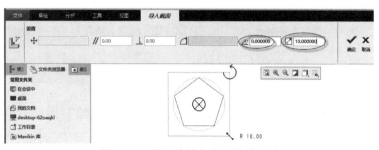

图 2-88 设置旋转角度和缩放因子

③ 在"草绘器调色板"对话框中单击"关闭"按钮。确保（或修改）图形窗口中的正五边形的边长值为10。此时，在功能区"草绘"选项卡的"检查"面板中取消选中"着色封闭环"按钮 、"突出显示开放端"按钮 和"重叠几何"按钮 。

④ 按住〈Ctrl〉键的同时，在图形窗口中选择该正五边形的5条边长，接着在功能区的"草绘"选项卡中单击"操作"组溢出按钮，并选择"构造"命令，从而将这5条边转换为构造线，如图2-89所示。

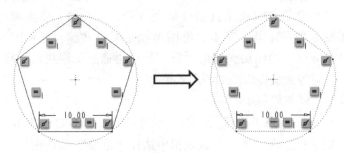

图2-89　切换构造

⑤ 在功能区"草绘"选项卡的"草绘"面板中单击"圆：圆心和点"按钮 ，在作为构造线的正五边形的每个顶点处各创建一个圆，这些圆的半径都要求一样。

⑥ 在功能区"草绘"选项卡的"编辑"面板中单击"修改"按钮 ，接着选择实线圆的直径尺寸（弱尺寸），弹出"修改尺寸"对话框，将所选的直径尺寸值设置为7，单击"确定"按钮，得到的图形如图2-90所示。

⑦ 绘制一条与3个图元相切的圆弧。在功能区"草绘"选项卡的"草绘"面板中单击"圆弧：3相切"按钮 ，接着分别在圆1和圆2的适当位置处单击，然后单击正五边形对应的一条边，从而创建一条与3个图元相切的圆弧，如图2-91所示。

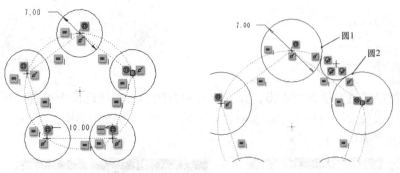

图2-90　绘制等直径的5个圆　　　图2-91　绘制一条与3个图元相切的圆弧

⑧ 使用同样的方法，继续单击"圆弧：3相切"按钮 ，绘制与3个指定图元均相切的圆弧，如图2-92所示。

⑨ 绘制一条相切直线。在功能区"草绘"选项卡的"草绘"面板中单击"线"旁边的箭头按钮 ，接着单击"直线相切"按钮 ，然后在图形窗口中选择所需的两个圆，注意选取位置，从而创建一条相切直线，即创建图2-93所示的相切直线1。

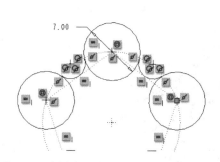

图 2-92　创建与 3 个图元相切的另一条圆弧

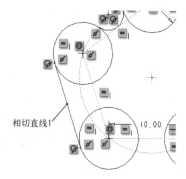

图 2-93　绘制相切直线 1

⑩ 使用同样的方法，继续创建图 2-94 所示的相切直线 2 和相切直线 3。

⑪ 修剪图形。在功能区"草绘"选项卡的"编辑"面板中单击"删除段"按钮，接着使用鼠标左键逐一单击要删除的曲线段，最后得到修剪后的图形如图 2-95 所示。

⑫ 绘制若干个圆并设置其尺寸和约束。

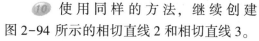

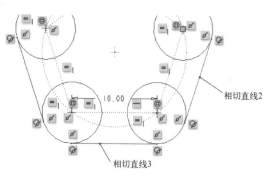

图 2-94　绘制另两条相切直线

在功能区"草绘"选项卡的"草绘"面板中单击"圆：圆心和点"按钮，分别绘制 6 个圆，注意自动判断的半径相等约束，如图 2-96 所示。

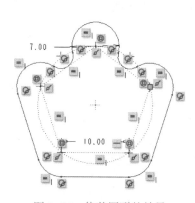

图 2-95　修剪图形的效果

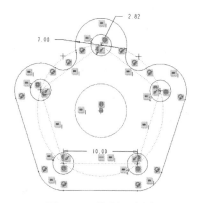

图 2-96　绘制 6 个圆

如果在绘制圆时没有自动获得相关圆的半径相等约束，则绘制圆后在功能区"草绘"选项卡的"约束"面板中单击"相等"按钮，接着选择要应用半径相等约束的所需圆即可。

可以在功能区"草绘"选项卡的"编辑"面板中单击"修改"按钮，选择相应的直径尺寸来按要求进行修改，例如将小圆的直径修改为 3。

⑬ 在功能区"草绘"选项卡的"检查"面板中单击"着色封闭环"按钮，此时图

形显示效果如图 2-97 所示。

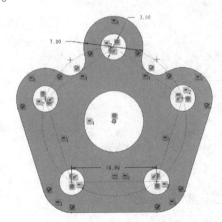

图 2-97　着色封闭环效果

　　至此，完成本案例操作。在"快速访问"工具栏中单击"保存"按钮 💾，系统弹出"保存对象"对话框，指定好保存目录后，单击"确定"按钮。

2.12　思考与练习题

　　1）草绘器工作界面主要由哪些要素组成？

　　2）如何设置草图环境？

　　3）如何理解强尺寸和弱尺寸、强约束和弱约束的概念？

　　4）什么是构造线？如何将实线转换为构造线？什么是构造模式？

　　5）构造点和几何点的区别在哪里？

　　6）请简述"删除段""拐角"和"分割"这 3 个修剪工具命令的用途。

　　7）如何创建纵坐标尺寸？

　　8）如何标注圆或圆弧的直径/半径尺寸？

　　9）绘制图 2-98 所示的二维图形，并标注和修改其尺寸。

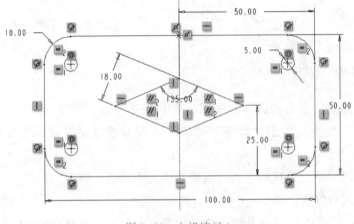

图 2-98　上机练习 1

10) 新建一个草绘文件，在草绘器中绘制图2-99所示的二维图形。

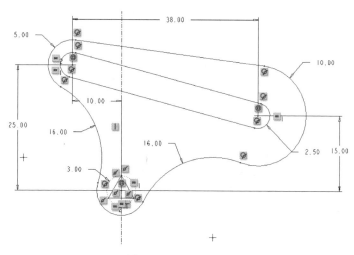

图 2-99　上机练习 2

11) 绘制图2-100所示的图形并标注和修改尺寸。

12) 在草绘器中，绘制图2-101所示的文本和图形。

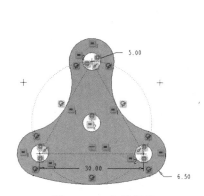

图 2-100　上机练习 3

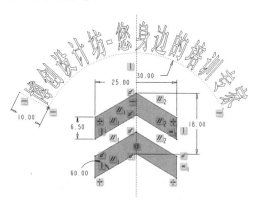

图 2-101　上机练习 4

第3章 基础实体特征与基准特征

本章导读：

Creo Parametric 6.0 提供了先进的三维实体建模环境以供用户以实体形式设计模型。实体模型是具有质量属性（如体积、曲面表面积和惯性等）的几何模型。从现在开始，读者便进入实体建模的一个新学习环节中。

本章重点介绍三维实体模型的一些建模起步基础，包括基础实体特征和基准特征。基础实体特征通常是将剖面以指定方式（如拉伸、旋转、扫描、变剖面扫描和混合等）进行操作来生成的，其可以作为零件模型的初始胚件。而基准特征是指在创建几何模型、零件实体等特征时用来为其添加定位、约束、标注等的参考特征。

3.1 零件特征及其分类

在 Creo Parametric 6.0 系统中，模型的基本结构属性包括特征、零件和组件。特征是指每次创建的一个单独几何对象，特征包括基准、拉伸、孔、倒角、倒圆角、切口、阵列、扫描、旋转和拔模等。零件是特征的集合，即零件由特征组成，一个零件可包含多个特征。组件是装配在一起已创建模型的元件（在组件中零部件被称为元件）集合。

零件的特征是按照一定的次序来创建的。如果特征的次序创建不同，那么得到的零件模型造型结构也可能有所不同。用户可以秉着为了更好地管理零件中的特征，根据设计要求来对选定特征进行重新排序。所谓的重新排序是指在零件再生次序列表中向前或向后移动特征，以改变它们的再生次序。但是，并不是任何特征都可以进行重新排序的，例如存在父子项关系的特征就不能通过简单的重新排序来改变它们彼此之间的再生次序。有关特征重新排序的操作知识将在后面的章节中专门介绍。

依据特征的主要用途和应用特点，可以将零件特征分为基础实体特征（有时也称为"形状特征"）、基准特征、工程特征、编辑特征、高级及扭曲特征、修饰特征、钣金特征、基础曲面特征、高级曲面特征和造型特征等。这些零件特征的简要介绍见表 3-1。

表 3-1　零件特征分类的简要说明

特征类别	定义/概念说明	包含的特征列举
基础实体特征	基础特征通常由剖面通过一定的基础方式（如拉伸、旋转、扫描、变剖面扫描、混合等）来创建的，多作为三维零件模型的初始胚件，是三维实体基础的特征	拉伸实体特征、旋转实体特征、扫描实体特征、基本混合实体特征和可变剖面扫描实体特征
基准特征	基准特征是指在创建几何模型、零件实体等特征时用来为其添加定位、约束、标注等的参考特征	基准平面、基准曲线、基准点、基准轴和基准坐标系
工程特征	在其他零件特征几何（如基础特征）上创建的一些用于改善工程特性的细节特征	孔特征、壳特征、筋特征、倒圆角特征、倒角特征、自动倒圆角特征、拔模特征和晶格特征等
编辑特征	对现有特征进行相关编辑操作而得到的特征，巧用编辑特征可以在一定程度上提高设计效率，缩短设计时间	镜像、移动、阵列、复制-粘贴、缩放、合并、延伸、相交等
高级及扭曲特征	创建方法相对高级，操作要求相对严格的一类特征，有时也可以将部分构造特征（如轴特征、法兰特征、退刀槽特征）归纳在此类特征中	螺旋扫描、扫描混合、体积块螺旋扫描、唇特征、耳特征、半径圆顶特征、剖面圆顶特征、局部推拉特征、环形折弯特征、骨架折弯特征、折弯实体等
修饰特征	修饰特征主要用来处理产品上、零件上的商标、标识符号、功能说明、特定区域框定和螺纹示意等	草绘修饰特征、螺纹修饰特征、凹槽特征等
钣金特征	钣金特征是指用于创建各类钣金件的实体特征	钣金件壁（平整壁、法兰壁、扭转壁、延伸壁等）、折弯操作的特征、形状特征、合并壁、边折弯、拐角止裂槽等
基础曲面特征	基本曲面特征是指利用"拉伸""旋转""扫描""混合""扫描混合"等基础命令来创建的曲面特征	拉伸曲面特征、旋转曲面特征、扫描曲面特征、混合曲面特征等
高级曲面特征	使用高级命令来创建的专业曲面特征	边界混合曲面、螺旋扫描曲面等
造型特征	在专门的自由曲面设计（造型）环境中创建的特征，其概念性强，操作更为灵活，可以使用鼠标直接拖动编辑	自由形式曲线和自由形式曲面等

3.2　基础实体特征

　　基础实体特征主要包括实体类的拉伸特征、旋转特征、扫描特征、可变剖面扫描特征和混合特征等。在三维实体模型中经常要先创建基础特征，然后在基础特征的基础上创建其他所需的特征。下面结合案例介绍实体类的基础特征。

3.2.1　拉伸特征

　　拉伸特征是指将二维剖面拉伸到垂直于草绘平面的指定距离来创建的特征。典型的拉伸特征示例如图 3-1 所示。

　　进入零件建模模式，在功能区的"模型"选项卡的"形状"面板中单击"拉伸"按钮，系统在功能区显示图 3-2 所示的"拉伸"选项卡。"拉伸"选项卡中具有 3 个滑出面板标签，即"放置""选项"和"属性"，它们的功能含义如下。

　　● "放置"滑出面板：该滑出面板（为了描述的简洁，本书可将"滑出面板"简述为"面板"）用来定义或编辑草绘截面。

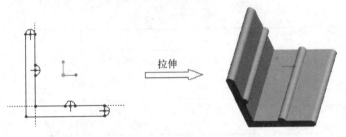

图3-1 创建拉伸特征

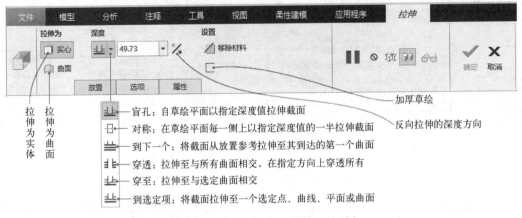

图3-2 功能区显示的"拉伸"选项卡

● "选项"滑出面板：打开该面板后，可以重定义草绘平面每一侧的特征深度选项和相应的深度值，如图3-3所示。对于拉伸曲面特征而言，还可以在该面板中通过"封闭端"复选框来设置是否用封闭端创建曲面特征。若在该面板中选中"添加锥度"复选框，则需要在其值框中设置锥角（角度范围从-89.9°~89.9°），从而按值使几何成锥形。

● "属性"滑出面板：该面板如图3-4所示。在"名称"文本框中列出了当前拉伸特征的名称，用户可以更改该特征名称；单击"显示此特征的信息"按钮 **i**，则打开Creo Parametric 浏览器以查看该拉伸特征的详细信息。

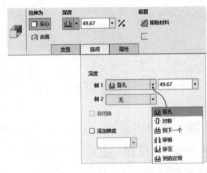

图3-3 "选项"面板

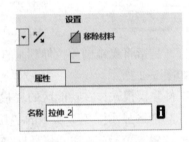

图3-4 "属性"面板

下面通过一个底座零件设计案例讲解创建拉伸实体特征的典型方法及步骤。

1. 新建零件文件

① 在"快速访问"工具栏中单击"新建"按钮，系统弹出"新建"对话框。

② 在"类型"选项组中选择"零件"单选按钮，在"子类型"选项组中选择"实体"单选按钮；在"文本"文本框中输入"hy_3_dz"，单击"使用默认模板"复选框以取消使用默认模板，然后单击"确定"按钮，系统弹出"新文件选项"对话框。

③ 从"新文件选项"对话框的"模板"选项组中选择"mmns_part_solid"，然后单击"确定"按钮，从而新建一个零件文件并进入零件设计模式。在新零件文件中，已经存在着预定义好的一个基准坐标系和3个相互正交的基准平面（RIGHT、FRONT和TOP）。

知识点拨　如果要在图形窗口中除了显示基准平面之外，还要显示平面标记，那么在功能区中打开"视图"选项卡，选中"平面标记显示"按钮，如图3-5所示。其他基准标记显示的设置操作也类似。

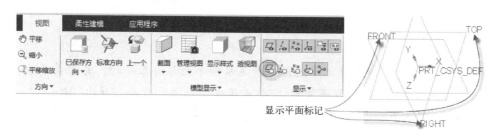

图3-5　设置显示平面标记

2. 创建拉伸实体特征

① 在功能区的"模型"选项卡的"形状"面板中单击"拉伸"按钮，打开"拉伸"选项卡。默认时，"拉伸"选项卡中的"实心"按钮处于被选中的状态。

② 在"拉伸"选项卡中选择"放置"选项，打开"放置"面板，如图3-6所示，接着单击该面板中的"定义"按钮，弹出"草绘"对话框。选择FRONT基准平面作为草绘平面，默认以RIGHT基准平面作为"右"方向参照，如图3-7所示，然后单击"草绘"按钮。

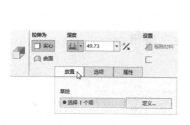

图3-6　打开"放置"面板

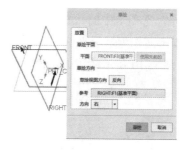

图3-7　选择草绘平面

说明　用户也可以不用打开"拉伸"选项卡的"放置"面板，而是直接在图形窗口中选择所需的基准平面来快速定义草绘平面，例如在本例中，直接选择FRONT基准平面作为草绘平面，系统随即进入草绘模式。

③ 功能区出现"草绘"选项卡，在"草绘"选项卡的"设置"面板中单击"草绘视图"按钮，从而定向草绘平面使其与屏幕平行。绘制图3-8所示的拉伸剖面，然后在"草绘"选项卡的"关闭"面板中单击"确定"按钮✓。

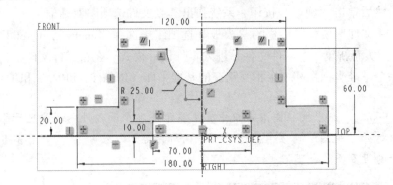

图3-8　绘制拉伸剖面

？说明 用户可以事先启动草绘器时设置草绘平面与屏幕平行，其方法是单击"文件"标签打开文件菜单（应用程序菜单），接着选择"选项"命令，弹出"Creo Parametric 选项"对话框，在左窗格中选择"草绘器"，在对话框右部区域的"草绘器启动"选项组中选中"使草绘平面与屏幕平行"复选框，然后单击"确定"按钮。

④ 选取深度类型选项及设置深度值。在"拉伸"选项卡的深度类型选项下拉列表框中选择"对称"深度选项日，接着在深度文本框中输入深度值为68。

⑤ 在"拉伸"选项卡中单击"确定"按钮✓，完成该拉伸实体特征创建。

此时，按〈Ctrl+D〉组合键以默认的标准方式视角显示模型，效果如图3-9所示。

3. 以拉伸的方式切除材料

① 在功能区的"模型"选项卡的"形状"面板中单击"拉伸"按钮，打开"拉伸"选项卡。默认时，"拉伸"选项卡中的"实心"按钮处于被选中的状态。

② 在"拉伸"选项卡中单击"移除材料"按钮。

③ "拉伸"选项卡中的"放置"标签以特定颜色（如红色）显示，在图形窗口中直接选择TOP基准平面作为草绘平面，系统自动地快速进入草绘模式。

④ 绘制图3-10所示的拉伸剖面，单击"确定"按钮✓。

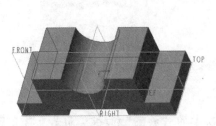

图3-9　创建的拉伸实体特征

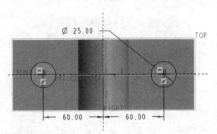

图3-10　绘制拉伸剖面

　　⑤ 在"拉伸"选项卡的"深度"选项下拉列表框中选择"穿透"选项 ，单击"反向拉伸的深度方向"按钮 ，从而将拉伸的深度方向更改为如图 3-11 所示。

　　⑥ 在"拉伸"选项卡中单击"确定"按钮 ，完成拉伸切除操作，得到图 3-12 所示的模型效果。

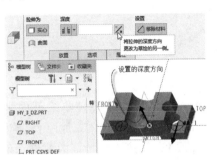

　　图 3-11　设置拉伸的深度方向

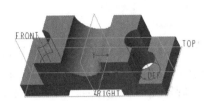

　　图 3-12　拉伸切除后的效果

4. 创建拉伸加厚特征

　　① 在功能区的"模型"选项卡的"形状"面板中单击"拉伸"按钮 ，打开"拉伸"选项卡。默认时，"拉伸"选项卡中的"实心"按钮 处于被选中的状态。

　　② 在"拉伸"选项卡中单击"加厚草绘"按钮 ，接着输入加厚厚度为 10，如图 3-13 所示。

　　③ 打开"放置"面板，单击"定义"按钮，弹出"草绘"对话框。

　　④ 选择图 3-14 所示的实体面作为草绘平面，快速进入草绘模式中。

　　图 3-13　设置加厚草绘的参数

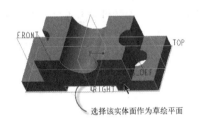

选择该实体面作为草绘平面

　　图 3-14　选择草绘平面

　　⑤ 在功能区的"草绘"选项卡的"草绘"面板中单击"投影"按钮 ，系统弹出"类型"对话框，选择"单一"单选按钮，单击图 3-15 所示的一条轮廓边通过投影来创建新图元，单击"类型"对话框中的"关闭"按钮。

　　在"草绘"选项卡的"关闭"面板中单击"确定"按钮 ，完成草绘并退出草绘模式。

　　⑥ 在"拉伸"选项卡中单击位于"加厚草绘"按钮 最右侧的"在草绘的一侧、另一侧或两侧间更改拉伸方向"按钮 ，使其向外侧加厚。

　　⑦ 输入侧 1 的拉伸深度值为 15。

　　⑧ 在"拉伸"选项卡中单击"确定"按钮 ，完成的底座效果如图 3-16 所示。

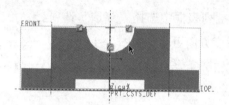

图 3-15　单击轮廓边绘制开放式剖面（投影）

图 3-16　完成的底座效果

3.2.2　旋转特征

使用系统提供的旋转工具🔧，可以通过绕着指定的中心线旋转草绘截面来创建特征，该特征被称为旋转特征。旋转特征的类型可以为旋转伸出项（实体、加厚）、旋转切口（实体、加厚）、旋转曲面、旋转曲面修剪（规则、加厚）。创建旋转特征的典型示例如图 3-17 所示。

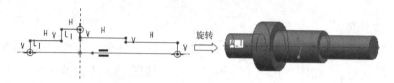

图 3-17　创建旋转特征示例

要创建旋转特征，则在功能区的"模型"选项卡的"形状"面板中单击"旋转"按钮🔧，打开图 3-18 所示的"旋转"选项卡，接着在"旋转"选项卡中指定特征类型，如实体（实心）或曲面，接着打开"放置"面板来创建草绘或者选取草绘（注意旋转特征需要定义旋转截面和旋转轴，旋转轴可以是线性参考或草绘器中心线），完成定义旋转截面和旋转轴后，在"旋转"选项卡中设置旋转角度、旋转方向，并根据特征类型等来设置相应的参数。

图 3-18　功能区出现的"旋转"选项卡

在这里介绍一下定义旋转截面的规则。

- 🔘 必须只在旋转轴的一侧草绘几何图形。
- 🔘 可使用开放或闭合截面创建旋转曲面。
- 🔘 如果在旋转截面中绘制有一条以上的中心线，那么系统默认将创建的第一条满足要求的几何中心线用作旋转轴。如果草绘中不包含几何中心线，则使用创建的第一条构造中心线作为旋转轴。若要更改默认的旋转轴，则在截面中先选择要定义旋转轴的一条中心线（所选的中心线既可以是几何中心线，也可以是构造中心线），接着在功能区的"草绘"选项卡中单击"设置"组溢出按钮，选择"特征工具"|"指定旋转轴"命令，如图 3-19 所示，从而将选定的该中心线指定为旋转轴。

图 3-19 指定旋转轴操作

当然，在定义旋转特征时，除了可以使用内部中心线作为旋转轴外，也可以使用外部轴而不是中心线。

下面通过一个顶杆帽基件设计案例讲解创建旋转实体特征的典型方法及步骤。

1. 新建零件文件

① 在"快速访问"工具栏中单击"新建"按钮 ，系统弹出"新建"对话框，在"类型"选项组中选择"零件"单选按钮，在"子类型"选项组中选择"实体"单选按钮，在"文件名"文本框中输入文件名为"hy_3_dgm"，单击以清除（取消选中）"使用默认模板"复选框，然后单击"确定"按钮。

② 系统弹出"新文件选项"对话框，从中选择"mmns_part_solid"公制模板，然后单击"确定"按钮。

2. 创建旋转实体特征

① 在功能区的"模型"选项卡的"形状"面板中单击"旋转"按钮 ，从而在功能区打开"旋转"选项卡。默认时，"旋转"选项卡中的"实心"按钮 处于被选中的状态。

② 在"旋转"选项卡中选择"放置"选项标签，打开"放置"面板，单击该面板中的"定义"按钮，弹出"草绘"对话框。

③ 选择 FRONT 基准平面作为草绘平面，以 RIGHT 基准平面作为"右"方向参照，单击"草绘"对话框中的"草绘"按钮，从而进入草绘模式。

④ 确保定向草绘平面使其与屏幕平行，接着在"草绘"选项卡的"基准"面板中单击"中心线"按钮 ，添加一条竖直的几何中心线作为旋转轴，并接着绘制图 3-20 所示的封闭图形。绘制好旋转截面并修改相关的尺寸后，单击"确定"按钮 ，从而完成草绘并退出内部草绘器。

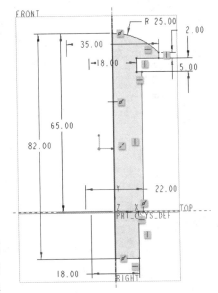

图 3-20 绘制的封闭图形

⑤ 默认时，"变量"图标选项 处于被选中的状态，从草绘平面开始以 360°旋转。单击"确定"按钮 ，完成创建的旋转实体特征如图 3-21 所示。

3. 以旋转的方式切除材料

① 在功能区"模型"选项卡的"形状"面板中单击"旋转"按钮 ，打开"旋转"选项卡。

② 在"旋转"选项卡选择"放置"选项标签，打开"放置"面板，接着单击"放置"面板中的"定义"按钮，打开"草绘"对话框。

③ 在"草绘"对话框中单击"使用先前的"按钮，进入草绘模式。

④ 绘制图3-22所示的旋转截面（剖面）和旋转中心轴。绘制好图形并修改好相关的尺寸后，单击"确定"按钮 ，完成草绘并退出内部草绘器。

⑤ 默认时，"变量"图标选项 处于被选中的状态，从草绘平面开始以360°旋转。在"旋转"选项卡中确保选中"移除材料"按钮 （使此按钮处于被选中状态）。

⑥ 在"旋转"选项卡中单击"确定"按钮 ，从而完成旋转切除操作，最终得到顶杆帽基件的模型效果如图3-23所示。

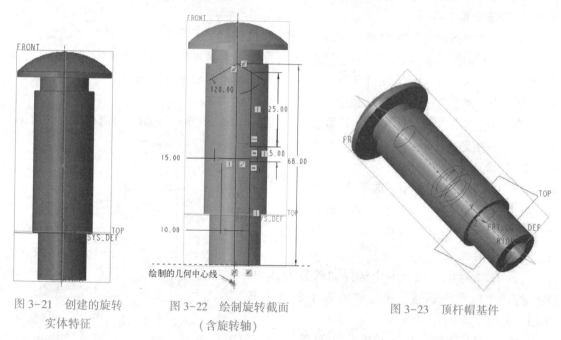

图3-21　创建的旋转
实体特征

图3-22　绘制旋转截面
（含旋转轴）

图3-23　顶杆帽基件

3.2.3 扫描特征

在Creo Parametric 6.0中，可以在沿着一个或多个选定轨迹扫描截面时通过控制截面的方向、旋转和几何来添加或移除材料，从而生成扫描特征，扫描特征既可以是实心（实体）的，也可以是曲面的。扫描特征的扫描类型分两种，一种是恒定截面扫描，另一种则是可变截面扫描。

恒定截面扫描是指在沿轨迹扫描的过程中，草绘的形状不变，仅截面所在框架的方向发生变化。所述的框架实际上是沿着原点轨迹滑动并且自身带有要被扫描截面的坐标系，坐标系的轴由辅助轨迹和其他参考定义。框架非常重要，因为它决定着草绘沿原点轨迹移动时的方向。创建恒定截面扫描特征的典型示例如图3-24所示。

可变截面扫描是指在扫描过程中，其截面是可变的。创建可变截面扫描会将草绘图元约束到其他轨迹（中心平面或现有几何），或者使用由trajpar参数设置的截面关系可使草绘可变。需要用户特别注意的是，草绘所约束到的参考可更改截面形状，另外通过使用关系（由trajpar设置）定义标注形式也能使草绘可变。草绘在轨迹点处重新生成，并相应更新其形状。创建可变截面扫描特征的典型示例如图3-25所示。

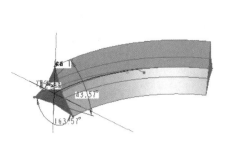

图3-24 创建扫描特征的典型示例

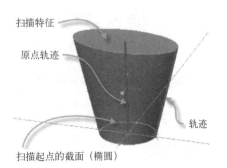

图3-25 创建可变截面扫描特征的典型示例

要创建扫描特征，则在功能区的"模型"选项卡的"形状"面板中单击"扫描"按钮，打开图3-26所示的"扫描"选项卡。下面介绍"扫描"选项卡中各主要组成元素的功能含义。

图3-26 功能区的"扫描"选项卡

1. 相关按钮

- □：创建实体（实心）特征。
- ◻：创建曲面特征。
- ✎：打开内部草绘器来创建或编辑扫描横截面。
- ◿：沿扫描移除材料，以便为实体特征创建切口或为曲面特征创建面组修剪。
- ⊏：为草绘添加厚度以创建薄实体、薄实体切口或薄曲面修剪。
- ⊢：创建恒定截面扫描，即沿扫描时其截面保持不变。
- ⊾：创建可变截面扫描，即允许截面根据参数化参考或沿扫描的关系进行变化。

2. "参考"滑出面板

"参考"滑出面板如图3-27所示。在该滑出面板中主要提供了以下工具或选项。

- "轨迹"表："轨迹"表的"轨迹"列用于显示轨迹，包括用户选择作为轨迹原点和集类型的轨迹；"X"复选框可用于将轨迹设置为X轨迹，"N"复选框可用于将轨迹设置为法向轨迹（"N"复选框被选定时，截面垂直于轨迹），"T"的相应复选框可用于将轨迹设置为与"侧1""侧2"或选定的曲面参考相切。

⊙ "细节"按钮：单击此按钮，将打开图3-28所示的"链"对话框以修改选定链的属性。

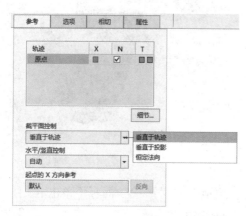

图3-27 "参考"滑出面板

图3-28 "链"对话框

⊙ "截平面控制"下拉列表框：该下拉列表框用于设置定向截平面的方式（扫描坐标系的Z方向），可供选择的选项有"垂直于轨迹""垂直于投影"和"恒定法向"。当选择"垂直于轨迹"选项时，截平面在整个长度上保持与原点轨迹垂直；当选择"垂直于投影"选项时，沿着投影方向看去，截平面保持与原点轨迹垂直，Z轴与指定方向上的原点轨迹的投影相切，注意选择该选项时，"方向参考"收集器被激活以用于选择方向参考；当选择"恒定法向"选项时，Z轴平行于指定的方向参考矢量，同样"方向参考"收集器被激活，并提示选择方向参考。

⊙ "水平/竖直控制"下拉列表框：用于决定绕草图平面法向的框架旋转沿扫描如何定向。该下拉列表框可能提供选定选项有"自动""垂直于曲面"和"X轨迹"，其中，"自动"为默认选项，表示由XY方向定向横截面。

⊙ "起点的X方向参考"收集器：当在"截平面控制"下拉列表框中选择"垂直于轨迹"或"恒定法向"选项，且"水平/竖直控制"设置为"自动"时，显示原点轨迹起点处的截平面X轴方向。

3. "选项"滑出面板

"选项"滑出面板如图3-29所示，在该面板中可以设置以下内容。

⊙ "封闭端"复选框：用于设置封闭扫描特征的每一端。适用于具有封闭环截面和开放轨迹的曲面扫描。

⊙ "合并端"复选框：用于将实体扫描特征的端点连接到邻近的实体曲面而不留间隙。当扫描截面为恒定、存在开放的平面轨迹、截平面控制选择的是"垂直于轨迹"、水平/竖直控制选择的是"自动"，以及邻近项至少包含一个实体特征时可用。

● "草绘放置点"：指定原点轨迹上的点来草绘截面，不影响扫描的起始点。如果"草绘放置点"为空，则将扫描的起始点用作草绘截面的默认位置。

4."相切"滑出面板

"相切"滑出面板如图 3-30 所示，其中，"轨迹"列表用于显示扫描特征中的轨迹，"参考"下拉列表框用于用相切轨迹控制曲面。

图 3-29 "选项"滑出面板

图 3-30 "相切"滑出面板

5."属性"滑出面板

在"属性"滑出面板中，可通过"名称"框来设置扫描的名称，以及单击"显示此特征的信息"按钮 ⓘ 以在 Creo Parametric 浏览器中显示详细的元件信息。

在介绍了"扫描"选项卡之后，下面通过几个案例来介绍创建扫描特征的方法、技巧等。需要用户注意的是，在创建扫描特征时，根据所选轨迹数量，扫描截面类型会自动设置为"恒定"或"可变"（通常，单一轨迹设置恒定扫描，多个轨迹设置为可变截面扫描）；如果向扫描特征添加或从中移除轨迹，扫描类型会相应调整，但是可以覆盖默认设置，也可以通过单击"恒定截面（保持截面不变）"按钮 ┗ 或"允许截面变化"按钮 ┗ 来手动设置扫描类型。

扫描典型案例 1——创建弯管

① 在"快速访问"工具栏中单击"新建"按钮 ＼，新建一个使用"mmns_part_solid"公制模板的实体零件文件，其文件名定为"hy_s3_wj"。

② 在功能区"模型"选项卡的"形状"面板中单击"扫描"按钮 ，打开"扫描"选项卡。

③ 草绘轨迹。在功能区的右侧区域单击"基准"|"草绘"按钮，弹出"草绘"对话框，选择 TOP 基准平面作为草绘平面，默认以 RIGHT 基准平面为"右"方向参照，如图 3-31 所示，接着单击"草绘"按钮，进入草绘模式。绘制图 3-32 所示的将作为扫描轨迹的相切曲线，单击"确定"按钮 ✔。

④ 在功能区"扫描"选项卡中单击出现的图 3-33 所示的"退出暂停模式，继续使用此工具"按钮 ▶。

⑤ 确保所绘制的曲线被选择作为原点轨迹，在"扫描"选项卡中打开"参考"面板，默认"截平面控制"选项为"垂直于轨迹"。此时，应设置轨迹起点箭头如图 3-34 所示。如果原点轨迹的起点箭头不在所需的端点处，那么可以通过单击显示的起点箭头来将它切换到轨迹的另一端。

⑥ 在功能区"扫描"选项卡中可以看到"实心"按钮□和"保持截面不变"按钮└ 自动被选中，单击"创建薄板"按钮□，并设置薄板厚度为5，如图3-35所示。

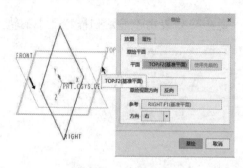

图3-31 指定草绘平面

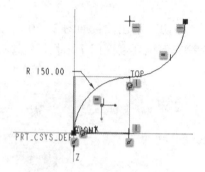

图3-32 绘制相切圆弧曲线

图3-33 "扫描"选项卡中出现的按钮

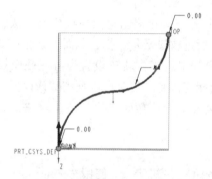

图3-34 设置轨迹起点箭头

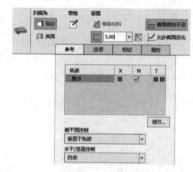

图3-35 设置生成薄板及其参数

⑦ 在功能区"扫描"选项卡中单击"创建或编辑扫描截面"按钮□，进入内部草绘器，绘制图3-36所示的扫描截面（此截面图形为一个圆），然后单击"确定"按钮✔。

⑧ 在功能区"扫描"选项卡中单击"确定"按钮✔，完成创建的弯管模型如图3-37所示。

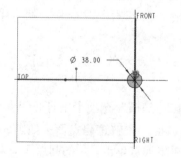

图3-36 绘制扫描截面

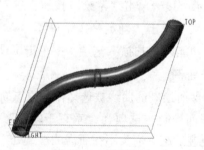

图3-37 弯管模型

扫描典型案例 2——创建杯子手柄

① 在"快速访问"工具栏中单击"打开"按钮 ，弹出"文件打开"对话框，选择"hy_s3_bzbs. prt"配套文件来打开。该文件中已经存在一个杯子主体模型。

② 在功能区的"模型"选项卡的"形状"面板中单击"扫描"按钮 ，打开"扫描"选项卡。

③ 草绘轨迹。在功能区的右侧区域单击"基准"|"草绘"按钮，弹出"草绘"对话框，选择 FRONT 基准平面作为草绘平面，以 RIGHT 基准平面为"右"方向参照，接着在"草绘"对话框中单击"草绘"按钮，进入草绘模式。在"草绘"选项卡的"草绘"面板中单击"样条"按钮 绘制图 3-38 所示的样条曲线，样条曲线的两个端点分别约束于杯子的外轮廓边，最后单击"确定"按钮 ，完成草绘并退出草绘模式。

图 3-38　草绘样条曲线

④ 在功能区"扫描"选项卡中单击出现的"退出暂停模式，继续使用此工具"按钮 。

⑤ 确保所绘制的样条曲线被选作原点轨迹，设置原点轨迹的起点箭头方向如图 3-39 所示。在"扫描"选项卡中打开"参考"面板，默认"截平面控制"选项为"垂直于轨迹"。

⑥ 在功能区"扫描"选项卡中可以看到"实心"按钮 和"保持截面不变"按钮 自动被选中，打开"选项"滑出面板，从中选择"合并端"复选框，如图 3-40 所示。

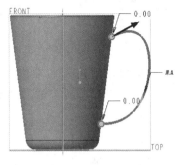

图 3-39　定义原点轨迹

图 3-40　选择"合并端"复选框

⑦ 在功能区"扫描"选项卡中单击"创建或编辑扫描截面"按钮 ，进入内部草绘器。在"草绘"选项卡的"草绘"面板中单击"中心和轴椭圆"按钮 ，绘制图 3-41 所示的椭圆形扫描截面，然后单击"确定"按钮 。

⑧ 在功能区"扫描"选项卡中单击"确定"按钮 ，完成创建该扫描实体特征。按 〈Ctrl+D〉组合键以默认的标准方向视角显示模型，完成效果如图 3-42 所示。

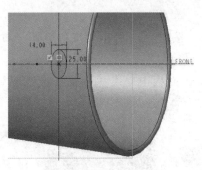

图 3-41　绘制椭圆

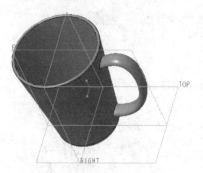

图 3-42　完成扫描实体特征

知识点拨　如果在本例步骤 ⑥ 中，在"选项"滑出面板中取消选中"合并端"复选框，则最后得到的扫描特征在两端会不与相邻实体自然合并，如图 3-43 所示。

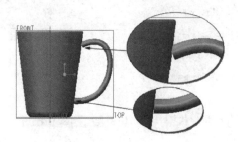

图 3-43　不选中"合并端"复选框得到的扫描实体特征

扫描典型案例 3——创建可变截面扫描特征

① 在"快速访问"工具栏中单击"打开"按钮 📂，弹出"文件打开"对话框，选择"hy_s3_kbpms. prt"配套文件来打开，该文件中已经存在图 3-44 所示的 3 条光滑曲线。

② 在功能区的"模型"选项卡的"形状"面板中单击"扫描"按钮 🗇，打开"扫描"选项卡，并在"扫描"选项卡中单击选中"实心"按钮 🗆。

③ 在"扫描"选项卡中打开"参考"面板，选择曲线 1 作为原点轨迹，接着按住〈Ctrl〉键的同时选择曲线 2 和曲线 3 作为约束截面形状的辅助轨迹线（即作为链轨迹，也称集轨迹）。此时，默认为创建可变截面扫描特征，即"扫描"选项卡中的"允许截面变化"按钮 ⌇ 自动处于被选中的状态。

④ 更改原点轨迹的原点位置。选择原点轨迹，接着在原点轨迹上单击已显示的箭头，即可切换原点轨迹的起点方向，确保使箭头显示状况如图 3-45 所示。

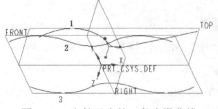

图 3-44　文件已有的 3 条光滑曲线

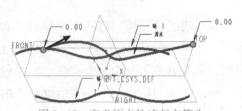

图 3-45　定义原点轨迹起点箭头

⑤ 在"扫描"选项卡中单击"创建或编辑扫描截面"按钮 ☑，进入截面草绘模式。

⑥ 单击"样条"按钮 ∿，按照顺序分别捕捉到相应控制点来绘制封闭的样条曲线，如图3-46所示，然后单击"确定"按钮 ✔，完成扫描截面并退出草绘模式。

⑦ 在"扫描"选项卡中打开"参考"面板，从"截平面控制"下拉列表框中选择"恒定法向"选项，此时系统激活"方向参考"收集器，并提示选择一个平面、轴、坐标系轴或直图元来定义截平面法向。调整模型视角，在图形窗口或模型树中选择RIGHT基准平面作为方向参照，"水平/垂直控制"选项为"自动"。

⑧ 对动态预览的效果满意后，在"扫描"选项卡中单击"确定"按钮 ✔，完成创建的可变截面扫描实体特征如图3-47所示。

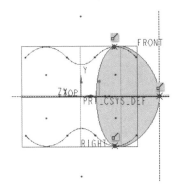
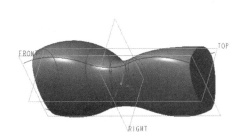

图3-46　绘制样条曲线　　　　　图3-47　完成的可变截面扫描特征

扫描典型案例4——使用关系创建可变截面扫描特征

① 在"快速访问"工具栏中单击"打开"按钮 📂，弹出"文件打开"对话框，选择"hy_s3_gxkbps.prt"配套文件来打开。在该元件中已经绘制好一条钩状形式的相切曲线。

② 在功能区的"模型"选项卡的"形状"面板中单击"扫描"按钮 📦，打开"扫描"选项卡，并在"扫描"选项卡中单击选中"实心"按钮 □。

③ 选择曲线作为原点轨迹，并且将原点轨迹上的起点方向箭头设置在图3-48所示的端点处。

④ 在"扫描"选项卡中单击"允许截面变化"按钮 ⌐，接着打开"参考"面板，接受默认的截平面控制选项为"垂直于轨迹"，水平/垂直控制选项为"自动"。

⑤ 在"扫描"选项卡中单击"创建或编辑扫描截面"按钮 ☑，进入草绘模式。

⑥ 单击"圆：圆心和点"按钮 ◎，在指定位置（十字叉丝位置）处绘制一个圆。接着在功能区中切换到"工具"选项卡，如图3-49所示，从该选项卡的"模型意图"面板中单击"关系"按钮 d=，系统弹出"关系"对话框。

⑦ 在"关系"对话框中输入带trajpar参数的截面关系为"sd3 = 38 * （1 + 0.8 * trajpar）"，如图3-50所示，从而使草绘可变。这里sd3为圆的直径尺寸参数符号。在"关系"对话框中单击"确定"按钮，然后在功能区中切换到"草绘"选项卡，单击"确定"按钮 ✔，完成截面草绘并退出草绘模式。

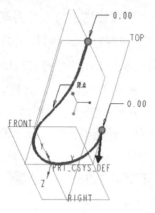

图 3-48 指定原点轨迹及其起点方向

图 3-49 切换到"工具"选项卡

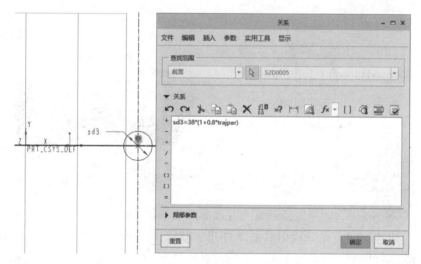

图 3-50 设置截面圆的关系

⑧ 对动态预览的效果满意后，在"扫描"选项卡中单击"确定"按钮 ✓ ，从而完成该可变截面扫描实体特征，其钩体效果如图 3-51 所示。

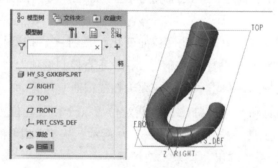

图 3-51 完成的可变截面扫描特征（钩体效果）

3.2.4 混合特征

使用"混合"按钮 🪡 ，可以通过混合至少两个相互平行或投影到平行曲面上的二维截面来创建三维几何（混合特征）。常见的混合特征由一系列的平面截面（至少两个平面截面）形成，其构建思路是将这些平面截面在其边顶点处用过渡曲面连接形成一个连续特征。较为常见的混合特征是平行混合特征，其所有混合截面都位于截面草绘中的多个平行平面上。

除了封闭混合之外，每个混合截面包含的图元数都必须始终保持相同。对于没有足够几何图元的截面，可以采用添加混合顶点的方式来进行处理，添加的每一个混合顶点相当于给截面添加一个图元。为草绘截面添加混合顶点的典型方法是在草绘截面中先选择所需的一个点，接着在功能区的"草绘"选项卡中选择"设置"|"特征工具"|"混合顶点"命令，如图3-52所示，即可在所选点处创建一个混合顶点，此方法适用于与草绘截面混合的情形。

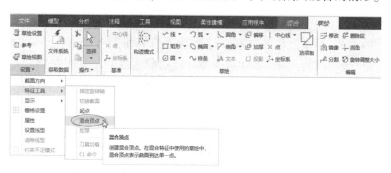

图3-52　选择"混合顶点"命令

另外，要注意每个混合截面的起始点位置要相一致，否则会生成不是所希望的混合特征。可以在截面草绘器中，从功能区的"草绘"选项卡中选择"设置"|"特征工具"|"起点"命令将所需点设置为起始点。此外，此操作还能更改起始点方向。

允许帽状混合特征的第一个草绘截面或最后一个草绘截面只存在一个点，图3-53所示的一个平行混合特征，该混合特征的第1个草绘截面和第2个草绘截面均为相同形状的正多边形，第3个草绘截面（最后一个草绘截面）为一个点（单击"草绘"选项卡的"草绘"面板中的"点"按钮✖来创建该点）。

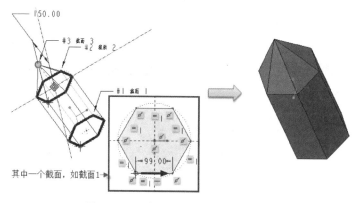

图3-53　示例：帽状的平行混合特征

在创建一些混合特征的时候注意设置合适的混合曲面选项，这需要在功能区的"混合"选项卡的"选项"面板中进行设置，如选择"直"单选按钮或"平滑"单选按钮，它们对应得到的混合效果会不一样，典型示例如图3-54所示。

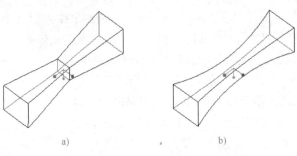

图 3-54　示例：不同属性的混合特征

a) "直" 的混合特征　b) "平滑" 的混合特征

下面以案例的形式（两个案例）来介绍创建混合特征（平行混合）的典型方法步骤。第一个案例为与草绘截面混合，第二个案例为与选定截面混合，其中在第二个案例中还涉及一个新的操作知识点，即如何为选定截面添加混合顶点的操作。

混合典型案例1——与草绘截面混合

1️⃣　在"快速访问"工具栏中单击"新建"按钮📄，新建一个使用"mmns_part_solid"公制模板的实体零件文件，其文件名定为"hy_s3_pxhh"。

2️⃣　在功能区"模型"选项卡中单击"形状"组溢出按钮，并单击"混合"按钮🖌，打开图3-55所示的"混合"选项卡，此时确保选中"实心"按钮📄和"草绘截面"按钮📝。

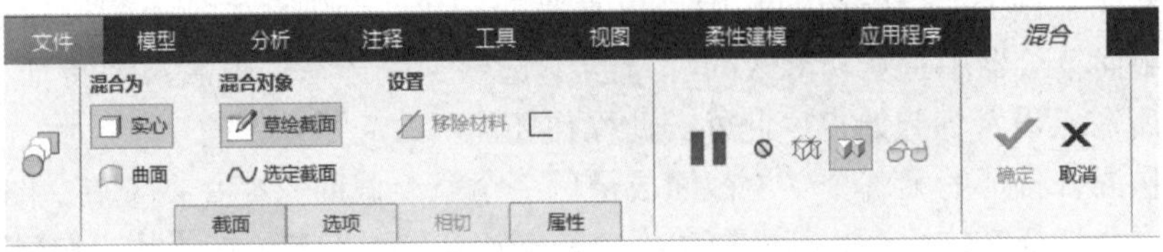

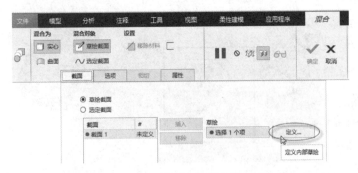

图 3-55　"混合"选项卡

3️⃣　在"混合"选项卡中打开"截面"面板，确保选择"草绘截面"单选按钮，如图3-56所示，接着单击"定义"按钮，弹出"草绘"对话框。在图形窗口或模型树中选择 TOP 基准平面作为草绘平面，默认以 RIGHT 基准平面为"右"方向参考，单击"草绘"按钮。

图 3-56　在"截面"面板中进行操作

4️⃣　单击"草绘"面板中的"圆：圆心和点"按钮⊙绘制一个直径为30的圆，再单击"草绘"面板中的"中心线"按钮┆绘制相关的两条中心线，然后单击"编辑"面板中的

"分割"按钮 ⚡，将圆分割成 6 个等分部分，注意设置一个合适的起点，如图 3–57 所示（图中 1、2、3、4、5、6 指示了 6 个分割点位置）。单击"确定"按钮 ✔，从而完成第一个混合截面绘制。

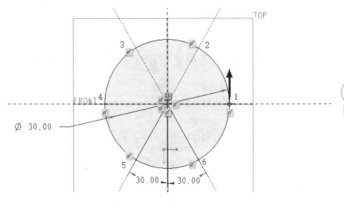

图 3–57　绘制第一个截面

⑤ 在"混合"选项卡的"截面"面板中，确保进入插入截面 2 的操作状态，草绘平面位置定位方式为"偏移尺寸"，从"偏移自"下拉列表框中默认选择"截面 1"，输入自截面 1 的偏移值为 60，如图 3–58 所示，然后单击"草绘"按钮。

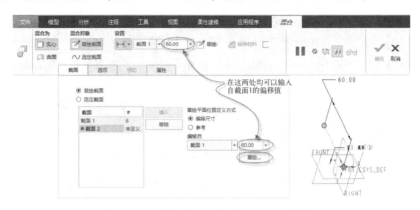

图 3–58　设置截面 2 偏移自截面 1 的距离

⑥ 在功能区出现的"草绘"选项卡中单击"草绘"面板中的"选项板"按钮 📐，系统弹出"草绘器选项板"对话框，在"多边形"选项卡中选择"六边形"，将该图形插入到截面 2 中，接着选择要作为正确起点的顶点，在"设置"面板中单击"设置"组溢出按钮并选择"特征工具"|"起点"命令，完成的第 2 个截面如图 3–59 所示，然后单击"确定"按钮 ✔。指定起点也可以在选择所需顶点后单击鼠标右键，从快捷菜单中选择"起点"命令。

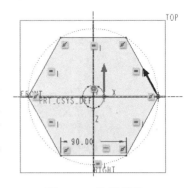

图 3–59　绘制截面 2

⑦ 在"混合"选项卡中打开"截面"面板，确保选中"草绘截面"单选按钮，单击"插入"按钮以插入截面 3，设置其草绘平面位置定义方式为"偏移尺寸"，从"偏移自"下拉列表框中默认选择"截面 2"，设置自截面 2 的偏移距离为 15，单击"草绘"按钮，进入截面 3 的草绘状态。

⑧ 绘制第 3 个截面，该截面图形和第 2 个截面图形一样，其起点位置和方向也一样。然后单击"确定"按钮 ✔。

⑨ 在"混合"选项卡中打开"选项"面板，默认选择"混合曲面"下的"平滑"单选按钮，如图3-60所示。

⑩ 在"混合"选项卡中单击"确定"按钮✔，完成创建的混合特征如图3-61所示。

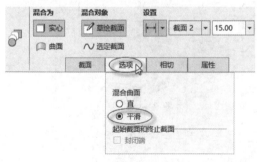

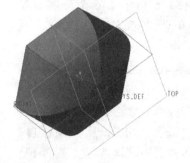

图3-60 设置混合曲面选项为"平滑"　　　　图3-61 完成创建的混合特征

混合典型案例2——与选定截面混合

① 在"快速访问"工具栏中单击"打开"按钮📂，系统弹出"文件打开"对话框，选择本书配套素材文件"hy_s3_pxhh2.prt"，单击"打开"按钮，该原始文件中存在图3-62所示的两个草绘特征。

② 在功能区的"模型"选项卡中单击"形状"组溢出按钮，接着单击"混合"按钮🔩，打开"混合"选项卡，此时确保选中"实心"按钮□，并单击"选定截面"按钮∿。

③ 在图形窗口中单击"草绘1"曲线作为混合截面1，确保该混合截面的起点位置及起点方向如图3-63所示。

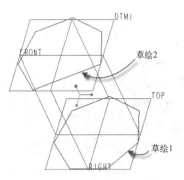

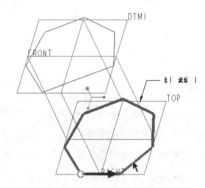

图3-62 原始素材文件　　　　图3-63 选定混合截面1

知识点拨 选定混合截面时，如果发现默认的起点位置不对，则可以使用鼠标指针拖拽箭头原点（显示为圆形符号）到其他有效位置，以设定新的起点位置。另外，使用鼠标指针单击箭头（除箭头原点），可以反向截面起点方向。

④ 在功能区的"混合"选项卡中打开"截面"面板，接着在"截面"面板中单击"插入"按钮，在图形窗口中选择"草绘2"曲线作为混合截面2，并接着通过鼠标操作的方式来设置新的起点位置和起点方向，如图3-64所示。

⑤ 很显然，混合截面2的图元数比混合截面1的图元数要少一个，需要在混合截面2中

添加一个混合顶点来增加一个图元数。在"混合"选项卡的"截面"面板中，确保选中"截面2"，单击"添加混合顶点"按钮，从而在截面2中添加一个混合顶点，如图3-65所示。如果发现默认的混合顶点不在所需的位置处，那么可以通过鼠标拖拽的方式将混合顶点拖放到该截面的其他有效位置处。

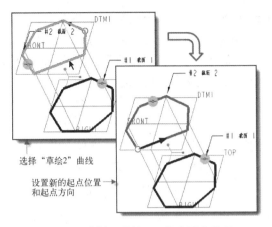

图3-64　选择"草绘2"作为混合截面2

⑥ 在"混合"选项卡中打开"选项"面板，在"混合曲面"选项组中选择"直"单选按钮，如图3-66所示。

⑦ 在"混合"选项卡中单击"确定"按钮✔，完成的混合特征如图3-67所示。

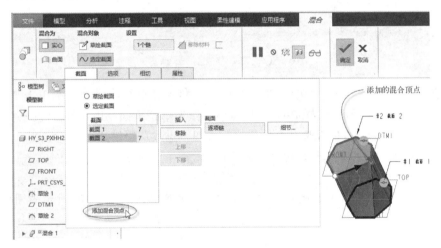

图3-65　在截面2中添加一个混合顶点

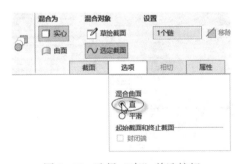

图3-66　选择"直"单选按钮

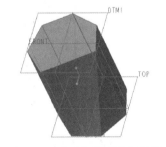

图3-67　完成的混合特征效果

3.2.5　旋转混合特征

旋转混合是指将混合截面绕指定的轴旋转而创建的，其最大角度可达120°（有效范围在-120°～120°之间）。旋转混合特征的创建步骤和上一小节介绍的混合特征的创建步骤类似，最大的不同之处是旋转混合特征需要定义旋转轴。如果第一个草绘或选择的截面包含一个旋转轴或中心线，那么系统会将其自动选定为旋转轴。如果第一个草绘不包含旋转轴或中心线，则用户可以选择所需几何作为旋转轴。旋转混合的所有截面必须位于相交于同一旋转轴的平面中。对于草绘截面而言，可以通过使用相对于混合中另一截面的偏移值或通过选择一个参考来定义截面的草绘平面。

请看以下创建旋转混合特征的一个典型案例。

① 在"快速访问"工具栏中单击"新建"按钮，新建一个使用"mmns_part_solid"公制模板的实体零件文件，其文件名定为"hy_s3_xzhhtz"。

② 在功能区的"模型"选项卡中单击"形状"组溢出按钮，接着单击"旋转混合"按钮，打开"旋转混合"选项卡，此时确保选中"实心"按钮和"草绘截面"按钮，如图 3-68 所示。

图 3-68 "旋转混合"选项卡

③ 在"旋转混合"选项卡中打开"截面"面板，在草绘收集器右侧单击"定义"按钮，弹出"草绘"对话框，选择 RIGHT 基准平面作为草绘平面，以 TOP 基准平面为"左"方向参考，单击"草绘"对话框中的"草绘"按钮，进入草绘模式中。

④ 使用相关的草绘工具绘制图 3-69 所示的截面 1，单击"确定"按钮。

知识点拨 如果截面起点的方向反向了，则可以按照图 3-70 所示的图解步骤 A、B、C 进行操作即可。

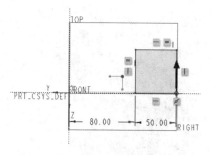

图 3-69 绘制截面 1

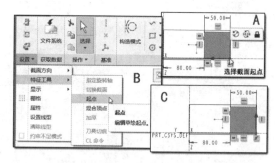

图 3-70 修改截面起点的方向

⑤ 在"旋转混合"选项卡中打开"截面"面板，此时"旋转轴"收集器处于激活状态，在图形窗口中选择基准坐标系中的 Z 轴来定义旋转轴，如图 3-71 所示。

⑥ 在"旋转混合"选项卡的"截面"面板中单击"插入"按钮，设置草绘平面位置定义方式为"偏移尺寸"，从"偏移自"下拉列表框中选择"截面 1"，输入旋转偏移值为 68，如图 3-72 所示。注意该旋转偏移值的有效范围是 $-120° \sim 120°$。

⑦ 在"旋转混合"选项卡的"截面"面板中单击"草绘"按钮，进入草绘模式，使用相关的草绘工具绘制图 3-73 所示的截面 2，单击"确定"按钮。

图 3-71　定义旋转轴

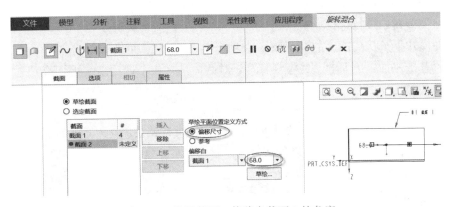

图 3-72　设置截面 2 偏移自截面 1 的角度

8　在"旋转混合"选项卡中打开"选项"面板，选择"平滑"单选按钮。

9　在"旋转混合"选项卡中单击"确定"按钮✔️，完成的旋转混合特征如图 3-74 所示。

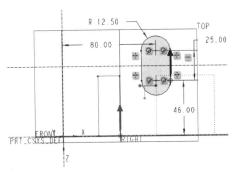

图 3-73　绘制截面 2

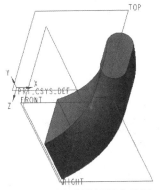

图 3-74　完成旋转混合特征

3.3　基准特征

基准特征主要包括基准平面、基准点、基准曲线、基准轴和基准坐标系等。

3.3.1　基准平面

基准平面在设计中是比较重要的。例如，可以在基准平面上草绘或放置特征，可以将基准平面用作尺寸标注的位置参照（参考），可以将基准平面作为装配时零部件相互配合的参照面等。

在默认情况下，基准平面有两侧，可以设置一侧为褐色，另一侧为灰色。当组装元件、定向视图和草绘参考时，应使用颜色，根据面对屏幕的不同侧，基准平面将以设定的不同颜色显示。

用户可以根据设计需要来创建新基准平面，新建的基准平面将获得系统按照依次顺序自动分配的基准名称：DTM1、DTM2、DTM3……当然用户也可以更改基准平面的名称。

如果要选择一个基准平面，那么可以选择其名称，或在图形窗口中单击它的一条显示边界线，或在模型树中进行选择。

在零件模式下，从功能区的"模型"选项卡的"基准"面板中单击"平面"按钮 ⬜，系统弹出"基准平面"对话框。"基准平面"对话框具有 3 个选项卡，下面介绍这 3 个选项卡的功能含义。

1．"放置"选项卡

"放置"选项卡的主要用途是收集参照和设置放置约束等来定义基准平面的放置位置。当选择了参照后，系统会根据参照提供默认的放置约束类型选项，用户可以根据设计要求选择另外的放置约束类型选项，并设置相关的参数来放置新基准平面。例如，选择 TOP 基准平面作为参照，接着可在"参考"收集器中的相应下拉列表框中选择放置约束类型选项为"偏移"，在"偏移"下面的"平移"文本框中输入于指定方向的偏移距离，如图 3-75 所示。

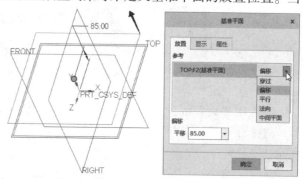

图 3-75　定义基准平面放置

2．"显示"选项卡

"显示"选项卡如图 3-76 所示，主要用于调整基准平面的方向和显示大小。单击"反向"按钮，则反转基准平面的法向。若要调整基准平面的显示轮廓大小，那么选中"调整轮廓"复选框，接着选择"大小"或"参考"轮廓类型选项。

- 大小：通过指定宽度和高度值来设置基准平面轮廓显示的大小，可以锁定长宽比。需要注意的是指定为基准平面的显示轮廓高度和宽度的值不是 Creo Parametric 尺寸值，且不会显示出来。
- 参考：允许根据选定参照（如零件、特征、边、轴或曲面等）调整基准平面的显示大小。

3．"属性"选项卡

"属性"选项卡如图 3-77 所示，在该选项卡可以利用"名称"文本框来重命名该基准特征，并可单击"显示此特征的信息"按钮 ℹ️，以在 Creo Parametric 浏览器中查看关于当前基准平面特征的详细信息。

图 3-76　"基准平面"的"显示"选项卡

图 3-77　"基准平面"的"属性"选项卡

3.3.2　基准点

在几何建模时可以将基准点用作构造元素，或用作进行计算和模型分析的已知点。

基准点主要分一般基准点、偏移坐标系基准点和域基准点等。其中，一般基准点是指在图元上、图元相交处或自某一图元偏移处所创建的基准点；偏移坐标系基准点是指通过自选定坐标系偏移来创建的基准点；域基准点（简称域点）是指在"行为建模"中用于分析的点，一个域点标识一个几何域。在这里主要介绍常用的一般基准点。另外，在草绘平面中亦可创建几何基准点（第 2 章已介绍）。

在一个基准点特征内，可以使用不同的放置方法来添加点。注意在一项操作中创建的所有点都属于同一个组（同一个基准点特征）。创建一般基准点特征的方法步骤如图 3-78 所示。

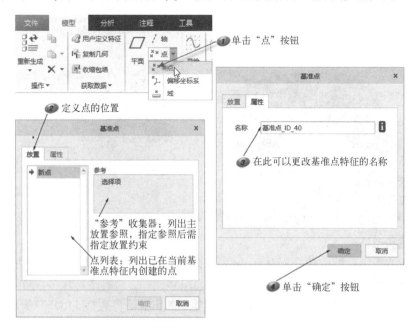

图 3-78　创建一般基准点特征的方法步骤

可以将一般基准点放置在这些位置：曲线、边或轴上；圆形或椭圆形图元的中心；在曲面或面组上，或自曲面或面组偏移；顶点上或自顶点偏移；自现有基准点偏移；从坐标系偏移；图元相交位置等。注意不能将基准点置于坐标系的轴上，但可以使用坐标系的轴作为偏移方向。

下面通过案例来详细介绍一般基准点的典型方法和步骤，具体操作步骤如下。

① 在"快速访问"工具栏中单击"打开"按钮 📂，系统弹出"文件打开"对话框，选择随书配套资源的 CH3 文件夹里提供的配套源文件"hy_s3_jzd.prt"，该文件中存在的零件模型如图 3-79 所示。

② 在功能区的"模型"选项卡的"基准"面板中单击"点"按钮 ✖✖，系统弹出"基准点"对话框。

③ 创建基准点 PNT0。

在模型顶曲面的预定区域单击，接着拖动其中一个偏移参照控制图柄去捕捉 RIGHT 基准平面的显示轮廓边界（即选择 RIGHT 基准平面），再拖动另一个偏移参照控制图柄选择 FRONT 基准平面，然后在"基准点"对话框的"放置"选项卡的"偏移参考"收集器中分别设置这两个偏移参照相应的偏移距离，如图 3-80 所示。第一个基准点被默认命名为 PNT0。

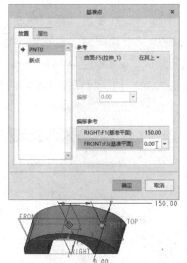

图 3-79　原始零件模型　　　　图 3-80　创建基准点 PNT0

④ 创建基准点 PNT1。

在"放置"选项卡的点列表中单击"新点"，使"➡"符号指向"新点"，表示当前状态为新点创建状态。

在顶曲面的指定区域内单击（如图 3-81 所示），接着在"放置"选项卡的"参考"收集器中，将该曲面参照的约束类型选项设置为"偏移"，在"偏移"尺寸文本框中输入 60，然后在对话框中的"偏移参考"收集器框内单击，将其激活，选择 FRONT 基准平面，按住〈Ctrl〉键的同时选择 RIGHT 基准平面，所选的 FRONT 基准平面和 RIGHT 基准平面作为偏移参照列在"偏移参考"收集器中，分别修改它们相应的偏移距离，如图 3-82 所示。

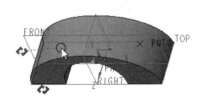

图 3-81　在顶曲面指定区域内单击

图 3-82　创建基准点 PNT1

⑤ 创建基准点 PNT2。

在点列表中单击"新点"标签，以切换到新点创建状态。

在图 3-83 所示的半椭圆形边线上单击，系统根据该主放置参照给予默认的放置约束选项为"在其上"。

在"偏移"尺寸框右侧的下拉列表框中选择"比率"选项，并设置偏移比率为 0.68，如图 3-84 所示。

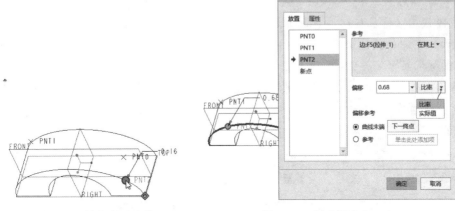

图 3-83　单击所需边线

图 3-84　创建基准点 PNT2

说明 可以有下列两种指定偏移距离的方式。

● 通过指定偏移比率：在"偏移"尺寸框中输入偏移比率。偏移比率是基准点到选定端点之间的距离与曲线或边的总长度之比。

● 通过指定实际长度：将"比率"选项改为"实际值"选项，此时在"偏移"尺寸框输入从基准点到端点或参照的实际曲线长度。

⑥ 创建基准点 PNT3。

在"放置"选项卡的点列表中单击"新点"，使"➡"符号指向"新点"，表示当前状态为新点创建状态。

单击所需的半圆边线，接着在"参考"收集器中将所选边线的放置约束类型选项更改为"居中"，如图 3-85 所示，从而将新基准点放置在选定边参照的中心处。

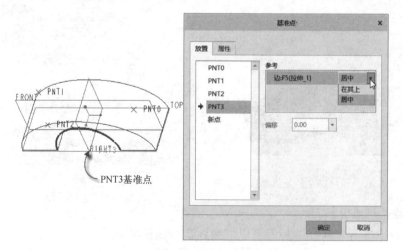

图 3-85 创建基准点 PNT3

⑦ 在"基准点"对话框中单击"确定"按钮，完成基准点特征创建。在该基准点特征中包含了 4 个基准点。

知识点拨 用户可以设置在图形窗口中显示或隐藏基准特征（包括基准点），以及显示或隐藏基准特征标记（包括基准点标记），这可以使用功能区的"视图"选项卡的"显示"面板中的相关按钮，如图 3-86 所示。"平面显示"按钮 用于显示或隐藏基准平面，"平面标记显示"按钮 用于显示或隐藏基准平面标记；"点显示"按钮 用于显示或隐藏基准点，"点标记显示"按钮 用于显示或隐藏基准点标记；"轴显示"按钮 用于显示或隐藏基准轴，"轴标记显示"按钮 用于显示或隐藏基准轴标记；"坐标系显示"按钮 用于显示或隐藏坐标系，"坐标系标记显示"按钮 用于显示或隐藏坐标系标记。另外，"注释显示"按钮 用于打开或关闭 3D 注释及注释元素，"旋转中心"按钮 用于显示或隐藏旋转中心，"尺寸背景显示"按钮 用于设置显示或隐藏尺寸背景。

图 3-86 "视图"选项卡

3.3.3 基准曲线

创建基准曲线的方式主要分两种情形，一种用于插入空间基准曲线，另一种则用于在指定的草绘平面内草绘平面基准曲线。

1. 插入空间基准曲线

要插入空间基准曲线，则在功能区的"模型"选项卡中单击"基准"组溢出按钮，接着单击"曲线"旁边的"箭头"按钮▶，打开一个工具命令列表，如图 3-87 所示，其中提供了 3 种曲线选项，即"通过点的曲线""来自方程的曲线""来自横截面的曲线"。下面分别介绍创建基准曲线的这 3 种方法。

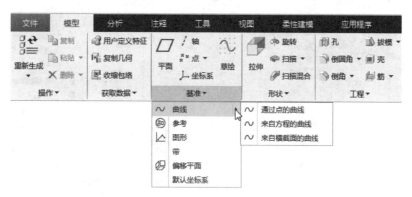

图 3-87　用于创建空间基准曲线的命令

（1）通过点的曲线

使用"通过点的曲线"命令，可以创建一个通过若干现有点的基准曲线，其一般操作方法和步骤如下。

⚫ 在功能区的"模型"选项卡中单击"基准"组溢出按钮，接着单击"曲线"旁边的"箭头"按钮▶，打开一个工具命令列表，从中选择"通过点的曲线"命令，打开"曲线：通过点"选项卡，如图 3-88 所示。

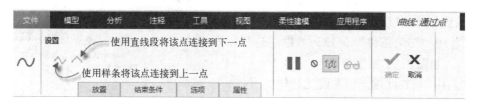

图 3-88　"曲线：通过点"选项卡

⚫ 在"曲线：通过点"选项卡中打开"放置"面板，单击激活"点"收集器，在图形窗口中选择一个现有点、顶点或曲线端点，接着确保处于"➡添加点"的状态下，选择其他点添加到曲线定义中（所选点显示在点列表中），如图 3-89 所示。

⚫ 要定义一个点与之前添加的点如何连接，那么在"放置"面板的点列表中选择该点，接着在"连接到前一点的方式"选项组中选择"样条"或"直线"单选按钮。选择"样条"单选按钮时，使用三维样条将该选定点连接到上一点；选择"直线"单选按钮时，使用一条直线段来将该选定点连接到上一点，并可以根据实际要求选择"添加圆角"复选框以在曲线的选定点处添加圆角来对曲线进行倒圆角，圆角半径值由"半径"框输入的值设定，而"具有相同半径的点组"复选框用于创建具有相同半径的点逻辑组的点部分，如图 3-90 所示。

"样条"单选按钮对应着"曲线：通过点"选项卡中的 ∧ 按钮，"直线"单选按钮对应着 ∧ 按钮。

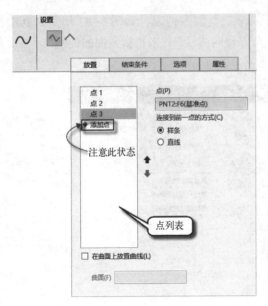

图 3-89 "曲线：通过点"选项卡的"放置"面板　　　图 3-90 使用直线将选定点连接到上一点

说明 要创建位于曲面上的基准曲线，则需要在"放置"面板中选中"在曲面上放置曲线"复选框，接着选择所需的曲面，并激活"点"收集器来在曲面上选择所需的点。

要在曲线的端点定义条件，那么在"曲线：通过点"选项卡中打开"结束条件"面板，在"曲线侧"框中选择曲线的"起点"或"终点"，接着在"结束条件"下拉列表框中选择以下选项之一，如图 3-91 所示。

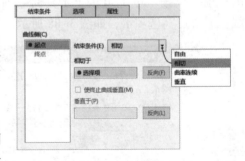

图 3-91 "结束条件"面板

- "自由"：在此端点使曲线无相切约束。
- "相切"：使曲线在该端点处与选定参考相切。选择"相切"选项时，单击"相切于"收集器，并选择一个与曲线端点相切的轴、边、曲线、平面或曲面。若单击"反向"按钮，则可将相切方向反向到参考的另一侧。如果选中"使终止曲线垂直"复选框，则当选定的相切参考是曲面或平面时，使曲线端点垂直于选定参考，"垂直于"收集器用于选择所需的一条边。
- "曲率连续"：使曲线在该端点处与选定参考相切，并将连续曲率条件应用于该点。
- "垂直"：使曲线在该端点处与选定参考垂直。

如果创建通过两个点的基准曲线，那么可以在三维空间中扭曲该曲线并动态更新其形状，其方法是在"曲线：通过点"选项卡中打开"选项"面板，选择"扭曲曲线"复选框，接着单击"扭曲曲线设置"按钮，弹出"修改曲线"对话框，利用该对话框来修改曲线，如图 3-92 所示。

在"曲线：通过点"选项卡中单击"确定"按钮✔，完成通过点来创建基准曲线。

练习案例：读者可以打开本书配套的"hy_s3_jzqxtz.prt"文件，参照上述步骤来练习创建图 3-93 所示的类似基准曲线。

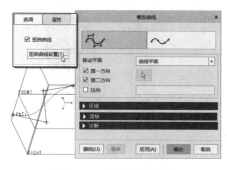

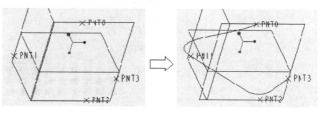

图 3-92　扭曲曲线操作　　　　　　　　图 3-93　通过点创建基准曲线

（2）来自横截面的曲线

可以使用"来自横截面的曲线"命令从横截面边界创建基准曲线，如果横截面有多个链，则每个链都有一个复合曲线。注意不能使用偏移截面中的边界创建基准曲线。

在这里，先要掌握如何创建模型的横截面。使用位于功能区"视图"选项卡的"模型显示"面板中的"视图管理器"按钮■，可以创建多种类型（如平面横截面、偏移横截面等）的横截面。请看以下简单例子。

① 打开本书配套的"hy_s3_hjm. prt"文件，此文件中已经存在图 3-94 所示的模型零件。

② 在功能区的"视图"选项卡的"模型显示"面板中单击"视图管理器"按钮■，或者在"视图"工具栏中单击"视图管理器"按钮■，弹出图 3-95 所示的"视图管理器"对话框（简述为视图管理器）。

③ 在视图管理器的"截面"选项卡中单击"新建"按钮，接着从打开的下拉命令列表中选择"平面"命令选项，再在截面列表中输入新横截面名称或接受默认的横截面名称，如图 3-96 所示，按〈Enter〉键确认。

图 3-94　已有的模型零件　　　　图 3-95　视图管理器　　　　图 3-96　指定横截面名称

④ 功能区提供"截面"选项卡，从一个下拉列表框中选择"穿过"选项，在图形窗口中选择 DTM3 基准平面，其他设置如图 3-97 所示，然后单击"确定"按钮■。

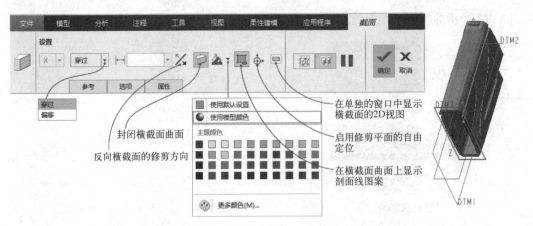

图 3-97 "截面"选项卡

⑤ 返回到视图管理器，此时刚新建的横截面处于激活状态，如图 3-98 所示，激活的截面对象在模型树上附带显示有一个小太阳图标。在视图管理器的"截面"选项卡中，利用"选项"下拉菜单可以设置截面的一些参数和内容选项。

⑥ 取消激活横截面。在视图管理器的"截面"选项卡的截面列表中双击"无横截面"选项，然后单击"关闭"按钮。或者在模型树上单击或右击"截面"节点下的处于激活状态的此横截面对象，接着在屏显工具栏中单击"取消激活"按钮，亦可取消所选横截面的激活状态。取消激活横截面后的模型效果如图 3-99 所示。

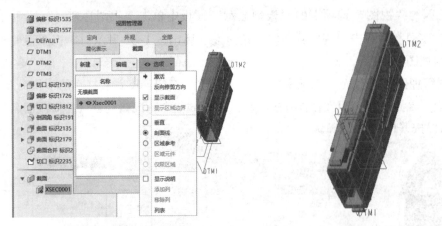

图 3-98 完成创建新横截面创建　　　　图 3-99 取消激活横截面后的模型效果

使用"来自横截面的曲线"命令方式创建基准曲线的操作步骤如下。

① 在没有选中任何横截面对象的状态下，在功能区的"模型"选项卡中单击"基准"组溢出按钮，接着单击"曲线"旁边的"箭头"按钮▶，打开一个工具命令列表，从中选择"来自横截面的曲线"命令，打开图 3-100 所示的"曲线"选项卡。

② 在"曲线"选项卡的"横截面"下拉列表框中选择用来创建曲线的命名横截面，例如在上例中选择刚创建的横截面名称。

③ 在"曲线"选项卡中单击"确定"按钮✓。

图 3-100　"曲线"选项卡

（3）从方程

只要曲线不特殊自交，便可以通过"来自方程的曲线"命令由方程创建基准曲线。请看如下一个操作案例。

① 在功能区的"模型"选项卡中单击"基准"组溢出按钮，接着单击"曲线"旁边的"箭头"按钮▶，打开一个工具命令列表，从中选择"来自方程的曲线"命令，打开图 3-101 所示的"曲线：从方程"选项卡。

图 3-101　"曲线：从方程"选项卡

② 在图形窗口或模型树中，选择一个基准坐标系或目的基准坐标系以表示方程的零点。在本例中选择 PRT_CSYS_DEF 坐标系。

③ 在 旁的下拉列表框中选择一个坐标系类型，如"笛卡儿""柱坐标"或"球坐标"，在本例中选择"笛卡儿"。

④ 在"自"框中默认独立变量范围的下限值为 0，在"至"框中默认其上限值为 1。

⑤ 单击"方程"按钮，打开"方程"对话框，输入曲线方程如下。

$$x = 5 * t + 3 * \sin(t * 360)$$
$$y = 8 + \cos(t * 360)$$
$$z = 5$$

此时，"方程"对话框如图 3-102 所示，单击"确定"按钮。

说明　根据从 0 到 1 变化的参数 t 和 3 个坐标系参数来指定方程：笛卡儿坐标系为 x、y 和 z，柱坐标系为 r、$theta$ 和 z，球坐标系为 r、$theta$ 和 phi。注意不能在定义基准曲线的方程中使用这些语句：abs、ceil、floor、else、extract、if、endif、itos 和 search。

⑥ 在"曲线：从方程"选项卡中单击"确定"按钮，完成创建的基准曲线如图 3-103 所示。

2. 草绘基准曲线

草绘的基准曲线可以由一个或多个草绘段以及一个或多个开放或封闭的环组成。

在功能区的"模型"选项卡的"基准"面板中单击"草绘"按钮，系统弹出图 3-104 所示的"草绘"对话框。"放置"选项卡中的设置内容如下。

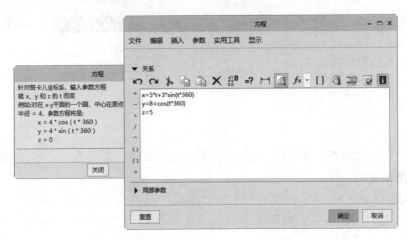

图 3-102 输入曲线方程

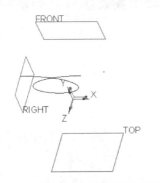

图 3-103 从方程完成创建的基准曲线

图 3-104 "草绘"对话框

- 草绘平面：包括草绘平面参照收集器。可以单击该收集器来选取或重定义草绘平面参照，或者单击"使用先前的"按钮使用先前一次使用的草绘平面。
- 草绘方向：在开始草绘前，必须将草绘平面定向到屏幕的法向轴，这需要设置草绘视图方向、参照和方向选项。

设置好草绘平面和草绘方向内容后，单击"草绘"按钮，进入草绘模式，然后使用草绘工具草绘平整（平面）基准曲线即可。

3.3.4 基准轴

基准轴的作用和基准平面类似，都可以用作特征创建的参照。在实际设计工作中，基准轴对制作基准平面、同轴放置项目和创建径向阵列特别有用。在这里需要了解这样一个基本概念：基准轴是单独的特征，它可以被重定义、隐含、遮蔽或删除等，这与特征轴是不同的；特征轴是指在创建旋转特征或圆柱形体时自动产生的内部轴线，它不是单独的特征，一旦把其依附的特征（如旋转特征）删除掉，那么相应的特征轴也一同被删除。

Creo Parametric 给在零件模型下新建的基准轴命名为"A_#"，#是轴（包括基准轴和特征轴）的顺序号。

要选择一个基准轴，则可以在绘图窗口中单击它，或者单击它的名称，也可以在模型树中选择它。

在零件模式下，从功能区的"模型"选项卡的"基准"面板中单击"轴"按钮 <i>/</i>，系统弹出"基准轴"对话框。"基准轴"对话框具有3个选项卡，下面介绍这3个选项卡的功能含义。

1. "放置"选项卡

"放置"选项卡如图3-105所示，主要包括"参考"收集器和"偏移参考"收集器。使用"参考"收集器选取要在其上放置新基准轴的参照，然后选取所需的参照类型。要选择其他参照，则在选择时按住〈Ctrl〉键。常见的参照放置类型有如下几种。

- "穿过"：表示基准轴延伸穿过选定参照。
- "法向（垂直）"：放置垂直于选定参照的基准轴。
- "相切"：放置与选定参照相切的基准轴。
- "中心"：通过选定平面圆边或曲线的中心，且在垂直于选定曲线或边所在平面的方向上放置基准轴。

如果在"参照"收集器中选取"法向（垂直）"作为参照类型，那么将激活"偏移参考"收集器，使用该收集器选取偏移参照并设置相应的位置参数。

2. "显示"选项卡

"显示"选项卡如图3-106所示。选中"调整轮廓"复选框时，可以通过指定长度尺寸来调整基准轴显示轮廓的长度，或者选定参照使基准轴轮廓与参照相拟合。

图3-105 "基准轴"对话框的"放置"选项卡　　图3-106 "基准轴"对话框的"显示"选项卡

3. "属性"选项卡

在"属性"选项卡中可以重命名基准轴特征，还可以单击"显示此特征的信息"按钮 **ℹ**，从而在Creo Parametric浏览器中查看当前基准轴特征的信息。

在设计工作中，为了节省时间，也可以先在图形窗口中选择一组有效的参照组合，然后在功能区的"模型"选项卡的"基准"面板中单击"轴"按钮 <i>/</i>，以快速地创建完全约束的基准轴特征，在这过程中没有使用"基准轴"对话框。例如，先选择两个基准点，接着单击"轴"按钮 <i>/</i>，则通过每个基准点加以约束来自动创建基准轴。创建其他基准特征也有类似的快速操作技巧，在此不赘述，希望读者在学习和工作中多加注意和总结，学以致用。

3.3.5 基准坐标系

可以根据需要在三维空间中创建用户基准坐标系，这些坐标系可以是笛卡儿坐标系、柱坐标系和球坐标系，其中常用的基准坐标系为笛卡儿坐标系。

要创建基准坐标系，则在功能区的"模型"选项卡的"基准"面板中单击"坐标系"按钮 人，系统弹出"坐标系"对话框。"原点"选项卡中的"参考"收集器首先处于被激活状态，此时，系统提示选取3个参考（例如平面、边、坐标系或点）以放置坐标系。在这里以选择 PRT_CSYS_DEF 坐标系作为参考为例，接着在"偏移类型"下拉列表框中选择"笛卡儿""圆柱""球坐标""自文件"4 选项之一，然后根据设定的偏移类型输入相关的偏移参数即可，如图 3-107 所示。设定的偏移类型不同，那么需要输入的参数也将不同，例如当偏移类型为"笛卡儿"时，需要分别输入 X、Y 和 Z 参数，而当偏移类型为"圆柱"时，则需要分别输入 R、θ 和 Z 参数。

如果要设置新基准坐标轴的方向，那么在"坐标系"对话框中切换到"方向"选项卡，如图 3-108 所示，从中进行如下的一些操作即可。

图 3-107 "坐标系"对话框的"原点"选项卡　　图 3-108 "坐标系"对话框的"方向"选项卡

- 定向根据"参考选择"：相对于两个选定的附加参照定向。
- 定向根据"选定的坐标系轴"：相对于选定的放置参照坐标系定向，即要为所选的坐标系轴设置相应的参数，如"绕 X"参数、"绕 Y"参数、"绕 Z"参数。
- 设置 Z 垂直于屏幕：单击"设置 Z 垂直于屏幕"按钮，则将坐标系定向到与屏幕正交的方向上。

使用"属性"选项卡，可以重新命名该基准坐标系，并可以单击"显示此特征的信息"按钮 **i**，打开 Creo Parametric 浏览器以查看此基准坐标系的特征信息。

在"坐标系"对话框中单击"确定"按钮，完成新基准坐标系创建。

另外，如果在零件模式功能区的"模型"选项卡中单击"基准"组溢出按钮并选择"默认坐标系"命令，则可以在当前零件中插入一个默认的坐标系。

在零件模式下，系统以"CS#"（#为从 0 开始递增的整数）形式命名新基准坐标系。

3.4 实战学习案例

本节介绍两个实战学习案例，以便用户更好地复习和巩固本章所学知识。

3.4.1 异型座件

本实战学习案例要完成的异型座件如图3-109所示。在该案例中主要应用到拉伸特征、基准轴特征、基准平面特征、剖截面和使用剖截面创建的基准曲线。

扫码观看视频

本实战学习案例具体的操作步骤如下。

1. 新建零件文件

在"快速访问"工具栏中单击"新建"按钮 ，系统弹出"新建"对话框，在"类型"选项组中选择"零件"单选按钮，在"子类型"选项组中选择"实体"单选按钮，在"文件名"框中输入"hy_sz3_yxzj"，取消选中"使用默认模板"复选框，单击"确定"按钮。

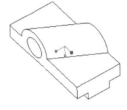

图3-109 异型座件

系统弹出"新文件选项"对话框，选择"mmns_part_solid"模板，单击"确定"按钮。

2. 创建拉伸实体特征作为模型基本体

① 在功能区的"模型"选项卡的"形状"面板中单击"拉伸"按钮 ，打开"拉伸"选项卡。默认时，"拉伸"选项卡中的"实心"按钮 处于被选中的状态。

② 选择RIGHT基准平面作为草绘平面。

③ 绘制如图3-110所示的拉伸截面图形，然后单击"确定"按钮 ，完成草绘并退出草绘模式。

④ 在"拉伸"选项卡的深度选项下拉列表框中选择"对称"深度选项 ，接着设置总深度值为500。

⑤ 在"拉伸"选项卡中单击"确定"按钮 ，从而创建一个拉伸实体特征作为异型座件的基本体。按〈Ctrl+D〉组合键，以默认的标准方向视角显示模型。

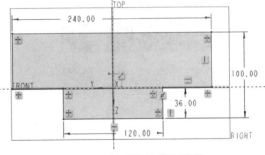

图3-110 绘制拉伸截面图形

3. 创建基准轴

① 在功能区的"模型"选项卡的"基准"面板中单击"轴"按钮 ，系统弹出"基准轴"对话框。

② 选择RIGHT基准平面，接着按住〈Ctrl〉键的同时选择TOP基准平面，两个平面参照的约束类型选项均为"穿过"，如图3-111所示。

③ 在"基准轴"对话框中单击"确定"按钮，完成基准轴特征A_1。

4. 创建基准平面

① 在功能区的"模型"选项卡的"基准"面板中单击"平面"按钮 ，系统弹出

"基准平面"对话框。

② 确保基准轴 A_1 被选中作为第一参照，其参照约束类型选项为"穿过"。按住〈Ctrl〉键的同时选择 TOP 基准平面作为另一个参照，其约束类型选项为"偏移"。

③ 在"偏移"下的"旋转"文本框中设置旋转偏移角度为30°，如图 3-112 所示。

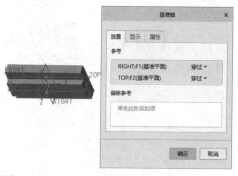

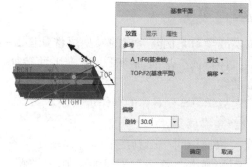

图 3-111　选择两平面在其相交处创建基准轴

图 3-112　创建基准平面

④ 在"基准平面"对话框中单击"确定"按钮，从而创建 DTM1 基准平面。

5. 创建拉伸特征

① 在新建的 DTM1 基准平面处于被默认选中的状态下，在功能区的"模型"选项卡的"形状"面板中单击"拉伸"按钮，系统快速进入内部草绘器中。

② 默认的草绘平面为 DTM1 基准平面。在功能区的"草绘"选项卡的"设置"面板中单击"参考"按钮，系统弹出"参考"对话框，增加选择 A_1 轴线和基本体顶面作为绘图参考，如图 3-113 所示，然后单击"参考"对话框中的"关闭"按钮。

③ 绘制图 3-114 所示的封闭的拉伸截面图形，该截面图形由一个半圆和一条直线段构成。绘制完毕，单击"确定"按钮。

图 3-113　指定绘图参考

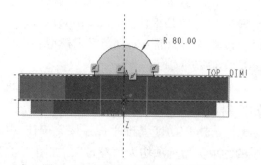

图 3-114　绘制封闭拉伸截面图形

④ 在"拉伸"选项卡中打开"选项"面板，将"侧1"和"侧2"的深度选项均设置为"到选定项"，并选择相应的要拉伸到的实体表面或边线，如图 3-115 所示。

在"拉伸"选项卡中单击"确定"按钮☑，完成该拉伸实体特征的创建，效果如图 3-116 所示。

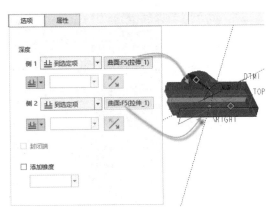

图 3-115　设置两侧拉伸

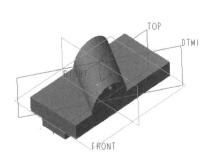

图 3-116　创建拉伸实体特征后的模型效果

6. 以拉伸的方式切除材料

① 在功能区的"模型"选项卡的"形状"面板中单击"拉伸"按钮，打开"拉伸"选项卡。默认时，"拉伸"选项卡中的"实心"按钮处于被选中的状态。

② 在"拉伸"选项卡中单击"移除材料"按钮。

③ 打开"放置"面板，接着单击"放置"面板中的"定义"按钮，弹出"草绘"对话框，然后在"草绘"对话框中单击"使用先前的"按钮，进入草绘模式。

④ 在"草绘"选项卡的"草绘"面板中单击"圆：同心"按钮，绘制图 3-117 所示的截面图形，单击"确定"按钮☑。

⑤ 在"拉伸"选项卡中打开"选项"面板，将"侧 1"和"侧 2"的深度选项均设置为"穿透"。

⑥ 在"拉伸"选项卡中单击"确定"按钮☑，切除材料后的效果如图 3-118 所示。

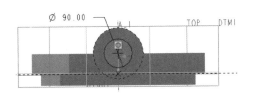

图 3-117　绘制拉伸切除的截面图形

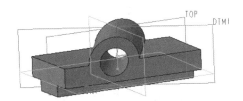

图 3-118　拉伸切除材料后的模型效果

7. 创建平面剖截面

① 在功能区中打开"视图"选项卡并从"模型显示"面板中单击"视图管理器"按钮，或者直接在"图形"工具栏中单击"视图管理器"按钮，系统弹出"视图管理器"对话框。

② 在"视图管理器"对话框中单击"截面"标签，以打开"截面"选项卡，接着在"截面"选项卡中单击"新建"按钮，并从弹出的下拉列表中选择"平面"命令，接着在出现的文本框中输入该新横截面的名称，如图 3-119 所示，然后按〈Enter〉键确认，此时

功能区出现"截面"选项卡。

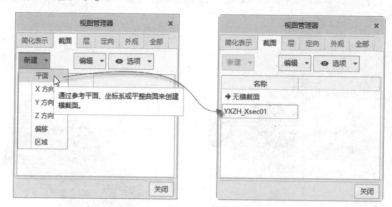

图3-119 新建横截面

③ 在图形窗口中选择TOP基准平面作为截面参考，并在"截面"选项卡中确保选中"封闭横截面曲面"按钮▢和"在横截面曲面上显示剖面线图案"按钮▨，以及从调色板中为横截面曲面选择一种颜色，如图3-120所示，然后单击"确定"按钮✓。

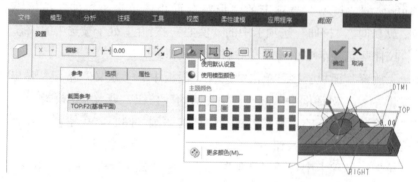

图3-120 选择截面参考并设置相关参数

📖**知识点拨** 用户还应该要掌握"截面"选项卡中以下的其他几个按钮或文本框的功能应用。

- "横截面与参考之间的距离"⊢⊣文本框：在该文本框中输入一个新值，或从最近使用过的值的列表中选择一个值，以设置横截面与参考之间的距离。另外，用户也可以在图形窗口中使用箭头拖动器来直观地设置该距离。
- ⚐：单击此按钮，反向横截面的修剪方向。
- ⊕：该按钮用于启用修剪平面的自由定位。启用自由定位后，可以使用拖动器平移和旋转修剪平面方向，如图3-121所示。
- ▢：单击选中此按钮，则在单独的窗口中显示横截面的2D视图，如图3-122所示。

④ 在"视图管理器"对话框的"截面"选项卡中单击"选项"按钮，接着单击"显示截面"复选框以取消选中它，如图3-123所示，然后单击"关闭"按钮。

⑤ 在模型树中右击"截面"标识下的"YXZJ_XSEC01"截面节点，如图3-124所示，然后从弹出的屏显工具栏中单击"取消激活"按钮▨。

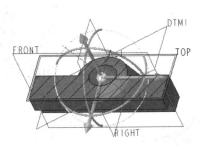

图 3-121 启用自由定位时显示有拖动器

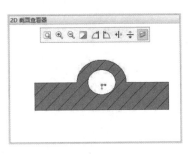

图 3-122 在单独的窗口中显示横截面的 2D 视图

图 3-123 设置截面选项

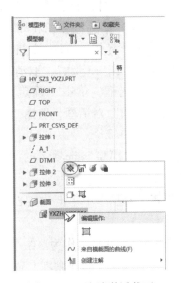

图 3-124 取消激活截面

8. 使用平面剖截面创建基准曲线

确保新创建的"YXZJ_XSEC01"截面处于被选中的状态,在功能区的"模型"选项中单击"基准"组溢出按钮,接着单击"曲线"旁的"箭头"按钮▶,并选择"来自横截面的曲线"命令,从而快速地完成创建图 3-125 所示的基准曲线。

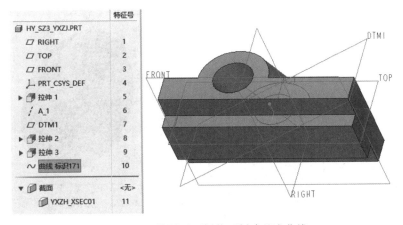

图 3-125 使用平面剖截面创建基准曲线

3.4.2 凉水壶模型

扫码观看视频

本实战学习综合案例要完成的凉水壶如图 3-126 所示。在该案例中主要应用到旋转特征、扫描特征和混合特征等。本综合案例具体的操作步骤如下。

1. 新建零件文件

在"快速访问"工具栏中单击"新建"按钮 ，弹出"新建"对话框，在"类型"选项组中选择"零件"单选按钮，在"子类型"选项组中选择"实体"单选按钮，在"文件名"框中输入"hy_sz3_lsh"，取消选中"使用默认模板"复选框，单击"确定"按钮。弹出"新文件选项"对话框，选择"mmns_part_solid"模板，单击"确定"按钮。

图 3-126 凉水壶模型

2. 创建旋转加厚特征

① 在功能区的"模型"选项卡的"形状"面板中单击"旋转"按钮 ，打开"旋转"选项卡。

② 在"旋转"选项卡中单击"实心"按钮 和"加厚草绘"按钮 ，输入加厚厚度为 2.2。

③ 选择 FRONT 基准平面作为草绘平面，快速地进入草绘模式。

④ 在"草绘"选项卡的"基准"面板中单击"中心线"按钮 ，绘制一根竖直的几何中心线作为旋转中心轴，接着使用其他草绘工具在旋转中心轴的一侧绘制旋转截面，如图 3-127 所示，然后单击"确定"按钮 。

⑤ 确保向内侧加厚草绘，旋转角度为 360°，单击"确定"按钮 ，创建的旋转加厚实体特征如图 3-128 所示。

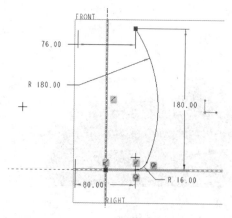
图 3-127 绘制旋转轴与旋转截面

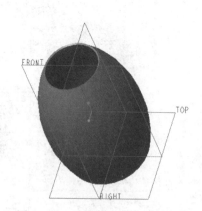
图 3-128 凉水壶的基本旋转实体

3. 使用扫描功能构建凉水壶的手柄

① 在功能区的"模型"选项卡的"形状"面板中单击"扫描"按钮 ，打开"扫

描"选项卡。默认时，"扫描"选项卡中的"实心"按钮□和"保持截面不变"按钮⊢处于被选中的状态。

　② 在功能区右侧部位单击"基准"按钮并从其命令下拉列表中单击"草绘"按钮⌇，弹出"草绘"对话框，选择 FRONT 基准平面作为草绘平面，以 RIGHT 基准平面为"右"方向参考，单击"草绘"按钮，进入草绘模式。

　③ 绘制图 3-129 所示的曲线，注意将曲线的两个端点设置约束在已有实体模型的外轮廓投影边上。修改好曲线约束与尺寸后，单击"确定"按钮✔。

　④ 在"扫描"选项卡中单击"退出暂停模式，继续使用此工具"按钮▶。

　⑤ 刚绘制的曲线自动成为原点轨迹，设置原点轨迹的起点箭头方向如图 3-130 所示，截平面控制默认为"垂直于轨迹"选项。在"扫描"选项卡中单击"选项"面板，从中选中"合并端"复选框，默认草绘放置点在原点。

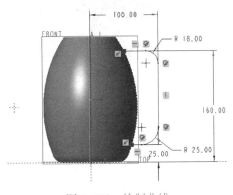

图 3-129　绘制曲线

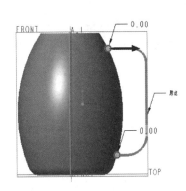

图 3-130　原点轨迹

　⑥ 在"扫描"选项卡中单击"创建或编辑扫描截面"按钮☑，绘制图 3-131 所示的扫描截面，单击"确定"按钮✔。

　⑦ 在"扫描"选项卡中单击"确定"按钮✔，完成该扫描实体特征创建，完成效果如图 3-132 所示。

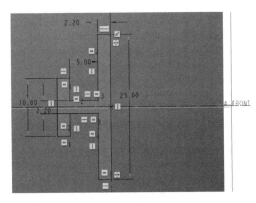

图 3-131　绘制扫描截面

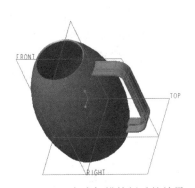

图 3-132　完成扫描特征后的效果

4. 创建混合特征

　① 在功能区的"模型"选项卡中单击"形状"组溢出按钮，接着单击"混合"按钮

，打开"混合"选项卡，默认时，"混合"选项卡中的"实心"按钮□处于被选中的状态。

② 打开"截面"面板，选择"草绘截面"单选按钮，单击"定义"按钮，弹出"草绘"对话框。翻转模型视角，选择凉水壶的底面作为草绘平面，选择 RIGHT 基准平面作为草绘方向参考，从"方向"下拉列表框中选择"右"选项，如图 3-133 所示。在"草绘"对话框中单击"草绘"按钮，进入内部草绘模式。

③ 利用"参考"对话框指定绘图参考，并绘制图 3-134 所示的截面 1。单击"确定"按钮✔，完成草绘截面 1 并退出"草绘"选项卡。

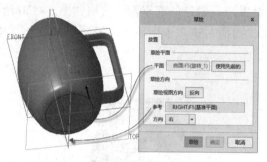

图 3-133　指定截面 1 的草绘平面参数

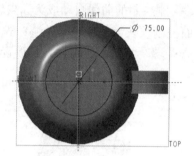

图 3-134　绘制截面 1

④ 在"混合"选项卡中打开"截面"面板，在"草绘平面位置定义方式"选项组中选择"偏移尺寸"单选按钮，设置偏移自截面 1 的偏移距离为 2，单击"草绘"按钮，进入草绘模式中。

⑤ 单击"圆：圆心和点"按钮◎，绘制图 3-135 所示的截面 2，然后单击"确定"按钮✔。

⑥ 在"混合"选项卡中打开"选项"面板，从"混合曲面"选项组中选择"直"单选按钮，如图 3-136 所示。

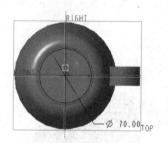

图 3-135　绘制截面 2

图 3-136　选择"直"单选按钮

⑦ 在"混合"选项卡中单击"确定"按钮✔，完成创建该混合实体特征得到的模型效果如图 3-137 所示。

5. 进行拉伸切除操作

① 在功能区的"模型"选项卡的"形状"面板中单击"拉伸"按钮，打开"拉伸"选项卡。默认时，"拉伸"选项卡中的"实心"按钮□处于被选中的状态。

② 在"拉伸"选项卡中单击"移除材料"按钮。

⑶ 在"拉伸"选项卡中选择"放置"选项，打开"放置"面板，接着单击"放置"面板中的"定义"按钮，弹出"草绘"对话框。选择图 3-138 所示的混合特征实体面作为草绘平面，默认草绘方向（即以 RIGHT 基准平面作为"右"方向参考），单击"草绘"按钮。

图 3-137　创建混合实体特征

图 3-138　指定草绘平面

⑷ 使用相关的草绘工具绘制图 3-139 所示的截面，单击"确定"按钮✔。

⑸ 在"拉伸"选项卡中输入侧面 1 的拉伸深度为 2，拉伸的深度方向为指向实体内部以成功切除材料，接着在"选项"面板中选中"添加锥度"复选框，设置锥度为 8°。

⑹ 在"拉伸"选项卡中单击"确定"按钮✔，完成拉伸切除操作。

此时，凉水壶模型的底部结构效果如图 3-140 所示。

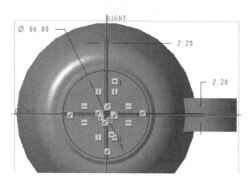

图 3-139　绘制截面

图 3-140　凉水壶模型的底部结构效果

6. 保存文件

⑴ 在"快速访问"工具栏中单击"保存"按钮🖫，系统弹出"保存对象"对话框。

⑵ 指定要保存到的目录地址，模型文件名称保存为"HY_SZ3_LSH. PRT"。

⑶ 在"保存对象"对话框中单击"确定"按钮。

3.5　思考与练习题

1）什么是零件特征？基础实体特征主要包括哪些特征？

2）基准特征主要包括哪些特征？

3）在创建旋转特征的过程中，如果在绘制旋转截面的时候，绘制了多条中心线，那么如何将较后创建的一条中心线定义为旋转轴？

4）上机操作：按照图 3-141 所示的相应尺寸建立三维实体模型，倒角可以忽略。

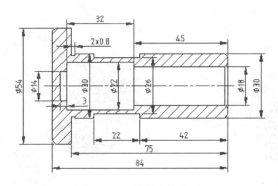

图 3-141　绘制实体模型

5）上机操作：绘制图 3-142 所示的扳手模型，具体尺寸由读者自行确定。

6）上机操作：绘制图 3-143 所示的工业铝型材模型，具体尺寸由读者自行确定。

图 3-142　扳手模型

图 3-143　工业铝型材模型

7）上机操作：请使用混合工具创建一个实心五角星模型，尺寸自行确定。

8）上机操作：打开本书配套的素材文件"HY_S3_EX8.PRT"，重新编辑"混合1"特征，为该混合特征再添加一个只由一个点构成的混合截面，新混合截面距离截面 3 为 150，重新定义前后的模型效果如图 3-144 所示。

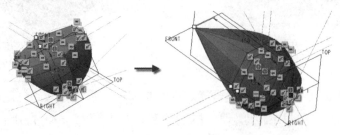

图 3-144　混合特征重新定义前后

第4章 工程特征应用

本章导读：

创建好基础特征（形状特征）后，可以在基础特征上创建工程特征，当然也可以在其他实体或合适曲面上创建工程特征。只有当文件中存在模型特征时，才可能在模型特征的基础上创建满足设计要求的工程特征。

工程特征包括孔特征、壳特征、筋特征、倒角特征、倒圆角特征、自动倒圆角特征、拔模特征和晶格特征等。

4.1 孔特征

利用系统提供的"孔"按钮，可以通过定义放置参照、设置偏移参照及定义孔的具体特性向模型中添加孔特征。孔特征与拉伸、旋转等切口特征是有所不同的，孔特征使用一个比切口标注形式更为理想的预定义放置形式，孔特征中的简单直孔和标准孔不需要草绘。

孔特征主要有简单孔和标准孔，其中典型的简单孔由带矩形截面的旋转切口组成，而标准孔由基于工业标准紧固件的旋转切口组成。

可以创建下列几种简单孔特征。

- 预定义矩形轮廓：使用预定义矩形定义钻孔轮廓。在默认情况下，Creo Parametric 6.0 创建单侧的简单孔，若要创建双侧简单直孔，那么可以在功能区的"孔"选项卡的"形状"面板中设置。双侧简单孔通常用于组件中，允许同时格式化孔的两侧。
- 使用标准孔轮廓：使用标准孔轮廓作为钻孔轮廓。可以为创建的孔特征添加沉孔、埋头孔和刀尖角度等。
- 草绘孔：使用草绘器中创建的草绘轮廓来定义钻孔轮廓。使用此方式可以创建各类异型的简单孔特征。

对于标准孔，可以设置自动创建螺纹注释，可以根据需要添加埋头孔或沉孔，并可以从孔螺纹曲面中分离出孔轴并将螺纹放置到指定的层中。可根据设计要求来创建这些类型的标准孔：（攻丝）、（锥形孔）、（间隙孔）和（钻孔）等。

4.1.1 孔的放置参照与放置类型

在设计中创建孔特征需要选择放置参照与指定放置类型，并在需要时选择偏移参照来约束孔相对于所选参照的位置。

选定的放置参照用于在模型上放置孔特征。选择孔的放置参照时，在其预览几何中会出现相应的参照控制滑块，如图4-1a所示。可以通过在孔预览几何中拖动放置控制滑块（也称"放置控制图柄"），或者将控制滑块捕捉到某个参照上来重新定位孔。而偏移参照的作用是利用附加参照来约束孔相对于选择的边、基准平面、轴、点或曲面的位置，可以通过将偏移放置控制滑块捕捉到参照来定义偏移参照。定义偏移参照时，偏移参照的尺寸值会出现在图形窗口中，如图4-1b所示，接着根据设计要求修改偏移参照的相应尺寸。

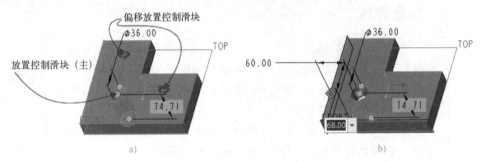

图4-1 定义孔的放置参照
a) 选择孔的放置参照 b) 指定偏移参照

说明 如果不使用出现的控制滑块，那么可以打开"孔"选项卡中的"放置"面板，通过"放置"面板中的"放置"收集器和"偏移参考"收集器来更改主放置参照和偏移参照，并可以再根据所选参照情况和设计要求在"类型"下拉列表框中更改放置类型，如图4-2所示。

在定义偏移参照时需要注意以下几点。

- 不能选择与放置参照垂直的边。
- 不能通过选择边来定义内部基准平面，但可以单击"基准平面"按钮 ▱ 来创建新的基准平面。
- 如果选择通过两个偏移参照创建的基准轴或线性孔的轴作为偏移参照，那么，Creo Parametric 将指定默认尺寸方向参照并完全约束孔。

当在模型中选择一条轴线作为孔放置参照时，系统默认的放置类型为"同轴"且不允许用户更改该放置类型，此时需要按住〈Ctrl〉键来选择另外一个曲面参照作为第二放置参照来组合定义孔，如图4-3所示的示例。

下面列举一些常见的孔放置类型，见表4-1。

表4-1 孔工具的放置类型

放置类型	约束用途	说 明	示 例
线性	使用两个线性尺寸在曲面上放置孔	若选择平面、基准平面、圆柱体或圆锥体实体曲面作为主放置参照，可以使用此类型	

（续）

放置类型	约束用途	说　　明	示　　例
径向	使用一个线性尺寸和一个角度尺寸放置孔	如果选择平面、基准平面、圆柱体或圆锥实体曲面作为主放置参照，可以使用此类型	
直径	通过绕直径参照旋转孔来放置孔，此放置类型除了使用线性和角度尺寸之外还将使用轴	选择平面实体曲面或基准平面作为主放置参照，可以使用此类型	
同轴	将孔放置在轴与曲面的交点处，此放置类型使用线性和轴参照	曲面必须与轴垂直；如果选择轴作为主放置参照，则"同轴"会成为唯一可用的放置类型	
点上	将孔与位于曲面上的或偏移曲面的基准点对齐	此放置类型只有在选择基准点作为主放置参照时才可用	

图 4-2　"放置"面板

图 4-3　定义同轴孔的示例

4.1.2 创建预定义钻孔轮廓的简单直孔

创建预定义钻孔轮廓的简单直孔是不需要草绘的，下面以实战案例的形式介绍创建此类简单直孔的一般方法和步骤。

1️⃣ 在"快速访问"工具栏中单击"打开"按钮，弹出"文件打开"对话框，选择配套文件"bc_4_k1.prt"来打开。文件中的模型是一段型材，如图4-4所示。

2️⃣ 在功能区"模型"选项卡"工程"面板中单击"孔"按钮，打开"孔"选项卡。

3️⃣ 在"孔"选项卡中单击左部的"简单（创建简单

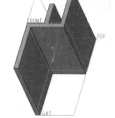

图 4-4　文件中原始型材

孔）"按钮 ⊔，接着单击右侧的"预定义（使用预定义矩形定义钻孔轮廓）"按钮 ⊔，如图 4-5 所示。

图 4-5　定义孔类型

④　在 ∅ 文本框中输入 30，以设置孔的直径尺寸值为 30。

⑤　定义钻孔深度。在"孔"选项卡的"深度选项"下拉列表框中选择"穿透"图标 ⌗⌗。

⑥　在模型上选择放置孔的大致位置。接着打开"放置"面板，定义孔的放置类型。在这里将孔的放置类型设置为"线性"。

⑦　分别将两个偏移参照控制滑块拖动到相应的偏移参照上，接着在"放置"面板的"偏移参考"收集器中将其相应的偏移参照尺寸设置为所需值，如图 4-6 所示。

🄿 说明　如果单击"轻量化孔"按钮 🛈 以选中此复选按钮时，则可以将简单孔的几何从实体孔转换为轻量化孔。若取消选中该按钮则将轻量化孔转换为实体孔。轻量化孔可以按照与使用具有实体几何的孔一样的方式使用，包括用于搜索、用于阵列中以及作为用户定义特征的一部分。在图形窗口中，轻量化孔使用特定颜色（如橙色）圆弧曲线和轴来表示，该曲线沿着孔周围并位于孔放置平面上。

⑧　在"孔"选项卡中单击"确定"按钮 ✓，完成该简单直孔的创建，如图 4-7 所示。

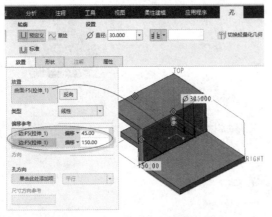

图 4-6　定义偏移参照及其尺寸

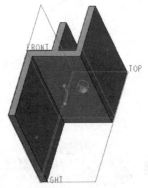

图 4-7　创建一个简单直孔

4.1.3　创建使用标准孔轮廓的简单孔

继续在上一个案例完成的模型中创建使用标准孔轮廓的简单孔。

①　在功能区的"模型"选项卡的"工程"面板中单击"孔"工具按钮 🔽，在功能区中出现"孔"选项卡。

②　在"孔"选项卡中单击"简单"按钮 ⊔，接着单击"标准（使用标准孔轮廓作为钻孔轮廓）"按钮 ⊔。

③ 在模型上选择放置孔的大致位置，如图 4-8 所示。

④ 在"孔"选项卡中打开"放置"面板，设置孔的放置类型为"线性"。

⑤ 在"放置"面板的"偏移参考"收集器框中单击，将其激活，接着选择 TOP 基准平面作为第一个偏移参考，并设置其偏移距离为 150，按住〈Ctrl〉键的同时选择 FRONT 基准平面作为第二个偏移参考，并设置其偏移距离为 130，如图 4-9 所示。

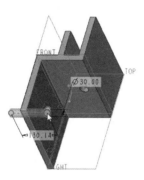

图 4-8 指定孔的主放置参照　　　图 4-9 选定偏移参照并设置其偏移距离

⑥ 在"孔"选项卡中设置孔的直径尺寸值为 50。

说明 修改孔直径尺寸的方法主要有如下几种。

● 在"孔"选项卡的 ⌀（直径）框中直接输入尺寸，或从该框的下拉列表中选择最近使用的值。

● 在图形窗口中拖动直径控制滑块来动态修改直径尺寸。

● 在图形窗口中直接双击直径尺寸，然后在出现的尺寸框中键入新值。

⑦ 在"孔"选项卡中单击"添加埋头孔/沉头孔"按钮，以添加埋头孔/沉头孔。

⑧ 在"孔"选项卡中打开"形状"面板，设置图 4-10 所示的形状尺寸和形状选项。

⑨ 在"孔"选项卡中单击"确定"按钮，完成使用标准孔轮廓的简单孔，效果如图 4-11 所示。

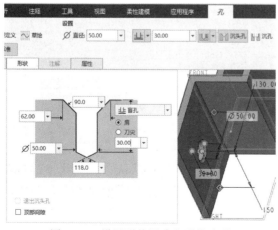

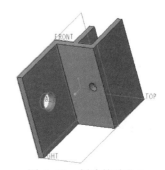

图 4-10 设置形状尺寸和形状选项　　　图 4-11 创建简单孔 2

4.1.4 创建草绘孔

要创建草绘孔,则必须进入内部草绘器中选择现有的草绘轮廓(草绘剖面)或创建新的草绘剖面。草绘孔的草绘剖面要符合如下几点。

- 必须包含所需的几何图元且无相交图元的封闭环。
- 包含垂直旋转轴(必须草绘一条几何中心线)。
- 使所有图元位于旋转轴(几何中心线)的一侧,并且使至少一个图元垂直于旋转轴。

继续在前面的案例模型中创建草绘孔,具体的操作步骤如下。

① 在功能区的"模型"选项卡的"工程"面板中单击"孔"工具按钮,打开"孔"选项卡。

② 在"孔"选项卡中单击"简单"按钮,接着单击"草绘(使用草绘定义钻孔轮廓)"按钮,则此时"孔"选项卡显示出的按钮图标如图4-12所示。

图4-12 单击"草绘(使用草绘定义钻孔轮廓)"按钮

说明 如果要打开现有的一个草绘,则在"孔"选项卡中单击"打开现有草绘"按钮,弹出"打开剖面"对话框,选择一个现有的草绘文件(.sec)来打开即可。

③ 在"孔"选项卡单击"草绘器(激活草绘器以创建剖面)"按钮,进入草绘模式。

④ 为孔绘制一个新草绘剖面(草绘轮廓),如图4-13所示。

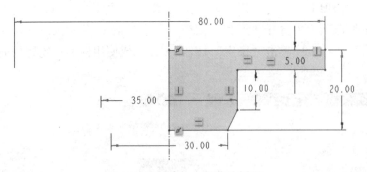

图4-13 创建一个新草绘剖面

⑤ 单击"确定"按钮。

⑥ 在模型上选择放置孔的主放置参照位置,如图4-14所示。

⑦ 打开"放置"面板,定义孔的放置类型。在本例中默认选择"线性"选项。接着分别将两个偏移放置控制滑块拖动到相应的偏移参照上,并在"偏移参考"收集器中设置它们相应的偏移距离尺寸,如图4-15所示。

⑧ 在"孔"选项卡中单击"确定"按钮,完成创建的草绘孔如图4-16所示。

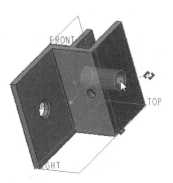

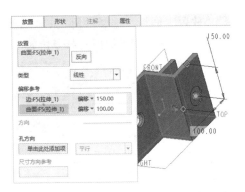

图 4-14　指定主放置参照　　　　图 4-15　定义偏移参照及其偏移距离尺寸

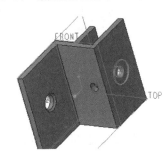

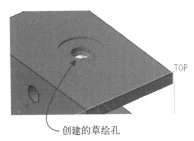

创建的草绘孔

图 4-16　创建的草绘孔

4.1.5　创建工业标准孔

工业标准孔是采用工业标准的螺纹数据等参数来创建的孔特征，在创建过程中不需要草绘。Creo Parametric 6.0 系统中的工业标准孔可以基于 ISO、UNC 或 UNF 标准（孔图表）。对于标准孔，允许系统自动创建螺纹注释。

工业标准孔包括螺纹孔（带攻丝的孔或钻孔）、锥形孔、间隙孔等。下面以在六角柱上创建一个工业标准螺纹钻孔为例，说明创建工业标准孔的一般方法和步骤。

① 在"快速访问"工具栏中单击"打开"按钮，弹出"文件打开"对话框，选择配套文件"bc_4_k2.prt"，然后单击"文件打开"对话框中的"打开"按钮。

② 在功能区的"模型"选项卡的"工程"面板中单击"孔"工具按钮，从而打开"孔"选项卡。

③ 在"孔"选项卡中单击"标准"按钮，并确保选中"添加攻丝"按钮，从（螺纹类型）下拉列表框中选择所需的孔图表，在这里接受默认的 ISO 标准孔图表。

④ 在（螺钉尺寸）框中选择螺钉尺寸为 M20×2，设置孔的深度值为 45，选择"钻孔肩部深度"图标选项，如图 4-17 所示。

图 4-17　设置创建工业标准螺纹钻孔

⑤ 打开"放置"面板。选择六角柱的上端面作为放置孔的主放置参照位置，如图4-18所示。接着在按住〈Ctrl〉键的同时选择基准轴A_1，系统默认以唯一的同轴方式放置孔特征。

⑥ 打开"形状"面板，设置工业标准螺纹钻孔的相关形状尺寸如图4-19所示。

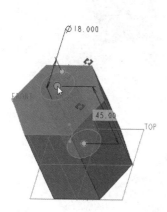

图4-18 选择主放置参照

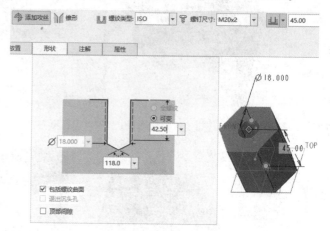

图4-19 设置工业标准螺纹钻孔的形状尺寸

⑦ 在"孔"选项卡中单击"确定"按钮✓，完成创建的工业标准螺纹钻孔特征如图4-20所示。

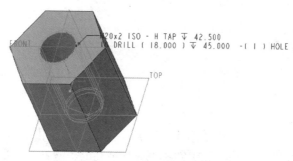

图4-20 创建工业标准螺纹钻孔

知识点拨 如果不想在标准孔特征中添加有注解信息，那么可以在创建标准孔特征的过程中，从"孔"选项卡的"注解"面板中取消选中"添加注解"复选框即可。

4.2 壳特征

壳特征可以将实体内部掏空，只留一个特定壁厚的壳，它可用于指定要从壳移除的一个或多个曲面。如果未指定要移除的曲面，那么系统将会创建一个"封闭"的壳，即将零件的整个内部掏空，没有入口连接空心部分。注意：壳厚度可以被添加到零件的外部。

在定义壳特征时，可以为选定的一些曲面设定不同的厚度，还可以通过在"排除曲面"收集器中指定曲面来排除一个或多个曲面，使其不被壳化。

在功能区的"模型"选项卡的"工程"面板中单击"壳"按钮▣，打开"壳"选项卡，有关"壳"选项卡的相关组成要素如图4-21所示。

图 4-21 "壳"选项卡

下面介绍一个创建壳特征的案例。

① 在"快速访问"工具栏中单击"打开"按钮🔧，弹出"文件打开"对话框，选择配套文件"bc_4_shell.prt"来打开，该文件中已有的实体模型如图 4-22 所示。

② 在功能区的"模型"选项卡的"工程"面板中单击"壳"按钮█，则在功能区中打开"壳"选项卡。

③ 在"厚度"文本框中输入厚度值为 5。

④ 选择模型的上顶表面作为要移除的曲面。此时，打开"参考"面板时，则可以看到在"移除的曲面"收集器中已经显示所选的该表面，如图 4-23 所示。

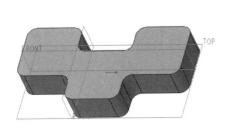

图 4-22 已有的实体模型

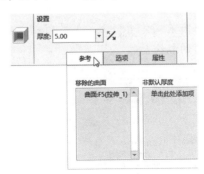

图 4-23 "参考"面板

⑤ 在"参考"面板中的"非默认厚度"收集器的框中单击，从而将"非默认厚度"收集器激活。翻转模型，选择模型的相对底表面（位于 TOP 基准平面上的一个表面），接着在"非默认厚度"收集器中将该曲面要生成的厚度设为 8。

⑥ 在"壳"选项卡中单击"确定"按钮✅，创建的壳特征如图 4-24 所示。

可以在壳创建过程中排除指定的曲面。创建具有排除曲面的壳特征的典型示例如图 4-25 所示。

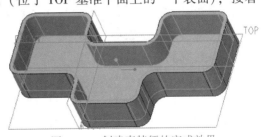

图 4-24 创建壳特征的完成效果

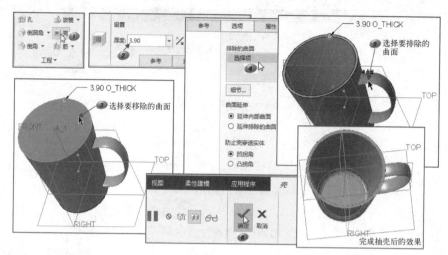

图4-25 图解：创建具有排除曲面的壳特征

说明 在创建壳特征的时候，需要注意下列限制条件和操作技巧。

- 如果零件有由3个以上的曲面形成的拐角，那么壳特征可能无法进行几何定义，有问题时系统会加亮故障区。
- 在一个收集器中选择的曲面不能在任何其他收集器中进行选择。例如，如果在"排除的曲面"收集器中指定了某个曲面，那么就不能在"非默认厚度"收集器和"排除的曲面"收集器中选择同一个曲面了。
- 在实际设计中，创建壳特征时的创建次序是很重要的。因为创建的壳特征总是应用在当前实体模型上。如果对相关特征（含壳特征）进行重新排序，那么可能得到不同的抽壳结果。

4.3 筋特征

在Creo Parametric 6.0中，筋特征主要分为轮廓筋和轨迹筋两大类。

4.3.1 轮廓筋

轮廓筋是指在设计中连接到实体曲面的薄翼或腹板伸出项。轮廓筋特征仅在零件模式中可用，可以对轮廓筋特征执行阵列、修改、编辑定义、重定参照等操作。

轮廓筋特征包括直的轮廓筋特征和旋转轮廓筋特征。直的轮廓筋特征是直接连接到直曲面上的，而旋转轮廓筋特征是连接到旋转曲面上的，如图4-26所示。

设计轮廓筋特征需要进行以下几个方面的操作。

1. 指定有效的轮廓筋草绘

通过从模型树中选择"草绘"特征（草绘基准曲线）来创建从属截面，或草绘一个新的独立截面。有效的轮廓筋特征草绘必须满足以下标准。

- 单一的开放环。

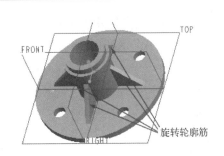

图4-26 轮廓筋的两种类型

◉ 连续的非相交草绘图元。

◉ 草绘端点必须与形成封闭区域的连接曲面对齐。

对于直的轮廓筋特征，其筋轮廓草绘要求为：可以在任意点上创建草绘，只要其线端点连接到曲面，以形成一个要填充的区域，如图4-27a所示。对于旋转轮廓筋特征，其筋轮廓草绘要求为：必须在通过旋转曲面的旋转轴的平面上创建草绘，其线端点必须连接到曲面，以形成一个要填充的区域，如图4-27b所示。

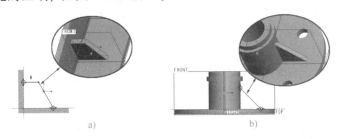

图4-27 两种轮廓筋的筋轮廓草绘示例

a) 直的轮廓筋 b) 旋转轮廓筋

2. 确定相对于草绘平面和所需筋几何的筋材料侧

相对于草绘平面和所需筋几何的材料侧（厚度侧）可以有3种情况，即关于草绘平面对称（两侧）、侧一和侧二，如图4-28所示。默认的材料侧方向为对称（两侧），可以在"筋"选项卡中通过单击"材料侧方向"按钮⊠来更改筋特征的材料加厚方向。

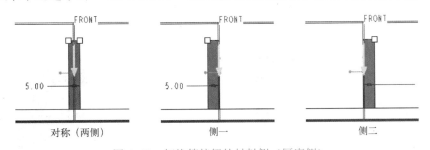

图4-28 切换筋特征的材料侧（厚度侧）

3. 设置筋厚度尺寸

在"筋"选项卡的"厚度"尺寸框中控制筋特征的材料厚度。

下面以创建直的轮廓筋特征为例介绍创建轮廓筋的一般方法及步骤。

① 在"快速访问"工具栏中单击"打开"按钮📂，弹出"文件打开"对话框，选择

配套文件"bc_4_rib_1.prt"来打开。该文件中存在图4-29所示的实体模型。

② 在功能区的"模型"选项卡的"工程"面板中单击"轮廓筋"按钮，打开"轮廓筋"选项卡。

③ 在"轮廓筋"选项卡中选择"参考"标签，从而打开"参考"面板，如图4-30所示，在该面板中单击"定义"按钮，弹出"草绘"对话框。

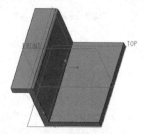

图4-29 文件中已有的实体模型特征

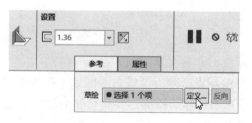

图4-30 打开"参考"面板

④ 选择FRONT基准平面作为草绘平面，默认以RIGHT基准平面作为"右"方向参照，单击"草绘"对话框中的"草绘"按钮，进入草绘模式。

⑤ 在功能区的"草绘"选项卡的"草绘"面板中单击"线链"按钮，绘制图4-31所示的筋轮廓侧截面图形。单击"确定"按钮，完成草绘并退出草绘模式。

⑥ 确保轮廓筋特征的填充侧指向封闭的区域，如图4-32a所示。

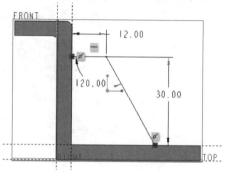

图4-31 筋轮廓侧截面草绘

说明 如果轮廓筋特征的动态预览不符合要求，即轮廓筋特征的填充方向朝外，没有指向形成封闭的填充区域，如图4-32b所示，则需要打开"参考"面板，单击"反向"按钮。

⑦ 在"轮廓筋"选项卡的（厚度）框中输入筋的厚度为5。

⑧ 在"轮廓筋"选项卡中单击"确定"按钮，从而在模型中创建一个轮廓筋特征，如图4-33所示。轮廓筋特征多用来加固设计中的零件。

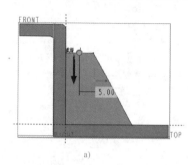

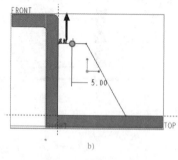

a) b)

图4-32 确保轮廓筋特征的填充方向正确
a) 正确的材料填充方向 b) 错误的材料填充方向

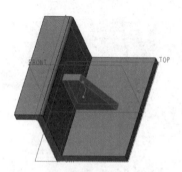

图4-33 完成创建轮廓筋特征

4.3.2 轨迹筋

轨迹筋特征包含由轨迹定义的段,还可包含每条边的倒圆角和拔模。

轨迹筋经常被用在塑料零件中起加固结构的作用,这些塑料零件通常在腔槽曲面之间含有基础和壳或其他空心区域,腔槽曲面和基础必须由实体几何组成。通过在腔槽曲面之间草绘筋轨迹,或通过选择现有草绘来创建轨迹筋。

轨迹筋具有顶部和底部,底部是与零件曲面相交的一端,而筋顶部曲面由所选的草绘平面定义。轨迹筋的侧曲面会延伸至遇到的下一个可用实体曲面。轨迹筋草绘可包含开放环、封闭环、自交环或多环,可由直线、样条、弧或曲线组成。对于开放环,图元端点不必位于腔槽曲面上,系统会自动对它们进行修剪或延伸以符合腔槽曲面,但最好将草绘端点限制在实体几何内部。对于封闭环,则要求它必须位于腔槽中。

创建有轨迹筋特征的示例如图 4-34 所示。

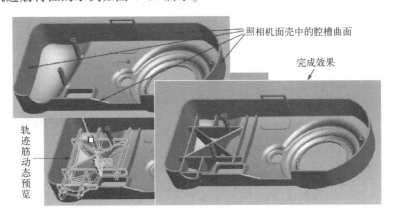

图 4-34 相机面壳中的轨迹筋

轨迹筋特征必须沿着筋的每一点与实体曲面相接,如果出现如下情况,则可能无法创建轨迹筋特征。

- 筋与腔槽曲面在孔或空白空间处相接。
- 筋路径穿过基础曲面中的孔或切口。

下面介绍一个创建轨迹筋特征的操作案例。

① 在"快速访问"工具栏中单击"打开"按钮 ,弹出"文件打开"对话框,选择配套文件"bc_4_rib_2. prt",然后在"文件打开"对话框中单击"打开"按钮。该模型文件中存在图 4-35 所示的实体模型。

② 在功能区的"模型"选项卡的"工程"面板中单击"轨迹筋"按钮 ,打开"轨迹筋"选项卡。

③ 在"轨迹筋"选项卡中单击"放置"标签打开"放置"面板,接着单击"放置"面板中的"定义"按钮,弹出"草绘"对话框。

④ 在模型中选择图 4-36 所示的实体平整面作为草绘平面,以 RIGHT 基准平面作为"右"方向参照,单击"草绘"按钮,进入草绘模式。

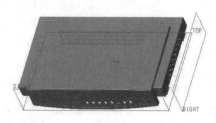

图4-35 已有的实体模型

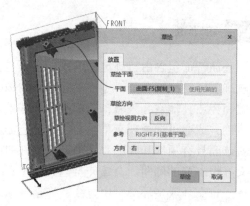

图4-36 指定草绘平面

说明 如果没有所需的平整面或基准平面作为草绘平面,那么可以在功能区右侧单击"基准"|"基准平面"按钮◻,根据设计要求来创建一个新基准平面作为草绘平面,草绘平面定义筋的顶部。

⑤ 在草绘平面中绘制筋轨迹的相应图元,如图4-37所示。图元端点不必位于腔槽曲面上,系统将会自动对它们进行修剪或延伸。

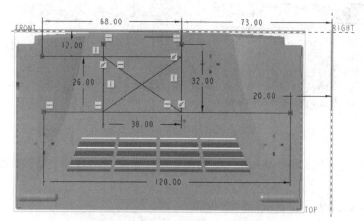

图4-37 草绘筋轨迹

⑥ 单击"确定"按钮✔,完成内部草绘并退出草绘模式。

⑦ 定义筋属性。在这里,在⫟(宽度)框中输入筋的宽度为1,并选中"添加拔模"按钮◨、"倒圆角内部边"按钮▮和"倒圆角暴露边"按钮▮,如图4-38所示。

图4-38 定义筋属性

⑧ 在"轨迹筋"选项卡中单击"形状"标签,打开"形状"面板,从中分别更改默认的拔模角度和倒圆角半径等,如图4-39所示。

说明 宽度值必须至少为倒圆角半径值的两倍，拔模角度值必须介于0°到30°之间。顶部倒圆角依据"两切线倒圆角"或"指定的值"，而底部倒圆角半径则可以被设置为"同顶部"或"指定的值"。暴露倒圆角的最大半径通常可由以下关系确定。

⊙ 带拔模的筋：

$$0.5×宽度×\tan(45°+0.5×拔模角度)$$

⊙ 无拔模的筋：$0.5×宽度$

⑨ 在"轨迹筋"选项卡中单击"确定"按钮 ✔️，从而在模型中创建图4-40所示的轨迹筋特征。

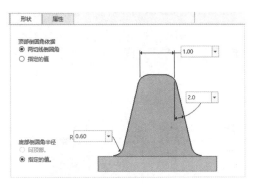

图4-39 设置形状选项和形状参数

图4-40 创建轨迹筋特征

4.4 倒角特征

在机械设计中经常要应用倒角。倒角是一类对边或拐角进行斜切削的特征。在Creo Parametric 6.0中可以创建两种类型的倒角特征，一种是拐角倒角，另一种是边倒角。

4.4.1 拐角倒角

拐角倒角是比较特殊的一种倒角，它的创建过程比较简单。要创建拐角倒角，则在功能区的"模型"选项卡的"工程"面板中单击"拐角倒角"按钮🔲，打开"拐角倒角"选项卡，使用该选项卡指定顶角和拐角倒角尺寸即可。

下面通过一个案例来介绍拐角倒角的创建过程。

① 在"快速访问"工具栏中单击"新建"按钮🗋，新建一个使用"mmns_part_solid"公制模板的实体零件文件，其文件名可以设为"bc_4_chamfer_c"。

接着在功能区的"模型"选项卡的"形状"面板中单击"拉伸"按钮🔷，以拉伸的方式创建一个长、宽和高均为50mm的正方体，如图4-41所示。

② 在功能区的"模型"选项卡的"形状"面板中单击"拐角倒角"按钮🔲，打开"拐角倒角"选项卡，如图4-42所示。

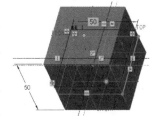

图4-41 创建的一个正方体

③ 在图形窗口中选择要创建拐角倒角的顶点，如图4-43所示。

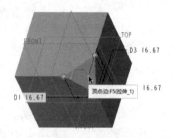

图4-42 "拐角倒角"选项卡　　　　　图4-43 选择要创建拐角倒角的顶点

④ 在"拐角倒角"选项卡中分别设置D1值为23、D2值为18、D3值为30，如图4-44所示。

⑤ 在"拐角倒角"选项卡中单击"确定"按钮✔，完成创建的拐角倒角的效果如图4-45所示。

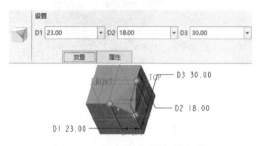

图4-44 设置拐角倒角的参数　　　　　图4-45 完成创建的拐角倒角的效果

4.4.2 边倒角

边倒角是对边进行斜切削的一类常见特征。要创建边倒角，需要定义一个或多个倒角集，所述的倒角集是一种结构化单位，包含一个或多个倒角段（倒角几何）。在指定倒角放置参照后，Creo Parametric将使用默认属性、距离值以及适于被参照几何对象的默认过渡来创建倒角。当然在某些设计场合，用户可以定义倒角集或过渡来获得满意的边倒角效果。

对于初学者，还是需要了解边倒角的两个组成内容：集和过渡。它们的定义说明如下。

● 集：倒角段，由唯一属性、几何参照、平面角及一个或多个倒角距离组成。

● 过渡：连接倒角段的填充几何。过渡位于倒角段或倒角集端点会合或终止处。通常使用默认过渡便可以满足大多数建模情况。

倒角集模式显示与过渡模式显示的图解如图4-46所示，两种模式的切换是在功能区的"边倒角"选项卡中进行设置的。

要创建边倒角特征，则在功能区的"模型"选项卡的"工程"面板中单击"边倒角"按钮🔧，打开"边倒角"选项卡，默认时激活"集"模式🔧，在"标注形式"下拉列表框中可以设置当前倒角集的标注形式，如图4-47所示。在"标注形式"下拉列表框中会基于几何环境（如所选的放置参照和所有的倒角创建方法）提供有效的标注形式，包括"D×D""D1×D2""角度×D""45×D""O×O""O1×O2"等。

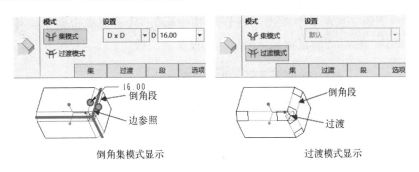

图 4-46　倒角集模式显示与过渡模式显示

图 4-47　功能区的"边倒角"选项卡

　　系统默认的倒角创建方法是"偏移曲面"，用户可以在"边倒角"选项卡中打开"集"面板，接着从一个下拉列表框中重新选择倒角创建方法，即选择另外一种创建方法为"相切距离"。"偏移曲面"创建方法是指通过偏移参照边的相邻曲面来确定倒角距离，Creo Parametric 会默认选择此此选项；"相切距离"创建方法是使用与参照边的相邻曲面相切的向量来确定倒角距离。

　　下面以创建轴零件上的倒角特征为例，介绍边倒角特征的创建过程。

　①　在"快速访问"工具栏中单击"打开"按钮📂，弹出"文件打开"对话框，选择配套文件"bc_4_chamfer. prt"，然后在"文件打开"对话框中单击"打开"按钮。该模型文件中存在图 4-48 所示的轴类实体模型。

　②　在功能区的"模型"选项卡的"工程"面板中单击"边倒角"按钮，打开"边倒角"选项卡，默认时激活"集"模式。

　③　结合〈Ctrl〉键在轴零件中选择图 4-49 所示的两条轮廓边。

图 4-48　已有的轴零件

图 4-49　选择要倒角的边参照

　④　在"边倒角"选项卡的"标注形式"下拉列表框中选择 45×D，接着在"D"文本框中输入 2，即设置 D 值为 2。

⑤ 在"边倒角"选项卡中单击"确定"按钮 ✔ ，从而完成边倒角操作，按〈Ctrl +
D〉组合键以默认的标准方向视角显示模型，其模型完成效果如图4-50所示。

图4-50 完成边倒角操作

4.5 倒圆角特征

倒圆角特征是一种边处理特征，它是通过向一条或多条边、边链或在曲面之间的空白处
添加半径形成的，曲面可以是实体模型曲面，也可以是零厚度的面组或曲面。

同边倒角类似，倒圆角也有集和过渡的概念。倒圆角集是一种结构单位，是指创建的属
于放置参照的倒圆角段（几何），而倒圆角段由唯一属性、几何参照以及一个或多个半径组
成；过渡是指连接倒圆角段的填充几何，过渡位于倒圆角段相交或终止处。在进行倒圆角操
作的过程中，在指定倒圆角放置参照后，将使用默认属性、半径值以及过渡来创建适合所选
几何对象的倒圆角。

4.5.1 倒圆角特征的类型及其创建

倒圆角特征的类型主要包括：恒定倒圆角（倒圆角段具有恒定半径的倒圆角）、可变倒
圆角（倒圆角段具有多个半径的倒圆角）、由曲线驱动的倒圆角、完全倒圆角等，如图4-51
所示。

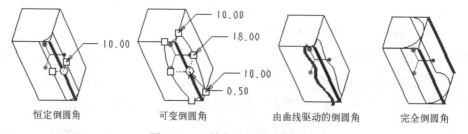

图4-51 4种主要的倒圆角特征

1. 创建恒定倒圆角

创建恒定倒圆角的基本操作步骤如下。

① 在功能区的"模型"选项卡的"工程"面板中单击"倒圆角"按钮 ，打开"倒
圆角"选项卡，如图4-52所示。

② 在图形窗口中选择要通过其创建倒圆角的参照，例如选择要创建倒圆角的边参照。
按住〈Ctrl〉键可以选择多条边添加进当前倒圆角集。

③ 定义圆角半径。可以在"倒圆角"选项卡的圆角尺寸框中输入新值或选择一个最近
使用的值，也可以在"集"面板的表格的"半径"栏中输入一个值。

图 4-52 "倒圆角"选项卡

说明 Creo Parametric 默认使用圆形剖面进行倒圆角。如果要创建其他截面类型的倒圆角，那么需要在"倒圆角"选项卡中打开"集"面板，在"截面形状"下拉列表框中选择圆角截面的类型选项，如图 4-53 所示。这样便可以创建圆形倒圆角、圆锥倒圆角、C2 连接倒圆角、D1×D2 圆锥倒圆角、D1×D2×C2 倒圆角这些特殊的倒圆角特征。

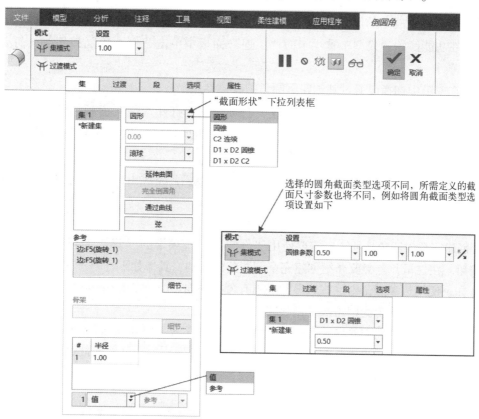

图 4-53 选择圆角截面类型选项及定义其截面尺寸参数

④ 在"倒圆角"选项卡中单击"确定"按钮 ✔，完成恒定倒圆角特征的创建。

2. 创建可变倒圆角

创建可变倒圆角的操作思路实际上就是在创建恒定倒圆角的基础上增加"添加半径"的操作，其典型方法是执行倒圆角命令并选择所需的边参照后，打开"集"面板，接着在"集"面板的半径表格中单击鼠标右键，如图 4-54 所示，在出现的快捷菜单中选择"添加半径"命令，即添加了一个圆角半径的控制点，然后修改该控制点的位置和半径值。也可以在图形窗口中，将鼠标光标置于半径锚点上，右击，如图 4-55 所示，然后从弹出的快捷菜单中选择"添加半径"命令，可以继续添加其他半径，最后单击"确定"按钮 ✔ 即可。

图 4-54 添加半径方法 1

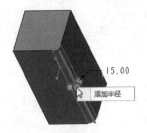

图 4-55 添加半径方法 2

3. 创建由曲线驱动的倒圆角特征

要创建由曲线驱动的倒圆角特征，则可以按照以下的基本操作来进行。

① 在功能区的"模型"选项卡的"工程"面板中单击"倒圆角"按钮 🔘，打开"倒圆角"选项卡。

② 在模型中选择要通过其创建倒圆角的有效参照。

③ 在"倒圆角"选项卡中选择"集"选项，从而打开"集"面板，接着在"集"面板中单击"通过曲线"按钮，此时系统提示选择相切曲线来创建通过曲线的倒圆角。

④ 在图形窗口中选择基准曲线作为驱动曲线。

⑤ 在"倒圆角"选项卡中单击"确定"按钮 ✔，完成由曲线驱动的倒圆角特征的创建。

4. 完全倒圆角

要创建完全倒圆角特征，则需要使用"倒圆角"选项卡的"集"面板中的"完全倒圆角"按钮。在这里，有必要介绍创建完全倒圆角的规则，具体如下。

● 如果使用边参照，则这些边参照必须有公共曲面。Creo Parametric 可通过转换一个倒圆角集内的两个倒圆角段来创建完全倒圆角。

● 如果使用两个曲面参照，必须选择第 3 个曲面作为"驱动曲面"。此曲面决定倒圆角的位置，有时还决定其大小。Creo Parametric 会使用圆部分替换此公共曲面来创建曲面至曲面的完全倒圆角。

● 可为实体或曲面几何对象创建完全倒圆角。

● 不能创建完全倒圆角的 3 种情况：两个以上的边参照以同一曲面为边界；要定义的倒圆角具有"圆锥"截面形状；已经使用"垂直于骨架"创建方法创建了要定义的倒圆角。

图 4-56 所示为使用边参照来创建一个完全倒圆角特征的图解步骤。

4.5.2 重定义倒圆角过渡类型

使用过渡来连接重叠的或不连续的倒圆角段。在大多数建模情况下，创建倒圆角特征时使用默认过渡即可。但在一些特殊的设计项目中，可能需要修改圆角现有的过渡，从而获得满意的模型效果。注意：过渡类型不同时，模型的效果也可能不同，如图 4-57 所示。

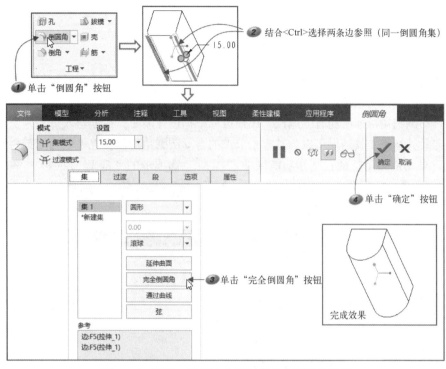

图 4-56　图解：使用边参照创建完全倒圆角特征

图 4-57　倒圆角特征的不同过渡类型

a）采用默认的过渡类型　b）将所有过渡的类型修改为拐角球，以及修改参数

　　要修改现有倒圆角特征的过渡类型，那么需要在功能区出现的"倒圆角"选项卡中单击"过渡模式"按钮，以激活过渡模式，接着在图形窗口中选择要定义的过渡，并在"倒圆角"选项卡中的过渡下拉列表框中选择所需的过渡类型选项，然后定义该过渡类型的参照或相关参数，如图 4-58 所示。

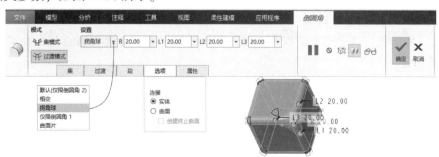

图 4-58　修改倒圆角特征的过渡相关参数

4.6 自动倒圆角

使用"自动倒圆角"工具命令，可以在实体几何或零件或组件的面组上创建恒定半径的倒圆角几何结构。自动倒圆角特征最多只能有两个半径尺寸，凸边与凹边各有一个，凸半径和凹半径是自动倒圆角特征所拥有的属性。用户可以根据设计需要，在创建或重新定义自动倒圆角特征时定义其结果，其结果可以为具有子节点的自动倒圆角特征，也可以为倒圆角组。

要创建自动倒圆角特征，则在功能区的"模型"选项卡的"工程"面板中单击"自动倒圆角"按钮 🦅，打开图 4-59 所示的"自动倒圆角"选项卡。下面介绍"自动倒圆角"选项卡中的主要组成元素。

图 4-59 "自动倒圆角"选项卡

- 🔵 🔽框：在该框中指定应用于凸边的半径。
- 🔵 🔽框：在该框中指定应用于凹边的半径。
- 🔵 "范围"面板："范围"面板如图 4-60 所示，该面板中各项的功能如下。

"实体几何"单选按钮：可在模型的实体几何上创建自动倒圆角特征。如果模型包含实体几何，则默认情况下会选中此选项。

"面组"单选按钮：可在模型的单个面组上创建自动倒圆角特征。此选项仅在模型包含一个或多个面组时可用。

"面组"收集器：收集自动倒圆角特征要在其两侧边上建立倒圆角的面组。只有选择"面组"单选按钮时该收集器才可用。

图 4-60 "范围"面板

"选定的边"单选按钮：可在选择的边或目的链上创建自动倒圆角特征。

"选定的边"收集器：可选择自动倒圆角特征要在其上创建倒圆角的边或目的链。只有选择"选定的边"单选按钮时该收集器才可用。

"凸边"复选框：选中此复选框时，可以选择模型中要让自动倒圆角特征在其上创建倒圆角的所有凸边。

"凹边"复选框：选中此复选框时，可以选择模型中要让自动倒圆角特征在其上创建倒圆角的所有凹边。

- 🔵 "排除"面板："排除"面板如图 4-61 所示，使用"排除的边"收集器可以选择要排除在自动倒圆角特征之外的一条或多条边或边链。当自动倒圆角特征无法在某些边上建立倒圆角，并且要重新定义自动倒圆角特征时，可以使用"几何检查"按钮，系统会弹出"故障排除器"对话框显示边或边链无法建立倒圆角的原因。

图 4-61　"排除"面板

- "选项"面板："选项"面板如图 4-62 所示。当选中"创建常规倒圆角特征组"复选框时，则通过自动倒圆角操作来创建一组单独的常规倒圆角特征。初始默认时，"创建常规倒圆角特征组"复选框处于没有被选中的状态，表示将创建自动倒圆角特征。注意常规倒圆角特征和自动倒圆角特征在模型树中的显示是不一样的。可以设置使倒圆角特征尺寸成为从属和保留 A-R 特征关系和参数。
- "属性"面板："属性"面板如图 4-63 所示，从中可更改特征名称，可查看特征信息。

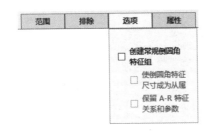

图 4-62　"选项"面板

图 4-63　"属性"面板

创建自动倒圆角特征时需要注意的事项见表 4-2（摘自 Creo Parametric 帮助文件并经过整理和归纳）。

表 4-2　创建自动倒圆角特征时的注意事项

序号	注 意 事 项	补充说明/备注
1	会先在模型中的凸边上建立倒圆角	不会在窄曲面邻接的边上建立倒圆角
2	具有相同凸度的窄成对链不会被倒圆角	
3	在不同的"自动倒圆角"成员下，将在具有不同凸度的窄成对链上建立倒圆角	
4	只有在倒圆角操作不影响邻近链的倒圆角操作时，才会在短链上建立倒圆角	
5	与无法建立倒圆角的链共享一个顶点的边不会建立倒圆角	这是因为如果在其中一个边上建立倒圆角，在其他边上建立倒圆角就会出现问题
6	可从图形窗口或"故障排除器"对话框中选择要排除在自动倒圆角特征之外的边来将其排除	也可以使用搜索工具来选择要排除的边
7	可将边或边链排除在自动倒圆角特征之外，即使因为模型的变更，而使被排除的边从模型中消失了，自动倒圆角特征也不会失败	如果再对模型进行其他变更，而使已经消失的边再度出现，则这些边仍会被排除在外
8	无法创建任何几何的自动倒圆角特征将会失败	
9	不能阵列化自动倒圆角特征	

下面介绍一个进行自动倒圆角操作的案例。

① 在"快速访问"工具栏中单击"打开"按钮，系统弹出"文件打开"对话框，

选择配套文件"bc_4_autord.prt",然后在"文件打开"对话框中单击"打开"按钮。该模型文件中存在图4-64所示的一小段型材模型。

② 在功能区的"模型"选项卡的"工程"面板中单击"自动倒圆角"按钮 ，系统打开"自动倒圆角"选项卡。

③ 在"自动倒圆角"选项卡中打开"范围"面板,选择"实体几何"单选按钮,并确保选中"凸边"复选框和"凹边"复选框。

④ 在"自动倒圆角"选项卡的 （凸边半径）框中输入"5",在 （凹边半径）框中选择"相同"以设置凹边半径和凸边半径相同。

⑤ 在"自动倒圆角"选项卡中单击"确定"按钮 。系统弹出"自动倒圆角播放器"对话框,以显示自动倒圆角成员的创建过程,最后完成自动倒圆角特征并自动关闭自动倒圆角播放器,如图4-65所示。

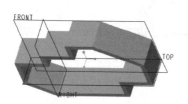

图 4-64 型材模型

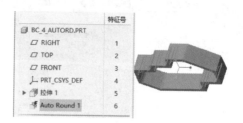

图 4-65 完成自动倒圆角特征

4.7 拔模特征

创建拔模特征实际上就是向单独曲面或一系列曲面中添加一个介于-89.9°~+89.9°之间的拔模角度。注意仅当曲面是由列表圆柱面或平面形成时,才可拔模。可以对实体曲面或面组曲面进行拔模,但不可拔模两者的组合。

初学者要理解以下与拔模特征相关的专业术语。

- 拔模曲面:要拔模的模型的曲面。可以拔模实体曲面或面组曲面,但不可拔模两者组合。选择要拔模的曲面时,首先选择的曲面决定着可以为此特征选定的其他曲面、实体或面组的类型。

- 拔模枢轴:曲面围绕其旋转的拔模曲面上的线或曲线(也称作中立曲线)。可以通过选择平面(在此情况下拔模曲面围绕它们与此平面的交线旋转)或选择拔模曲面上的单个曲线链来定义拔模枢轴。

- 拖动方向(拖拉方向):亦称拔模方向,是用来测量拔模角度的方向,通常为模具开模的方向。可以通过选择平面(在这种情况下拖动方向垂直于此平面)、直边、基准轴或坐标系轴来定义它。

- 拔模角度:指拔模方向与生成的拔模曲面之间的角度。如果拔模曲面被分割,那么可以为拔模曲面的每侧定义两个独立的角度。拔模角度必须在-89.9°~+89.9°范围内。拔模特征可以分为基本拔模特征、可变拔模特征和分割拔模特征等。

4.7.1 创建基本拔模

基本拔模是创建其他拔模特征的基础。下面结合案例来介绍如何创建基本拔模特征。

① 在"快速访问"工具栏中单击"打开"按钮，弹出"文件打开"对话框，选择配套文件"bc_4_draft_1.prt"，然后在"文件打开"对话框中单击"打开"按钮。

② 在功能区的"模型"选项卡的"工程"面板中单击"拔模"按钮，打开"拔模"选项卡。

③ 此时若打开"参考"面板，可以看到"拔模曲面"收集器处于被激活的状态，如图 4-66 所示。选择要拔模的曲面。在本例中，按住〈Ctrl〉键选择两个侧面作为要拔模的曲面，如图 4-67 所示。

图 4-66 打开"拔模"选项卡的"参考"面板

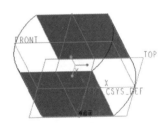

图 4-67 选择要拔模的曲面

说明 在这里介绍一下选择技巧。在当前视角下，如果要选择的项目（对象）被另一个项目遮挡，则可以在不调整模型显示方位的情况下，将鼠标指针置于要选择的项目位置处，接着通过单击鼠标右键来遍历查询指针下的每个项目，直到查询到所需的项目（此时该项目加亮显示），然后单击鼠标左键即可将其选择。

④ 定义拔模枢轴。在"拔模"选项卡的"拔模枢轴"收集器的框中单击以将其激活，接着选择 TOP 基准平面定义拔模枢轴。

⑤ 由于选择了一个平面定义拔模枢轴，则 Creo Parametric 6.0 自动使用它来确定拖动方向，拖动方向显示在预览几何中，如图 4-68 所示。

如果要更改拖动方向或在使用曲线作为拔模枢轴时指定拖动方向，可以在"拖动方向"收集器的框中单击将其激活，然后选择平面、直边、基准轴或坐标系轴。

⑥ 设置拔模角度与拔模方向。在（角度 1）框中输入"5"，并单击"反转角度以添加或去除材料"按钮，此时如图 4-69 所示。

说明 也可以直接在（角度 1）框中输入"-5"，负值表示拔模角度反转。

⑦ 在"拔模"选项卡中单击"确定"按钮，完成该基本拔模特征后的模型效果如图 4-70 所示。

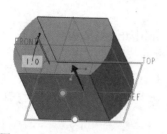

图 4-68 预览：显示有拖动方向

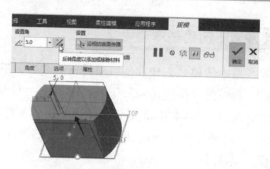

图 4-69 反转角度以去除材料

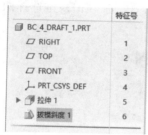

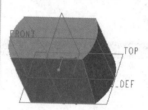

图 4-70 完成基本拔模特征

4.7.2 创建可变拔模

第一次定义拔模特征（基本拔模）时，系统将会把恒定拔模角度应用于整个拔模曲面，这便是恒定拔模。而在可变拔模中，可以沿着拔模曲面将可变拔模角度应用于添加的控制点处。如果拔模枢轴是曲线，则角度控制点位于拔模枢轴上。如果拔模枢轴是平面，则角度控制点位于拔模曲面的轮廓上。创建可变拔模的示例如图 4-71 所示。

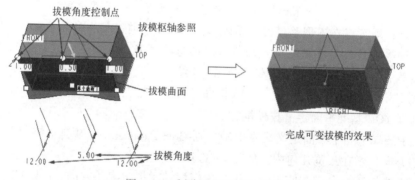

图 4-71 创建可变拔模的示例

要创建可变拔模特征，可以在执行拔模工具命令并选择拔模曲面和定义拔模枢轴、拔模方向之后，在预览特征中连接到拔模角度的圆形控制滑块处右击，弹出一个快捷菜单，如图 4-72a 所示，然后从该快捷菜单中选择"添加角度"命令，从而在默认位置添加一个拔模角度控制点，如图 4-72b 所示。另外，也可以使用功能区的"拔模"选项卡的"角度"面板来添加拔模角度，其方法是在"角度"面板的角度列表中右击已有的一个拔模角度，如图 4-72c 所示，然后从弹出的快捷菜单中选择"添加角度"命令即可。

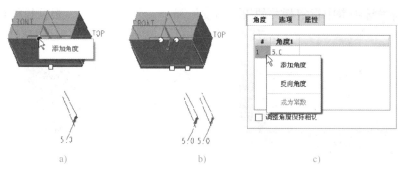

图 4-72　添加拔模角度控制点

a）右击圆形控制滑块　b）添加一个拔模角度控制点　c）在"角度"面板中操作

要修改角度控制点的位置，则可以在图形窗口中单击圆形控制滑块，接着在边上拖动它，或者在图形窗口中双击位置值，然后键入或选择新值；要修改拔模角度，则常用方法是在图形窗口中双击拔模角度值，然后键入或选择新值。另外，打开"拔模"选项卡的"角度"面板，在相应的角度表格中可修改角度值和位置值。

如果要恢复为恒定拔模，则可以使用快捷菜单中的"成为常数"命令，使用该命令将删除除第一个拔模角度以外的其他所有拔模角度。

4.7.3 创建分割拔模

可以按照拔模曲面上的拔模枢轴或不同的曲线来对拔模曲面进行分割，以将不同的拔模角度应用于曲面的不同部分。

在功能区的"拔模"选项卡的"分割"面板中，从"分割选项"下拉列表框中选择所需的分割选项，可供选择的分割选项有"不分割""根据拔模枢轴分割"和"根据分割对象分割"，如图 4-73 所示。下面结合示例来介绍"根据拔模枢轴分割"和"根据分割对象分割"的应用。

图 4-73　选择分割选项

1. 根据拔模枢轴分割

创建此类型的分割拔模，则需要在"拔模"选项卡中打开"分割"面板，从"分割选项"下拉列表框中选择"根据拔模枢轴分割"选项，并在"侧选项"下拉列表框中选择"独立拔模侧面""从属拔模侧面""只拔模第一侧"和"只拔模第二侧"中的一个选项，接着在"拔模"选项卡中指定相关的拔模角度值和相关方向等即可。根据拔模枢轴分割的4种示例如图4-74所示，每个示例均使用了拔模枢轴（基准平面）作为分割对象。

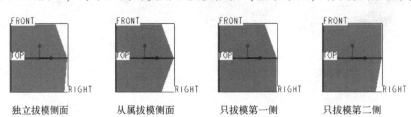

| 独立拔模侧面 | 从属拔模侧面 | 只拔模第一侧 | 只拔模第二侧 |

图4-74　根据拔模枢轴分割的拔模结果

2. 根据分割对象分割

下面以案例来介绍如何根据分割对象来创建分割拔模特征。

① 在"快速访问"工具栏中单击"打开"按钮📂，系统弹出"文件打开"对话框，选择配套文件"bc_4_draft_3. prt"，然后在"文件打开"对话框中单击"打开"按钮。该文件中存在一个长方体形状的模型。

② 在功能区的"模型"选项卡的"工程"面板中单击"拔模"按钮，打开"拔模"选项卡。

③ 选择图4-75所示的一个侧曲面作为拔模曲面。

④ 在"拔模"选项卡中的"拔模枢轴"收集器的框中单击以将其激活，接着在模型中选择顶部实体平整面定义拔模枢轴。

⑤ 打开"分割"面板，接着从"分割选项"下拉列表框中选择"根据分割对象分割"选项。

⑥ 在"分割"面板中单击"分割对象"收集器旁的"定义"按钮，如图4-76所示，系统弹出"草绘"对话框。

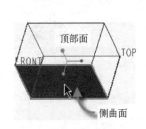

图4-75　指定拔模曲面

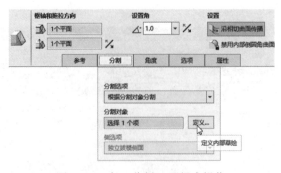

图4-76　在"分割"面板中操作

⑦ 选择FRONT基准平面作为草绘平面，以RIGHT基准平面作为"右"方向参照，单击"草绘"按钮，进入草绘模式。

⑧ 绘制图4-77所示的一条单一连续图元链，然后单击"确定"按钮✔。

⑨ 在"拔模"选项卡的第一个（角度1）文本框中输入"3"，在下边的（角度2）文本框中输入"10"。

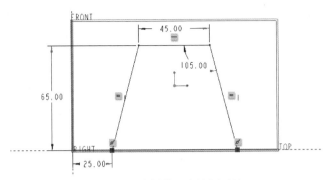

图 4-77　绘制单一连续图元链

⑩ 单击 ⚞ （角度 1）文本框右边相应的"反转角度以添加或移除材料"按钮 ⚟，接着再单击 ⚞ （角度 2）文本框右边相应的"反转角度以添加或移除材料"按钮 ⚟，如图 4-78 所示，从而改变各拔模侧。

图 4-78　单击相关的方向按钮

⑪ 在"拔模"选项卡中单击"确定"按钮 ✔，完成使用草绘创建分割拔模特征，效果如图 4-79 所示。

?说明　在 Creo Parametric 6.0 中，还可以通过单击"工程"面板中的"可变拖拉方向拔模"按钮 来创建可变拖拉方向拔模特征。可以在选定点（例如，在拔模边或曲线的端点、在位于拔模边或曲线的基准点、沿拔模曲面）处设

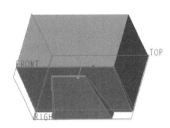

图 4-79　创建分割拔模特征

置可变拖拉方向拔模特征的拔模角，也可以在远离拖拉方向参考曲面的单独位置设置拔模枢轴。一些汽车轮胎的设计便是一个很好的可变拖拉方向拔模示例，可以设计一些轮胎面，使其在变深的同时变窄，也可以将同一个参考曲面的较深拔模用作较浅拔模。

4.8　晶格特征

晶格是一种内部框架，主要用来优化零件属性，例如在零件中构建晶格特征来最大化强度重量比。在 Creo Parametric 6.0 中，可以使用两个元素对晶格进行定义，这两个元素分别是"单个单元"和"重复单元"，前者用于定义单个单元的尺寸、形状和内部结构，后者则用于定义单个单元在体积块中的传播方式。晶格存在的多种类型，见表 4-3。

扫码观看视频

不管是创建基于梁的晶格，还是创建 2.5D 晶格，还是创建受公式驱动的晶格，或创建自定义晶格，它们的创建思路都是一样的。下面以一个实例进行介绍。

表4-3　多种类型的晶格

序号	类　型	说明及备注
1	基于梁的晶格	将3D单元添加到所选阵列中；可以选择单元形状，并通过定义单元梁的数量来控制其结构；可以控制梁的宽度和形状，并可以选择是否在梁的交点上添加球；可以控制晶格单元在内体积块中的传播方式
2	2.5D	拉伸垂直于平面的棱柱形平面形状以形成晶格单元；可以选择要使用的单元形状，并控制晶格单元在内体积块中的传播方式，槽形注口开口可添加到结构中
3	受公式驱动	使用公式来定义晶格单元形状
4	自定义	使用在Creo Parametric中创建的零件并将其导入至晶格特征来定义晶格单元形状，单元必须满足：①实体几何、②棱柱、③六个侧面、④导入单元的x、y和z方向由零件模型坐标的x、y和z方向确定、⑤建议平行边界具有匹配轮廓

① 在"快速访问"工具栏中单击"打开"按钮📂，系统弹出"文件打开"对话框，选择配套文件"bc_4_jg. prt"，然后在"文件打开"对话框中单击"打开"按钮。该文件中存在的原始模型如图4-80所示。

② 在功能区的"模型"选项卡的"工程"面板中单击"工程"|"晶格"按钮🔲，打开"晶格"选项卡，如图4-81所示。

图4-80　原始实体模型

图4-81　"晶格"选项卡

③ 此时在"晶格"选项卡中指定晶格类型，如果需要，可以定义单元Z轴对齐的方向、晶格单元在内部体积块中的传播方式，设置晶格的比例，定义晶格表示（如"完整几何""简化""均质"）。在本例中，从"晶格"选项卡的"晶格类型"下拉列表框中选择"2.5D"，从下拉列表框中选择"Y"来定义单元Z轴对齐的方向，从下拉列表框中选择"常规"选项，在框中设置晶格的比例为0.5，在下拉列表框中选择"完整几何"选项。

④ 定义晶格区域。在"晶格"选项卡上打开"晶格区域"面板，本例确保取消选中"用晶格替换实体"复选框，结合〈Ctrl〉键在实体模型中选择内壁所有侧曲面以及上下两个面，这些面确定了晶格体积块区域（选定的这些曲面应能创建封闭体积块，箭头应指向体积块的内部），如图4-82所示。

❓说明　对于一些设计情况，可以将实体零件转换为晶格。要将实体零件转换为晶格，则选中"用晶格替换实体"复选框，并设置是否从晶格排除壳，如果要在晶格中包括零件的壳，那么需要选中"创建壳"复选框，并设置壳厚度和壳侧选项（"内侧"或"外侧"），以及根据需要设置要排除的壳曲面。

⑤ 在"晶格"选项卡上打开"单元类型"面板来指定单元形状，本例单击"六边形"

单元形状，接着分别设置单元大小参数，如图 4-83 所示。

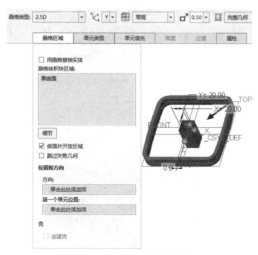

图 4-82 定义晶格区域

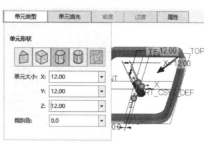

图 4-83 定义单元类型

⑥ 在"晶格"选项卡上打开"单元填充"面板来指定单元结构参数，例如在本例中将晶格单元的壁厚设置为 1.2，倒圆角半径为 1，如图 4-84 所示。

⑦ 单击"确定"按钮 ✔，完成创建晶格特征，效果如图 4-85 所示。

图 4-84 指定单元填充参数

图 4-85 完成创建晶格特征

4.9 实战学习案例——产品外壳

扫码观看视频

本实战学习案例要完成的产品外壳零件如图 4-86 所示。在该案例中主要应用到拉伸特征、拔模特征、倒圆角特征、壳特征、孔特征、倒角特征和轨迹筋特征。

本实战学习案例具体的操作步骤如下。

1. 新建零件文件

新建一个使用"mmns_part_solid"公制模板的实体零件文件，其文件名为"bc_sl4_wk"。

2. 创建拉伸实体特征作为模型基本体

① 在功能区的"模型"选项卡的"形状"面板中

图 4-86 产品外壳座件

单击"拉伸"按钮 ，打开"拉伸"选项卡。

② 选择 TOP 基准平面作为草绘平面，系统快速地进入草绘模式。

③ 使用相关的草绘工具按钮绘制图 4-87 所示的拉伸剖面，单击"确定"按钮 。

④ 默认的侧 1 深度选项为 （盲孔），设置侧 1 的拉伸深度为"36"。

⑤ 在"拉伸"选项卡中单击"确定"按钮 ，创建的拉伸实体特征如图 4-88 所示。

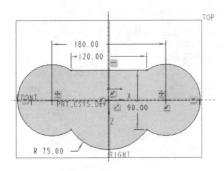

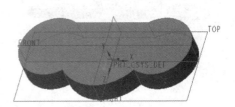

图 4-87　绘制拉伸剖面　　　　　　　图 4-88　创建的拉伸实体特征

3. 创建拔模斜度

① 在功能区的"模型"选项卡的"工程"面板中单击"拔模"按钮 ，打开"拔模"选项卡。

② 结合〈Ctrl〉键选择如图 4-89 所示的 4 个侧曲面作为要拔模的曲面。

③ 定义拔模枢轴。在"拔模"选项卡的"拔模枢轴"收集器 的框中单击以将其激活，接着选择 TOP 基准平面定义拔模枢轴。

④ 在"拔模"选项卡的 （角度 1）框中输入"5"，即设置拔模角度为 5°。

⑤ 在"拔模"选项卡中单击"确定"按钮 ，完成拔模操作后的模型效果如图 4-90 所示。

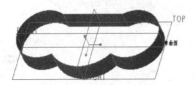

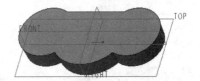

图 4-89　选择侧曲面作为拔模曲面　　　　　图 4-90　完成拔模操作

4. 创建倒圆角 1

① 在功能区的"模型"选项卡的"工程"面板中单击"倒圆角"按钮 ，打开"倒圆角"选项卡。

② 设置当前倒圆角集的圆角半径为"32"。

③ 按住〈Ctrl〉键分别选择图 4-91 所示的 4 条边线。

④ 在"倒圆角"选项卡中单击"确定"按钮 。

5. 创建倒圆角 2

① 在功能区的"模型"选项卡的"工程"面板中

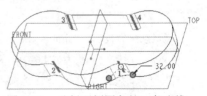

图 4-91　选择要倒圆角的 4 条边线

单击"倒圆角"按钮，打开"倒圆角"选项卡。

② 设置当前倒圆角集的圆角半径为"5"。

③ 选择如图 4-92 所示的 1 条边链。

④ 在"倒圆角"选项卡中单击"确定"按钮，效果如图 4-93 所示。

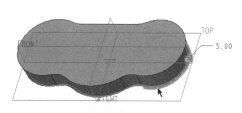
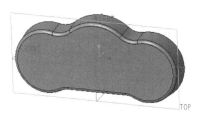

图 4-92 选择要倒圆角的边参照   图 4-93 完成倒圆角 2

6. 创建壳特征

① 在功能区的"模型"选项卡的"工程"面板中单击"壳"按钮，打开"壳"选项卡。

② 在"壳"选项卡的"厚度"尺寸框中输入"4.1"。

③ 选择要移除的曲面，以确定壳的开口面，如图 4-94 所示。

④ 在"壳"选项卡中单击"确定"按钮，完成抽壳操作，此时的模型效果如图 4-95 所示。

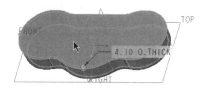
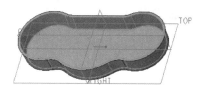

图 4-94 选择要移除的曲面   图 4-95 抽壳的完成效果

7. 创建孔特征

① 在功能区的"模型"选项卡的"工程"面板中单击"孔"工具按钮。

② 在"孔"选项卡中单击"类型"下的"简单"按钮，接着单击"轮廓"下的"预定义"按钮。

③ 在 $\varnothing$（钻孔的直径值）框中输入钻孔的直径为"30"。

④ 选择深度选项为（穿透）。

⑤ 在壳的内底面单击以定义主放置参照，接着打开"放置"面板，类型选项为"线性"，激活"偏移参考"收集器，选择 RIGHT 基准平面，接着按住〈Ctrl〉键的同时选择 FRONT 基准平面，并将它们各自的偏移距离均更改为 0，如图 4-96 所示。

⑥ 在"孔"选项卡中单击"确定"按钮，完成的孔特征如图 4-97 所示。

8. 创建边倒角特征

① 在功能区的"模型"选项卡的"工程"面板中单击"边倒角"按钮，打开"边倒角"选项卡，默认时，激活"集"模式为。

② 在"边倒角"选项卡的"标注形式"下拉列表框中选择"D×D"，接着在"D"文

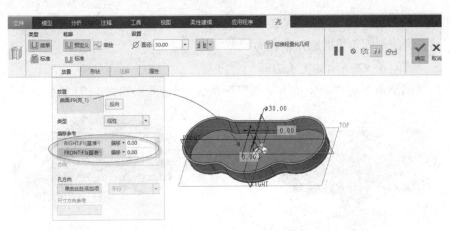

图 4-96　定义孔的放置

本框中输入"2"。

③　选择图 4-98 所示的一条相切边链（相对内侧的边链）。

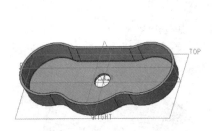

图 4-97　完成的一个孔特征

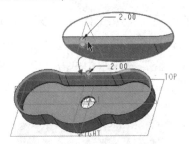

图 4-98　选择相切边链参照

④　在"边倒角"选项卡中单击"确定"按钮 ✔。

9. 创建轨迹筋特征

①　在功能区的"模型"选项卡的"工程"面板中单击"轨迹筋"按钮，从而在功能区打开"轨迹筋"选项卡。

②　在功能区的右侧区域打开"基准"命令列表，如图 4-99 所示，从中单击"基准平面"按钮 □，系统弹出"基准平面"对话框。选择 TOP 基准平面作为偏移参照，设置指定方向的偏移距离为"15"，如图 4-100 所示，然后单击"确定"按钮，从而创建 DTM1 基准平面。

图 4-99　打开"基准"命令列表

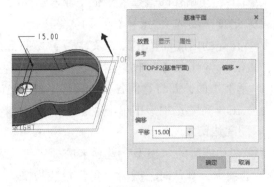

图 4-100　创建基准平面 DTM1

③ 在"轨迹筋"选项卡中单击"退出暂停模式，继续使用此工具"按钮▶。

④ 进入到轨迹筋的内部草绘器中，绘制图4-101所示的图形来定义筋轨迹，然后单击"确定"按钮✓，完成内部草绘并退出草绘模式。

知识点拨 如果要重置草绘平面设置，用户可以在功能区的"草绘"选项卡的"设置"面板中单击"草绘设置"按钮，弹出图4-102所示的"草绘"对话框，从该对话框中可看出系统默认以DTM1基准平面作为草绘平面，以RIGHT基准平面为"右"方向参照。在一些设计场合，用户可以利用此方法重新进行草绘设置，包括草绘平面和草绘方向的设置。而"草绘视图"按钮用于定向草绘平面使其与屏幕平行。

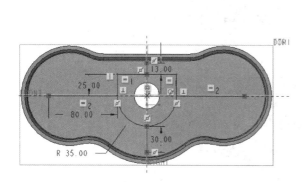

图4-101 绘制轨迹筋草图

图4-102 草绘设置

⑤ 定义筋属性。在（宽度）框中输入筋的宽度为"1.8"，并选中"添加拔模"按钮、"倒圆角内部边"按钮和"倒圆角暴露边"按钮，如图4-103所示。

图4-103 定义筋属性

⑥ 设置轨迹筋的形状选项及其参数。在"轨迹筋"选项卡中打开"形状"面板，设置图4-104所示的形状选项及其参数。可接受 Creo Parametric 6.0 提供的默认形状参数设置。

⑦ 在"轨迹筋"选项卡中单击"确定"按钮✓，完成在该外壳零件中创建所需的轨迹筋特征，同时创建的内部 DTM1 基准平面被隐藏起来，完成效果如图4-105所示。

10. 保存文件

① 在"快速访问"工具栏中单击"保存"按钮🖫，弹出"保存对象"对话框。

② 指定要保存到的目录，然后单击"确定"按钮✓。

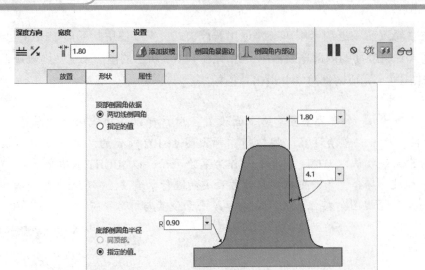

图 4-104　设置形状选项及其参数

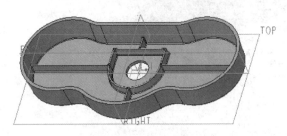

图 4-105　完成轨迹筋创建

4.10　思考与练习题

　　1）简单孔包括哪些孔？在创建可变简单直孔的过程中，如果要反转孔的深度方向，那么应该如何处理？

　　2）如何创建具有排除曲面和开口面的壳特征？可以举例进行辅助说明。

　　3）什么是轨迹筋？什么是轮廓筋？分别如何创建它们？

　　4）倒角特征包括哪两大类型？

　　5）什么是自动倒圆角特征？创建自动倒圆角特征时的注意事项主要有哪些？

　　6）如果要将可变倒圆角特征更改为恒定倒圆角，那么应该如何进行操作？

　　提示　在"倒圆角"选项卡的"集"面板的半径表格中的合适位置处右击，接着从弹出的快捷菜单中选择"成为常数"命令。

　　7）如果要将自动倒圆角特征转换为倒圆角组，那么应该如何操作？

　　提示　可以对自动倒圆角特征进行"编辑定义"操作，在"自动倒圆角"选项卡中打开"选项"面板，接着选中"创建常规倒圆角特征组"复选框。还有另外一个便捷的方法，就是在模型树中右击"自动倒圆角特征"，弹出一个快捷菜单，从该快捷菜单中选择

"转换为组"命令，系统弹出图 4-106 所示的"确认转换"对话框，选择所需选项，单击"确定"按钮，则自动倒圆角特征被再生，并会创建一个规则倒圆角特征组。

8）上机操作：要求使用拉伸工具创建一个正方体，然后在各棱边处创建倒圆角特征，修改过渡模式，使模型如图 4-107 所示，具体尺寸由读者确定。

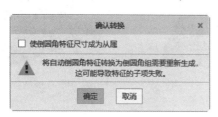

图 4-106 "确认转换"对话框

图 4-107 上机操作 1

9）上机操作：打开练习源文件"bc_4_ex9. prt"，接着创建壳特征和倒圆角特征，其中在创建抽壳特征时要求杯子把柄曲面处不进行抽壳处理。练习前后的模型示意如图 4-108 所示。

10）上机操作：打开练习源文件"bc_4_ex10. prt"，在练习模型上分别创建孔特征、轮廓筋特征和倒角特征，如图 4-109 所示，具体尺寸由读者根据要求效果自行确定。

图 4-108 上机操作 2

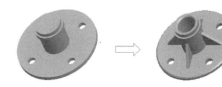

图 4-109 上机操作 3

11）上机操作：要求使用搜索工具在所选的全部孔上创建自动倒圆角特征，请按照如下简述的步骤进行操作。通过本练习题，读者还将学会使用搜索工具的典型方法和技巧。

❶ 打开练习源文件"bc_4_ex11. prt"，已有的模型如图 4-110 所示。

❷ 在功能区的"模型"选项卡的"工程"面板中单击"自动倒圆角"按钮，打开"自动倒圆角"选项卡。

❸ 打开"范围"面板，选择"选定的边"单选按钮，激活"选定的边"收集器。

❹ 在状态栏中单击"查找"按钮，打开"搜索工具"对话框。

❺ 在"查找"下拉列表框中选择"目的链"，在"查找标准"下拉列表框中选择"特征"，打开"属性"选项卡，在"规则"选项组中选择"类型"单选按钮，在"标准"选项组中，将"比较"设置为"等于"，将"类别"设置为"全部"，将"值"设置为"孔"。

❻ 在"搜索工具"对话框中单击"立即查找"按钮，则在对话框中显示搜索到的所有孔的边。选择这些项目，单击 >> 按钮，将它们移动到"选定项目"列表框中，然后单击"关闭"按钮，关闭"搜索工具"对话框。

❼ 所选边在图形窗口中加亮显示，如图 4-111 所示，并被收集在"自动倒圆角"选项卡的"范围"面板的"选定的边"收集器中。

⑧ 在"自动倒圆角"选项卡中将凸边半径和凹边半径均设置为"10",单击"确定"
按钮✓,完成效果如图4-112所示。

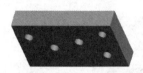 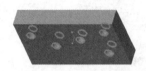 

图4-110 练习源文件中的模型　　图4-111 加亮显示所选的边　　图4-112 带有倒圆角孔的零件

12)什么是晶格特征?如何创建晶格特征?

第5章 特征复制与移动

本章导读：

创建好一些实体特征之后，有时可以巧妙地对选定特征进行复制或移动，以获得所需的模型效果。实践表明，特征复制与移动操作得好，那么在一定程度上可以提高设计效率，缩短设计时间。

本章重点介绍特征复制与移动的实用知识，主要包括以下操作内容。

- 特征复制与粘贴。
- 镜像特征。
- 阵列特征。

5.1 特征复制与粘贴

在实际设计工作中，可以使用"复制""粘贴""选择性粘贴"命令在同一模型内或跨模型复制并放置特征或特征集、几何、曲线和边链。当复制特征或几何时，默认情况下，系统会将其放置到剪贴板中，并且可连同其参照、设置和尺寸一起进行粘贴，直到将其他特征复制到剪贴板中为止。

5.1.1 熟悉复制粘贴工具命令

复制粘贴工具命令包括"复制""粘贴"和"选择性粘贴"。用户可以在 Creo Parametric 6.0 零件建模模式功能区的"操作"面板中访问它们，如图 5-1 所示。只有选择了要复制的对象，"复制"工具命令才可用，而仅当剪贴板中有可用于粘贴的特征时，"粘贴"和"选择性粘贴"工具命令才可用。

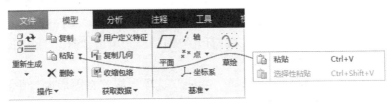

图 5-1 复制粘贴的相关工具命令

5.1.2 粘贴特征的两种工作流程

粘贴特征有如下两种工作流程。

1. 使用"编辑"|"粘贴"

使用此工作流程，将会打开要粘贴特征类型的创建工具，并且允许重定义复制的特征。例如，如果要粘贴拉伸特征，那么将打开拉伸创建工具；如果要粘贴某些基准特征，则将打开相应的基准创建对话框。复制多个特征时，由组中第一个特征决定所打开的用户界面。

2. 使用"编辑"|"选择性粘贴"

使用此工作流程，可以进行如下主要操作。

- 创建特征的完全从属副本，带有因原始特征的具体元素或属性（例如：尺寸、草绘、注释元素、参照和参数）而异的从属关系。
- 创建仅从属于尺寸或草绘（或两者）以及注释元素的特征副本。
- 保留原始特征的参照，或使用复制实例中的新参照替换原始参照。
- 对粘贴实例应用移动或旋转变换。

在功能区的"模型"选项卡的"操作"面板中单击"选择性粘贴"按钮，系统弹出"选择性粘贴"对话框，如图5-2所示。

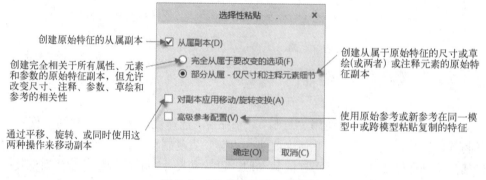

图5-2 "选择性粘贴"对话框

5.1.3 复制粘贴的学习案例

在本小节，以案例的形式介绍各种复制粘贴的用法。特别要注意"粘贴"和"选择性粘贴"命令在操作上和功能上的异同之处。

该学习案例具体的操作步骤如下。

1. 进行"复制-粘贴"操作

① 在"快速访问"工具栏中单击"打开"按钮，弹出"文件打开"对话框，选择配套文件"bc_5_copy. prt"，然后在"文件打开"对话框中单击"打开"按钮。在该文件中存在着的原始实体模型如图5-3所示。

② 在选择过滤器下拉列表框中选择"特征"选项，接着在图形窗口中选择图5-4所示的拉伸切口特征（鼠标指针所指的特征）。也可以直接在模型树上选择该特征相对应的"拉伸2"树节点。

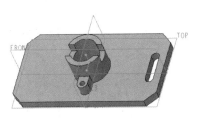

图5-3 原始模型

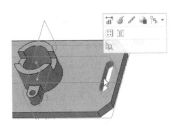

图5-4 在图形窗口中选择特征

③ 在功能区的"模型"选项卡的"操作"面板中单击"复制"按钮 📋 。

④ 在功能区的"模型"选项卡的"操作"面板中单击"粘贴"按钮 📋 ，或者按〈Ctrl+V〉组合键，打开该特征的"拉伸"选项卡。

⑤ 在"拉伸"选项卡中单击"放置"选项，打开"放置"面板，接着单击该面板中出现的"编辑"按钮，系统弹出"草绘"对话框。

⑥ 在模型中单击图5-5所示的模型平整面作为草绘平面，以RIGHT基准平面作为"右"方向参照，然后单击"草绘"对话框中的"草绘"按钮，进入内部草绘器。

⑦ 原特征截面依附于鼠标指针，移动鼠标指针，在大概的放置位置处单击，接着为新截面添加合适的几何约束和尺寸约束，然后修改尺寸，以获得图5-6所示的拉伸截面。

图5-5 指定草绘平面

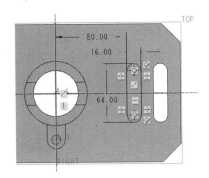

图5-6 修改拉伸截面

⑧ 单击"确定"按钮 ✓ ，完成草绘并退出内部草绘器。

⑨ "拉伸"选项卡中的其他设置和源拉伸切口特征一样。注意预览效果是所需的，预览满意后单击"确定"按钮 ✓ ，此时模型如图5-7所示。

图5-7 复制粘贴后的模型

2. 复制-选择性粘贴1

① 在功能区的"模型"选项卡的"操作"面板中单击"选择性粘贴"按钮 📋 ，系统弹出"选择性粘贴"对话框。

② 在"选择性粘贴"对话框中选中"从属副本"复选框，其他选项设置如图5-8所示，然后在"选择性粘贴"对话框中单击"确定"按钮。

③ 功能区出现"拉伸"选项卡，在"拉伸"选项卡中打开"放置"面板，接着单击

该面板中的"编辑"按钮。

④ 系统弹出"草绘编辑"对话框，上面会显示关于草绘编辑的相关警示信息，如图 5-9 所示。单击"是"按钮，则确定要继续此草绘。

图 5-8 "选择性粘贴"对话框

图 5-9 "草绘编辑"对话框

⑤ 系统弹出"草绘"对话框。单击"草绘"对话框中的"使用先前的"按钮，进入草绘模式。也可以自行设置合适的草绘平面和草绘方向。

⑥ 原拉伸特征截面依附于鼠标指针，移动鼠标指针到预计区域单击以放置截面，接着为截面设置合适的几何约束条件和尺寸，并修改尺寸，修改尺寸后的截面图形如图 5-10 所示。

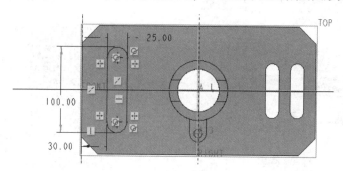
图 5-10 完成修改的截面图形

⑦ 单击"确定"按钮✔，完成草绘并退出内部草绘器。

⑧ 在"拉伸"选项卡中，"移除材料"按钮▱处于被选中的状态，而深度选项默认为▮▮（穿透），然后单击"确定"按钮✔，完成特征粘贴操作。

3. 复制-选择性粘贴 2

① 在图形窗口选择图 5-11 所示的拉伸实体特征，或者在模型树中选择相应的"拉伸4"树节点。

② 在功能区的"模型"选项卡的"操作"面板中单击"复制"按钮▤，或者按〈Ctrl+C〉组合键。

③ 在功能区的"模型"选项卡的"操作"面板中单击"选择性粘贴"按钮▤，系统弹出"选择性粘贴"对话框。

④ 在"选择性粘贴"对话框中，选中"从属副本"复选框，并选择"完全从属于要改变的选项"单选按钮，接着选中"对副本应用移动/旋转变换"复选框，然后单击"确定"按钮，如图 5-12 所示，打开一个"移动（复制）"选项卡。

图 5-11 选择要复制操作的特征　　　　图 5-12 进行选择性粘贴操作

说明 该 "移动（复制）" 选项卡提供两种变换模式按钮，即 ↔ 和 ↻，前者用于沿选定参照平移特征，后者用于相对选定参照旋转特征。变换模式也可以在 "移动（复制）" 选项卡的 "变换" 面板中进行设置。

在 "移动（复制）" 选项卡中单击 "相对于选定参照旋转特征" 按钮 ↻，在模型中选择 A_1 特征轴作为旋转变换中心线，接着输入旋转角度为 "120"，如图 5-13 所示。

图 5-13 设置变换模式及其参照、参数

在 "移动（复制）" 选项卡中单击 "确定" 按钮 ✓，完成旋转复制的效果如图 5-14 所示。

4. 复制-选择性粘贴 3

使用和上步骤相同的方法，通过旋转复制方式来完成如图 5-15 所示的模型。

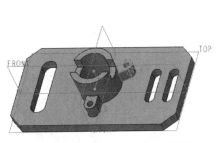

图 5-14 旋转复制变换的结果　　　　图 5-15 最终完成效果

5.2　镜像特征

使用"镜像"工具 ◖◗ 可以快速地创建在平面曲面周围镜像的特征和几何对象的副本。镜像副本既可以是独立镜像，也可以是从属镜像（随原始特征或几何更新）。要使用"镜像"工具，必须先选择要镜像的项目。

镜像工具的用途主要体现在以下两个方面。

- 特征镜像：特征镜像分为两种情况，一种是镜像所有特征，另一种则是镜像所选特征。前者可复制特征并创建包含模型所有特征几何对象的合并特征，要使用此方式则必须在模型树中选取所有特征和零件节点；后者则仅复制选定的特征，如图 5-16 所示。

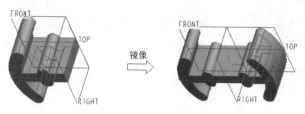

图 5-16　镜像特征的示例

- 几何镜像：主要用于镜像诸如基准、面组和曲面等几何项目。也可以通过在模型树中选取相应节点来镜像整个零件几何。在选择要镜像的几何项目之前，建议先在 Creo Parametric 6.0 信息区右侧的选择过滤器中选择"几何"或"基准"，然后再选择任意需要的几何或基准。在创建几何镜像的过程中，可以根据具体的设计要求设置隐藏原始几何。

以镜像选定特征或几何为例，介绍创建镜像特征的典型步骤。

① 选择要镜像的一个或多个项目（特征或几何）。

② 在功能区的"模型"选项卡的"编辑"面板中单击"镜像"按钮 ◖◗，打开图 5-17 所示的"镜像"选项卡。

图 5-17　"镜像"选项卡

③ 指定镜像平面。

④ 对于实体特征镜像，可以设置为从属副本（完全从属于要改变的选项或部分从属）或独立于原始特征，例如，如果要使镜像特征独立于原始特征，那么可以打开"选项"面板，取消选中"从属副本"复选框，如图 5-18 所示。对于一些几何镜像，如果只要显示新镜像得到的几何而隐藏原始几何，那么在"选项"面板中选中"隐藏原始几何"复选框，如图 5-19 所示。

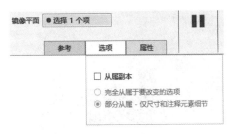

图 5-18 设置独立于原始特征　　　　图 5-19 设置隐藏原始几何

⑤ 在"镜像"选项卡中单击"确定"按钮✔。

下面介绍一个应用镜像特征的操作案例。

1. 第一次镜像操作

① 在"快速访问"工具栏中单击"打开"按钮📂，弹出"文件打开"对话框，选择配套文件"bc_5_mirror.prt"，然后在"文件打开"对话框中单击"打开"按钮。该文件存在图 5-20 所示的原始实体模型。

② 在模型树中结合〈Ctrl〉键来一起选择"拉伸 1"特征和"拉伸 2"特征，也可以在图形窗口中结合〈Ctrl〉键选取这两个特征（可先将选择过滤器的选项设置为"特征"）。

③ 单击"镜像"按钮🗗，打开"镜像"选项卡。

④ 选择 RIGHT 基准平面作为镜像平面，并在"镜像"选项卡的"选项"面板中默认选中"从属副本"复选框，以及选择"部分从属-仅尺寸和注释元素细节"单选按钮。

⑤ 在"镜像"选项卡中单击"确定"按钮✔，完成第一次镜像操作，完成该镜像操作后得到的效果如图 5-21 所示。

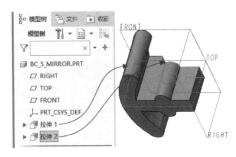

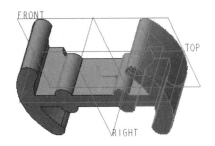

图 5-20 原始实体模型　　　　图 5-21 镜像选定特征

2. 第二次镜像操作

① 在模型树顶部单击零件名称，如图 5-22 所示。

② 单击"镜像"按钮🗗，打开"镜像"选项卡。

③ 选择 FRONT 基准平面作为镜像平面。

④ 在"镜像"选项卡中单击"确定"按钮✔，从而完成第二次镜像操作。最终完成的模型效果如图 5-23 所示。

图 5-22　在模型树中

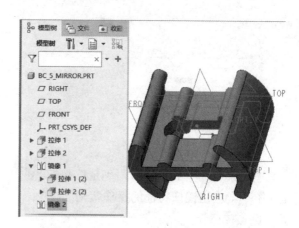

图 5-23　镜像结果

5.3　阵列特征

在一些设计中使用阵列特征是很实用的，因为创建阵列是重新生成特征的快捷方式，阵列受参数控制，修改阵列比分别修改特征更为有效（在阵列中改变原始特征尺寸时，整个关联阵列都会被更新），对包含在一个阵列中的多个特征同时执行操作比操作单独特征更为方便和高效。

阵列由多个特征实例组成，其创建思路就是选取阵列类型并定义尺寸、放置点或填充区域和形状以放置阵列成员。在这里需要初学者理解以下几个术语。

- ◉ 阵列导引：指选定用于阵列的特征或特征阵列。
- ◉ 阵列成员：阵列后包含的与阵列导引同级的项目（如特征）。

阵列类型见表 5-1。阵列类型的选择是在阵列操控板（"阵列"选项卡）的阵列类型选项下拉列表框中进行的。

表 5-1　阵列类型

阵列类型	创建方法或功能	补充说明
尺寸	通过使用驱动尺寸并指定阵列的增量变化来控制阵列	尺寸阵列可以为单向或双向
方向	通过指定方向参照并设置阵列增长的方向和增量来创建自由形式阵列	方向阵列可以为单向或双向
轴	通过设置阵列的角增量和径向增量来创建自由形式径向阵列	使用该阵列类型，可以将阵列结果设计成螺旋形等
表	通过使用阵列表并为每一阵列实例指定尺寸值来控制阵列	用于创建比较特殊的受表参数控制的阵列
参考	通过参考另一阵列来控制阵列	
填充	通过根据选定栅格用实例填充区域来控制阵列	
曲线	通过指定沿着曲线的阵列成员间的距离或阵列成员的数目来控制阵列	
点	将阵列成员放置在几何草绘点、几何草绘坐标系或基准点上	

需要注意的是：只能阵列单个特征。如果要一次阵列多个特征，则可先将这些阵列组合成组，即为这些特征创建一个局部组，然后再阵列这个局部组即可。

5.3.1 尺寸阵列

创建尺寸阵列，需要选取所需的特征尺寸，并指定这些尺寸的增量变化以及阵列中的特征实例数（特征成员数）。在尺寸阵列中使用的尺寸增量可以是正的，也可以是负的，正增量使系统在与放置初始特征相同的方向上放置实例，而负增量则反转此方向。

下面介绍一个创建尺寸阵列的实战学习案例。

① 在"快速访问"工具栏中单击"打开"按钮📂，弹出"文件打开"对话框，选择配套文件"bc_5_pattern_1.prt"，然后在"文件打开"对话框中单击"打开"按钮。该文件中存在图5-24所示的零件特征。

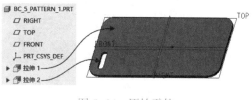

图5-24 原始零件

② 在模型树中选择拉伸切口特征（"拉伸2"特征）。

③ 在功能区的"模型"选项卡的"编辑"面板中单击"阵列"按钮▦/▤，打开"阵列"选项卡。此时，在图形窗口中显示选定特征的尺寸。

④ 默认的阵列类型为"尺寸"，此时可以打开"阵列"选项卡的"尺寸"面板，看到"方向1"收集器被激活，在第一方向上，选择数值为"100"的尺寸，设置其增量为"-25"，如图5-25所示。

？说明 选择用于阵列的尺寸时，会在图形窗口中出现一个文本框，从中键入或选取一个值作为尺寸增量，该尺寸增量将显示在方向收集器中。可以在方向收集器中修改指定的尺寸增量。另外，在某些零件的设计中，可能需要在一个方向上选取用于阵列的多个尺寸，此时可以按住〈Ctrl〉键来选择多个尺寸，并为每个选定尺寸指定相应的增量。

⑤ 在"尺寸"面板的"方向2"收集器框中单击，从而将该收集器激活，在图形窗口中选择尺寸数值为"15"的尺寸，并设置其增量为"-55"，如图5-26所示。

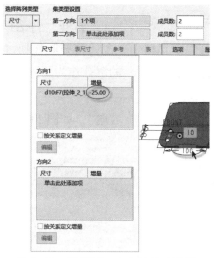
图5-25 设置第一方向的尺寸增量

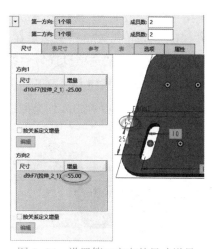
图5-26 设置第二方向的尺寸增量

⑥ 在"阵列"选项卡中输入第一方向的阵列成员数为"9"，输入第二方向的阵列成员数为"2"，如图5-27所示。另外，在"选项"面板的"重新生成选项"下拉列表框中选择"常规"选项。

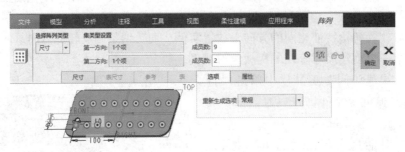

图5-27 设置阵列成员数

说明 此时，Creo Parametric 6.0默认启用动态几何预览，在图形窗口中会以黑点表示阵列成员（含阵列导引），如果要跳过某个阵列成员，则单击其黑点，使黑点变为白点，表示将该阵列成员从中删除。要恢复该成员，单击白点，使白点重新变为黑点即可。

⑦ 在"阵列"选项卡中单击"确定"按钮，完成效果如图5-28所示。

图5-28 完成双方向的尺寸阵列

5.3.2 方向阵列

可以使用方向阵列在一个或两个选定方向上添加阵列成员。在创建方向阵列的过程中，如果要更改阵列的方向，则可以单击相应的反向按钮，或者在"阵列"选项卡的相应文本框中输入负增量。

下面介绍一个创建方向阵列的实战学习案例。

① 在"快速访问"工具栏中单击"打开"按钮，弹出"文件打开"对话框，选择配套文件"bc_5_pattern_2.prt"，然后在"文件打开"对话框中单击"打开"按钮。

② 将选择过滤器的选项设置为"特征"，选择图5-29所示的沉孔作为要阵列的特征。

③ 单击"阵列"按钮，打开"阵列"选项卡。

④ 在"阵列"选项卡的阵列类型选项下拉列表框中选择"方向"，如图5-30所示。

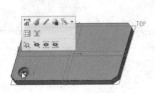

图5-29 选择要阵列的特征

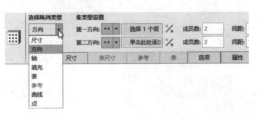

图5-30 将阵列类型设置为"方向"

⑤ 选择图 5-31 所示的边线作为方向 1 参照，接着设置第一方向的阵列成员数为 "5"，其阵列成员之间的距离为 "40"。

⑥ 在 "阵列" 选项卡的 "第二方向" 收集器的框内单击，将其激活，如图 5-32 所示。

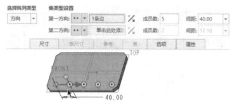

图 5-31 设置方向 1 的方向参照及相关参数

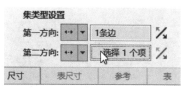

图 5-32 激活 "方向 2" 收集器

⑦ 选择一条边定义方向 2，设置第二方向的阵列成员数为 "3"，输入第二方向的相邻阵列成员之间的距离为 "40"，并单击 "反向第二方向" 按钮 来反向第二方向，此时的动态几何预览效果如图 5-33 所示。

⑧ 在 "阵列" 选项卡中单击 "确定" 按钮 ，完成效果如图 5-34 所示。

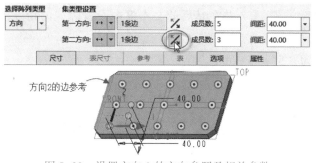

图 5-33 设置方向 2 的方向参照及相关参数

图 5-34 创建双向的方向阵列

说明 在创建方向阵列时，如果需要，则可使用 "阵列" 选项卡的 "尺寸" 面板来更改阵列特征的尺寸，例如可改变孔直径等。

5.3.3 轴阵列

轴阵列也称圆周阵列，它是通过围绕一个选定轴并按照设定的角度参数和径向参数来创建的阵列。在创建或重定义轴阵列时，可以根据设计要求来更改角度方向的间距、径向方向的间距、每个方向的阵列成员数、各成员的角度范围、特征尺寸和阵列成员的方向等。

创建轴阵列的示例如图 5-35 所示。

下面介绍一个创建轴阵列的实战学习案例。在案例中涉及 "跟随轴旋转" 复选框的应用。

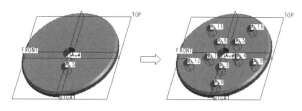

图 5-35 创建轴阵列的典型示例

① 在 "快速访问" 工具栏中单击 "打开" 按钮 ，弹出 "文件打开" 对话框，选择

配套文件 "bc_5_pattern_3. prt"，然后在 "文件打开" 对话框中单击 "打开" 按钮。该文件中存在的原始模型如图 5-36 所示。

② 从选择过滤器下拉列表框中选择 "特征"，接着在图形窗口中选择模型中的箭头形状的拉伸切口特征，如图 5-37 所示。

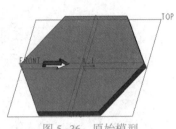
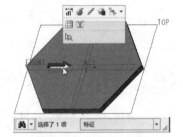

图 5-36 原始模型　　　　　图 5-37 选择要阵列的特征

③ 单击 "阵列" 按钮田，打开 "阵列" 选项卡。

④ 在 "阵列" 选项卡的阵列类型选项下拉列表框中选择 "轴" 选项，接着在模型中选择基准轴 A_1 作为旋转中心轴。

⑤ 单击 "设置阵列的角度范围" 按钮，并在其后的文本框中设置阵列的角度范围为 "360"。

⑥ 输入第一方向的阵列成员数为 "5"。

⑦ 打开 "选项" 面板，将重新生成选项（再生选项）设置为 "常规"，确保选中 "跟随轴旋转" 复选框，如图 5-38 所示。

图 5-38 在 "阵列" 选项卡中操作

⑧ 在 "阵列" 选项卡中单击 "确定" 按钮，完成效果如图 5-39 所示。

❓ **说明** 在本例中，若在 "阵列" 选项卡的 "选项" 面板中取消选中 "跟随轴旋转" 复选框，则最后完成的模型效果如图 5-40 所示。

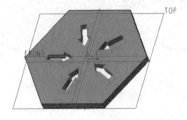
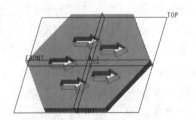

图 5-39 完成跟随轴旋转的轴阵列特征　　图 5-40 没有跟随轴旋转的轴阵列效果

5.3.4 表阵列

可以使用表阵列方法来阵列特征，其思路是通过一个可编辑表，为阵列的每个实例指定唯一的尺寸，以用于创建特征或组的复杂或不规则阵列。

下面通过实战学习案例来介绍创建表阵列的一般方法及步骤。

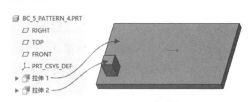

图 5-41 原始模型

① 在"快速访问"工具栏中单击"打开"按钮，弹出"文件打开"对话框，选择"bc_5_pattern_4. prt"配套文件，然后在"文件打开"对话框中单击"打开"按钮。该文件中存在的原始模型如图 5-41 所示。

② 选择"拉伸 2"特征，接着单击"阵列"按钮田，打开"阵列"选项卡。

③ 在"阵列"选项卡的阵列类型选项下拉列表框中选择"表"选项，如图 5-42 所示。

图 5-42 设置阵列类型选项为"表"

④ 选择要包括在阵列表中的尺寸。在这里，按住〈Ctrl〉键的同时依次单击尺寸 1、尺寸 2、尺寸 3 和尺寸 4，如图 5-43 所示。

⑤ 在"阵列"选项卡中单击此时可用的"编辑"按钮，打开表编辑器窗口。

⑥ 在表中为每个阵列成员添加一个以索引号开始的行，并指定其相应的尺寸值。完成的阵列表如图 5-44 所示。

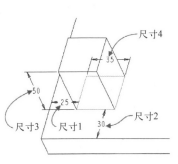

图 5-43 按住〈Ctrl〉键选择多个尺寸

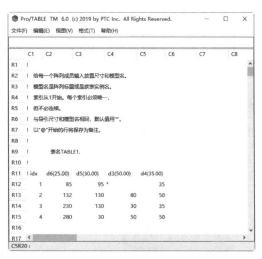

图 5-44 完成的阵列表

说明 阵列索引从1开始，它必须是唯一的，但不必是连续的。在尺寸列的相应格中使用 "*" 符号表示保留默认尺寸值。

⑦ 在表编辑器窗口的顶部菜单栏的 "文件" 菜单中选择 "保存" 命令，接着再从该 "文件" 菜单中选择 "退出" 命令，从而退出表编辑器窗口。

⑧ 在 "阵列" 选项卡中单击 "确定" 按钮 ✓，完成该表阵列特征，完成的效果如图5-45所示。

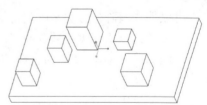

图5-45 完成表阵列特征的模型效果

5.3.5 参考阵列

创建参考阵列就是相当于将一个特征阵列复制到其他阵列特征的 "上部"。 些定位新参照阵列特征的参照，必须只能是对初始特征的参照，若增加的特征不使用 阵列的特征来获得其几何参照，那么便不能为新特征使用参考阵列。

下面介绍一个使用参考阵列的实战学习案例。

① 在 "快速访问" 工具栏中单击 "打开" 按钮 📂，弹出 "文件打开" 对话框，选择 "bc_5_pattern_5.prt" 配套文件，然后在 "文件打开" 对话框中单击 "打开" 按钮。该文件中存在的原始模型如图5-46所示，其中的孔结构通过阵列来完成。

② 在功能区的 "模型" 选项卡的 "工程" 面板中单击 "边倒角" 按钮 🔽，打开 "边倒角" 选项卡，设置倒角标注形式为 "45×D"，设置D值为 "5"。选取原阵列中的源孔的一条孔边，单击 "确定" 按钮 ✓，则对选定的孔边进行倒角，操作结果如图5-47所示。

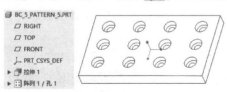

图5-46 原始模型

图5-47 对其中一个孔边进行倒角

③ 确保选中该倒角特征，在功能区的 "模型" 选项卡的 "编辑" 面板中单击 "阵列" 按钮 🔲，打开 "阵列" 选项卡。

④ 系统根据孔的阵列创建倒角特征的参考阵列，即系统默认选用 "参考" 阵列类型，如图5-48所示。

⑤ 在 "阵列" 选项卡中单击 "确定" 按钮 ✓，对阵列中的所有孔均完成倒角，结果如图5-49所示。

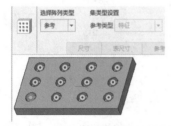

图5-48 默认 "参考" 阵列类型

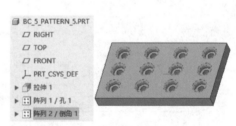

图5-49 完成参考阵列

5.3.6 填充阵列

填充阵列其实就是以栅格定位的特征实例来填充指定的区域，阵列填充的区域可由草绘或选取已草绘的曲线来定义。在创建填充阵列的过程中，可以从几个栅格模板（"栅格阵列"下拉列表框）中选取一个模板（如方形、圆形、菱形、六边形等），并指定栅格参数，包括成员中心两两之间的间距 ⚏、栅格围绕其原点的旋转 ⚏、阵列成员中心可距草绘边界的间距 ⚏（负值允许中心位于草绘边界之外）、圆形和螺旋形栅格的径向间距 ⚏ 等），如图 5-50所示。

图 5-50 填充阵列的相关选项及参数设置

在创建或编辑填充阵列时，可以通过指定替代原点来更改填充阵列的原点，以便于将某些阵列成员移动到填充边界内或其外部。如果更改阵列原点后，阵列成员的原点位于填充区域外，那么这些成员将从阵列中被排除。除非在阵列工具操控板（即功能区"阵列"选项卡）中选取"沿草绘曲线" ⚏⚏⚏ 作为栅格类型，否则更改阵列的原点不会影响阵列分布。

另外，还可以使阵列成员跟随选定曲面的形状。阵列成员可沿着选定的曲面，可以保持与阵列导引类似的恒定方向。为了使阵列成员跟随选定曲面的形状，阵列导引和草绘平面必须与选定曲面相切。如果草绘平面和阵列导引与选定的曲面相切，那么阵列成员将根据选定的方向类型沿着选定的曲面。

创建填充阵列的一般方法及步骤如下。

① 选择要阵列的特征后，在功能区的"模型"选项卡的"编辑"面板中单击"阵列"按钮 ⊞，打开"阵列"选项卡。

② 从"阵列"选项卡的阵列类型选项下拉列表框中选择"填充"选项。

③ 选择现有草绘曲线，或者打开"参考"面板并单击"定义"按钮，指定草绘平面和草绘方向，然后草绘要用阵列进行填充的区域，单击"确定"按钮 ✔。

当选取曲线或退出草绘器时，Creo Parametric 6.0 会根据默认设置显示阵列栅格的预览，每个阵列成员均由黑点 "◉" 标识。

④ 选取栅格模板。可供选择的栅格模板有 ⚏⚏⚏（正方形）、❖（菱形）、⚏⚏⚏（正六边形）、⚏（同心圆）、⚏（螺旋）和 ⚏⚏⚏（沿草绘曲线）。

⑤ 在 ⚏ 旁的框中键入或选择一个值来设置阵列成员中心两两之间的间距。

⑥ 在 🔯 旁的框中键入或选择一个值来设置阵列成员中心与草绘边界间的最小距离。使用负值可以使中心位于草绘的外面。

⑦ 在 △ 旁的框中键入或选择一个值来指定栅格绕原点的旋转角度。

⑧ 如果之前选取的栅格模板为 🔯 或 🔧，那么可以对如下可选参数之一或两者均设置。

　　● 要更改径向间距，则在 ↗ 旁的框中键入或选择一个已使用过的值。

　　● 要绕原点旋转阵列成员，则在"选项"面板中选择"跟随模板旋转"复选框。

⑨ 在"选项"面板中设置可选参数中的一个或多个，如重新生成选项（再生选项）、跟随引线位置及跟随选定曲面形状等。

⑩ 要排除某个位置的阵列成员，可以在图形窗口中单击指示阵列成员的相应黑点"◉"，则黑点"◉"变为白点"◎"显示，白点表明阵列成员已被排除。可以在重走义阵列时再次单击白点"◎"以重新包含该阵列成员。

⑪ 在"阵列"选项卡中单击"确定"按钮 ✔。

下面介绍创建填充阵列特征的实战学习案例。

① 在"快速访问"工具栏中单击"打开"按钮 📂，弹出"文件打开"对话框，选择"bc_5_pattern_6.prt"配套文件，然后在"文件打开"对话框中单击"打开"按钮。该文件中存在的原始模型如图5-51所示。

② 从选择过滤器下拉列表框中选择"特征"选项，在图形窗口中选择拉伸切口特征（即"拉伸2"特征），接着在功能区的"模型"选项卡的"编辑"面板中单击"阵列"按钮 ⊞，打开"阵列"选项卡。

③ 从"阵列"选项卡的阵列类型选项下拉列表框中选择"填充"选项。

④ 选择"参考"选项以打开图5-52所示的"参考"面板，单击"定义"按钮，系统弹出"草绘"对话框。选择TOP基准平面作为草绘平面，默认以RIGHT基准平面作为"右"方向参考，单击"草绘"对话框中的"草绘"按钮。

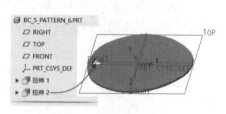

图5-51　原始模型

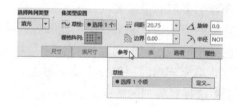

图5-52　打开"参考"面板

⑤ 单击"投影"按钮 ▢，绘制图5-53所示的曲线来定义填充区域，然后单击"确定"按钮 ✔，完成草绘并退出草绘模式。

⑥ 从栅格模板下拉列表框中选择"同心圆"栅格模板 🔯。

⑦ 在 ⋮⋮⋮ 旁的框中输入"45"，在 🔯 旁的框中输入"10"，在 △ 旁的框中输入"0"，在 ↗ 旁的框中输入"48"，如图5-54所示。

⑧ 打开"选项"面板，从"重新生成选项"下拉列表框中选择"常规"，确保选中"跟随引线位置"复选框和"跟随模板旋转"复选框，如图5-55所示。

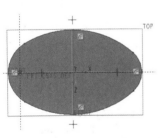

图 5-53 草绘曲线定义填充区域

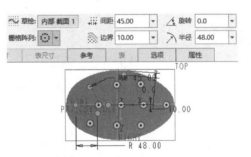

图 5-54 设置选定栅格模板的相关参数

图 5-55 在"选项"面板中设置的选项

说明 重新生成选项（再生选项）有"相同""可变""常规"，它们功能含义如下。

- "相同"：所有阵列成员的尺寸相同，放置在相同的曲面上，且彼此之间或与零件边界不相交。
- "可变"：阵列成员的尺寸可以不同或者可放置在不同的曲面上，但彼此之间或与零件边界不能相交。
- "常规"：无任何阵列成员限制。

⑨ 在"阵列"选项卡中单击"确定"按钮✔，结果如图 5-56 所示。

说明 在本例中，若在"阵列"选项卡的"选项"面板中取消选中"跟随模板旋转"复选框，则最后完成的模型效果如图 5-57 所示。

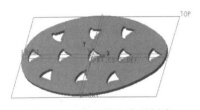

图 5-56 完成填充阵列创建

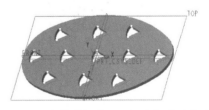

图 5-57 不跟随模板旋转的填充阵列完成效果

5.3.7 曲线阵列

使用"曲线阵列"可以沿着草绘的曲线或基准曲线创建特征实例。创建或重定义曲线阵列时，可以设置间距、阵列成员数、跳过的阵列成员和阵列成员方向。在默认情况下，曲线阵列的起始点位于曲线的起始点处，其中方向箭头标识了曲线阵列的起始点和方向。为了沿着曲线精确对齐阵列成员，应该将阵列导引设置在曲线的开始位置处。

在以下的实战学习案例中将演示如何使用"曲线阵列"来沿着曲线阵列孔。

① 在"快速访问"工具栏中单击"打开"按钮，弹出"文件打开"对话框，选择"bc_5_pattern_7.prt"配套文件，然后在"文件打开"对话框中单击"打开"按钮。该文件中存在的原始模型如图 5-58 所示。

② 在模型树上选择要阵列的孔特征，接着在功能区的"模型"选项卡的"编辑"面板中单击"阵列"按钮，打开"阵列"选项卡。

③ 在阵列类型下拉列表框中选择"曲线"选项。

④ 在模型中选择基准曲线，如图 5-59 所示。如果没有所需的曲线，则可以打开"阵列"选项卡的"参考"面板，单击"定义"按钮，指定草绘平面和方向，绘制所需的曲线。

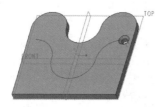
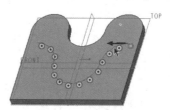

图 5-58　原始模型　　　　图 5-59　选择基准曲线

⑤ 单击"成员数"按钮，接着在其文本框中输入阵列成员数为"9"，如图 5-60 所示。

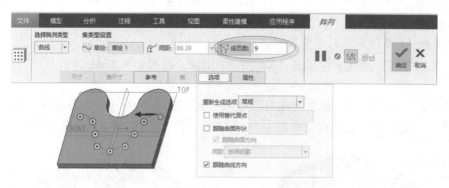

图 5-60　设置阵列成员的数目

说明　用户也可以单击"间距"按钮，接着在其文本框中设置阵列成员间的间距。

⑥ 打开"选项"面板，接受默认的选项设置。例如选中"跟随曲线方向"复选框。

在"选项"面板中可以根据需要设置这些可选参数中的一个或多个：重新生成选项、使用替代原件、跟随曲面形状、跟随曲面方向、间距和跟随曲线方向。

⑦ 排除某个阵列成员。在图形窗口中单击所需的黑点"◉"，使该黑点变为白点"◉"，以表示该阵列成员已被排除。设置好3个要排除的阵列成员后，预览效果如图5-61所示。

⑧ 在"阵列"选项卡中单击"确定"按钮✔，结果如图5-62所示。

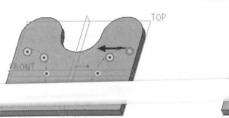

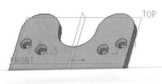

图 5-61　设置要排除的阵列成员　　　图 5-62　创建曲线阵列后的完成效果

再看曲线阵列的比较示例，注意"阵列"选项卡的"选项"面板中的"跟随曲线方向"复选框的使用效果，如图5-63所示。当选中"跟随曲线方向"复选框时，Creo Parametric 6.0会旋转阵列成员，每个成员原点都与该曲线相切；当清除（取消选中）"跟随曲线方向"复选框时，每个阵列成员被置于阵列导引的方向。

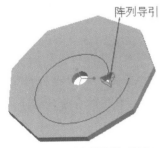

创建曲线阵列之前的模型特征　　　选中"跟随曲线方向"复选框　　　清除"跟随曲线方向"复选框

图 5-63　曲线阵列的比较示例

5.3.8 点阵列

创建点阵列的操作思路就是通过将阵列成员放置在点或坐标系上来创建一个阵列。创建点阵列时，应该根据实际设计情况来创建或选取以下参照。

- 包含一个或多个几何草绘点或几何草绘坐标系的草绘特征。
- 包含一个或多个几何草绘点或几何草绘坐标系的内部草绘。
- 基准点特征。
- 导入特征（包含一个或多个基准点）或分析特征（包含一个或多个基准点）。

下面以创建具有草绘的点阵列为例，介绍创建点阵列的典型方法和步骤。

① 在"快速访问"工具栏中单击"打开"按钮📂，弹出"文件打开"对话框，选择"bc_5_pattern_8.prt"配套文件，然后在"文件打开"对话框中单击"打开"按钮。

② 将选择过滤器的选项设置为"特征"，接着选择图5-64所示的拉伸伸出项特征作为要阵列的特征。

③ 在浮动工具栏中单击"阵列"按钮，或者在功能区的"模型"选项卡的"编辑"面板中单击"阵列"按钮 ⊞，打开"阵列"选项卡。

④ 在"阵列"选项卡的阵列类型下拉列表框中选择"点"选项，接着单击"阵列"选项卡中的"来自草绘"按钮，如图5-65所示。

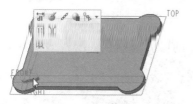

图5-64 选择要阵列的拉伸伸出项特征

图5-65 创建点特征设置

⑤ 打开"参考"面板，接着单击该面板中的"定义"按钮，弹出"草绘"对话框，然后单击"使用先前的"按钮。

⑥ 绘制图5-66所示的图元，其中包括几何基准点1、2、3和4，圆弧从阵列导引中心开始并经过这些几何点，然后单击"确定"按钮 ✓。

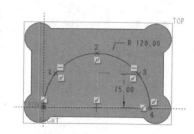

图5-66 草绘

说明 在草绘中，要确保使用"草绘"选项卡的"基准"面板中的"点"按钮 ✕ 来创建几何点，或使用"基准"面板中的"坐标系"按钮 ⊥ 来创建几何坐标系。即草绘必须包含几何点、几何坐标系之一，或同时包含两者。

⑦ 在"阵列"选项卡的"选项"面板中设置图5-67所示的选项，其中要确保选中"跟随曲线方向"复选框。需要用户注意的是，创建点阵列时，Creo Parametric 6.0会通过将导引特征或几何的原点放置在各点或坐标系上来创建阵列成员，在阵列预览中，导引成员的原点显示为"◎"，而将针对每个附加阵列成员放置该原点的位置会显示为"◉"。

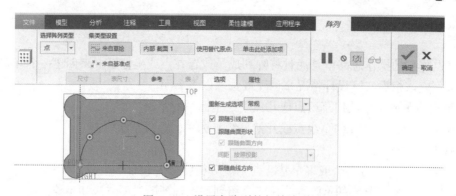

图5-67 设置点阵列的相关选项

⑧ 在"阵列"选项卡中单击"确定"按钮 ✓，完成点阵列操作，完成的结果如

图 5-68 所示。

说明　如果点阵列的草绘参照包括草绘曲线，并选择"跟随曲线方向"复选框，那么系统会旋转阵列成员，每个成员原点都与该曲线相切。如果在本例中取消选中"跟随曲线方向"复选框，或草绘参照不包括草绘曲线，那么每个阵列成员将使用阵列导引的方向，最终的点阵列结果便会如图 5-69 所示。

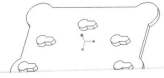

图 3-68　完成效果　　　　　图 5-69　不跟随曲线方向的点阵列

5.4　实战学习案例——设计某产品连接零件

本实战学习案例要完成的模型为某产品的连接零件，如图 5-70 所示。在学习该案例时要注意相关编辑特征的应用。

本实战学习案例具体的操作步骤如下。

1. 新建零件文件

在"快速访问"工具栏中单击"新建"按钮，新建一个使用"mmns_part_solid"公制模板的实体零件文件，可将其文件名设置为"bc_sl5_j"。

2. 创建拉伸实体特征

①在功能区的"模型"选项卡的"形状"面板中单击"拉伸"按钮，打开"拉伸"选项卡。默认时，"拉伸"选项卡中的"实心"按钮处于被选中的状态。

扫码观看视频

图 5-70　某产品连接零件

②选择 FRONT 基准平面作为草绘平面，快速进入内部草绘器。

③绘制图 5-71 所示的拉伸剖面，单击"确定"按钮。

④在"拉伸"选项卡中的深度框中输入侧 1 的深度值为"100"。

⑤在"拉伸"选项卡中单击"确定"按钮，完成拉伸操作，完成创建的该拉伸实体特征如图 5-72 所示。

3. 创建用来阵列的原始特征

①在功能区的"模型"选项卡的"形状"面板中单击"旋转"按钮，打开"旋转"选项卡。

②"旋转"选项卡中的"实心"按钮处于被选中的状态，单击"移除材料"按

钮。

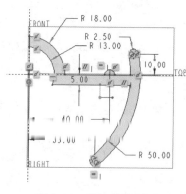

图 5-71　草绘拉伸剖面　　　　　图 5-72　创建拉伸实体特征

　　③ 打开"放置"面板，单击"定义"按钮，弹出"草绘"对话框。选择 TOP 基准平面为草绘平面，以 RIGHT 基准平面为"右"方向参考，单击"草绘"按钮，进入草绘模式。

　　④ 绘制图 5-73 所示的旋转剖面和一条作为旋转轴的几何中心线，接着单击"确定"按钮。

　　⑤ 默认的旋转角度为 360°。预览满意后，单击"确定"按钮，创建的旋转切口如图 5-74 所示。

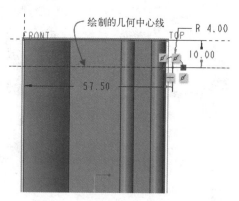

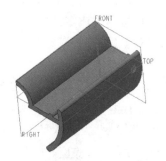

图 5-73　绘制旋转剖面及几何中心线　　　图 5-74　创建旋转切口的效果

4. 在指定曲面上创建填充阵列

　　① 确保选中上步骤刚创建的旋转切口特征，单击"阵列"按钮。

　　② 在"阵列"选项卡的阵列类型选项下拉列表框中选择"填充"选项。

　　③ 单击"参考"选项标签，打开"参考"面板，接着单击该面板中的"定义"按钮，弹出"草绘"对话框。

　　④ 选择 RIGHT 基准平面作为草绘平面，其他默认（如以 TOP 基准平面为"左"方向参考），单击"草绘"对话框中的"草绘"按钮，进入草绘模式。

　　⑤ 绘制图 5-75 所示的封闭填充区域，单击"确定"按钮。

⑥ 在"阵列"选项卡的栅格模板下拉列表框中选择 ⁘（正六边形）栅格模板选项，其他填充参数的设置如图5-76所示，即设置阵列成员中心两两之间的距离为"10"，阵列成员中心可距草绘边界的最小距离为"5"，栅格关于原点的旋转角度为"0"。

图5-75 绘制封闭图形   图5-76 设置填充参数

⑦ 在"阵列"选项卡中打开"选项"面板，从"重新生成选项"下拉列表框中选择"常规"，默认选中"跟随引线位置"复选框，接着选中"跟随曲面形状"复选框和"跟随曲面方向"复选框，在模型中选择要在其上创建填充阵列的实体曲面，将间距选项设置为"映射到曲面空间"，如图5-77所示。

图5-77 设置跟随曲面形状

❓ 说明 当把阵列设置为"跟随曲面形状"时，需要从"间距"下拉列表框（如图5-78所示）中选择下列选项之一。

● "按照投影"：阵列成员被直接投影到曲面上。

● "映射到曲面空间"：阵列导引被直接投影到曲面上，而其余的阵列成员会根据穿过阵列导引的UV线放置。对于位于阵列导引附近的阵列成员，此间距选项的效果最好，此选项仅对实体曲面可用。

● "映射到曲面UV空间"：阵列导引被直接投影到曲面上，而对于其余的阵列成员，将根据它们相对于草绘平面中第一个成员的XY坐标将其映射到UV空间。

⑧ 单击"确定"按钮 ✔，在曲面上创建填充阵列的效果如图5-79所示。

图 5-78　设置间距选项　　　　图 5-79　在曲面上进行填充阵列的完成效果

5. 创建孔特征

① 在功能区的"模型"选项卡的"工程"面板中单击"孔"按钮 。

② 在"孔"选项卡中设置图 5-80 所示的相关选项及参数，其中包含在"形状"面板中设置的形状尺寸，如沉孔台阶深度为"2"等。

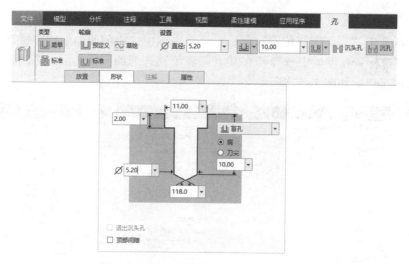

图 5-80　设置孔特征的相关选项及参数

③ 在"孔"选项卡中打开"放置"面板，选择孔特征的主放置面，将放置类型设置为"线性"，接着激活"偏移参考"收集器，结合〈Ctrl〉键分别选择 RIGHT 基准平面和所需的一条边作为偏移参照，然后在"偏移参考"收集器中设置它们的偏移距离，如图 5-81 所示。

④ 在"孔"选项卡中单击"确定"按钮 ，从而在模型中创建第一个孔特征。

6. 通过阵列工具来完成其他孔

① 确保选中上步骤刚创建的孔特征，单击"阵列"按钮 ，打开"阵列"选项卡。

② 在"阵列"选项卡的阵列类型选项下拉列表框中选择"方向"选项。

③ 在"第一方向"旁的下拉列表框中选择"平移"图标选项 ，选择所需的边线来定义方向，如图 5-82 所示。

④ 单击"反向第一方向"按钮 ，接着输入第一方向的成员数为"3"，输入第一方向的相邻成员间的间距为"30"，如图 5-83 所示。若打开"选项"面板，则可以看到默认

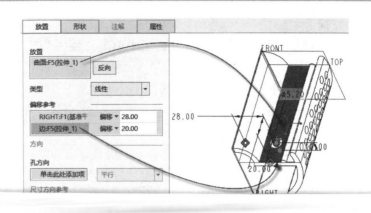

的重新生成选项为"常规"。

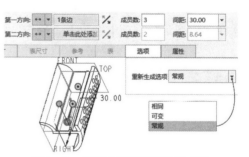

图 5-82　选择边线来定义平移方向　　　图 5-83　设置方向阵列的相关参数

⑤ 在"阵列"选项卡中单击"确定"按钮 ✔。

7. 创建镜像特征

① 在模型树上,选择"拉伸 1"特征,接着按住〈Ctrl〉键的同时选择"阵列 1/旋转 1"特征和"阵列 2/孔 1"特征,如图 5-84 所示。

② 单击"镜像"按钮 ⬚⬚,打开"镜像"选项卡。

③ 在模型窗口中选择 RIGHT 基准平面作为镜像平面。

④ 在"镜像"选项卡中单击"确定"按钮 ✔,完成镜像操作。镜像结果如图 5-85 所示。

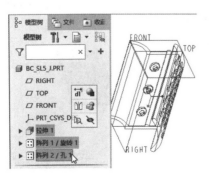

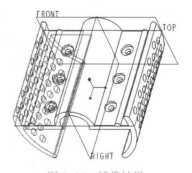

图 5-84　选择要镜像的多个特征　　　　　图 5-85　镜像结果

8. 创建倒圆角特征

① 在功能区的"模型"选项卡的"工程"面板中单击"倒圆角"按钮，打开"倒圆角"选项卡。

② 在"倒圆角"选项卡中设置当前倒圆角集的半径为"5"。

③ 结合〈Ctrl〉键选择要倒圆角的两条边参照，如图5-86所示，所选的两条边会照被添加进同一个倒圆角集中。

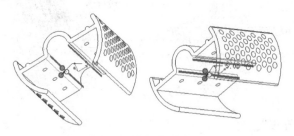

图 5-86 选择要倒圆角的边参照

④ 在"倒圆角"选项卡中单击"确定"按钮，完成该倒圆角操作。

5.5 思考与练习题

1）如果要移动复制特征，那么有哪些方法可以进行操作？

2）请认真思考粘贴特征的两种工作流程是怎样的。

3）请总结镜像特征的一般方法及步骤，可以举例辅助说明。

4）在 Creo Parametric 6.0 中，可以创建哪些类型的阵列特征？

5）在创建阵列特征的过程中，如何排除其中的某些阵列成员？又如何恢复已被排除的阵列成员？

6）如何删除阵列特征？

提示 在模型树中右击阵列特征标识/节点，接着从弹出的快捷菜单中选择"删除阵列"命令即可。注意该快捷菜单中的"删除"与"删除阵列"两个命令的功能用途有何不同？

7）上机操作：创建填充阵列。打开"bc_5_ex7. prt"练习源文件，以孔特征为阵列导引，在板材模型上创建填充阵列特征，如图5-87所示。

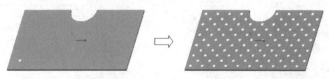

图 5-87 创建填充特征

8）上机操作：模仿本章实战学习案例，自行设计一个模型，要求在该模型上分别应用了镜像特征、阵列特征和移动复制特征。

与修饰特征

用户还需要掌握一些用来创建高级扭曲特征、修饰特征的工具命令，以便在实际工作中可以胸有成竹地进行复杂实体模型的设计工作，且使设计工作变得更灵活有效。常用的高级扭曲特征包括螺旋扫描特征、体积块螺旋扫描特征、扫描混合特征、骨架折弯特征、环形折弯特征等，而修饰特征主要包括修饰草绘特征、修饰螺纹特征和修饰槽特征等。通常在零件中使用修饰特征来处理产品零件上的标识符号、商标、功能说明和螺纹示意等。

本章重点介绍一些常用的高级扭曲实体特征和修饰特征的应用知识。

6.1　螺旋扫描

螺旋扫描特征是通过沿着螺旋轨迹扫描截面来创建的，所谓的轨迹是通过旋转曲面的轮廓（即螺旋扫描轮廓，定义从螺旋特征的截面原点到其旋转轴之间的距离）和螺距（螺旋线之间的距离）这两者定义的。按照螺距的变化规律，可以将螺旋扫描特征分为恒定螺距的螺旋扫描特征和可变螺距的螺旋扫描特征。

"螺旋扫描"工具命令对实体和曲面均可用。用于创建各类螺旋扫描特征的工具命令位于功能区"模型"选项卡的"形状"面板中（以零件建模应用模块为例），如图6-1所示。

图6-1　"螺旋扫描"工具命令的出处

在功能区的"模型"选项卡的"形状"面板中单击"螺旋扫描"按钮，打开"螺旋扫描"选项卡，如图6-2所示，可以设置使用左手定则还是右手定则，利用"参考"面板来定义螺旋扫描轮廓、轮廓起点、旋转轴和截面方向，在"选项"面板中可以设置沿着轨还保持恒定截面或加宽截面等，且意当在"选项"面板的"沿着轨迹"选项组中选择"变量"单选按钮时，则用可变截面创建螺旋扫描特征。"间距"选项卡用于设置螺旋扫描的间距，含可变间距。

图 6-2　"螺旋扫描"选项卡

6.1.1 创建恒定螺距的螺旋扫描特征

以两个典型案例来介绍如何创建恒定螺距的螺旋扫描特征。

第 1 个典型案例是创建具有恒定螺距的圆柱压缩弹簧，其具体的操作步骤如下。

扫码观看视频

①　在"快速访问"工具栏中单击"新建"按钮，新建一个名为"hy_6_hswp"的实体零件文件，该文件不使用默认模板，而是使用公制模板"mmns_part_solid"。

②　在功能区的"模型"选项卡的"形状"面板中单击"螺旋扫描"按钮，打开"螺旋扫描"选项卡。

③　在"螺旋扫描"选项卡中单击"实心"按钮和"右手定则"按钮，接着打开"选项"面板，并在"沿着轨迹"选项组中选择"常量"单选按钮。

④　打开"参考"面板，在"截面方向"选项组中选择"穿过旋转轴"单选按钮。在"螺旋轮廓"收集器右侧单击"定义"按钮，系统弹出"草绘"对话框。指定草绘平面及草绘方向。在这里选择 TOP 基准平面作为草绘平面，默认以 RIGHT 基准平面为"右"方向参考，单击"草绘"对话框中的"草绘"按钮，进入草绘模式。

⑤　绘制螺旋扫描轮廓和旋转轴几何中心线，其中该几何中心线由通过"草绘"选项卡的"基准"面板中的"中心线"按钮来创建，如图 6-3 所示，然后单击"确定"按钮。

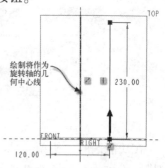

图 6-3　螺旋扫描轮廓
和旋转轴中心线

说明　在草绘轮廓时，需要遵循以下规则。

- 草绘图元必须为非闭合的，即草绘的图元不能形成环。
- 可以草绘一根几何中心线以定义旋转轴，也可以将某构造中心线设置为旋转轴。
- 如果截面方向为"垂直于轨迹"，那么螺旋扫描轮廓图元一定是彼此相切的（C1连续）。
- 螺旋扫描轮廓图元的切线在任何点都不得垂直于中心线（轴线）。
- 轮廓的起点定义了扫描轨迹的起点，如果要修改轮廓起点，那么可先选择所需的端点，接着在功能区的"草绘"选项卡中选择"设置"|"特征工具"|"起点"命令即可。退出草绘器后，如果要将螺旋扫描的起点从螺旋轮廓的一端切换至另一端，那么可以在"螺旋扫描"选项卡的"参考"面板中单击位于"起点"字样右侧的"反向"按钮。

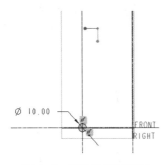

图6-4　输入螺距值

- 输入螺距值（节距值，即相邻螺旋线之间的距离）为"25"，如图6-4所示。

在"螺旋扫描"选项卡中单击"创建或编辑扫描截面"按钮 。接着根据可见的十字叉丝草绘弹簧横截面，如图6-5所示。该横截面将要沿着螺旋轨迹进行扫描动作。然后单击"确定"按钮 ，完成草绘并退出草绘模式。

在"螺旋扫描"选项卡中单击"确定"按钮 ，完成此螺旋扫描特征创建，结果如图6-6所示（可以按〈Ctrl+D〉组合键来以默认的标准方向视角显示模型）。

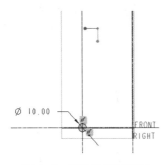

图6-5　草绘弹簧横截面

图6-6　完成恒定螺距的弹簧

第2个典型案例是在已有的实体轴杆上创建外螺纹，该外螺纹实际上就是由螺旋扫描切口特征构造。具体的操作步骤如下。

在"快速访问"工具栏中单击"打开"按钮 ，弹出"文件打开"对话框，选择"hy_6_hswp_2.prt"配套文件，然后在"文件打开"对话框中单击"打开"按钮。在打开的该文件中存在图6-7所示的原始模

扫码观看视频

型。接着在该模型中创建外螺纹，使之成为螺杆零件。

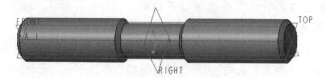

图6-7 原始模型

② 在功能区的"模型"选项卡的"形状"面板中单击"螺旋扫描"按钮 ⚙⚙，打开"螺旋扫描"选项卡。

③ 在"螺旋扫描"选项卡中分别单击"实心"按钮 □、"移除材料"按钮 ◪ 和"右手定则"按钮 ⟳。

④ 打开"参考"面板，在"截面方向"选项组中选择"穿过旋转轴"单选按钮，单击"螺旋扫描轮廓"收集器右侧的"定义"按钮，弹出"草绘"对话框，选择 TOP 基准平面作为草绘平面，默认 RIGHT 基准平面为"右"方向参考，单击"草绘"按钮进入草绘模式。

⑤ 单击"基准"面板中的"中心线"按钮 ⦂ 绘制一条水平的几何中心线，接着单击"线链"按钮 ⌄ 绘制一段直线段，草绘结果如图6-8所示，然后单击"确定"按钮 ✔。

⑥ 在"螺旋扫描"选项卡中的"螺旋扫描"按钮 ⚙⚙ 旁的"螺距值"文本框中输入螺距值为"2"。接着打开"选项"面板，确保从"沿着轨迹"选项组中默认选择"常量"单选按钮。

⑦ 在"螺旋扫描"选项卡中单击"创建或编辑扫描截面"按钮 ☑，接着根据螺纹标准或要求来绘制图6-9所示的等边三角形，然后单击"确定"按钮 ✔。

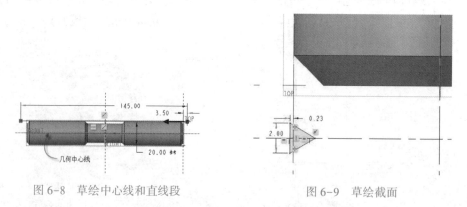

图6-8 草绘中心线和直线段　　　　图6-9 草绘截面

⑧ 预览满意后，在"螺旋扫描"选项卡中单击"确定"按钮 ✔，创建的外螺纹的三维效果如图6-10所示。

图6-10 以螺旋扫描方式创建的外螺纹效果

6.1.2 创建可变螺距的螺旋扫描特征

可以创建一个具有可变螺距（即螺旋线螺圈间的距离可变）的螺旋扫描特征。第一个间距点始终从螺旋扫描轮廓的起点投影到旋转轴，最后一个间距点从螺旋扫描轮廓的端点投影到旋转轴，应该沿着旋转轴在第一个和最后一个点之间定义任何间距点的位置。用户可以使用参考（按参考）、比率（按比率）或实际尺寸（按值）从起点开始沿旋转轴设置位置。

扫码观看视频

下面通过一个案例来介绍可变螺距螺旋扫描特征的一般创建方法及步骤。

① 在"快速访问"工具栏中单击"新建"按钮 ，新建一个名为"hy_6_hswp_3"的实体零件文件，该文件不使用默认模板，而是使用公制模板"mmns_part_solid"。

② 在功能区的"模型"选项卡的"形状"面板中单击"扫描"按钮 旁的"箭头"按钮 ，接着单击"螺旋扫描"按钮 ，打开"螺旋扫描"选项卡。

③ 在"螺旋扫描"选项卡中确保选中"实心"按钮 和"右手定则"按钮 ，打开"选项"面板，从"沿着轨迹"选项组中选择"常量"单选按钮。

④ 在"螺旋扫描"选项卡中打开"参考"面板，从"截面方向"选项组中选择"穿过旋转轴"单选按钮，单击位于"螺旋扫描轮廓"收集器右侧的"定义"按钮，弹出"草绘"对话框，选择 FRONT 基准平面作为草绘平面，单击"草绘"对话框中的"草绘"按钮，进入草绘模式中。

⑤ 单击"基准"面板中的"中心线"按钮 绘制一条竖直的几何中心线作为旋转轴，接着单击"线链"按钮 绘制两段相连的直线段（线段 AB 和线段 BC），如图 6-11 所示。单击"确定"按钮 ，完成草绘并退出草绘器。

⑥ 在"螺旋扫描"选项卡中打开"间距"面板，设置起点位置的"间距"值（螺距）为"2"。接着单击"添加间距"标识所在行的其他单元格以添加一个螺距点，该螺距点的位置为终点，其对应的螺距值设为"2"。继续添加一个螺距点，其位置类型默认为"按值"，将其位置值设置为"3"，间距值为"2"，如图 6-12 所示。

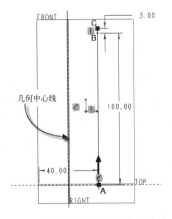

图 6-11　草绘旋转曲面轮廓和中心线

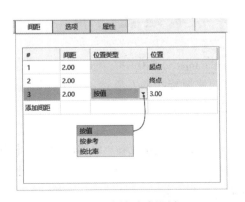

图 6-12　添加新螺距点

使用同样的方法继续添加其他螺距点，并分别设置相应的位置类型、位置和间距，如图 6-13 所示。其中第 6 个螺距点的位置类型为"按参考"，选择线段 AB 的 B 端点作为其位置参考。

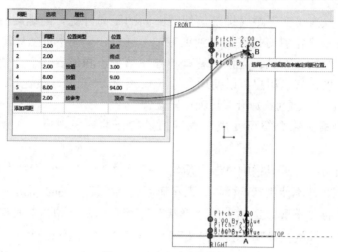

图 6-13　定义全部螺距点

⑦ 在"螺旋扫描"选项卡中单击"创建或编辑扫描截面"按钮 ⟋。

⑧ 绘制弹簧丝的截面，如图 6-14 所示，单击"确定"按钮 ✔。

⑨ 在"螺旋扫描"选项卡中单击"确定"按钮 ✔，完成该具有可变螺距的弹簧的创建，效果如图 6-15 所示。

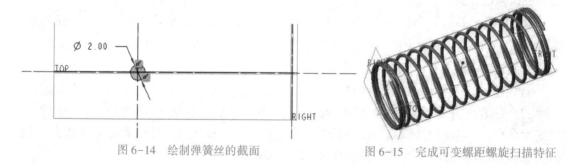

图 6-14　绘制弹簧丝的截面　　　　　　图 6-15　完成可变螺距螺旋扫描特征

6.2　体积块螺旋扫描

在 Creo Parametric 6.0 中，可以通过沿着螺旋（螺旋轨迹）扫描 3D 对象来创建体积块螺旋扫描，所述的 3D 对象在跟随螺旋轨迹路径时移除材料，其类似于车削或磨削加工中的切削刀具。体积块螺旋扫描的典型实例如图 6-16 所示。

下面通过一个操作实例来介绍如何创建体积块螺旋扫描特征。

① 在"快速访问"工具栏中单击"打开"按钮 ⬚，弹出"文件打开"对话框，选择"hy_6_tjklxsm. prt"配套文件，然后在"文件打开"对话框中单击"打开"按钮。在打开的文件中存在图 6-17 所示的原始模型。

扫码观看视频

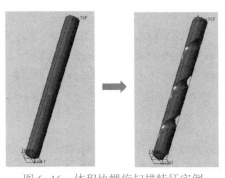

图6-16 体积块螺旋扫描特征实例 　　图6-17 原始实体模型

② 在功能区的"模型"选项卡的"形状"面板中单击"扫描"按钮 旁的"箭头"按钮 ，接着单击"体积块螺旋扫描"按钮 ，打开"体积块螺旋扫描"选项卡。

图6-18 "体积块螺旋扫描"选项卡

③ 在"体积块螺旋扫描"选项卡上打开"参考"面板，接着单击"定义"按钮以定义螺旋轮廓草绘，此时弹出"草绘"对话框，选择 TOP 基准平面作为草绘平面，默认以RIGHT 基准平面为"右"方向参考，单击"草绘"按钮。绘制开放的图线以生成螺旋轮廓，此时可以在草绘中单击"基准"面板中的"中心线"按钮 来草绘一条几何中心线用作中心轴，如图6-19所示。然后单击"确定"按钮 ，完成草绘。

④ 此时，默认的螺旋起点如图6-20所示，本例设置螺旋间距为"100"，使用右手定则。

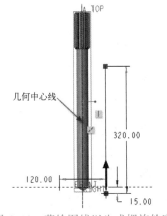

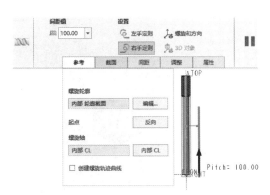

图6-19 草绘图线以生成螺旋轮廓 　　图6-20 默认螺旋起点及设置螺旋间距值等

❓**说明** 在其他一些设计案例中，如果要在螺旋轮廓的两个端点之间切换体积块螺旋扫描的起始点，那么需要在"参考"面板中单击"起点"旁的"反向"按钮。如果要创建螺旋轨迹曲线，那么需要在"参考"面板中选中"创建螺旋轨迹曲线"复选框。

⑤ 要显示 3D 对象的螺旋和方向，则在"体积块螺旋扫描"对话框中单击"螺旋和方向"按钮，如图 6-21 所示。

📖**知识点拨** 这里需要了解什么是体积块螺旋扫描特征的 3D 对象。在体积块螺旋扫描中，通过草绘或选择一个截面可以创建一个 3D 对象，Creo 系统会将该草绘旋转 360°。当 3D 对象沿螺旋移动时，Creo 系统会模拟切削刀具，在沿刀具路径移动时移除材料。而 3D 对象拖动器类似于一个坐标系，会在体积块螺旋扫描工具中显示 3D 对象的方向，会沿着螺旋方向随 3D 对象一起滑动。拖动器的轴由其他参考进行定义。拖动器的位置由附加的约束和参考来确定。

⑥ 要草绘或选择一个截面以便通过旋转来创建 3D 对象，则打开"截面"面板中选择"草绘截面"或"选定截面"单选按钮。本例选择"草绘截面"单选按钮，如图 6-22 所示，接着单击"创建/编辑截面"按钮。

图 6-21 显示螺旋和方向

图 6-22 "截面"选项卡

⑦ 图形窗口中会显示红色的 X 轴和绿色的 Y 轴，两者在原点处相交。绘制图 6-23 所示的螺旋原点处的截面，单击"确定"按钮✔。3D 对象的截面包含一条沿 Y 轴方向的直线（用作 3D 对象的旋转轴），位于 Y 轴的一侧，仅将包含直线和圆弧，是闭合的凸形的，截面绕 Y 轴旋转而生成的 3D 对象必须呈凸形。此时，预览效果如图 6-24 所示。

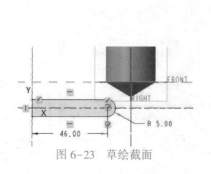

图 6-23 草绘截面

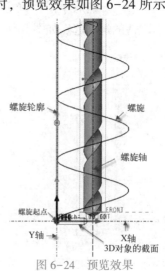

图 6-24 预览效果

⑧ 要显示旋转 3D 对象，在"体积块螺旋扫描"选项卡上单击如"3D 对象"按钮。

⑨ 打开"调整"面板，可以根据需要设置将 3D 对象绕 X 轴或 Z 轴倾斜某一恒定角度，倾斜角度为介于-90°到 90°之间值。本例绕 X 轴倾斜，倾斜角为 0°，如图 6-26 所示。

应用点拨：如果要设置可变螺距，那么需要打开"间距"面板，通过单击"添加间距"来设置指定间距点的螺距值。本例采用恒定螺距。

⑩ 默认使用右手定则，单击"确定"按钮✔。完成此体积块螺旋扫描如图 6-27 所示。

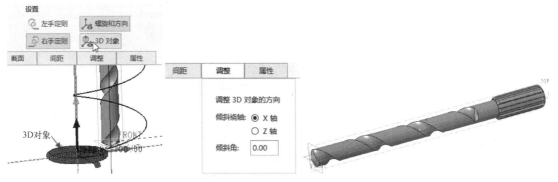

图 6-25 显示旋转 3D 对象　　图 6-26 "调整"面板　　图 6-27 完成体积块螺旋扫描

6.3 扫描混合

"扫描混合"命令相当于融合了扫描和混合两个功能。扫描混合可以具有两种轨迹，一种是必需的原点轨迹，而另一种则是可选的第二轨迹。每个扫描混合特征必须至少有两个剖面，且可在这两个剖面间添加剖面。要定义扫描混合的轨迹，可选取一条草绘曲线、基准曲线或边的链，注意每次只有一个轨迹是活动的。

扫码观看视频

在创建扫描混合特征时，要注意下列限制条件或要求。

◉ 对于闭合轨迹轮廓，在起始点和其他位置必须至少各有一个截面。

◉ 轨迹的链起点和终点处的截面参照是动态的，并且在修剪轨迹时会更新。

◉ 截面位置可以参照模型几何（例如一条曲线），但修改轨迹会使参照无效。在此情况下，扫描混合特征会失败。

◉ 所有截面必须包含相同的图元数。

◉ 可以使用区域位置以及通过控制特征在截面间的周长来控制扫描混合几何。

和可变截面扫描类似，扫描混合也有关于草绘平面（Z 轴）方向选项的如下术语。

◉ "垂直于轨迹"：截面平面在整个长度上保持与"原点轨迹"垂直。

◉ "恒定法向"：Z 轴平行于指定方向参照向量，此选项要必须指定方向参照。

◉ "垂直于投影"：沿投影方向看去，截面平面保持与"原点轨迹"垂直。Z 轴与指定方向上的"原点轨迹"的投影相切。此选项要必须指定方向参照。

如果需要，则可以使用周长或横截面面积（区域）来控制修改扫描混合，这需要在

"扫描"选项卡的"选项"面板中进行相关设置,如图6-28所示。另外,使用"相切"面板可定义扫描混合的端点和相邻模型几何间的相切关系。

图6-28 "扫描混合"选项卡的"选项"面板

下面介绍一个关于扫描混合特征应用的操作案例。

① 在"快速访问"工具栏中单击"打开"按钮,弹出"文件打开"对话框,选择"hy_6_sswp. prt"配套文件,然后在"文件打开"对话框中单击"打开"按钮。在该文件中已经建立好图6-29所示的实体模型。

② 在功能区的"模型"选项卡的"形状"面板中单击"扫描混合"按钮,打开"扫描混合"选项卡。在"扫描混合"选项卡中单击选中"实心"按钮。

③ 在功能区的右侧区域单击"基准"按钮并接着从其下拉命令列表中单击"草绘"按钮,系统弹出"草绘"对话框,选择FRONT基准平面作为草绘平面,默认以RIGHT基准平面为"右"方向参考,单击"草绘"对话框中的"草绘"按钮,进入内部草绘器中。

④ 绘制将作为原点轨迹的曲线,如图6-30所示,注意曲线端点应该被重合约束在相应的轮廓投影边上。单击"确定"按钮,完成草绘并退出草绘器。

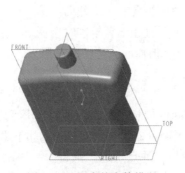

图6-29 已有的实体模型

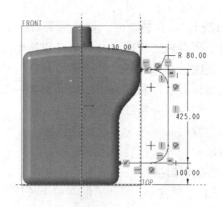

图6-30 绘制作为原点轨迹的曲线

⑤ 在"扫描混合"选项卡中单击"退出暂停模式,继续使用此工具"按钮。

⑥ 刚绘制的曲线被默认为原点轨迹,注意原点轨迹的起始点位置如图6-31所示,并

在"扫描混合"选项卡中打开"参考"面板,将截平面控制(剖面控制)选项设置为"垂直于轨迹",默认"水平/垂直控制"选项为"自动",而起点的 X 方向参考为"默认"。

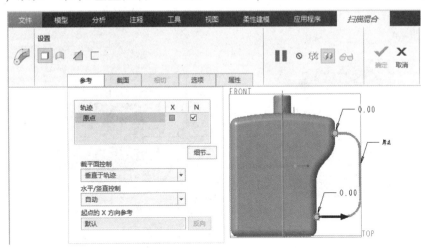

图 6-31 定义原点轨迹及剖面控制选项等

说明 如果要改变原点轨迹的起始箭头位置方向,那么在原点轨迹上单击显示的箭头即可。

⑦ 在"扫描混合"选项卡中单击"截面"选项标签以打开"截面"面板,选择"草绘截面"单选按钮。注意到开始截面位置在原点轨迹的链首(开始处),相对于初始截面 X 轴的旋转角度为"0",如图 6-32 所示,单击"草绘"按钮。

⑧ 绘制剖面 1。在"草绘"选项卡的"草绘"面板中单击"中心和轴椭圆"按钮 ,绘制图 6-33 所示的椭圆作为剖面 1,然后单击"确定"按钮 ✔。

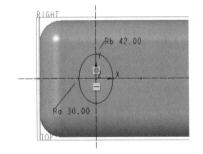

图 6-32 "扫描混合"选项卡的"截面"面板 　　图 6-33 绘制剖面 1

⑨ 绘制剖面 2。在"截面"面板中单击"插入"按钮,接着按〈Ctrl+D〉组合键以默

认的标准方向视角显示模型（快速调整模型视角以便于选取操作），选择轨迹线上图 6-34a
所示的点，"旋转"框中默认的旋转值为 "0"，单击 "截面" 面板中的 "草绘" 按钮，进
入草绘模式，绘制图 6-34b 所示的剖面 2（剖面 2 由一个直径为 55 的圆构成），然后单击
"确定" 按钮✔。

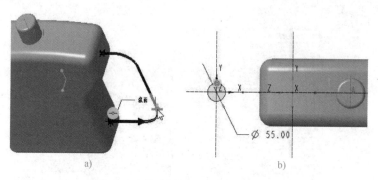

图 6-34　指定放置点并绘制其剖面 2

a）指定剖面 2 放置点　b）绘制剖面 2

⑩ 绘制剖面 3。在 "截面" 面板中单击 "插入" 按钮，接着在图形窗口中选择轨迹线
上图 6-35a 所示的点，"旋转"框中默认的旋转值为 "0"，在 "截面" 面板中单击 "草绘"
按钮，进入草绘模式，绘制图 6-35b 所示的剖面 3，然后单击 "确定" 按钮✔。

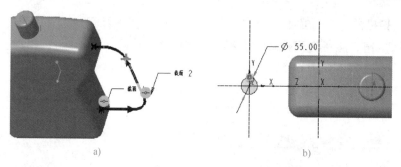

图 6-35　指定放置点并绘制其剖面 3

a）指定剖面 3 放置点　b）绘制剖面 3

⑪ 绘制剖面 4。在 "截面" 面板中单击 "插入" 按钮，默认轨迹结束点处的剖面旋转
角度为 "0"，单击 "截面" 面板中的 "草绘" 按钮，进入草绘模式。单击 "中心和轴椭
圆" 按钮，绘制图 6-36 所示的一个椭圆作为剖面 4，然后单击 "确定" 按钮✔。

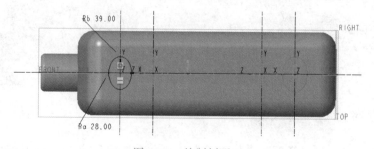

图 6-36　绘制剖面 4

⑫ 此时，特征动态预览效果如图 6-37 所示。在"扫描混合"选项卡中单击"确定"按钮 ✔，完成该模型手柄的创建操作，完成效果如图 6-38 所示。

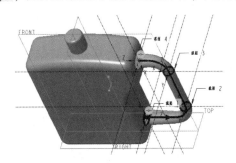

图 6-37　特征动态预览效果

图 6-38　完成效果

6.4　骨架折弯

使用功能区的"模型"选项卡中的"骨架折弯"命令，可以通过沿曲面连续重新放置截面来关于折弯曲线骨架折弯实体或面组，折弯时将与轴垂直的平面截面重新放置为与未变形的轨迹垂直，轴在骨架曲线的起点处与其相切，所有的压缩或变形都是沿着轨迹纵向进行的。

扫码观看视频

在功能区的"模型"选项卡中单击"工程"组溢出按钮，接着从打开的命令列表中选择"骨架折弯"命令 ⏧，系统在功能区打开"骨架折弯"选项卡，如图 6-39 所示。

图 6-39　定义骨架折弯特征的属性

在"骨架折弯"选项卡中，"折弯几何"收集器用于选择要折弯的几何。如果要选择实体作为要折弯的几何，则只需单击任意实体曲面即可，在骨架折弯创建后，原始实体将不可见，但仍然可以在模型树中选择它。如果要选择面组作为要折弯的几何，那么直接单击所需的面组。而位于"参考"面板中的"骨架"收集器用于选择定义骨架的参考对象（如曲线）。

骨架折弯特征的折弯区域位于两个平面之间，即一个是经过骨架起点且与曲线起点处的骨架和轴垂直的平面，另一个是垂直于轴并使用下列选项之一进行确定的平面。注意骨架折弯是相对于在骨架起点处与骨架相切的轴定义的。

- ⌐⌐：在轴方向上，从骨架线起点折弯整个选定几何，即在轴方向上将几何从骨架起点折弯至要折弯的几何最远点。
- ⌐⌐：从骨架线起点折弯至指定深度，也就是在轴方向上，将几何从骨架起点折弯至指定深度，需要输入或选择从起点算起的深度值。
- ⌐⌐：从骨架线起点折弯至选定参考。

在"骨架折弯"选项卡中打开"选项"面板，则可以设置横截面属性控制选项，编辑横截面属性间的关系，决定如何处理展平几何等。横截面属性的控制类型主要分"线性"和"图形"等，其中，"线性"类型是指截面属性在骨架起点值和终点值之间呈线性变化，"图形"类型是截面属性在骨架起点值和终点值之间根据图形值变化。

要使折弯区域在折弯后保持其原始长度，则要在"骨架折弯"选项卡中选中"锁定长度"复选框。

下面介绍一个应用骨架折弯的实战学习案例。

① 在"快速访问"工具栏中单击"打开"按钮，弹出"文件打开"对话框，选择"hy_6_sb. prt"配套文件，然后在"文件打开"对话框中单击"打开"按钮。文件中已有的实体模型如图 6-40 所示。

② 在功能区的"模型"选项卡中单击"工程"组溢出按钮，接着从打开的命令列表中选择"骨架折弯"命令，此时功能区出现"骨架折弯"选项卡。

③ 在"骨架折弯"选项卡的"折弯几何"收集器框中单击，以将其激活，接着在实体模型的任意处单击以选取要折弯的实体。

④ 打开"参考"面板，在"骨架"收集器的框中单击，以激活"骨架"收集器，接着在"骨架折弯"选项卡右侧单击"基准"|"草绘"按钮，弹出"草绘"对话框，选择RIGHT 基准平面作为草绘平面，以 TOP 基准平面作为"左"方向参考，单击"草绘"按钮。

⑤ 草绘将用作骨架轨迹线的曲线链，如图 6-41 所示，单击"确定"按钮。

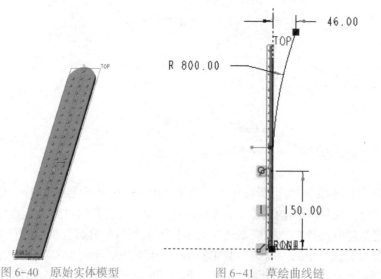

图 6-40 原始实体模型　　　　　　图 6-41 草绘曲线链

说明　骨架轨迹必须为 C1 连续（相切）。

⑥ 在"骨架折弯"选项卡中单击出现的"退出暂停模式，继续使用此工具"按钮▶。此时，绘制的曲线被自动选为骨架轨迹线，而位于"锁定长度"复选框后面的下拉列表框的默认选项为⫼。这里，如果骨架轨迹线的起点箭头不是所需的，那么可以通过单击显示的起点箭头以起点箭头切换至骨架轨迹线的另一端，如图 6-42 所示。

⑦ 打开"选项"面板，从"横截面属性控制"下拉列表框中选择"无"选项，确保取消选中"移除展平的几何"复选框。此时，可以更改选项来观察折弯区域的变化。例如，在"骨架折弯"选项卡的"锁定长度"复选框后面的下拉列表框中选择图标选项⫼，接着在出现的尺寸框中输入折弯区域的深度值为"420"。

⑧ 单击"确定"按钮✔，完成骨架折弯操作后的模型效果如图 6-43 所示。

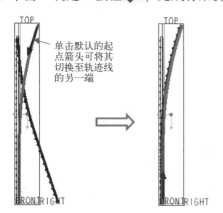

图 6-42　切换起点箭头

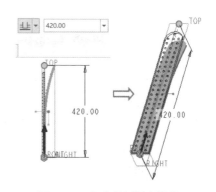

图 6-43　完成骨架折弯操作

6.5　环形折弯

使用功能区的"模型"选项卡的"工程"面板中的"环形折弯"命令，可以将实体、非实体曲面或基准曲线转换成环形（旋转）形状，基于此用法功能可以利用平整的几何对象来创建汽车轮胎，或绕旋转几何（如瓶子）包络徽标。

以案例的方式来介绍如何创建环形折弯特征，案例步骤如下。

扫码观看视频

① 在"快速访问"工具栏中单击"打开"按钮📂，弹出"文件打开"对话框，选择"hy_6_tb.prt"配套文件，然后在"文件打开"对话框中单击"打开"按钮。文件中已有的"平整"的实体模型如图 6-44 所示。

② 在功能区的"模型"选项卡中单击"工程"组溢出按钮，接着在打开的命令列表中选择"环形折弯"命令🔄，打开"环形折弯"选项卡。

③ 在"环形折弯"选项卡中打开"参考"面板，选中"实体几何"复选框以设定要折弯的对象是实体，如图 6-45 所示。

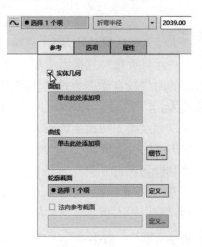

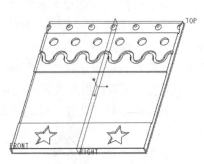

图 6-44　平整的原始模型　　　　图 6-45　"环形折弯"选项卡的"参考"面板

说明　在"环形折弯"选项卡的"参考"面板中包含环形折弯特征中所使用的参考收集器。

● "实体几何"复选框：用于将环形折弯功能设置为实体折弯几何。

● "面组"收集器：收集要折弯的面组。

● "曲线"收集器：收集所有属于折弯几何特征的曲线。

● "轮廓截面"收集器：选取轮廓截面的内部或外部草绘。

④ 在"环形折弯"选项卡的"参考"面板中单击位于"轮廓截面"收集器右侧的"定义"按钮，系统弹出"草绘"对话框。选择图 6-46 所示的实体侧面作为草绘平面，从"草绘方向"选项组的"方向"下拉列表框中选择"上"选项，接着在图形窗口中选择 TOP 基准平面作为"上（顶）"方向参考，然后单击"草绘"按钮，进入草绘模式。

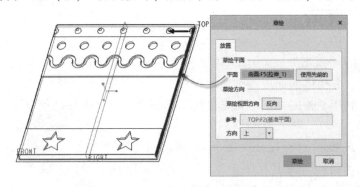

图 6-46　定义草绘平面及草绘方向

⑤ 绘制图 6-47 所示的折弯截面，务必要在"基准"面板中单击"坐标系"按钮 ，在该截面中创建一个几何坐标系，然后单击"确定"按钮 ，完成草绘并退出草绘模式。

⑥ 在"环形折弯"选项卡中打开"选项"面板，从"曲线折弯"选项组中选择"标准"单选按钮。接着在"折弯半径"下拉列表框中选择"360 度折弯"，如图 6-48 所示。

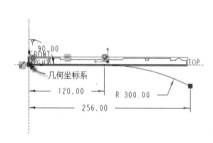

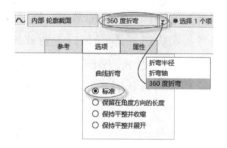

图 6-47　绘制折弯截面　　　　　　　　　图 6-48　设置曲线折弯选项及折弯半径选项

说明　在"折弯半径"下拉列表框中提供了以下 3 种方式来指定中性平面的折弯半径。

- "折弯半径"：设置坐标系原点与折弯轴之间的距离，需要输入折弯半径的值。
- "折弯轴"：位于轮廓截面平面上，需要选择折弯几何所围绕的轴。
- "360 度折弯"：设置完全折弯（360 度），需要指定两个用于定义要折弯的几何的平面，折弯半径等于两个平面间的距离除以 2π。

⑦ 分别选择要定义折弯长度的两个平行平面，如图 6-49 所示。

⑧ 在"环形折弯"选项卡中单击"确定"按钮 ✔，从而完成环形折弯操作，得到的模型效果如图 6-50 所示。

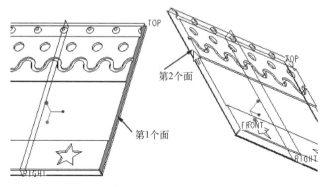

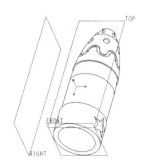

图 6-49　选择要定义折弯长度的两个平面　　　　图 6-50　完成环形折弯操作

6.6　修饰特征

在零件中可以使用修饰特征来模拟表达产品零件上的标识符号、商标、功能说明和螺纹示意等信息。本节主要介绍修饰草绘特征和修饰螺纹特征。

6.6.1　修饰草绘特征

修饰草绘特征相当于被"绘制"在零件的曲面上，它可包括要印制到对象上的公司徽标、序列号、产品标识等内容，如图 6-51 所示。

扫码观看视频

注意修饰草绘特征的修饰草绘不能用作供多个特征（尺寸、草绘|"投影"命令等）使用的参考，而投影工具 ⟋ 可以投影修饰草绘。与其他特征不同，修饰特征可以有线型值，在创建修饰草绘时，用户可以在功能区的"草绘"选项卡中单击"设置"|"设置线型"命令，并使用打开的"线型"对话框设置修饰特征的颜色、字体和线型，如图6-52所示。

图6-51　投影的修饰草绘特征　　　　　　　　　图6-52　设置线型

1. 创建规则截面修饰草绘特征

规则截面修饰草绘特征实际上是一个平整特征，它总会位于草绘处。用户可以根据需要为规则截面修饰草绘特征设置具有剖面线，图6-53所示为一个带剖面线的阵列的规则截面修饰草绘特征。

下面通过案例来介绍如何在零件的规则曲面上创建规则截面修饰特征。

① 在"快速访问"工具栏中单击"打开"按钮 📂，弹出"文件打开"对话框，选择"hy_6_cs1.prt"配套文件，然后在"文件打开"对话框中单击"打开"按钮。该文件中存在图6-54所示的电视机遥控器模型。现在要求在该产品模型的正面创建一个规则截面修饰草绘特征以指示要印制到产品正面上的公司徽标。

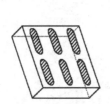

图6-53　带剖面线的修饰草绘特征示例　　　　　图6-54　电视机遥控器模型

② 在功能区的"模型"选项卡中单击"工程"组溢出按钮，接着选择"修饰草绘"命令，系统弹出"修饰草绘"对话框。

③ 选择图6-55所示的实体平整面作为草绘平面，设置以RIGHT基准平面为"右"方向参考。

④ 在"修饰草绘"对话框中切换到"属性"选项卡，选中"添加剖面线"复选框，

并分别设置剖面线间距和角度，如图 6-56 所示。

图 6-55　定义草绘平面和草绘方向　　　　图 6-56　设置修饰草绘的属性选项

⑤ 在"修饰草绘"对话框中单击"草绘"按钮，进入草绘模式。

⑥ 在"草绘"选项卡的"草绘"面板中单击"文本"按钮 A，接着在草绘区域指定两点以定义文本的大概高度和位置，系统弹出"文本"对话框。在"文本"选项组中选择"输入文本"单选按钮，并在其相应的文本框中输入"HUAYI"，在"字体"选项组中选择"选择字体"单选按钮，并从"字体"下拉列表框中选择"CG Century Schbk Bold"，将长宽比设置为"1"，斜角默认为"0"，如图 6-57 所示。然后在"文本"对话框中单击"确定"按钮。

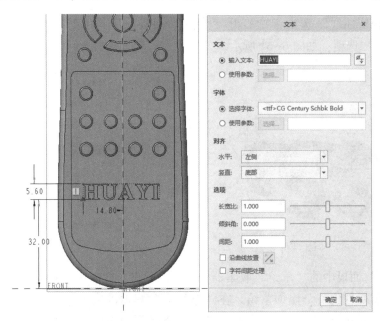

图 6-57　创建文本

⑦ 修改文本截面的尺寸，修改尺寸后的文本位置和效果如图 6-58 所示。

⑧ 单击"确定"按钮 ✔，至此完成该规则截面修饰草绘特征的创建。此时，可以按〈Ctrl+D〉组合键以默认的标准方向视角显示模型，则可以看到创建的规则截面修饰草绘特征效果如图 6-59 所示。

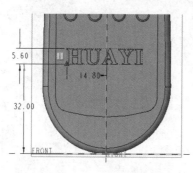

图 6-58 修改尺寸

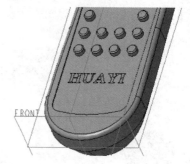

图 6-59 在产品正面上创建修饰草绘特征

2. 创建投影截面修饰特征

可以在非平整的单个零件曲面上创建投影截面修饰特征，它不具有剖面线以及不能进行阵列，它实际上是一种特殊的修饰草绘特征。

下面以案例形式来介绍如何创建投影截面修饰特征。

① 在"快速访问"工具栏中单击"打开"按钮📂，弹出"文件打开"对话框，选择"hy_6_cs2.prt"配套文件，然后在"文件打开"对话框中单击"打开"按钮。该文件中存在图 6-60 所示的双排心形模型。

② 在功能区的"模型"选项卡的"编辑"面板中单击"投影"按钮〰，打开"投影曲线"选项卡。

③ 在"投影曲线"选项卡中打开"参考"面板，从其中的一个下拉列表框中选择"投影修饰草绘"选项，如图 6-61 所示。

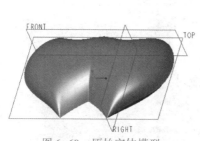

图 6-60 原始实体模型

图 6-61 选择"投影修饰草绘"选项

④ "参考"面板中的"草绘"收集器处于活动状态，此时可以选择或创建一个修饰草绘。在本例中需要创建一个修饰草绘。在"草绘"收集器的右侧单击"定义"按钮，系统弹出"草绘"对话框，在图形窗口中选择 TOP 基准平面作为草绘平面，默认草绘方向设置，单击"草绘"对话框中的"草绘"按钮，进入草绘模式，此时功能区打开"草绘"选项卡。

⑤ 绘制图 6-62 所示的文本，字体采用"CG Times Bold"。单击"确定"按钮✔，系统关闭"草绘"选项卡，返回到"投影曲线"选项卡。

⑥ 在"投影曲线"选项卡中单击"曲面"收集器的框，将其激活，接着选择要在其上创建投影修饰草绘的曲面集，在本例中结合〈Ctrl〉键单击曲面对象的方式选择图 6-63

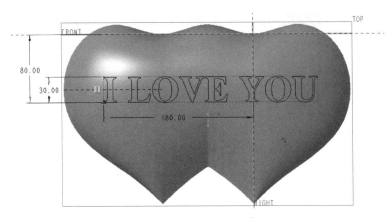

图 6-62 绘制文本截面

所示的全部正面曲面作为要投影到的目标曲面。

⑦ 在"投影曲线"选项卡的"方向"下拉列表框中选择"沿方向"选项,单击"方向参考"收集器的框("方向参考"收集器也可以在"投影曲线"选项卡的"参考"面板中找到),将其激活,然后单击一个平面、轴、坐标系或直图元来指定投影方向,在本例中选择 TOP 基准平面作为方向参考。

⑧ 在"投影曲线"选项卡中单击"确定"按钮 ✔,完成创建的投影截面修饰草绘特征如图 6-64 所示。

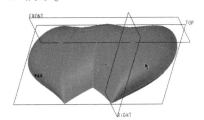

图 6-63 选择要在其上投影修饰草绘的曲面集　　图 6-64 完成投影截面修饰草绘特征

 修饰草绘除了可由文本构成之外,还可以由相关曲线图元来构成。

6.6.2 修饰螺纹特征

修饰螺纹特征是表示螺纹直径的修饰特征。与其他修饰特征不同,用户不能修改修饰螺纹的线造型。修饰螺纹既可以表示外螺纹,也可以表示内螺纹。可以用圆柱、圆锥、样条和非法向平面作为参考创建修饰螺纹。

对于内部曲面,当用户选择要在上面放置螺纹的圆柱曲面或圆锥参考曲面时,Creo Parametric 6.0 会对该曲面与标准孔表进行对比,如果该曲面与在表中找到的孔相似,则选定曲面的直径与标准表中的螺纹相匹配,系统提供的建议值出现在"螺纹"选项卡中。当然用户可以更改这些值或创建一个不基于标准表的简单螺纹。对于简单螺纹,Creo Parametric 6.0 会根据参考曲面是圆柱曲面还是圆锥曲面来在"螺纹"选项卡中显示不同的参数,如图 6-65 所示。

扫码观看视频

定义简单螺纹 定义标准螺纹

图 6-65 "螺纹"选项卡

下面通过一个简单模型来介绍修饰螺纹特征的创建方法。在该案例中要创建标准修饰螺纹。

① 在"快速访问"工具栏中单击"打开"按钮，弹出"文件打开"对话框，选择"bc_6_ct. prt"配套文件，然后在"文件打开"对话框中单击"打开"按钮。在该文件中存在的模型如图 6-66 所示。

② 在功能区的"模型"选项卡中单击"工程"组溢出按钮，接着从打开的下拉命令列表中选择"修饰螺纹"命令，则在功能区中打开"螺纹"选项卡。

③ 在"螺纹"选项卡中单击"定义标准螺纹"按钮，以使用标准系列和直径，并可显示标准螺纹选项。

④ 在"螺纹"选项卡中打开"放置"面板，确保单击激活"螺纹曲面"收集器，然后选择一个曲面。在本例中，选择模型的中心圆孔的内圆柱曲面作为螺纹曲面，如图 6-67 所示。

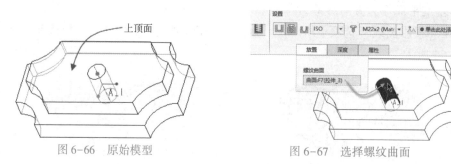

图 6-66 原始模型

图 6-67 选择螺纹曲面

⑤ 在"标准螺纹的螺纹类型"框中选择一个螺纹系列，在这里默认选择 ISO（国际标准化组织）。

说明 对于圆柱标准修饰螺纹，Creo Parametric 6.0 在"标准螺纹的螺纹类型"框中提供以下可选螺纹系列选项。

● UNC（统一标准粗牙螺纹）或 UNF（统一标准细牙螺纹）：设置每英寸螺纹数和英制单位。

● ISO（国际标准化组织）：设置螺距和公制单位。

对于圆锥标准修饰螺纹，Creo Parametric 6.0 在"标准螺纹的螺纹类型"框中提供以下可选螺纹系列选项。

● NPT（美国管螺纹锥度）或 NPTF（美国锥形干封闭螺纹）：设置每英寸螺纹数和英制单位。

● ISO_7（国际标准化组织）：设置螺距和公制单位。

⑥ 设置螺纹的起点。在"螺纹"选项卡中单击"螺纹起始自"收集器的框，或者打开"螺纹"选项卡的"深度"面板并单击"螺纹起始自"收集器，然后选择一个参考

（平面、曲面或面组），在本例中选择模型的上顶面定义螺纹的起始位置，如图6-68所示。

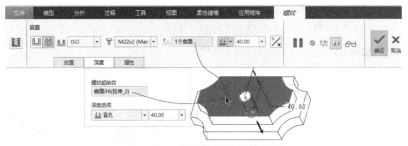

图6-68 指定螺纹的起始位置

⑦ 设置螺纹深度（距起点参考的距离）。在"螺纹"选项卡的"深度选项"下拉列表框中选择"到选定项"图标选项 ，在图形窗口中选择图6-69所示的实体面作为螺纹终止时所在的参考对象。

图6-69 定义螺纹深度

⑧ 在"螺纹尺寸"框中选择所需的螺纹尺寸。在本例中接受系统默认推荐的螺纹尺寸"M22×2（Match）"。

⑨ 此时，若打开"螺纹"选项卡的"属性"面板，则可以查看具体的螺纹参数值，如图6-70所示。如果需要，可以在该"属性"面板的"参数"表中修改相应的参数值。最后在"螺纹"选项卡中单击"确定"按钮 ，完成修饰螺纹特征的创建，其模型效果如图6-71所示。

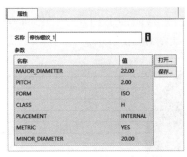

图6-70 查看螺纹参数值

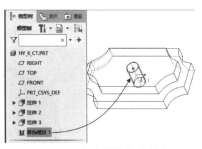

图6-71 完成修饰螺纹特征

6.7 思考与练习题

1）在创建扫描混合特征时，应注意哪些限制条件或要求？如何创建扫描混合特征？

2）通常在哪些产品上具有唇特征？请尝试设计一种简单的并具有唇特征的模型或工业产品。

3）骨架折弯和环形折弯有什么不同？日常所见的哪些产品零件可以使用"骨架折弯"和"环形折弯"命令来创建？可以举例进行说明并演示。

4）请说出半径圆顶和剖面圆顶的异同之处。

5）修饰特征的主要用途是什么？如何在草绘面上创建规则截面修饰草绘特征？可以举例进行说明。

6）什么是修饰螺纹特征？创建修饰螺纹时需要定义哪些参数？并举例来说明如何创建修饰螺纹特征。

7）上机操作：根据图6-72所示的弹簧效果，自行确定尺寸来创建外形相仿的弹簧。

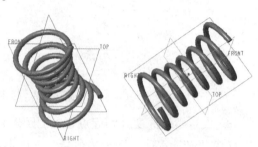

图6-72　创建弹簧模型

8）上机操作：利用图6-73所示的平直模型（源文件为"hy_6_ex8.prt"），创建汽车轮胎的模型，折弯轮廓截面和轮胎模型如图6-74所示。

图6-73　平直模型

折弯轮廓截面　　　　　　　　　　轮胎模型

图6-74　折弯轮廓截面和生成的轮胎模型

9）上机操作：打开"hy_6_ex9.prt"练习文件，在其曲面上创建一个修饰草绘特征以表示在足球的一块曲面上印制的文字"FIFA"，效果如图6-75所示。

图6-75　创建修饰草绘特征效果

第7章 专业曲面设计

本章导读：

　　曲面设计在现代产品设计中是十分重要的。在日常生活中见到的许多产品都或多或少地具有较为流畅或专门设计的外形曲面，大到轿车、动力车组车头、摩托车和飞机等，小到智能手机、剃须刀、鼠标、电话机、电热水壶、电熨斗、吸尘器和无线耳机等。

　　在 Creo Parametric 6.0 中，使用相关的曲面功能可以很好地设计规则或不规则的各类常规专业曲面。这正是本章所要重点介绍的内容，具体包括曲面入门基础、创建各种基本曲面（拉伸曲面、旋转曲面、扫描曲面、混合曲面、扫描混合曲面和填充曲面等）、边界混合曲面、高级曲面、带曲面和曲面典型编辑操作等。至于自由形式曲面（也称"造型曲面"）的应用知识，将在后面章节中专门介绍。

　　系统地掌握好曲面设计的相关内容，将有助于使读者自身的三维模型设计能力提升到一个崭新的高度。

7.1　曲面入门基础

　　曲面设计技术的发展业已将简单的造型产品世界推向了一个崭新造型且操作更加自如的曲面产品世界。在现代工业产品设计领域中，涌现了许多具有强大曲面设计功能的三维设计软件，例如 Creo Parametric、UGS NX、CATIA、SolidWorks 和 CAXA 实体设计等。其中，使用 Creo Parametric 6.0 进行产品曲面设计是一个很不错的选择。

　　本节将简要地介绍曲面的基础概念、基本管理操作和基本设计思路。

7.1.1　曲面基础概念

　　对于曲面设计的初学者而言，需要首先了解并逐渐掌握曲面的基础概念，见表 7-1。

表 7-1 曲面的基础概念（专业性概念及术语）

概念及术语	定义或用途说明	备注或举例
广义曲面	包含曲面体、曲面片以及实体表面和其他自由形式曲面（造型曲面）等	通常可以将实体表面也归纳在广义曲面的范畴里面
面组	Creo Parametric 6.0 中的面组是指相连非实体曲面的"拼接体"，可由单个曲面或一个曲面集合（多个曲面）组成，其中包含了描述所有组成面组的曲面的几何信息，以及面组曲面的连接或交截方式等信息	一个面组可以包含一个或多个曲面部分
曲面片	曲面片是曲面面组的一个组成要素，若根据曲面片数量来划分，则可以将曲面片分为单片和多片两种类型；单片是指所建立的曲面体只包含一个单一的曲面片；多片是由一系列的单补片组成的	在有效范围内，通常曲面片数越多，曲面的品质越高，也越能在更小的范围内控制曲面片体的曲率半径等
曲面的 U、V 方向	曲面可以看作是通过不同方向（相互垂直的 U 方向、V 方向）中大致一致的点或曲线来定义，通常 U 方向代表水平方向，V 方向表示相对垂直（竖直）的方向	例如，在创建边界混合曲面时，可以定义曲面在 U、V 方向上的曲面片数（其曲面片数的有效值为 1~29 的自然数）
曲面的阶次	曲面阶次同曲线阶次类似，都是使用数学概念来描述的一类特征；曲面具有 U、V 两个方向，故每个曲面片体均包含 U、V 两个方向的阶次	在常规三维软件中，曲面阶次通常在 2~24 之间取值，最好取 3 次，这样便于创建和分析曲面面特征；如果曲面阶次取值过高，则通常会导致系统计算量过大，运算速度变慢，同时也可能导致在交换数据时容易出现数据意外丢失等情况
规则曲面	此类曲面通常可看作是将母线按照一定运动规律所形成的轨迹，母线在曲面上的任何一个位置统称为曲面的素线	规则曲面含常见的拉伸曲面、旋转曲面、混合曲面、扫描曲面、扫描混合曲面、填充曲面等
造型曲面	也称"自由形式曲面"或"样式曲面"，其英文简称为"ISDX"，它具有高度弹性化，概念性很强，可以没有节点数目和曲线数目的限制	造型曲面是属于一种概念性很强、艺术性和技术性相对完美结合的曲面特征

如果按照曲面创建方法划分，那么可将曲面分为专业曲面和造型曲面（自由形式曲面）等。其中的专业曲面多是指利用拉伸工具、旋转工具、扫描工具、混合工具、合并工具、延伸工具、偏移工具等创建或编辑的参数化曲面。

7.1.2 曲面的一些基本管理操作

本节介绍的曲面基本管理操作包括遮蔽面组、为面组指定外观颜色、网格曲面。

1. 遮蔽面组

在实际设计中有时候需要遮蔽面组（隐藏面组），以便于后面的设计工作，或者为了获得更好的模型显示效果等。遮蔽面组的方法主要有如下 2 种。

- **方法 1**：将所需的面组作为层项目添加到某个层中，然后遮蔽（隐藏）该层。
- **方法 2**：在模型树中单击或右击要遮蔽（隐藏）的面组，接着在出现的浮动工具栏（也称"快捷工具栏"）中单击"隐藏"按钮，可以暂时遮蔽所选面组。要显示被隐藏的面组，则可以在模型树中单击或右击它，接着在出现的浮动工具栏中单击"显示"按钮即可。

说明 可以遮蔽（隐藏）合并特征中的各个面组，但是要注意的是，如果遮蔽（隐藏）合并中的第一个面组，则会遮蔽（隐藏）整个合并，如果只遮蔽（隐藏）第二个面组，那么该合并不被遮蔽（隐藏）。有关曲面合并的知识将在本章后面的小节中详细介绍。

2. 为面组或曲面指定外观颜色

为面组或曲面指定外观颜色的典型方法如图7-1所示。

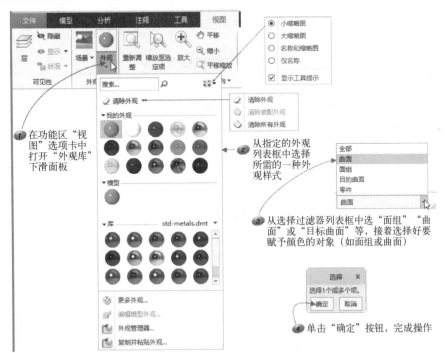

图7-1　为面组或曲面指定外观颜色

3. 网格曲面

网格曲面是指在指定曲面上创建网格线的栅格。要网格化曲面，则在功能区的"分析"选项卡的"检查几何"面板中单击"网格化曲面"按钮，打开"网格"对话框。接着从"曲面"选项组的下拉列表框中选择"曲面"或"面组"来定义对象类型。然后选择曲面或面组以创建网格，对于曲面类型则可指定第一方向和第二方向上的网格间距（如图7-2a所示），而对于面组类型则指定该面组的密度（如图7-2b所示）。最后在"网格"对话框中单击"关闭"按钮。

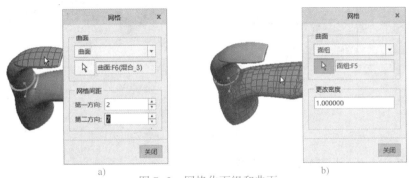

a)　　　　　　　　　　　　　　　b)

图7-2　网格化面组和曲面

a）对象类型为"曲面"时　b）对象类型为"面组"时

要移除网格，那么只要在"图形"工具栏中单击"重画"按钮 （其快捷组合键为〈Ctrl+R〉）来重绘当前视图即可。

7.1.3 曲面设计的基本思路

曲面设计（或称曲面造型）是现代产品三维造型设计中的重点和难点。下面总结出曲面设计的3种典型的基本思路。

（1）原创产品设计，从草图开始一步一步构建曲面模型。

（2）根据平面效果或图纸进行曲面造型。

（3）逆向工程，即点测绘造型。

7.2 创建填充曲面

在这里将拉伸曲面、旋转曲面、扫描曲面、混合曲面、扫描混合曲面和填充曲面等这些曲面统称为基本曲面。要创建拉伸曲面、旋转曲面、扫描曲面、混合曲面、扫描混合曲面等这些基本曲面，在执行特征创建工具或命令的过程中，需要选择"曲面"类型（如单击"曲面"按钮 ），具体的操作方法及步骤和创建实体特征时差不多，在这里就不再赘述。需要读者注意的是，在创建一些曲面时，可以通过"封闭端"复选框来设置生成的曲面具有封闭端。

本节主要介绍创建填充曲面的实用知识。

使用"填充"命令，可以创建和重定义平整曲面特征，它是通过其边界定义的一种平整曲面封闭环特征，主要用于与其他面组合并、修剪，或者用于加厚曲面等。

创建填充特征的2种典型操作方法如下。

- 选择现有的草绘特征（草绘基准曲线）。得到的填充曲面特征将使用从属截面作为参考，此截面与父草绘特征完全相关。
- 在执行填充命令的过程中，进入内部草绘器创建填充特征的独立截面。

创建填充曲面的典型示例如图7-3所示。

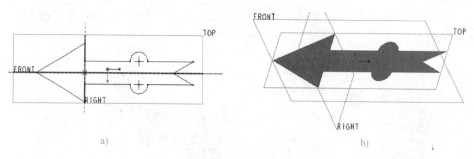

a) b)

图7-3 创建填充曲面的典型示例

a）封闭的平面草绘 b）创建的填充曲面

下面介绍上述填充曲面的创建方法及其步骤。

1 在"快速访问"工具栏中单击"新建"按钮 ，新建一个名称为"hy_7_2_fill"的实体零件文件，该零件文件使用"mmns_part_solid"公制模板。

在功能区的"模型"选项卡的"曲面"面板中单击"填充"按钮，打开"填充"选项卡，如图7-4所示。

图7-4 "填充"选项卡

选择 TOP 基准平面作为草绘平面，进入草绘模式。

绘制填充边界曲线，如图7-5所示，单击"确定"按钮。

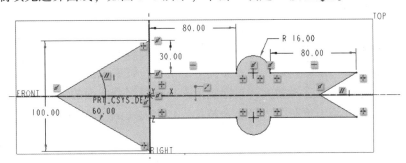

图7-5 绘制填充边界曲线

在"填充"选项卡中单击"确定"按钮，从而完成填充特征的创建，其曲面效果如图7-6所示。

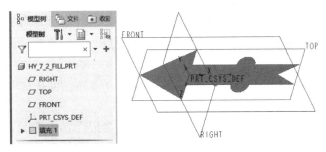

图7-6 创建填充曲面

说明 所有的填充特征必须基于平整的闭环草绘截面。

7.3 创建边界混合曲面

"边界混合"按钮是非常实用的，使用它可以通过在一个或两个方向上选择参考图元来创建曲面，其中在每个方向上选定第一个和最后一个图元定义曲面的边界，并且可以根据设计需要添加更多的参考图元（如影响曲线、控制点和边界条件）来更完整地定义曲面形状。

在功能区的"模型"选项卡的"曲面"面板中单击"边界混合"按钮 ，打开图 7-7 所示的"边界混合"选项卡，该选项卡具有的 5 个面板的功能简述如下。

图 7-7　"边界混合"选项卡

- "曲线"面板：用在第一方向和第二方向选择的曲线创建混合曲面，并控制选择顺序。另外，如果在该面板中选中"闭合混合"复选框，则通过将最后一条曲线与第一条曲线混合来形成封闭环曲面。"闭合混合"复选框只适用于第二收集器为空的单向曲线。
- "约束"面板：主要用于控制边界条件，包括边对齐的相切条件。
- "控制点"面板：用于通过在输入曲线上的映射位置来添加控制点并形成曲面。
- "选项"面板：用于选择曲线链来影响用户界面中混合曲面的形状或逼近方向。
- "属性"面板：用于重命名边界混合特征，或者在 Creo Parametric 6.0 浏览器中显示关于边界混合特征的详细信息。

在介绍创建边界混合曲面的相关案例之前，首先要了解一下为边界混合曲面选择参考图元的一般规则（规则总结源自 Creo Parametric 6.0 帮助中心）。

- 曲线、零件边、基准点、曲线或边的端点可作为参考图元使用。
- 在每个方向上，都必须按照连续的顺序选择参考图元，不过可以对参考图元进行重新排序。边界曲线的选择顺序会影响曲面的形状。
- 对于在两个方向上定义的混合曲面来说，其外部边界必须形成一个封闭的环。这意味着外部边界必须相交。若边界不终止于相交点，系统将自动修剪这些边界，并使用有关部分。
- 如果要使用连续边或一条以上的基准曲线作为边界，可按住〈Shift〉键来选择曲线链。
- 当指定曲线或边来定义混合曲面形状时，系统会记住参考图元选择的顺序，并给每条链分配一个适当的号码。可通过在参照表中单击曲线集并将其拖动到所需位置来调整顺序。

7.3.1　在一个方向上创建边界混合曲面

这里以案例形式介绍如何在一个方向上创建边界混合曲面（即创建单向边界混合曲线）。该案例具体的操作步骤如下。

① 在"快速访问"工具栏中单击"打开"按钮 🗁，弹出"文件打开"对话框，选择配套案例文件"hy_7_boundaryb. prt"，然后单击"文件打开"对话框中的"打开"按钮。打开的文件中存在图 7-8 所示的 3 条曲线。

② 在功能区的"模型"选项卡的"曲面"面板中单击"边界混合"按钮 ，打开"边界混合"选项卡。

③ 此时，"边界混合"选项卡中的 （"第一方向"链收集器）处于被激活的状态，在图形窗口中选择曲线1，按住〈Ctrl〉键的同时依次选择曲线2和曲线3，如图7-9所示。所选曲线的顺序可以在图形窗口的动态几何预览中和"曲线"面板的相应收集器中读取到。

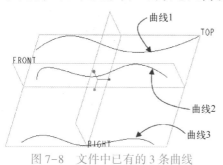

图7-8 文件中已有的3条曲线　　　图7-9 创建单向的边界混合曲面

④ 其余选项接受默认项。在"边界混合"选项卡中单击"确定"按钮 ，完成单向边界混合曲面的创建，如图7-10所示。

说明 如果在创建单向边界混合曲面特征的过程中，打开"边界混合"选项卡的"曲线"面板，选中"闭合混合"复选框，那么最后得到的边界混合曲面则是通过将最后一条曲线与第一条曲线混合而形成封闭环的曲面，如图7-11所示。

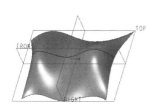

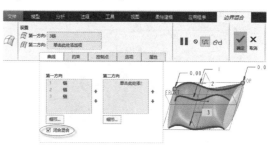

图7-10 完成的单向边界混合曲面　　　图7-11 设置"闭合混合"

7.3.2 在两个方向上创建边界混合曲面

在两个方向上创建边界混合曲面的操作方法和步骤如图7-12所示。

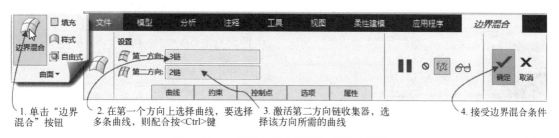

图7-12 在两个方向上创建边界混合曲面

通过在两个方向上指定图元来创建的边界混合曲面示例，如图7-13所示，曲线1、2、3作为第一方向的曲线链，而曲线4、5作为第二方向的曲线链。

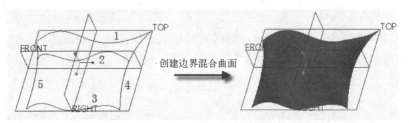

图7-13 创建双向边界混合曲面

下面介绍一个创建双向边界混合曲面的案例。

① 在"快速访问"工具栏中单击"打开"按钮 📂，弹出"文件打开"对话框，选择配套案例文件"hy_7_boundaryb_2. prt"，然后单击"文件打开"对话框中的"打开"按钮。打开的文件中存在图7-14所示的5条曲线。

② 在功能区的"模型"选项卡的"曲面"面板中单击"边界混合"按钮 ，打开"边界混合"选项卡。

③ 此时，"边界混合"选项卡中的 （"第一方向"链收集器）处于被激活的状态，在图形窗口中选择曲线1。接着在按住〈Ctrl〉键的同时选择曲线2，如图7-15所示。

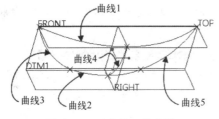

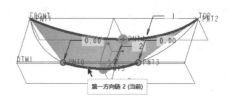

图7-14 已有的5条曲线 　　　　图7-15 指定第一方向曲线

④ 在"边界混合"选项卡中单击 （"第二方向"链收集器）的框，将其激活。在图形窗口中选择曲线3，按住〈Ctrl〉键的同时依次选择曲线4和曲线5，如图7-16所示。

⑤ 其余选项接受默认项。在"边界混合"选项卡中单击"确定"按钮 ✔，完成双向边界混合曲面的创建，其曲面效果如图7-17所示。

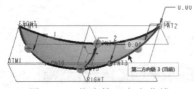

图7-16 指定第二方向曲线 　　　　图7-17 完成的双向边界混合曲面

7.3.3 设置边界条件

在创建边界混合曲面的过程中，设置相关的边界条件，可以使边界混合曲面相切于相邻参照（面组或实体曲面）或对于相邻参照曲率连续，也可以使边界混合曲面垂直于参照曲面或沿与另一曲面的边界有连续曲率。

要为边界混合曲面设置边界条件，那么在"边界混合"选项卡中打开"约束"面板，"边界"列中列出所有的曲面边界。在"条件"列单击要为其设置边界条件的边界的相应"条件"框，从"条件"框中选择所需的边界条件选项，并可根据需要选择参照，如图7-18所示。

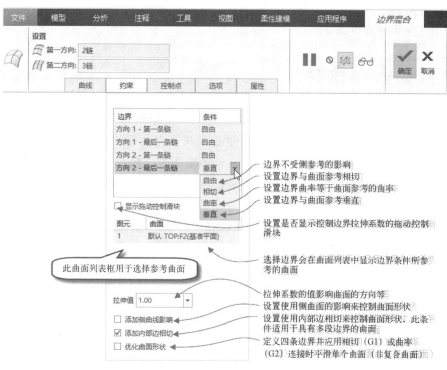

图7-18 定义边界条件

例如，在图7-19所示的边界混合曲面创建示例中，为方向1的第一条链设置"垂直"边

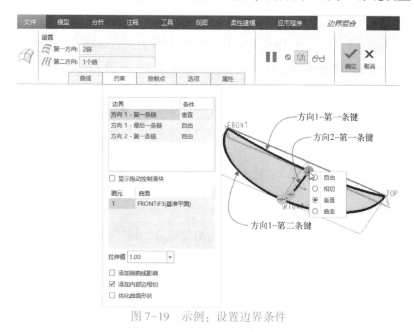

图7-19 示例：设置边界条件

界条件，这需要在"边界混合"选项卡中打开"约束"面板，选择"方向1-第一条链"边界。接着从其"条件"框中选择"垂直"边界条件选项，在曲面列表框中单击以激活，便可以重新选择曲面参照了，如选择 FRONT 基准平面。用户也可以在图形窗口中右击所要更改的边界条件图标（可将显示在模型中的边界条件图标统称为"敏感区域"），接着从其弹出的菜单中选择新的边界条件选项。

7.4 高级曲面命令

本节介绍一些高级曲面命令，包括"自由式""将切面混合到曲面""顶点倒圆角""圆锥曲面和 N 侧曲面片""将截面混合到曲面"和"在曲面间混合"。其中，"自由式""将切面混合到曲面""顶点倒圆角"命令位于功能区的"模型"选项卡的"曲面"面板中，这3个命令的应用知识是本节要重点介绍的内容。而"圆锥曲面和 N 侧曲面片""将截面混合到曲面"和"在曲面间混合"这几个命令在 Creo Parametric 6.0 初始默认状态时不显示在功能区中，用户可以通过定制将这几个命令调到功能区的自定义面板（自定义组）中。其方法是单击"文件"按钮并选择"选项"命令，打开"Creo Parametric 选项"对话框。先选择"配置编辑器"选项，将"enable_obsoleted_features"配置选项的值设置为"yes"，单击"确定"按钮，这样上述几个命令随即显示在"所有命令"列表中。接着使用同样的方法打开"Creo Parametric 选项"对话框，选择"自定义"节点下的"功能区"，从"类别"下拉列表框中选择"所有命令（设计零件）"，并从其关联的"所有命令"列表中分别选择要定制的命令拖放到功能区的所需位置释放即可。注意可以为功能区新建选项卡或新建组。

7.4.1 自由式

在 Creo Parametric 6.0 中，可以创建一种"自由式"曲面特征。在功能区的"模型"选项卡的"曲面"面板中单击"自由式"按钮 ，则在功能区打开图7-20所示的"自由式"选项卡，即进入自由式建模环境。自由式建模环境提供了使用多边形控制网络快速简单地创建光滑且正确定义的 B 样条曲面的命令，可以操控和以递归方式分解控制网络的面、边或顶点来创建新的顶点和面。新顶点在控制网格中的位置基于附近的旧顶点位置来计算，此过程会生成一个比原始网格更密的控制网格。

自由式曲面具有 NURBS 和多边形曲面的特征，与 NURBS 曲面一样，自由式曲面可生成平滑几何，但使用很少的控制顶点就能确定其形状。与多边形曲面一样，可以拉伸自由式曲面的特定区域来创建细节。

1. "自由式"特征的基本术语

在介绍"自由式"特征创建方法之前，先简要地介绍以下基本术语。

● 3D 控制滑块：操控和缩放控制网格上的网格元素的图形工具。对几何的合成更改可动态显示在图形窗口中。3D 控制滑块的轴称为拖动器。3D 控制滑块支持控制网格操作的线性、平面和自由平移以及角移动。控制柄提供了平移、旋转和方向拖动器，可进行简单移动或旋转。3D 控制柄还支持线性、平面和 3D 缩放。

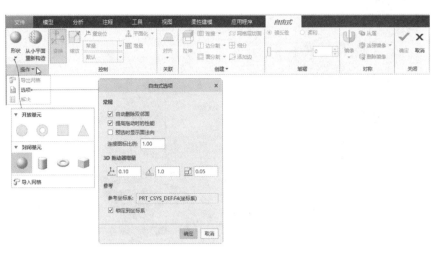

图 7-20　在功能区中打开的"自由式"选项卡

- 控制网格：在实体建模中定义多边形对象形状的顶点、边和四边形面的集合。
- 拉伸长度：选定网格元素的最短边的长度。
- 自由式特征：通过细分和操控控制网格来创建面组的几何特征，即自由式曲面及其所有参考构成了自由式特征。
- 硬皱褶：锐化边并在曲面之间生成硬边的曲面操控操作。
- 网格元素：多边形控制网格的面、边或顶点。
- 基元：帮助对其他几何形状和形式进行建模的简单几何形状，如立方体、圆柱、球面、圆锥或圆环面。
- 软皱褶：在曲面之间创建平滑紧密过渡的曲面操控操作。
- 四边形面：由顶点和四条边构成的封闭体。

2. 在自由式建模环境中工作概述

使用"自由式"按钮，在修改形状时可以获得更精细的控制和细节。对于复杂的控制网格，在对其进行操作时可以仅显示该控制网格的某部分。在自由式建模环境中工作，其典型的一个基本思路是选择基元并通过相关操作控制网格元素来创建自由式曲面，所谓的相关操作包括：平移或旋转网格元素；缩放网格元素；对自由式曲面进行拓扑更改；创建对称的自由式曲面；将软皱褶或硬皱褶应用于选定网格元素以调整自由式曲面的形状。用户可以根据操作需要来使用 3D 控制滑块、圆形菜单和功能区中的命令按钮来操控控制网格。

3. 创建自由式特征的典型方法步骤

创建自由式特征的典型方法步骤如下。

① 创建新零件或打开现有零件，接着在功能区的"模型"选项卡的"曲面"面板中单击"自由式"按钮，打开"自由式"选项卡。

② 如果在"自由式"选项卡单击"操作"组溢出按钮，接着选择"选项"命令，则系统弹出"自由式选项"对话框。从中设置自由式特征选项，包括参考坐标系和 3D 拖动器增量参数等，如图 7-21 所示。设置好自由式选项后，单击"确定"按钮。接着在"自由式"选项卡的"操作"面板中单击"形状"旁边的箭头▼以打开开放基元和封闭基元的库，

如图 7-22 所示。

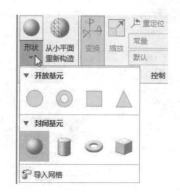

图 7-21 "自由式选项"对话框　　　　图 7-22 打开基元的库

③ 单击开放基元或封闭基元，从而在图形窗口中以带控制网格形式显示它。例如，在"封闭基元"库中单击"选择圆柱初始形状"封闭基元，则在图形窗口中以控制网格形式显示图 7-23 所示的圆柱封闭基元。

④ 单击所需的控制网格以显示 3D 控制滑块，如图 7-24 所示，此时可以在控制网格上选择网格元素。

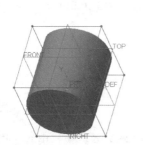

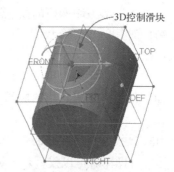

图 7-23 选择圆柱初始形状基元　　　　图 7-24 显示 3D 控制滑块

说明 在自由式中选择网格元素主要有以下几种方式。

- 选择过滤器：使用状态栏中的选择过滤器选择一个或多个网格元素。执行镜像和对齐操作时，也可以使用过滤器来选择平面和平面曲面。

- 完整环选择：选择边或面，按住〈Shift〉键并选择要包含到环中的其他网格元素。选择最初选择的那个边或面以完成环。

- 部分环选择：选择一个或多个不同类型的网格元素，例如面、顶点和边。按住〈Shift〉键并选择类型与先前的选择相同的网格元素来创建部分环。

- 多个环选择：使用完整环选择或部分环选择方法选择第一个环。按住〈Ctrl〉键并选择新的网格元素，然后按住〈Ctrl+Shift〉组合键选择下一个环。

- 区域选择：拖动指针创建一个矩形框，从而选择框中的所有网格元素。元素基于选择过滤器进行选择。按住〈Ctrl〉键并拖动指针创建一个新方框以添加到选择集。

⑤ 根据设计目的，可以使用 3D 控制滑块或下列各组（选项卡）中的命令来控制网格。

◉ "操作"：操控或缩放控制网格以创建自由式曲面。使用 3D 控制滑块可执行这些操作。

◉ "创建"：对自由式曲面进行拓扑更改。

◉ "皱褶"：将硬皱褶或软皱褶应用到网格元素。

◉ "对称"：镜像自由式曲面。

⑥ 在"自由式"选项卡中单击"确定"按钮✔，保存并关闭自由式特征。如果单击"取消"按钮✘，则取消所有更改并退出环境。

创建自由式特征的典型示例如图 7-25 所示。在该示例中，首先创建一个沿默认坐标系居中的拉伸圆柱曲面，接着在自由式建模环境中添加球面基元，分别通过拉伸、分

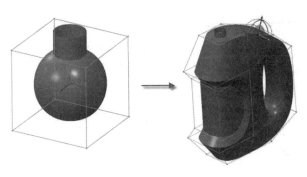

图 7-25 创建自由式特征的典型示例

割、删除、皱褶、缩放和对齐等操作来完成瓶子曲面形状。

7.4.2 顶点倒圆角

使用"顶点倒圆角"命令功能，可以在外部面组上创建圆角，使选定的曲面顶点圆角化，如图 7-26 所示。

使用顶点倒圆角修剪曲面/面组的操作案例如下。

① 在"快速访问"工具栏中单击"打开"按钮🗁，系统弹出"文件打开"对话框，选择配套案例文件"hy_7_vround. prt"，然后单击对话框中的"打开"按钮。文件中的原始曲面如图 7-27 所示。

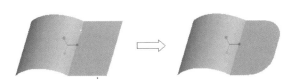

图 7-26 曲面顶点倒圆角

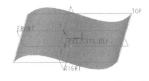

图 7-27 顶点倒圆角之前的曲面

② 在功能区的"模型"选项卡单击"曲面"组溢出按钮，接着选择"顶点倒圆角"命令🗍，在功能区打开"顶点倒圆角"选项卡，如图 7-28 所示。

③ 在模型窗口中选择曲面的其中一个顶点，按住〈Ctrl〉键的同时选择其他 3 个顶点。

④ 在"顶点倒圆角"选项卡的"圆角"🗡文本框中输入修整圆角半径为"60"。

⑤ 在"顶点倒圆角"选项卡中单击"确定"按钮✔，完成效果如图 7-29 所示。

图7-28 "顶点倒圆角"选项卡

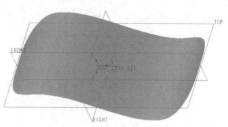

图7-29 完成顶点倒圆角

7.4.3 将切面混合到曲面

使用功能区的"模型"选项卡的"曲面"|"将切面混合到曲面"命令功能,可以从边或曲线中创建与曲面相切的拔模曲面(混合的曲面)。在使用该命令功能之前,可能需要先创建好分型面和参照曲线(如拔模线等)。

使用此命令功能创建的相切拔模曲面可以有3种类型,这需要在图7-30所示的"曲面:相切曲面"对话框的"结果"选项卡中进行设置。

图7-30 "曲面:相切曲面"对话框

创建相切拔模时,必须选择拔模类型、拔模方向,并指定拖动方向或接受默认拔模方向。然后选择参照曲线,并依据相切拔模类型定义其他拔模参照,如相切曲面、拔模角及半径,必要时可定义相切拔模的一些可选元素,如闭合曲面、骨架曲线、顶角等。

下面以在拔模曲面外部创建恒定角度的相切拔模曲面(使用超出拔模曲面的恒定拔模角度进行相切拔模)为例进行步骤介绍。在该案例中要将5°的拔模角添加到筋中,筋的底部有半径为8mm的圆角,要保留底部的圆角必须添加一个恒定角度的相切拔模。案例详细操作过程如下。

① 在"快速访问"工具栏中单击"打开"按钮📂，系统弹出"文件打开"对话框，选择"hy_7_btts. prt"配套案例文件，然后单击"文件打开"对话框中的"打开"按钮。在打开的文件中已经存在图 7-31 所示的实体模型。

② 在功能区的"模型"选项卡中单击"曲面"|"将切面混合到曲面"命令，系统弹出"曲面：相切曲面"对话框。

③ 在"曲面：相切曲面"对话框的"结果"选项卡中，从"基本选项"选项组中单击"拔模曲面外部的恒定角度相切拔模"按钮📄。

④ 在"方向"选项组中选择"单侧"单选按钮，如图 7-32 所示。

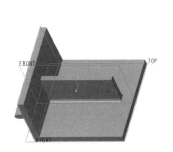

图 7-31　原始实体模型　　　　图 7-32　设置基本选项和方向选项

⑤ 在模型窗口中单击筋特征的顶部平整曲面（如图 7-33 所示）来指定拖动方向，此时出现一个指向上方的箭头。

⑥ 在菜单管理器出现的"方向"菜单中选择"反向"选项，以使箭头指向下方，如图 7-34 所示。然后在"方向"菜单中选择"确定"选项。

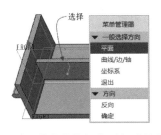

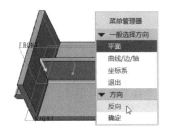

图 7-33　单击筋特征的顶部平整曲面　　　　图 7-34　反向箭头方向

❓说明　在创建单侧拔模的时候，参考曲线的拖拉方向必须与创建拔模的方向相一致。

⑦ 在"曲面：相切曲面"对话框中打开"参考"选项卡，"拔模线选择"按钮🔳被选中，并默认选中"链"菜单中的"依次"选项。

⑧ 选择筋的顶部边缘 1 作为拔模线参考曲线，如图 7-35 所示，此参考曲线必须位于

参照零件曲面之上。在"选择"对话框中单击"确定"按钮，接着在"链"菜单中选择"完成"选项。

说明 不能选择组件级侧面影像曲线作为相切拔模的参照曲线。要在参照模型中创建相切拔模，必须在参照模型本身中创建一条侧面影像曲线。

⑨ 在"角度"框中输入拔模角度的值为"5"，按〈Enter〉键。接着在"半径"框中输入半径值为"8"，如图7-36所示。该半径值是指拔模曲面与临近的参照零件曲面连接在一起的圆角半径值。

⑩ 在"曲面：相切曲面"对话框中单击"预览"按钮 ，特征几何体预览效果如图7-37所示。

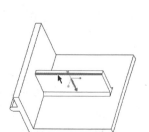

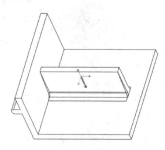

| 图7-35 选择参考曲线 | 图7-36 设置拔模参数 | 图7-37 特征预览效果 |

⑪ 单击"应用"按钮 ，完成恒定角度的相切拔模创建。

⑫ 使用同样的方法，重复该过程在筋的另一侧上创建恒定角度的相切拔模。

7.5 创建带曲面

带曲面是一个基准，主要用于表示沿基础曲线创建的一个相切区域，它相切于与基础曲线相交的参照曲线。通常使用带曲面在两个曲面特征之间施加相切条件，即带曲面起到相切参照的作用。创建带曲面的一般方法如图7-38所示。注意系统将基础曲线用作带曲面的轨迹。

在下面的这个案例中应用到了带曲面。首先需要打开"hy_7_ribbon.prt"配套文件。

1. 创建第一个带曲面

① 在功能区的"模型"选项卡中单击"基准"|"带"命令，弹出"基准：带"对话框。

② "基准：带"对话框中的"基础曲线"元素处于定义状态，此时菜单管理器提供

"带项"菜单，其中的"添加曲线"命令处于活动状态，而"选择项"菜单中的默认项为"曲线"，在模型窗口中单击图7-39所示的曲线作为基础曲线，然后在"带项"菜单中选择"确认曲线"选项。

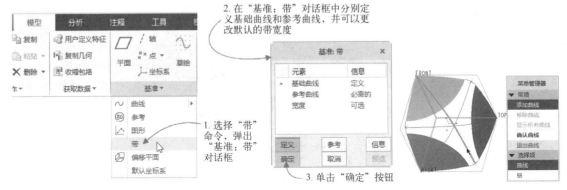

图7-38　创建带曲面　　　　　　　　　图7-39　选择基础曲线

③ 系统提示选择第一条带参考曲线，选择图7-40所示的一条曲线作为带参考曲线（图中光标所指的曲线），接着在"带项"菜单中选择"确认曲线"选项。

④ 可以更改带曲面的宽度。在"基准：带"对话框中选择"宽度"元素选项，单击"定义"按钮，输入宽度为"2"，单击"接受"按钮✓。

⑤ 在"基准：带"对话框中单击"确定"按钮，创建的带曲面如图7-41所示。

2. 创建第二个带曲面

使用和上步骤相同的方法创建第二个带曲面，完成的效果如图7-42所示。

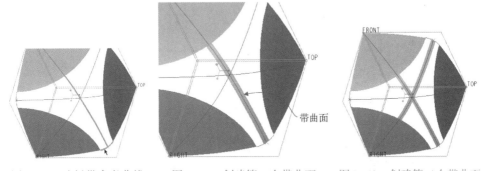

图7-40　选择带参考曲线　　图7-41　创建第一个带曲面　　图7-42　创建第二个带曲面

3. 创建边界混合曲面

① 在功能区的"模型"选项卡的"曲面"面板中单击"边界混合"按钮，打开"边界混合"选项卡。

② 结合〈Ctrl〉键依次选择图7-43所示的曲线1和曲线2作为第一方向链的两条边界曲线。接着在"边界混合"选项卡中单击（"第二方向"链收集器）的框，将其激活。然后结合〈Ctrl〉键依次选择曲线3和曲线4。

说明　在单击边界曲线时，系统默认选中的可能是整条边链，而在本例中需要的仅

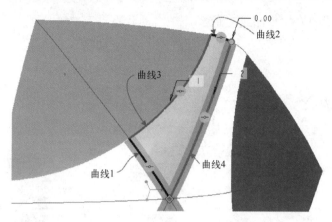

图 7-43 指定两个方向的边界曲线

仅是其中的一段。在这里以曲线 1 为例，打开"边界混合"选项卡的"曲线"面板，在"方向 1"收集器中选择该曲线。接着单击"细节"按钮，打开"链"对话框。在"参考"选项卡中选择"基于规则"单选按钮，并选择"部分环"单选按钮，如图 7-44 所示。然后切换到"选项"选项卡以进行长度调整，例如在"端点 2"下拉列表框中选择"在参考上修剪"选项，并在模型窗口中选择合适的参考，最后单击"确定"按钮即可。另外，**拖动所选曲线的端点并结合〈Shift〉键拖动可将端点快速地捕捉到所需参考点处。**

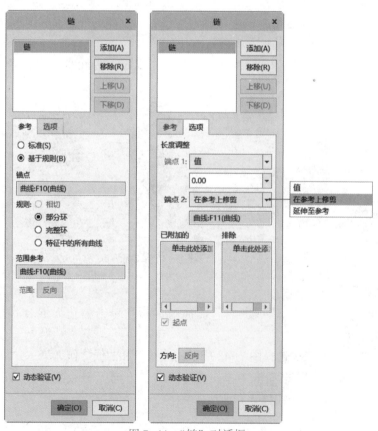

图 7-44 "链"对话框

③ 在"边界混合"选项卡中打开"约束"面板，将"方向1-第一条链"边界的约束条件设置为"相切"，其参考选择"F13（带）"带曲面，如图7-45所示。将"方向1-最后一条链"边界的约束条件设置为"垂直"，其参考为FRONT基准平面。方向2的两条边界约束条件均设置为"相切"，"方向2-第一条链"的相切参考为相邻曲面，"方向2-最后一条链"的相切参考为"F14（带）"带曲面。

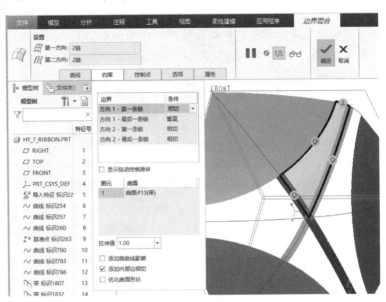

图7-45　设置相关的边界条件

④ 在"边界混合"选项卡中单击"确定"按钮✔，完成该边界混合曲面。

7.6　曲面编辑操作

曲面编辑操作包括合并面组、修剪面组、延伸面组、偏移面组、复制曲面、通过曲面相交来生成曲线、在曲面上投影曲线、曲面加厚和面组实体化等。

7.6.1　合并面组

完成设计相关的单个面组后，使用系统提供的"合并"工具可以通过让两个面组相交或连接来合并两个面组，或者通过连接的方式来合并两个以上的面组（只有在所选面组的所有边均彼此邻接且不重叠的情况下，才能合并两个以上的面组）。生成的面组会成为主面组，并继承先前主面组的ID。如果删除合并的特征，那么原始面组仍然会保留。

以合并两个面组为例。首先选择这两个面组，接着在功能区的"模型"选项卡的"编辑"面板中单击"合并"按钮，打开"合并"选项卡，如图7-46所示。

打开"选项"面板，可以根据实际情况来选择"相交"单选按钮或"联接"单选按钮来定义合并方法，如图7-47所示。当一个面组的单侧边位于另一个面组上，最适合使用"联接（也称"连接"）"合并方法。

图 7-46 "合并"选项卡

两个面组相交处的箭头指向将被包括在合并面组中的面组的侧。可以改变要包含在结果特征中的面组的侧，"合并"选项卡中的 按钮用于改变要保留的第一面组的侧， 按钮用于改变要保留的第二面组的侧。

如果要更改主面组，则在合并工具操控板中打开"参考"面板，如图 7-48 所示，选择所需的面组后，根据选择情况来单击"面组"收集器右侧的相关按钮（ 、 、 ）。其中， 按钮用于将所选面组移动到收集器的顶部，将其设置为主面组； 按钮用于向上移动所选的面组； 按钮则用于向下移动所选的面组。注意："面组"收集器的顶部面组为主面组。

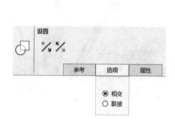

图 7-47 选择合并方法

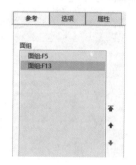

图 7-48 "合并"选项卡的"参考"面板

合并面组的操作案例如下。

① 在"快速访问"工具栏中单击"打开"按钮 ，系统弹出"文件打开"对话框，选择配套案例文件"hy_7_j.prt"，然后单击该对话框中的"打开"按钮，原始曲面如图 7-49 所示。

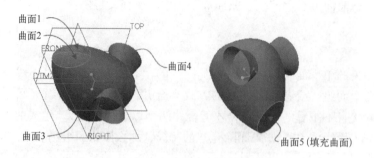

图 7-49 原始曲面模型

② 选择曲面 2（边界混合曲面 1），按住〈Ctrl〉键选择曲面 1（镜像而得的边界混合曲面 2）。

③ 单击"合并"按钮 🔁。

④ 在"合并"选项卡中打开"选项"面板,从中选择"联接"单选按钮,如图 7-50 所示。

⑤ 单击"确定"按钮 ✔,完成这两个曲面面组的合并。

⑥ 在"选择过滤器"下拉列表框中选择"特征"选项,接着选择"合并 1"面组特征,按住〈Ctrl〉键的同时选择曲面 3 和曲面 5 的特征,以选中要一起合并的这 3 个曲面面组特征。

⑦ 单击"合并"按钮 🔁,然后直接在打开的"合并"选项卡中单击"确定"按钮 ✔。

⑧ 确保"合并 2"面组特征被选中,按住〈Ctrl〉键的同时选择曲面 4 特征。

⑨ 单击"合并"按钮 🔁,接着在"合并"选项卡中单击"改变要保留的第一面组的侧"按钮 ⚡,并单击"改变要保留的第二面组的侧"按钮 ⚡,使要保留的面组侧如图 7-51 所示。

此时,若打开"选项"面板,则可以看到默认的合并方法选项是"相交"单选按钮。

⑩ 在"合并"选项卡中单击"确定"按钮 ✔,完成该面组合并操作得到的曲面模型效果如图 7-52 所示。

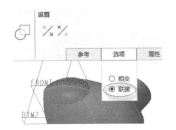 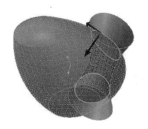 

图 7-50 选择"联接"单选按钮　图 7-51 改变要保留的面组部分　图 7-52 完成面组合并

7.6.2 修剪面组

使用"修剪"工具 🔁 可以利用选定对象来剪切、分割面组或曲线。修剪面组的 2 种典型情形如下。

◉ 在与其他面组或基准平面相交处进行修剪,以获得面组的特定形状。

◉ 使用面组上的基准曲线修剪。

要修剪面组,首先选择要修剪的面组,在功能区的"模型"选项卡的"编辑"面板中单击"修剪"按钮 🔁,打开图 7-53 所示的"曲面修剪"选项卡。使用该选项卡指定修剪对象,并进行相关的修剪设置即可。

下面介绍一个关于修剪操作的实战学习案例。

① 在"快速访问"工具栏中单击"打开"按钮 📂,弹出"文件打开"对话框,选择"hy_7_trim. prt"配套案例文件。然后单击"文件打开"对话框中的"打开"按钮。在该文件中,原始的曲面模型如图 7-54 所示。

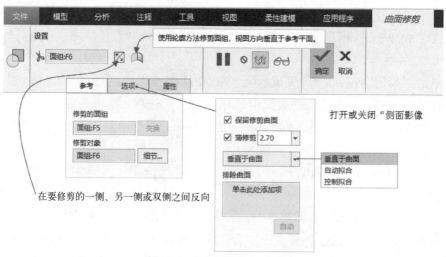

图 7-53 "曲面修剪"选项卡

②　选择要修剪的面组，在这里选择曲面1作为要修剪的面组。

③　单击"修剪"按钮 ✂，打开"曲面修剪"选项卡。

④　选择要用做修剪对象的任何曲线、平面或面组。在这里选择曲面2作为修剪对象。

⑤　模型窗口中出现的方向箭头指示了要保留的修剪曲面侧。单击"反向"按钮 ⊠，将方向箭头反向到另一侧，操作示意如图7-55所示。

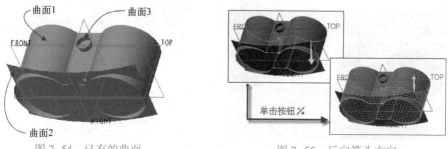

图 7-54　已有的曲面　　　　　　　　图 7-55　反向箭头方向

⑥　在"曲面修剪"选项卡中打开"选项"面板，取消选中"保留修剪曲面"复选框，如图7-56所示。

⑦　在"曲面修剪"选项卡中单击"确定"按钮 ✔，得到的修剪结果如图7-57所示。

图 7-56　取消选中"保留修剪曲面"复选框

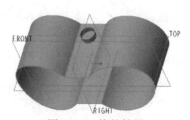

图 7-57　修剪结果

⑧ 单击修剪后的曲面1，接着单击"修剪"按钮 🗗，打开"曲面修剪"选项卡。

⑨ 选择曲面3（"圆柱曲面"）用作修剪对象。

⑩ 在"曲面修剪"选项卡中打开"选项"面板，取消选中"保留修剪曲面"复选框，并单击"薄修剪"复选框以选中它，设置薄修剪的厚度尺寸值为"2"，从拟合要求下拉列表框中选择"垂直于曲面"选项，如图7-58所示。

⑪ 在"曲面修剪"选项卡中单击"确定"按钮 ✔️，完成该修剪操作，其修剪结果如图7-59所示。

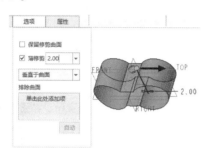

图7-58 设置薄修剪选项及参数

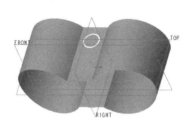

图7-59 修剪结果

7.6.3 延伸面组

可以将面组延伸指定的距离或延伸至一个平面。要激活"延伸"工具，必须先选择要延伸的曲面边界边链。在曲面面组中选择要延伸的边界边链后，在功能区的"模型"选项卡的"编辑"面板中单击"延伸"按钮 🡒，打开图7-60所示的"延伸"选项卡。

图7-60 "延伸"选项卡

当单击"沿原始曲面"按钮 🗀 时，将沿原始曲面在选定的边界边链处延伸曲面，这需要设置延伸距离、延伸方向，以及打开"选项"面板，从"方法"下拉列表框中选择"相同""相切"或"逼近"选项设定延伸方法，如图7-61所示。此外，如果设计需要，则可以启用"测量"面板，通过沿选定边链添加并调整测量点来创建可变延伸（即多点延伸）。在默认情况下，系统只添加一个测量点，并且按照相同的距离延伸整个链以创建恒定延伸。在"量度"面板中还可以指定测量延伸的方法为 🗀（沿延伸曲面测量延伸距离）或 🗁（测量选定平面中的延伸距离）。

创建多点延伸的典型示例如图7-62所示。注意从"距离类型"列表中可选一种延伸选项，可选延伸选项如下。

- "垂直于边"：垂直于所选边延伸曲面。
- "沿边"：沿着侧边延伸曲面。

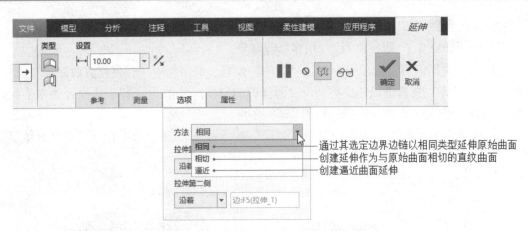

图 7-61　设置"沿曲面"的延伸方法

图 7-62　创建多点延伸的典型示例

当单击"到平面"按钮 时，只需选择要将该曲面延伸到的平面即可定义面组延伸。
下面通过一个简单案例来进行面组延伸介绍。

1. 将曲面延伸到参照平面

在"快速访问"工具栏中单击"打开"按钮 ，系统弹出"文件打开"对话框，
选择"hy_7_extend. prt"配套案例文件，然后单击"文件打开"对话框中的"打开"按钮。

选择要延伸的曲面边界边链，如图 7-63 所示。

说明　为了便于选择要延伸的曲面边界边链，可以先确保将选择过滤器的选项设置
为"几何"，接着在曲面中单击所需的边界边链即可，所选的边界边链以默认颜色的粗线
显示。

单击"延伸"按钮 ，打开"延伸"选项卡。

在"延伸"选项卡中单击"到平面"按钮 。

选择 TOP 基准平面作为要将该曲面延伸到的平面，如图 7-64 所示。

单击"确定"按钮 ，完成该延伸效果如图 7-65 所示。

2. 沿原始曲面延伸曲面

选择要延伸的曲面边界边链，如图 7-66 所示。

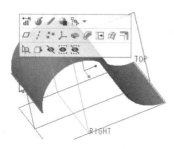
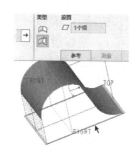

图 7-63 选择要延伸的曲面边界边链　图 7-64 延伸面组的相关操作

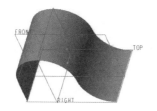

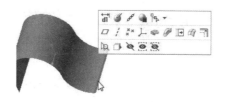

图 7-65 将曲面延伸到平面　图 7-66 选择要延伸的曲面边界边链

②单击"延伸"按钮 ，打开"延伸"选项卡。

③在"延伸"选项卡中单击"沿原始曲面"按钮 ，接着在 旁的框中输入延伸距离为"120"。

④打开"选项"面板，从"方法"下拉列表框中选择"相切"，而"拉伸第一侧"和"拉伸第二侧"的选项默认均为"沿着"。

⑤单击"确定"按钮 ，完成效果如图 7-67所示。

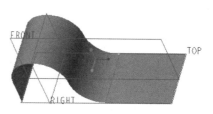

图 7-67 沿原始曲面延伸曲面

7.6.4 偏移曲面

使用系统提供的"偏移"工具，可通过将一个曲面或一条曲线偏移恒定的距离或可变的距离来创建一个新的特征。在这里只介绍偏移曲面。

选择所需的曲面后，在功能区的"模型"选项卡的"编辑"面板中单击"偏移"按钮 ，打开"偏移"选项卡，如图 7-68 所示，可以创建 4 种类型的偏移曲面特征。

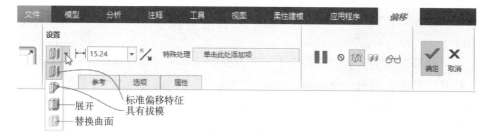

图 7-68 "偏移"选项卡

- 〇 ▥（标准偏移特征）：偏移一个面组、曲面或实体面。
- 〇 ▥（具有拔模）：偏移包括在草绘内部的面组或曲面区域，并拔模侧曲面。还可使用此偏移类型选项来创建直的或相切侧曲面轮廓。
- 〇 ▥（展开）：在封闭面组或实体草绘的选定面之间创建一个连续体积块，当使用"草绘区域"选项时，将在开放面组或实体曲面的选定面之间创建连续的体积块。
- 〇 ▥（替换曲面）：用面组或基准平面替换实体面。

下面通过一个典型案例来辅助介绍曲面偏移的一般操作步骤。该案例的源文件为"bc_7_offset. prt"。

1. 标准偏移面组

① 将选择过滤器的选项设置为"面组"，在模型窗口中单击图7-69所示的面组。接着在功能区的"模型"选项卡的"编辑"面板中单击"偏移"按钮 ▥，打开"偏移"选项卡。

② 在"偏移"选项卡的偏移类型下拉列表框中选择▥（标准偏移特征）图标选项。

③ 在 ▦ 旁的尺寸框中输入偏移距离为"20"。

④ 打开"偏移"选项卡的"选项"面板，从一个下拉列表框中选择"垂直于曲面"拟合类型选项（其为默认选项）。接着选中"创建侧曲面"复选框使新创建的标准偏移曲面带有侧曲面，如图7-70所示。

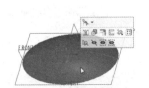

图 7-69 选择要偏移的面组

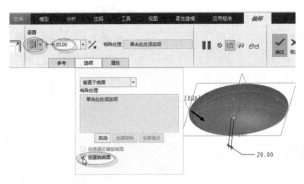

图 7-70 标准偏移特征参数设置

⑤ 在"偏移"选项卡中单击"确定"按钮 ✔。

2. 创建具有拔模的偏移曲面

① 确保将选择过滤器的选项设置为"面组"，单击图7-71所示的曲面。

② 在功能区的"模型"选项卡的"编辑"面板中单击"偏移"按钮 ▥，打开"偏移"选项卡。

③ 在"偏移"选项卡的偏移类型下拉列表框中选择▥（具有拔模）图标选项。

④ 打开"参考"面板，单击该面板中的"定义"按钮，弹出"草绘"对话框。选择TOP基准平面作为草绘平面，默认以RIGHT基准平面作为"右"方向参考，单击"草绘"按钮。绘制图7-72所示的图形（椭圆），单击"确定"按钮 ✔。

⑤ 在 ▦ 旁的偏距尺寸框中输入偏移距离为"8"。

⑥ 在 ∠ 旁的尺寸框中输入拔模角度值为"5"。

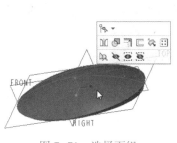

图 7-71 选择面组

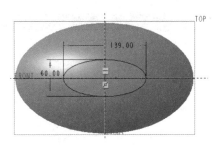

图 7-72 绘制图形

⑦ 打开"选项"面板,从下拉列表框中选择"垂直于曲面"选项来定义偏移方法,设置侧曲面垂直于"曲面",侧面轮廓为"直",如图 7-73 所示。

🅰**说明** 可供选择的偏移方法选项有"垂直于曲面"和"平移"。"垂直于曲面"选项用于垂直于参照曲面偏移曲面;"平移"选项用于偏移曲面并保留参照曲面的形状和尺寸。

⑧ 在"偏移"选项卡中单击"确定"按钮✔,完成效果如图 7-74 所示。

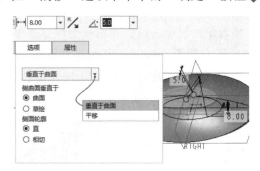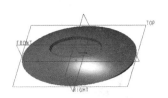

图 7-73 指定偏移方法、侧曲面类型和侧面轮廓类型　　图 7-74 创建具有拔模的偏移曲面

7.6.5 复制曲面

在设计中可以对选定曲面进行复制粘贴操作,也可以将实体表面复制粘贴成新曲面。曲面复制粘贴的方法比较简单,即先选择所需的曲面或实体表面,接着单击"复制"按钮🗐,然后单击"粘贴"按钮🗐,在打开的选项卡中进行相关的操作即可。图 7-75 所示,在"曲面:复制"选项卡的"选项"面板中提供了 5 个重要的单选按钮,它们的功能含义如下。

- "按原样复制所有曲面":创建与选定曲面完全相同的副本。此为默认设置。
- "排除曲面并填充孔":当选择该单选按钮时,可使用提供的"排除曲面/排除轮廓"收集器来选择要从当前复制特征中排除的曲面/轮廓,使用"填充孔/曲面"收集器在选定曲面上选择要填充的孔。
- "复制内部边界":仅复制边界内的曲面。当选择该单选按钮时,"边界曲线"收集器为活动状态,使用此收集器来定义包含要复制曲面的边界。
- "取消修剪包络":复制曲面或面组,并移除所有内部轮廓。它可以使用当前轮廓的包络来为复制曲面和面组创建外轮廓。对于面组,会复制面组的每个曲面,从而为

图 7-75　用于复制粘贴曲面的"曲面：复制"选项卡

每个复制曲面生成单独的面组。

● "取消修剪定义域"：同样复制曲面或面组，并移除所有内部轮廓，区别在于它可以为复制曲面和面组创建对应于曲面定义域的外轮廓。对于面组，会复制面组的每个曲面，从而为每个复制曲面生成单独的面组。

如果要通过复制实体模型的全部表面来创建相同形状的新曲面，那么可以结合选择过滤器来在实体模型中选择任意一处实体表面。接着单击鼠标右键，弹出一个快捷菜单，从中选择"实体曲面"命令，同时选择此实体对象的所有曲面。然后依次单击"复制"按钮 和"粘贴"按钮 ，打开一个"曲面：复制"选项卡。最后单击"确定"按钮 即可，图例如图 7-76 所示。

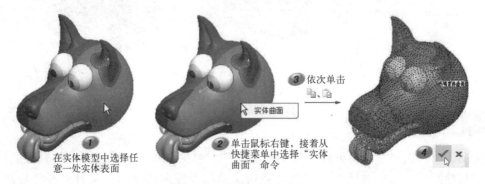

图 7-76　复制实体对象的所有曲面来创建新曲面

7.6.6 相交曲线

使用"相交"按钮 ，可以通过曲面与其他曲面或基准平面相交而在相交处创建曲线（该曲线通常被俗称为"相交曲线"），如图 7-77 所示。其操作方法很简单，即先选择一曲面，接着按〈Ctrl〉键来选择要相交的其他曲面，然后在功能区的"模型"选项卡的"编辑"面板中单击"相交"按钮 即可。

使用"相交"按钮 ，也可以在两个草绘的投影相交的位置处创建曲线。通过两草绘创建相交曲线的操作方法也一样，请看如下操作案例。

① 在"快速访问"工具栏中单击"打开"按钮 ，弹出"文件打开"对话框，选择

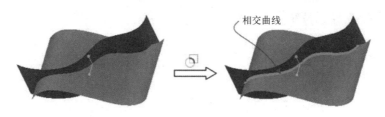

图 7-77 创建相交曲线

配套案例文件"hy_7_intersect. prt",然后单击"文件打开"对话框中的"打开"按钮。该文件中存在图 7-78 所示的两个草绘特征。

② 选择"草绘 1"特征,接着按住〈Ctrl〉键的同时选择"草绘 2"特征。

③ 在功能区的"模型"选项卡的"编辑"面板中单击"相交"按钮,从而创建一条由草绘投影相交而得的曲线,同时系统自动隐藏两个草绘特征,结果如图 7-79 所示。

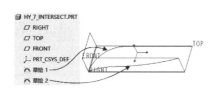

图 7-78 文件中两个草绘特征

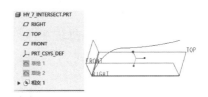

图 7-79 完成创建相交曲线

如果在只选择一个曲面或一个草绘特征后,便在功能区的"模型"选项卡的"编辑"面板中单击"相交"按钮,那么将打开"曲面相交"选项卡或"曲线相交"选项卡。接着选择第二曲面或第二草绘,然后单击"确定"按钮,即可完成相交曲线的创建。

7.6.7 投影曲线

使用系统提供的"投影"按钮,可以在实体上和非实体曲面、面组或基准平面上创建投影基准曲线。投影曲线的方法有 3 种,即"投影草绘""投影链"和"投影修饰草绘","投影草绘"通过创建草绘或将现有草绘复制到模型中以进行投影,"投影链"则通过选择要投影的曲线或链在选定曲面上创建投影曲线,"投影修饰草绘"用于修饰草绘的投影操作。投影曲线的方法是在"投影曲线"选项卡的"参考"面板中设置的。

下面介绍创建投影曲线的一个操作案例。

① 在"快速访问"工具栏中单击"打开"按钮,弹出"文件打开"对话框,选择配套案例文件"hy_7_project. prt",然后单击"文件打开"对话框中的"打开"按钮。该文件中存在图 7-80 所示的鞋子曲面。

② 在功能区的"模型"选项卡的"编辑"面板中单击"投影"按钮,打开"投影曲线"选项卡。

③ 在"投影曲线"选项卡中打开"参考"面板,在"参考"面板的投影方法下拉列表框中选择"投影草绘"选项,如图 7-81 所示。

④ 在"投影曲线"选项卡的"参考"面板中单击"定义"按钮,弹出"草绘"对话框,选择 TOP 基准平面作为草绘平面,以 RIGHT 基准平面作为"右"方向参考,单击"草

绘"对话框中的"草绘"按钮，进入草绘模式。

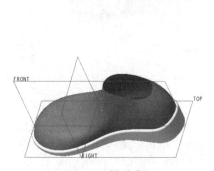

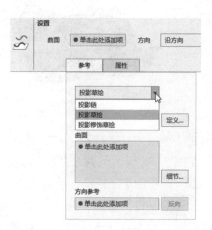

图7-80 鞋子曲面　　　　　　　　图7-81 在"参考"面板中选择"投影草绘"

⑤ 绘制图7-82所示的曲线（即创建要投影的草绘曲线），然后单击"确定"按钮 ✔，完成草绘并退出草绘模式。

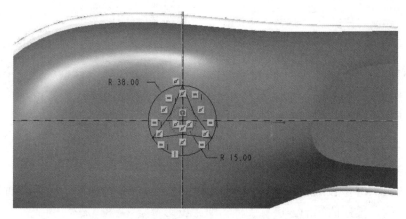

图7-82 绘制曲线

⑥ "曲面"收集器此时处于被激活的状态，在图形窗口中结合〈Ctrl〉键选择图7-83所示的两个曲面（即曲面1和曲面2）作为要向其中投影草绘曲线的曲面。

⑦ 在默认情况下，"投影曲线"选项卡的"方向"选项为"沿方向"。单击位于"方向"下拉列表框右侧的"方向参考"收集器，然后选择TOP基准平面用作投影方向参考。

❓说明 在"投影曲线"选项卡的"方向"下拉列表框中可供选择的选项有如下2种。

● "沿方向"：沿指定的方向投影选定的链或草绘。

● "垂直于曲面"：垂直于目标曲面投影选定的链或草绘。

⑧ 在"投影"选项卡中单击"确定"按钮 ✔，创建的投影曲线如图7-84所示。

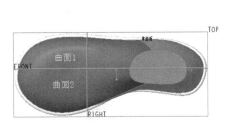

图 7-83　选择要向其中投影草绘曲线的曲面

图 7-84　创建投影曲线

7.6.8 曲面加厚

使用功能区的"模型"选项卡的"编辑"面板中的"加厚"按钮 ⧉，可以用预定的曲面特征或面组几何将薄材料部分添加到设计中以获得加厚实体（如图 7-85 所示），或者从其中移除薄材料部分。

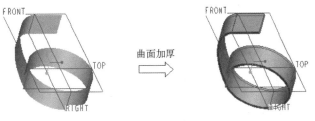

图 7-85　曲面加厚

选择要加厚的曲面特征或面组后，在功能区的"模型"选项卡的"编辑"面板中单击"加厚"按钮 ⧉，将打开图 7-86 所示的"加厚"选项卡。在该选项卡中定义要创建的几何类型，设置加厚特征的材料方向、厚度、控制选项等。

图 7-86　"加厚"选项卡

下面介绍曲面加厚的实战学习案例。

① 在"快速访问"工具栏中单击"打开"按钮 📂，弹出"文件打开"对话框，选择配套案例文件"hy_7_h.prt"，然后单击"文件打开"对话框中的"打开"按钮。已有的曲面如图 7-87 所示。

② 选择"拉伸 1"曲面，在功能区的"模型"选项卡的"编辑"面板中单击"加厚"按钮 ⧉，打开"加厚"选项卡。

③ "加厚"选项卡中的"填充实体材料"按钮□处于被选中的状态。打开"选项"面板，选择"自动拟合"选项，如图7-88所示。

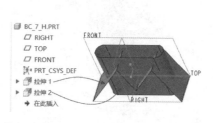

图7-87 已有的曲面

图7-88 设置加厚选项等

④ 输入材料厚度为"10"。

⑤ 单击"反转结果几何的方向"按钮☒两次，以将加厚特征的材料方向切换为指向两侧，预览的箭头方向（向两侧）如图7-89所示。

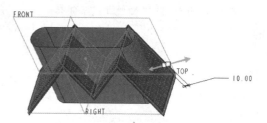

图7-89 改变加厚特征的材料方向

说明 单击按钮☒，可从一侧到另一侧，然后通过两侧来循环切换材料侧方向。

⑥ 在"加厚"选项卡中单击"确定"按钮✔。

⑦ 在模型树上选择"拉伸2"曲面特征，单击"加厚"按钮□，打开"加厚"选项卡。

⑧ 在"加厚"选项卡中单击"移除材料"按钮◢，输入加厚的厚度值为"8"，而打开"选项"面板，可接受默认的控制选项为"垂直于曲面"，如图7-90所示。

⑨ 在"加厚"选项卡中单击"确定"按钮✔，完成效果如图7-91所示。

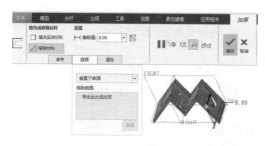

图7-90 加厚参数设置

图7-91 加厚完成的结果

7.6.9 面组实体化

将设计好的有效面组经过实体化处理，可以获得实体特征。事实上，可使用"实体化"特征添加、移除或替换实体材料。设计"实体化"特征要求执行以下主要操作。

● 选择一个曲面特征或面组作为参照。

● 确定使用参照几何的方法：添加实体材料（实体伸出项）、移除实体材料（切口）或
修补曲面（曲面片，即用面组替换部分曲面）。其中要使用曲面特征或面组几何替换
指定的曲面部分，只有当选定的曲面或面组边界位于实体几何对象上时才可用。

● 定义几何的材料方向。

下面介绍关于实体化操作的一个学习案例。

① 在"快速访问"工具栏中单击"打开"按钮，弹出"文件打开"对话框，选择
配套案例文件"hy_7_s. prt"。然后单击"文件打开"对话框中的"打开"按钮，该文件中
存在的 3 个曲面面组如图 7-92 所示。

② 选择面组 1，在功能区的"模型"选项卡的"编辑"面板中单击"实体化"按钮
，打开"实体化"选项卡。

③ "实体化"选项卡中的"实体填充"按钮自动被选中，如图 7-93 所示。接着单
击"确定"按钮，完成该实体化操作。

图 7-92 原始曲面模型

图 7-93 "实体化"选项卡

④ 选择面组 2，接着单击"实体化"按钮，打开"实体化"选项卡。

⑤ 在"实体化"选项卡中单击"移除材料（切口）"按钮，确保刀具操作方向如
图 7-94 所示。

⑥ 在"实体化"选项卡中单击"确定"按钮，完成的该切口实体化的效果如图 7-95
所示。

⑦ 在信息区右侧的选择过滤器下拉列表框中选择"面组"选项，在模型窗口中选择面
组 3。接着单击"实体化"按钮，打开"实体化"选项卡。

⑧ 系统自动选中"实体化"选项卡上的"替换曲面"按钮，确保刀具操作方向为
所需。

⑨ 在"实体化"选项卡中单击"确定"按钮，完成该实体化操作的效果如图 7-96
所示。

图 7-94 切口实体化操作

图 7-95 切口实体化结果

图 7-96 曲面片替换的结果

7.7 实战学习案例——曲面设计

本实战学习案例要完成的模型为某控制器面壳零件，如图7-97所示。在该实体案例中将综合应用到了曲面设计的许多知识点。

扫码观看视频

本实战学习案例具体的操作步骤如下。

1. 新建零件文件

新建一个使用"mmns_part_solid"公制模板的实体零件文件，将其文件名称设置为"hy_7_sz_q"。

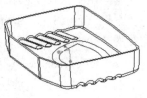

图7-97　完成的某控制器面壳零件

2. 创建拉伸曲面

① 在功能区的"模型"选项卡的"形状"面板中单击"拉伸"按钮，打开"拉伸"选项卡。

② 在"拉伸"选项卡中单击"曲面"按钮。

③ 选择TOP基准平面作为草绘平面，快速进入草绘模式，绘制图7-98所示的拉伸剖面，单击"确定"按钮。

④ 输入侧1的拉伸深度为"36"。

⑤ 单击"确定"按钮，创建的拉伸曲面如图7-99所示。

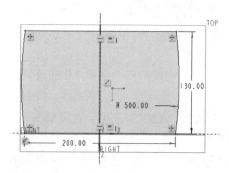

图7-98　绘制拉伸剖面

图7-99　创建拉伸曲面

3. 创建"草绘1"特征

① 在功能区的"模型"选项卡的"基准"面板中单击"草绘"按钮，弹出"草绘"对话框。

② 在"草绘"对话框中单击"使用先前的"按钮，进入草绘模式。

③ 绘制图7-100所示的圆弧。

④ 单击"确定"按钮。

4. 创建扫描曲面1

① 在功能区的"模型"选项卡的"形状"面板中单击"扫描"按钮，打开"扫描"选项卡。

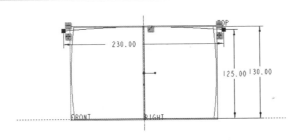

图 7-100　绘制圆弧

  ② 在"扫描"选项卡中单击"曲面"按钮 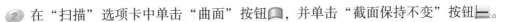，并单击"截面保持不变"按钮 ┗━。

  ③ 选择"草绘 1"曲线作为原点轨迹，如图 7-101 所示。此时若打开"扫描"选项卡中的"参考"面板，则可以看到默认的截平面控制选项为"垂直于轨迹"，水平/竖直控制选项为"自动"。

  ④ 在"扫描"选项卡中单击"创建或编辑扫描截面"按钮 ✐，绘制图 7-102 所示的圆弧（该圆弧的圆心位于水平参考线上），然后单击"确定"按钮 ✓。

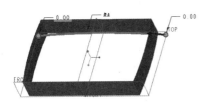

图 7-101　指定原点轨迹

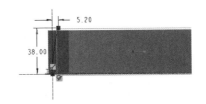

图 7-102　绘制图形

  ⑤ 在"扫描"选项卡中单击"确定"按钮 ✓，完成创建好扫描曲面 1 的效果如图 7-103 所示。

5. 合并面组操作 1

  ① 选择"拉伸 1"曲面，按住〈Ctrl〉键的同时选择扫描曲面 1。

  ② 在"编辑"面板中单击"合并"按钮 ⭘。

  ③ 确保要保留的面组侧为所需，然后在"合并"选项卡中单击"确定"按钮 ✓，完成的合并效果如图 7-104 所示。

图 7-103　创建扫描曲面 1

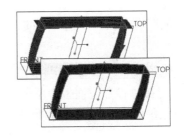

图 7-104　合并 1

6. 创建扫描曲面 2

  ① 在"形状"面板中单击"扫描"按钮 🗔，打开"扫描"选项卡。

② 在"扫描"选项卡中单击"曲面"按钮🔲，并单击"截面保持不变"按钮━。

③ 选择"草绘1"曲线作为原点轨迹，如图7-105所示。

④ 在"扫描"选项卡中单击"创建或编辑扫描截面"按钮✐，接着绘制图7-106所示的图形，单击"确定"按钮✔。

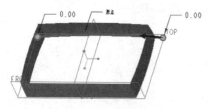

图7-105 指定原点轨迹

图7-106 绘制扫描截面

⑤ 在"扫描"选项卡中单击"确定"按钮✔，完成图7-107所示的扫描曲面2。

7. 面组合并操作2

① 将选择过滤器的选项设置为"面组"，选择"拉伸1"曲面，按住〈Ctrl〉键并选择扫描曲面2。

② 单击"合并"按钮🔂。

③ 要保留的面组侧如图7-108所示，然后在"合并"选项卡中单击"确定"按钮✔，面组合并的结果如图7-109所示。此时，可以在模型树中单击"草绘1"特征，从弹出来的浮动工具栏（快捷工具栏）中单击"隐藏"按钮🔖，将该曲线隐藏。

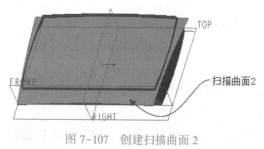

图7-107 创建扫描曲面2

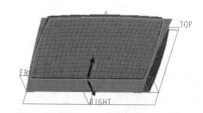

图7-108 指示要保留的面组侧

8. 创建投影曲线1

① 在功能区的"模型"选项卡的"编辑"面板中单击"投影"按钮🔄，打开"投影曲线"选项卡。

② 在"投影曲线"选项卡中打开"参考"面板，从一个下拉列表框中选择"投影草绘"选项。接着在"参考"面板中单击"定义"按钮，弹出"草绘"对话框，选择TOP基准平面作为草绘平面，以RIGHT基准平面作为"右"方向参考，单击"草绘"对话框中的"草绘"按钮，进入草绘模式。

③ 绘制图7-110所示的一段圆弧，单击"确定"按钮✔。

④ 选择要在其上投影曲线的曲面，方向选项为"沿方向"，接着激活"方向参照"收集器，选择TOP基准平面，如图7-111所示。

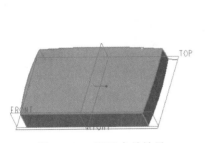

图 7-109 面组合并效果

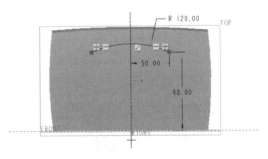

图 7-110 绘制圆弧

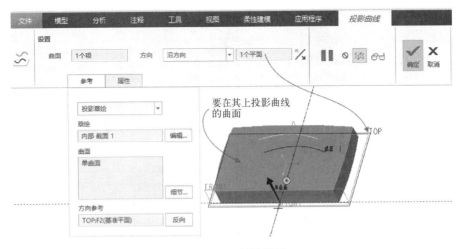

图 7-111 投影设置

⑤ 在"投影曲线"选项卡中单击"确定"按钮✓。

9. 创建投影曲线 2

使用和上步骤相同的方法，在顶曲面上投影曲线，用于投影的草绘曲线与投影结果如图 7-112 所示。注意用于投影的草绘是在 TOP 基准平面内绘制的，草绘圆弧的两端点需要分别被约束在相应的参考影像点处。

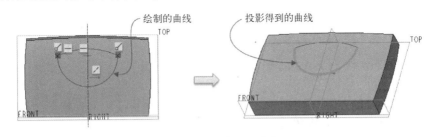

图 7-112 创建投影曲线 2

10. 创建基准点

① 在功能区的"模型"选项卡的"基准"面板中单击"基准点"按钮 ✱。

② 分别选择参考来创建两个基准点（PNT0 和 PNT1），如图 7-113 所示。这两个基准点均是由相应的投影曲线和 RIGHT 基准平面来相交获得的。

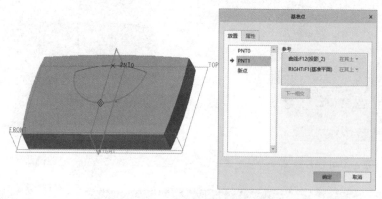

图 7-113　创建两个基准点

③ 在"基准点"对话框中单击"确定"按钮。

11. 创建"草绘 2"曲线

① 单击"草绘"按钮🖊，弹出"草绘"对话框。

② 选择 RIGHT 基准平面作为草绘平面，默认草绘方向参考等。接着在"草绘"对话框中单击"草绘"按钮，进入草绘模式。

③ 绘制图 7-114 所示的圆弧，然后单击"确定"按钮✔。

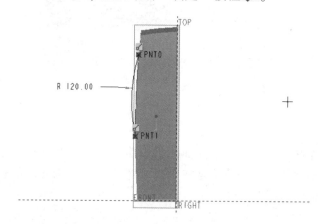

图 7-114　绘制圆弧

12. 创建边界混合曲面

① 单击"边界混合"按钮🗇。

② 此时"边界混合"选项卡中🗇（"第一方向"链收集器）处于被激活状态，在图形窗口中选择投影曲线 1。接着按住〈Ctrl〉键的同时选择投影曲线 2，如图 7-115 所示。

③ 在"边界混合"选项卡中单击🗇（"第二方向"链收集器）的框将其激活，选择"草绘 2"曲线，如图 7-116 所示。

④ 在"边界混合"选项卡中单击"确定"按钮✔，完成该边界混合曲面的创建。

13. 面组合并 3

① 确保选中边界混合曲面，按住〈Ctrl〉键选择主体面组，单击"合并"按钮🗇，打开"合并"选项卡。

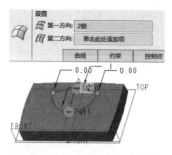

图 7-115　指定第一方向曲线

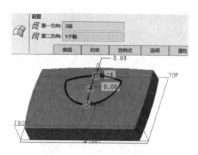

图 7-116　选择第二方向曲线

② 在"合并"选项卡的"选项"面板中选择"联接（连接）"单选按钮，确保设置箭头指示的保留侧如图 7-117 所示。

③ 在"合并"选项卡中单击"确定"按钮 ✔。

?说明　此时，可取消隐藏"草绘 1"曲线，并在功能区的"视图"选项卡中单击"可见性"面板中的"层"按钮，打开层树。接着单击层树上方的"层"按钮，从其下拉菜单中选择"新建层"命令，系统弹出"层属性"对话框。指定层名称后，将选择过滤器的选项临时设置为"曲线"。然后在模型窗口框选整个模型，从而将相关的曲线添加到该层中作为该层的项目，如图 7-118 所示，单击"确定"按钮。在层树中右击刚创建的新层，从快捷菜单中选择"隐藏"命令，接着再次右击该新层，然后从快捷菜单中选择"保存状况"命令。再次在功能区的"视图"选项卡的"可见性"面板中单击"层"按钮以关闭层树。

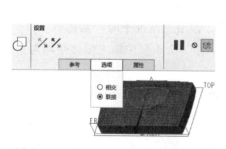

图 7-117　设置合并方法和面组保留侧

图 7-118　新建层并添加层项目

14. 在面组中进行倒圆角操作

① 在功能区的"模型"选项卡的"工程"面板中单击"倒圆角"按钮。

② 在"倒圆角"选项卡中设置当前倒圆角集的半径为"12"。

③ 结合〈Ctrl〉键选择图 7-119 所示的两条边参照。

④ 单击"确定"按钮 ✔。

15. 在面组中进行倒角操作

① 单击"边倒角"按钮。

② 按住〈Ctrl〉键并选择图7-120所示的两条边参照。

 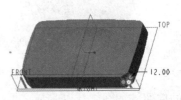

图7-119 选择要倒圆角的边参照   图7-120 选择要倒角的边参照

③ 在"边倒角"选项卡中选择边倒角的标注形式为"O1×O2",并设置O1的值为"50",O2的值为"20",设置预览效果如图7-121所示。

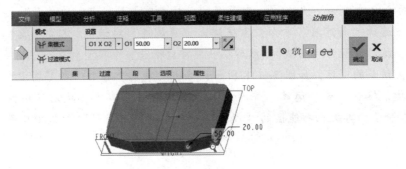

图7-121 设置边倒角参数

④ 单击"确定"按钮，完成在面组中创建边倒角特征。

16. 创建基准平面

① 在"基准"面板中单击"平面"按钮，弹出"基准平面"对话框。

② 选择TOP基准平面作为偏移参考，在"平移"文本框中输入偏移距离为"33"，如图7-122所示。

③ 在"基准平面"对话框中单击"确定"按钮，完成创建基准平面DTM1。

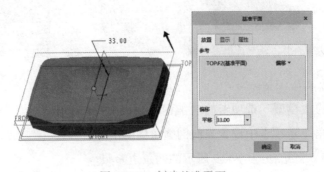

图7-122 创建基准平面

17. 创建旋转曲面

① 单击"旋转"按钮 ，接着在打开的"旋转"选项卡中单击"曲面"按钮 。

② 打开"放置"面板，单击"定义"按钮，弹出"草绘"对话框。

③ 选择 DTM1 基准平面作为草绘平面，以 RIGHT 基准平面作为"右"方向参考，单击"草绘"按钮。

④ 在功能区的"草绘"选项卡的"基准"面板中单击"中心线"按钮 ，先绘制一条倾斜的几何中心线作为旋转轴。接着使用相关的草绘工具完成图 7-123 所示的旋转剖面，然后单击"确定"按钮 。

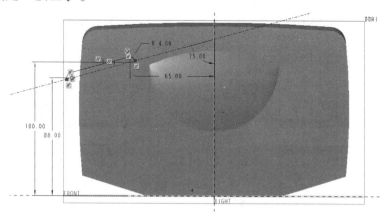

图 7-123 绘制几何基准中心线和旋转剖面

⑤ 默认的旋转角度为 360°，单击"确定"按钮 ，完成该旋转曲面的创建，效果如图 7-124 所示。

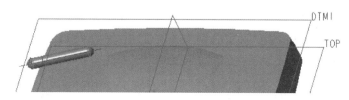

图 7-124 创建的旋转曲面

18. 阵列曲面特征

① 选择旋转曲面，单击"阵列"按钮 ，打开"阵列"选项卡。

② 在"阵列"选项卡中设置阵列类型选项为"方向"，在"第一方向"旁的下拉列表框中选择" "，选择 FRONT 基准平面作为方向 1 的方向参考。

③ 在"阵列"选项卡中输入第一方向的阵列成员数为"5"，输入第一方向的相邻阵列成员的间距为"13.5"，如图 7-125 所示。

④ 在"阵列"选项卡中单击"确定"按钮 ，创建的阵列特征如图 7-126 所示。

19. 镜像曲面

① 确保刚创建的阵列特征处于被选中状态，单击"镜像"按钮 ，打开"镜像"选项卡。

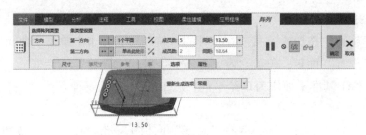

图 7-125　设置方向阵列选项及参数

② 选择 RIGHT 基准平面作为镜像平面参照。

③ 在"镜像"选项卡中单击"确定"按钮 ✔，镜像结果如图 7-127 所示。

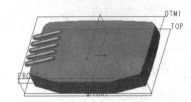

图 7-126　创建阵列特征

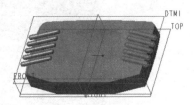

图 7-127　镜像结果

20. 面组合并

① 选择主体面组，按住〈Ctrl〉键选择其中一个旋转曲面，单击"合并"按钮 ⊖，打开"合并"选项卡。

② 在"合并"选项卡中单击"改变要保留的第一面组的侧"按钮 ✂，使预览如图 7-128 所示。

③ "选项"面板中的默认单选按钮为"相交"。单击"确定"按钮 ✔，完成一次面组合并操作。

④ 使用同样的方法，将主体面组分别与其他旋转曲面合并，具体过程不再赘述，只给出经过若干合并操作后的完成效果，如图 7-129 所示。

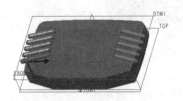

图 7-128　设置要保留的面组侧为所需

图 7-129　完成多次面组合并后的效果

21. 倒圆角

① 单击"倒圆角"按钮 🗐。

② 在"倒圆角"选项卡中设置当前倒圆角集的半径为"2"。

③ 按住〈Ctrl〉键并选择图 7-130 所示的多条边参照。

④ 单击"确定"按钮 ✔。

⑤ 使用同样的方法，单击"倒圆角"按钮 🗐，设置圆角半径为"12"，选择图 7-131 所示的边参照来完成该倒圆角操作。

图 7-130 选择要倒圆角的多条边参照　　　　　图 7-131 继续倒圆角

⑥ 使用同样的方法，继续创建另外的两个半径不同的倒圆角特征，如图 7-132 所示。

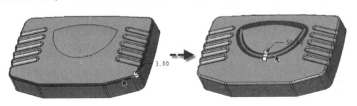

图 7-132 继续倒圆角

22. 面组加厚

① 选择合并后的主体面组，在功能区的"模型"选项卡的"编辑"面板中单击"加厚"按钮□，打开"加厚"选项卡。

② 在"加厚"选项卡中设置加厚的厚度值为"2.5"，默认的加厚方法选项为"垂直于曲面"，并通过单击"反转结果几何的方向"按钮□直至切换到向两侧加厚，如图 7-133 所示。

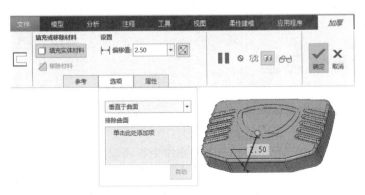

图 7-133 设置加厚选项及参数

③ 在"加厚"选项卡中单击"确定"按钮✔，从而由曲面经过加厚而获得实体模型。

23. 进行拉伸切除操作

① 单击"拉伸"按钮🗗，接着在打开的"拉伸"选项卡中单击"实心"按钮□和"移除材料"按钮🖊。

② 选择 TOP 基准平面作为草绘平面，进入草绘模式。

③ 绘制图 7-134 所示的拉伸剖面，单击"确定"按钮✔，完成草绘并退出草绘模式。

④ 单击"将拉伸的深度方向更改草绘的另一侧"按钮✕，接着从深度选项下拉列表框中选择"穿透"图标选项🗏，如图 7-135 所示。

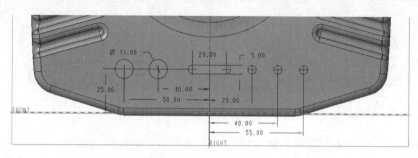

图 7-134 绘制拉伸剖面

⑤ 在"拉伸"选项卡中单击"确定"按钮✓，从而完成该拉伸切除操作，完成的模型效果如图 7-136 所示。

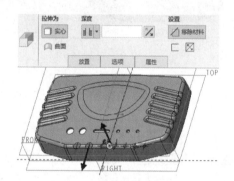

图 7-135 设置拉伸深度等

图 7-136 以拉伸的方式切除材料

7.8 思考与练习题

1）面组是不是曲面的集合？

2）如何创建填充曲面？可以举例辅助说明。

3）想一想，在本章中学习了哪些基本曲面命令和高级曲面命令？

4）边界混合曲面是怎样定义的？在创建边界混合曲面的时候，应该注意哪些问题（比如曲面的边界需要使用什么条件的曲线，如何设置边界约束条件等）？

5）如果要复制某个实体模型的全部表曲面，那么应该如何操作？

6）请简述曲面加厚操作的一般方法及步骤？并且思考和总结"垂直于曲面""自动拟合""控制拟合"这 3 种定义曲面加厚的方法各有什么应用特点？可以举例展示这 3 种曲面加厚方法的完成效果。

7）使用"自由式"工具命令可以进行哪些操作？

8）上机操作：新建一个实体零件文件，在其中绘制几条合适的曲线，然后利用这些曲线来创建一条双向边界混合曲面。

9）上机操作：随意创建一个曲面，接着在该曲面上练习曲面偏移的相关操作，然后在指定的曲面上创建投影曲线。

10）上机操作（培养创造力和动手操作能力）：根据图 7-137 所示的简易手机面壳效

果，综合利用各种曲面创建和编辑工具来复原该面壳的三维模型，具体尺寸由读者确定，创建过程自由发挥。

图 7-137　手机面壳零件

第8章　造型设计

本章导读:

　　在 Creo Parametric 6.0 中提供了一个"样式"设计环境（也称"造型"设计环境），它是一个功能齐全、直观的建模环境，在该建模环境中可以方便而迅速地创建自由形式的曲线和曲面，并能够将多个元素组合成超级特征（"造型特征（样式特征）"之所以被称为超级特征，是因为它们可以包含无限数量的曲线和曲面）。

　　本章将重点介绍如何在零件模式下的"样式"设计环境中进行设计，具体内容包括"样式"设计环境简介、视图基础、设置活动平面与创建内部基准平面、创建造型曲线、编辑造型曲线、创建自由形式曲面、曲面连接、修剪自由形式曲面、使用曲面编辑工具编辑自由形式曲面、造型特征分析工具等，最后还介绍了一个综合性的实战学习案例。

8.1 "样式"设计环境简介

　　首先简要地介绍"样式"设计环境的主要用途。在"样式"设计环境中，可以完成如下的主要设计任务。

- 可以根据个人喜好和设计需要，在单视图和多视图环境中进行设计工作。多视图环境功能在 Creo Parametric 6.0 中功能非常强大，可以同时显示 4 个模型视图并能在其中操作。
- 在零件级创建造型曲线和自由形式曲面。
- 既可以创建简单特征，也可以创建多元素超级特征。
- 创建"曲面上的曲线"非常方便，此类曲线是一种位于曲面上的特殊类型的曲线。
- 从不必被修剪成拐角的边界创建自由形式曲面（样式曲面）。
- 使用鼠标直接编辑造型曲面。
- 编辑特征中的单个几何图元或图元组合。
- 创建"造型"特征的内部父/子关系，以及创建"造型"特征和模型特征间的父/子关系。

一个活动的零件文件中，在功能区的"模型"选项卡的"曲面"面板中单击"造型"按钮（也称"样式"按钮），即可进入一个全新的"样式"设计环境，如图8-1所示。"样式"设计环境在功能区提供了一个重要的"样式"选项卡，该选项卡包含"操作""平面""曲线""曲面""分析"和"关闭"面板，如图8-2所示。另外，在功能区的下方图形窗口的左侧可访问模型树和样式树。

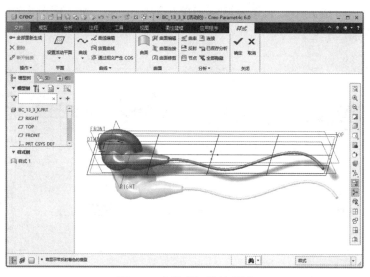

图8-1 "样式"设计环境

图8-2 "样式"设计环境功能区的"样式"选项卡

要退出"样式"设计环境，那么在功能区的"样式"选项卡的"关闭"面板中单击"确定"按钮✓，保存当前"造型"特征并退出"样式"设计环境。如果在功能区的"样式"选项卡的"关闭"面板中单击"取消"按钮✗，则会取消对当前"造型"特征所做的所有更改。

8.2 视图基础

在"样式"设计环境中，通常采用单视图进行建模工作，也可以使用多视图环境。多视图支持几何的直接3D创建和编辑，即可以在其中一个视图中编辑几何，并同时在其他视图中查看该几何。

要使用多视图环境，则在"图形"工具栏中单击"显示所有视图"复选按钮 ⊞ 以选中它，这样便显示用于建模的所有4个视图（将屏幕分割成4个视图，如俯视图、主视图、右视图和等轴/斜轴/用户定义的视图），如图8-3所示。使用鼠标拖动4视图中的相关框格线可以调整相应视图窗格大小。如果要返回到单一视图模式，则再次单击"显示所有视图"复选按钮 ⊞ 以取消选中它。

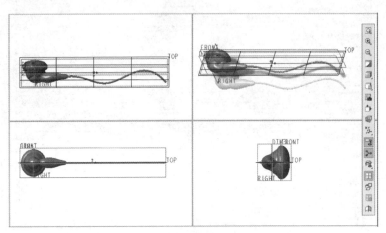

图8-3　显示所有视图

在单视图显示模式下，如果在"图形"工具栏中单击"显示下一个视图"按钮 ⊞，则可按逆时针顺序的方式显示活动视图的下一个视图。

在"样式"设计环境中，为了便于创建和编辑自由形式曲面图元，很多时候要用平行于屏幕的活动基准平面调整模型视图，这就要应用到"图形"工具栏中的"活动平面方向"按钮 ⊡。

在"样式"设计环境中，还可以利用"图形"工具栏中的相应工具来设置造型曲面和曲线在图形窗口中的显示，如图8-4所示。

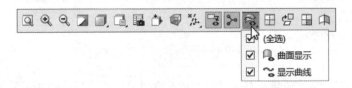

图8-4　利用"图形"工具栏中的相应工具设置造型曲面和曲线的显示

8.3　设置活动平面与创建内部基准平面

在"样式"设计环境中，由网格显示表示的平面默认是活动基准平面（简称"活动平面"）。

设置活动平面的方法是：在功能区的"样式"选项卡的"平面"面板中单击"设置活动平面"按钮 ▥，接着选择一个基准平面或平整的零件表面，选定的平面便成为活动平面，系统会指示此平面的水平 H 方向和垂直 V 方向。

要在"样式"设计环境中创建内部基准平面，则在功能区的"样式"选项卡的"平面"面板中单击位于"设置活动平面"按钮▨下方的"箭头"按钮▼，接着单击"内部平面"按钮▼，系统弹出图 8-5所示的"基准平面"对话框，利用"放置"选项卡，通过参照现有平面、曲面、边、点、坐标系、轴、顶点或曲线等来放置新的基准平面（必要时需要指定偏移等参

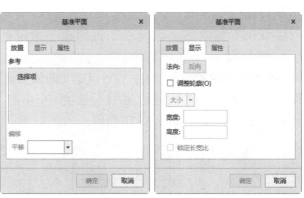

图 8-5 "基准平面"对话框

数）；切换到"显示"选项卡可以设置该内部平面的显示轮廓大小。最后单击"确定"按钮，完成创建内部基准平面。默认情况下，新创建的基准平面将处于活动状态。

8.4　创建造型曲线

造型曲线是通过两个点或更多定义点画出的任何路径，一组内部点和端点便定义了曲线。曲线上的每一个点都有自己的位置、切线和曲率，其中切线确定曲线穿过点的方向，而每一点上的曲率是曲线方向改变速度的度量。

在使用曲线工具创建曲线时，需要注意可用于定义曲线的 2 种类型的点，即自由点和约束点。自由点是指未受约束的点；而约束点是指以某种方式被约束的点，包括软点（受部分约束）和固定点（完全受约束的软点，它以十字叉丝显示）。

另外，要注意的是在"样式"设计环境中，可以在 2 种模式中创建和编辑曲线，这 2 种模式分别是插值点模式和控制点模式。

下面介绍几种创建造型曲线的工具按钮，包括"曲线"按钮〜、"圆"按钮◯、"弧"按钮⌒、"放置曲线（下落曲线）"按钮◠和"通过相交产生 COS"按钮▱。

8.4.1　创建曲线

在功能区的"样式"选项卡的"曲线"面板中单击"曲线"按钮〜，打开图 8-6 所示的"造型：曲线"选项卡，该选项卡上提供用于创建曲线的 3 种类型按钮，即"创建自由曲线"按钮〜、"创建平面曲线"按钮◠和"创建曲面上的曲线（COS）"按钮◩。

图 8-6 "造型：曲线"选项卡

- "创建自由曲线"按钮～：创建位于三维空间中的曲线，不受任何几何图元约束。
- "创建平面曲线"按钮～：创建位于指定平面上的曲线。
- "COS"按钮～：创建一条被约束于指定单一曲面上的"曲面上的曲线（简称COS）"。

指定要创建的曲线类型后，便可以定义曲线的点了。通常使用插值点来创建造型曲线，如图8-7a所示。若在"造型：曲线"选项卡中单击（选中）"控制点"按钮～，则使用控制点来定义造型曲线，如图8-7b所示。

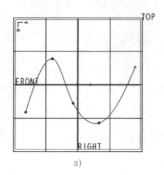 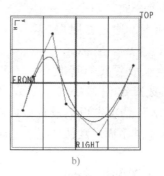

图8-7　使用插值点和控制点定义曲线

a）使用插值点创建造型曲线　b）使用控制点来定义曲线

如果需要，可以在"造型：曲线"选项卡的"选项"面板中选中"按比例更新"复选框。此时，按比例更新的曲线允许曲线上的自由点与软点成比例移动，在曲线编辑过程中，曲线按比例保持其形状。注意：没有按比例更新的曲线在编辑过程中只能更改软点处的形状。另外，在"度"框中可以更改默认的曲线度参数值。

在创建平面曲线的过程中，如果需要，可以在"造型：曲线"选项卡中打开"参考"面板，利用"参考"收集器选择新参照来更改参考平面，并在"偏移"框中指定偏移值来使参考平面按照指定的值进行偏移，绘制的平面曲线将落在偏移面上，如图8-8所示。

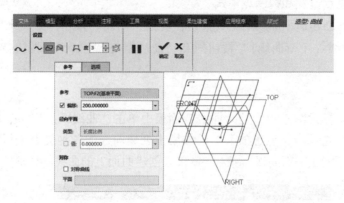

图8-8　在创建平面曲线时使用"参考"面板

❓ 说明　在"样式"设计环境中，可以将曲线点捕捉到其他现有图元。例如曲线点可以捕捉到基准点、顶点、面组、实体曲面、实体边、基准平面、曲线和多面等。可以使用

〈Shift〉键辅助启用捕捉，这是操作较为简便的方式，即按下〈Shift〉键并使用鼠标左键单击，可以将点捕捉到最靠近的几何图元。

为了让读者了解造型操作过程和掌握创建造型曲线的一般方法和技巧，在此特意介绍一个简单的操作案例。

① 在"快速访问"工具栏中单击"打开"按钮，弹出"文件打开"对话框，选择配套案例文件"hy_8_s_curve. prt"，然后单击"文件打开"对话框中的"打开"按钮。打开的文件中存在图 8-9 所示的一个旋转曲面。

② 在功能区的"模型"选项卡的"曲面"面板中单击"造型"按钮，进入"样式"设计环境。此时，默认的活动平面为 TOP 基准平面。

③ 在功能区出现的"样式"选项卡中单击"曲线"面板中的"曲线"按钮。

④ 在打开的"造型：曲线"选项卡中单击"COS"按钮，并确保没有选中"控制点"按钮，默认的曲线度数值为"3"，如图 8-10 所示。

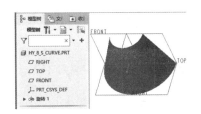

图 8-9　原始的旋转曲面

图 8-10　设置曲线类型等

⑤ 在旋转曲面内任意单击 1 点，接着按住〈Shift〉键并在曲面下端线单击以将点 2 捕捉到该端线上，接着释放〈Shift〉键，在曲面内依次选定点 3 和点 4，然后按住〈Shift〉键的同时单击曲面上端线，以将点 5 捕捉到上端线上，如图 8-11 所示。

说明 软点参照曲线或边时，其显示为圆；软点参照曲面和基准平面时，其显示为正方形。

⑥ 单击鼠标中键，结束当前曲线的曲线点选择。

⑦ 在"造型：曲线"选项卡中单击"创建平面曲线"按钮。

⑧ 在活动平面上依次单击若干点来创建平面曲线，如图 8-12 所示，然后单击鼠标中键结束该平面曲线绘制。

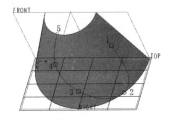

图 8-11　依次单击若干点

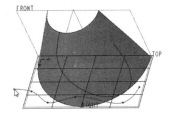

图 8-12　绘制平面曲线

⑨ 在"造型：曲线"选项卡中单击"确定"按钮。

⑩ 返回到"样式"选项卡,在"样式"选项卡的"关闭"面板中单击"确定"按钮✔,
从而完成该"造型"特征的创建,结果如图 8-13 所示。

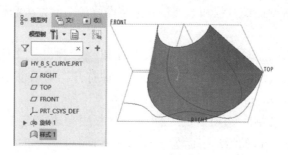

图 8-13　创建造型特征

8.4.2　创建圆

圆是闭合曲线。要在"样式"设计环境中创建圆,则在功能区的"样式"选项卡的
"曲线"面板中单击"圆"按钮◯,打开图 8-14 所示的"造型:圆"选项卡。

图 8-14　用于创建造型圆的"造型:圆"选项卡

在"造型:圆"选项卡中可以单击"创建自由曲线"按钮∿或"创建平面曲线"按钮
∽来指定要创建的圆的类型。

- "创建自由曲线"按钮∿:该按钮将被默认选中。可以自由移动圆,而不受任何几
  何图元的约束。
- "创建平面曲线"按钮∽:创建的圆位于指定的平面上。通常活动平面为参照平面,
  如果需要,可以打开"造型:曲线"选项卡的"参考"面板,从中激活"参考平
  面"收集器来更改参照平面,并可设置自基准平面偏移。

在↗旁的"半径"框中设定圆的新半径值,此时在图形窗口单击任意一点来放置圆的
中心,可拖动圆心来更改圆的位置,拖动圆上所显示的控制滑块可更改其半径,如图 8-15
所示。

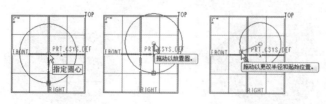

图 8-15　创建造型圆

进行上述操作后,在"造型:圆"选项卡中单击"确定"按钮✔,完成造型圆的
创建。

8.4.3 创建弧

创建造型弧的方法和创建造型圆的方法类似，请看如下的操作案例。

① 在"样式"设计环境中，单击"样式"选项卡的"曲线"面板中的"弧"按钮 ⌒ ，打开"造型：弧"选项卡。

② 在"造型：弧"选项卡中单击"创建自由曲线"按钮 ∿ 或"创建平面曲线"按钮 ∿ 来指定要创建的弧的类型。在这里，单击"创建平面曲线"按钮 ∿ 。

③ 在"造型：弧"选项卡中分别设置半径值、起点角度值和终点角度值，如图 8-16 所示。

图 8-16 在"造型：弧"选项卡中设置弧的相关参数

④ 在活动平面内单击一点放置弧的中心，如图 8-17 所示。

?说明 此时，拖动弧上显示的起始点控制滑块可更改弧的半径和起点角度；拖动弧上显示的结束点控制滑块可更改弧的半径和结束角度；拖动弧的中心可更改弧的放置位置。

⑤ 在"造型：弧"选项卡中单击"确定"按钮 ✔ ，从而完成弧的创建，结果如图 8-18 所示。

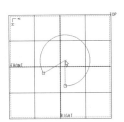

图 8-17 指定弧中心

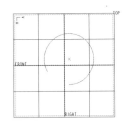

图 8-18 完成的造型弧

8.4.4 放置曲线（下落曲线）

使用"放置曲线（下落曲线）"功能可以通过将曲线投影到曲面上来创建 COS（曲面上的曲线），如图 8-19 所示，所用到的曲线可以在当前"造型"特征内部或外部。

在"样式"设计环境中，在"样式"选项卡的"曲线"面板中单击"放置曲线"按钮 ⌒ ，打开图 8-20 所示的"造型：放置曲线"选项卡。

下面以图 8-19 所示的示例（练习文件为"hy_8_xl_curve.prt"）进行介绍，说明其操作方法及步骤。

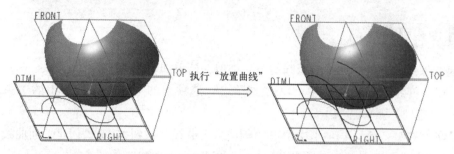

图 8-19 通过将曲线投影到曲面上来创建 COS

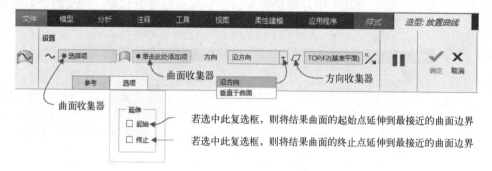

图 8-20 "造型：放置曲线"选项卡

① 进入"样式"设计环境，在功能区的"样式"选项卡的"曲线"面板中单击"放置曲线"按钮🔧，打开"造型：放置曲线"选项卡。

② 默认情况下，"曲线收集器"〜处于活动状态，选择要放置的曲线（多段曲线要结合〈Ctrl〉键来选择），如图 8-21 所示。

③ 在"造型：放置曲线"选项卡中单击"曲面收集器"📖的框，将其激活，选择所需的曲面。

④ 在"造型：放置曲线"选项卡的"方向"下拉列表框中选择"沿方向"选项，单击"方向收集器"▱的框，将其激活，接着选择 DTM1 基准平面作为方向参照。

⑤ 在"造型：放置曲线"选项卡中单击"确定"按钮✔。

说明 若在该案例中，从"造型：放置曲线"选项卡的"选项"面板中选择"起始"复选框，那么最后得到的 COS 如图 8-22 所示。

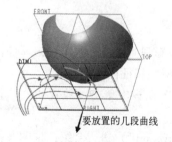

图 8-21 选择要放置的曲线

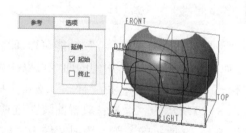

图 8-22 每段 COS 起始点延伸到最接近的曲面边界

8.4.5 通过相交产生 COS

通过相交曲面创建 COS 的示例如图 8-23 所示,其操作步骤简述如下。

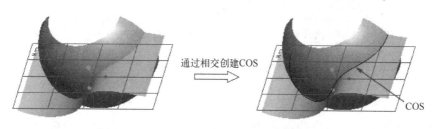

图 8-23 通过相交曲面来创建 COS

① 进入"样式"设计环境,在"样式"选项卡的"曲线"面板中单击"通过相交产生 COS"按钮，打开图 8-24 所示的"造型:通过相交产生 COS"选项卡。

图 8-24 "造型:通过相交产生 COS"选项卡

② 默认时,第一个收集器 处于活动状态。选择第一组曲面(可选择一个或多个曲面)。

③ 在"造型:通过相交产生 COS"选项卡中单击第二个收集器 的框,将其激活。也可以在选择好第一组曲面后,单击鼠标中键结束,并切换至自动激活第二个收集器。

④ 选择一个或多个曲面,也可以选择基准平面。此选择形成了通过相交产生曲面上的曲线(COS)的第二个集,即指定了第二组曲面。

⑤ 在"造型:通过相交产生 COS"选项卡中单击"确定"按钮，两组曲面的交集显示为通过相交产生的 COS。

8.5 编辑造型曲线

创建造型曲线后,通常还要根据设计要求来编辑造型曲线。实践表明编辑造型曲线是"造型"设计中应用比较频繁的操作之一。

要编辑造型曲线,则在"样式"选项卡中单击"曲线"面板中的"曲线编辑"按钮，打开图 8-25 所示的"造型:曲线编辑"选项卡。利用该选项卡,选择要修改的造型曲线后,可以修改该曲线的类型,以及编辑曲线点位置和相切等。其中,"参考"面板用于定义曲线放置参照,"点"面板用于放置曲线的软点和自由点,"相切"面板用于选择曲线相切约束和属性,"选项"面板用于设置按照比例更新。

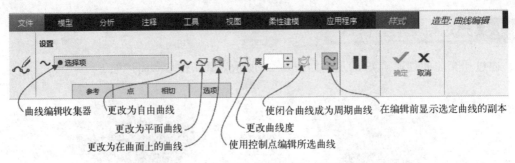

图 8-25 "造型：曲线编辑"选项卡

在执行"曲线编辑"命令的过程中，还可以通过向曲线添加点来重新调整曲线形状（如图 8-26 所示），可以分割造型曲线（如图 8-27 所示）和将相接的造型曲线组合成一条曲线（如图 8-28 所示）等。

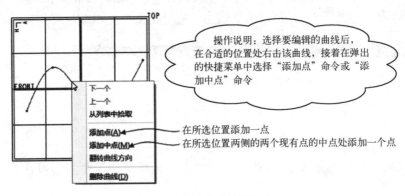

图 8-26 向造型曲线添加点

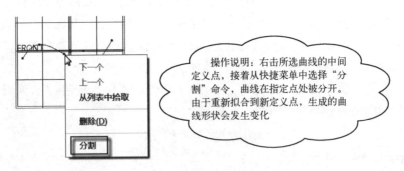

图 8-27 分割造型曲线

下面以一个典型示例来辅助介绍编辑造型曲线的一些常规操作。

① 在"快速访问"工具栏中单击"打开"按钮📂，打开"hy_8_s_ec.prt"文件，接着在模型树中单击或右击"类型 1"特征（"造型"特征），然后从出现的浮动工具栏（即快捷工具栏）中选择"编辑定义"按钮✒，进入"样式"设计环境。

② 在功能区的"样式"选项卡的"曲线"面板中单击"曲线编辑"按钮✐，打开"造型：曲线编辑"选项卡。

③ 选择要编辑的造型曲线。

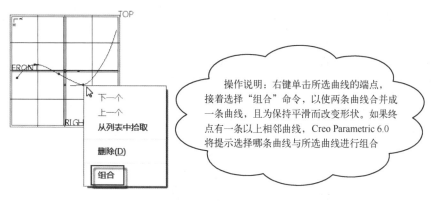

操作说明：右键单击所选曲线的端点，接着选择"组合"命令，以使两条曲线合并成一条曲线，且为保持平滑而改变形状。如果终点有一条以上相邻曲线，Creo Parametric 6.0 将提示选择哪条曲线与所选曲线进行组合

图 8-28　组合两条相接的造型曲线

④ 选择曲线的一个端点（上端点），接着在"造型：曲线编辑"选项卡中单击"点"选项标签，打开"点"面板，该软点的类型默认为"自平面偏移"，在"值"框中将该软点参数值更改为"-200"，如图 8-29 所示。

说明　也可以在"软点"选项组的"类型"下拉列表框中选择"断开连接"，接着在"坐标"选项组中修改坐标值，即设置 X=0、Y=0、Z=-200。

⑤ 打开"相切"面板，在"约束"选项组的"第一"下拉列表框中选择"竖直"选项，如图 8-30 所示，并根据设计要求设置属性选项等。

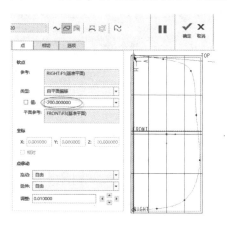
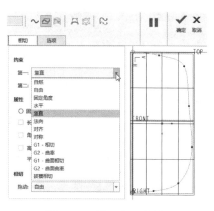

图 8-29　修改软点参数值　　　　图 8-30　设置相切条件

说明　"约束"选项组的"第一"下拉列表框用于设置主约束类型，而"第二"下拉列表框则用于选择次约束类型（如果可用的话）。约束类型选项包括"自然""自由""固定角度""水平""竖直""法向""对齐""对称""G1-相切""G2-曲率""G1-曲面相切""G2-曲面曲率"和"拔模相切"。

⑥ 选择曲线的另一个端点，断开链接，将其坐标值设置为 X=0、Y=0、Z=208，并将其第一主约束类型选项设置为"竖直"。

⑦ 继续选择其他曲线点，修改其坐标值。也可使用鼠标拖动中间曲线点的方式来改变曲线的形状，参考效果如图 8-31 所示。

⑧ 在"造型：曲线编辑"选项卡中单击"完成"按钮 ✔，然后在"样式"选项卡中单击"确定"按钮✔。

8.6 创建自由形式曲面

在"样式"设计环境中，可以通过曲线来创建各类自由形式曲面（造型曲面），如放样造型曲面、混合造型曲面和边界造型曲面等。

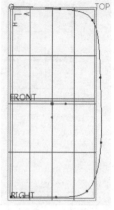

图 8-31 修改后的造型曲线

8.6.1 曲面用户界面

在"样式"设计环境中，单击"样式"选项卡的"曲面"面板中的"曲面"按钮 📖，打开图 8-32 所示的"造型：曲面"选项卡。

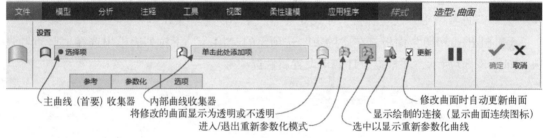

图 8-32 "造型：曲面"选项卡

"造型：曲面"选项卡具有如下 3 个滑出面板。

1. "参考"面板

"参考"面板如图 8-33 所示，该面板包含"主要链参考"收集器（主曲线收集器）和"内部链参考"收集器或"跨链（横切）"参照收集器（即内部曲线收集器）。

可以通过按钮 ↑ / ↓ 在连接序列中向上/向下重新排序主曲线链。单击任一收集器旁的"细节"按钮，将打开图 8-34 所示的"链"对话框，以辅助定义所选的曲线链。

图 8-33 "参考"面板

图 8-34 "链"对话框

2. "参数化"面板

"参数化"面板如图 8-35 所示，其中包含重新参数化曲线的命令工具。注意这些命令工具只有在进入"重新参数化"模式时才可用。

- "重新参数化曲线列表"：列出已创建的重新参数化曲线。
- "重新参数化软点"：用于重新放置参数化曲线软点。例如，为软点设置约束类型、参数值和参考。

3. "选项"面板

"选项"面板如图 8-36 所示，该面板包含用于混合曲面显示的选项和创建"修剪的矩形"曲面选项。在"混合"选项组中提供了"径向"和"统一"两个混合选项；而在"显示"选项组中，若选中"显示经过修剪的相邻项"复选框，则禁用相邻项修剪的撤销操作；在"修剪的矩形"选项组中若选中"用于 3 和 4 边界"复选框，则将 3 侧或 4 侧边界曲面转换为"修剪的矩形"曲面。

图 8-35 "参数化"面板

图 8-36 "选项"面板

8.6.2 创建放样造型曲面

放样造型曲面是由指向同一方向的一组（2 条或多条）非相交链来创建的，如图 8-37 所示。

创建放样造型曲面的一般方法及步骤如下。

① 在"样式"设计环境中，单击"样式"选项卡的"曲面"面板中的"曲面"按钮，打开"造型：曲面"选项卡。

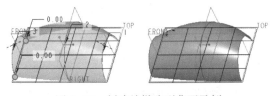

图 8-37 创建放样造型曲面示例

② 主曲线收集器自动被激活，结合〈Ctrl〉键按照一定次序选取指向同一方向的一组非相交曲线链。

③ 可以修改定义链以及更改曲面的参数化形式。此步骤可选。

④ 在"造型：曲面"选项卡中单击"确定"按钮，完成放样造型曲面的创建。

8.6.3 创建混合造型曲面

自由形式曲面中的混合造型曲面是由 1 条或 2 条主曲线和与主曲线相交的至少一条相交曲线混合而成的自由形式曲面。在图 8-38 所示的创建混合造型曲面示例中，曲线 1 和曲线 2 作为主曲线，而曲线 3、曲线 4、曲线 5 和曲线 6 为与主曲线相交的相交曲线，该示例的操作步骤如下（该示例的配套练习文件为 "bc_8_s_hzc. prt"）。

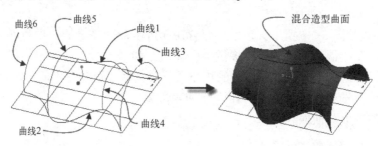

图 8-38　创建混合造型曲面

①　在功能区的"模型"选项卡的"曲面"面板中单击"造型"按钮，进入"样式"设计环境，接着在"样式"选项卡的"曲面"面板中单击"曲面"按钮，打开"造型：曲面"选项卡。

②　主曲线收集器自动被激活，选取 1 条或 2 条主曲线。在这里选择的两条主曲线，即在图形窗口中选择曲线 1，按住〈Ctrl〉键的同时选择曲线 2，所选的这两条曲线作为主曲线，如图 8-39 所示。

③　单击内部曲线收集器，将该收集器激活，此时可选择与主曲线（1 条或 2 条）相交的 1 条或多条相交曲线。在这里，结合〈Ctrl〉键依次选择曲线 3、曲线 4、曲线 5 和曲线 6，如图 8-40 所示。

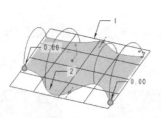

图 8-39　选择主曲线

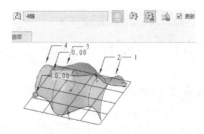

图 8-40　选择内部曲线链

④　在"造型：曲面"选项卡中打开"选项"面板，接着在该面板中取消选中"径向"复选框，而确保选中"统一"复选框，如图 8-41 所示。

说明 2 种混合类型选项如下。

● "径向"：相交曲线的混合实例将沿主曲线平滑旋转。清除该复选框可保留原始方向。

● "统一"：相交曲线的混合实例将沿主曲线进行统一缩放。清除该复选框可进行可变缩放并通过混合保留约束放样。有 2 条主曲线时可用。

⑤ 在"造型：曲面"选项卡中单击"确定"按钮✔，完成该混合造型曲面的创建，完成效果如图 8-42 所示。

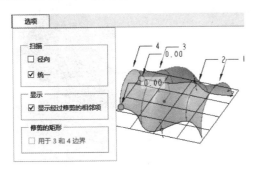 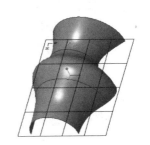

图 8-41 设置混合类型选项　　　　　　　图 8-42 完成的混合造型曲面效果

8.6.4 创建边界造型曲面

　　自由形式曲面中的边界造型曲面是由构成相连的 4 条或 3 条曲线（边链）来定义的，其中由 4 条链创建的边界曲面是矩形曲面，由 3 条链创建的边界曲面为三角曲面。需要注意的是：三角曲面相当于有一个退化边，与退化顶点相对的边被称为自然边界。在创建三角曲面时，选取的第一个边界曲线便是自然边界。

　　不管是矩形曲面，还是三角曲面，它们的创建方法都是相同的。

　　下面以一个案例介绍在"样式"设计环境中创建边界造型曲面。

　　① 在"快速访问"工具栏中单击"打开"按钮📂，弹出"文件打开"对话框，选择配套案例文件"hy_8_s_sf3. prt"，然后单击"文件打开"对话框中的"打开"按钮。在该文件中已经存在由草绘基准曲线和"造型"特征曲线构成的线架模型，如图 8-43 所示。

　　② 在功能区的"模型"选项卡的"曲面"面板中单击"造型"按钮🔲，从而进入"样式"设计环境。

　　③ 在功能区出现的"样式"选项卡中单击"曲面"面板中的"曲面"按钮🔲，打开"造型：曲面"选项卡。

　　④ 按住〈Ctrl〉键的同时依次选择 4 条曲线链来创建矩形曲面，可在模型窗口中显示预览曲面，如图 8-44 所示。

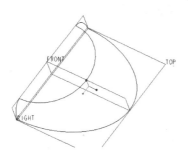 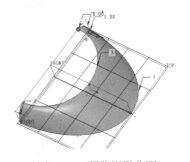

图 8-43 已有的曲线链（4 条相连的曲线链）　　　图 8-44 预览矩形曲面

说明 在创建某些边界造型曲线时，可能需要添加内部曲线，此时可以单击内部曲线收集器 将其激活，然后选择一条或多条有效的内部曲线，这样曲面将根据内部曲线的形状来调整适应曲面。

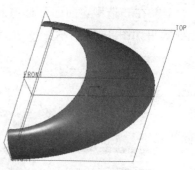

图 8-45　完成创建的边界造型曲面

⑤ 在"造型：曲面"选项卡中单击"确定"按钮 。

⑥ 在"样式"选项卡中单击"确定"按钮 ，完成创建的边界造型曲面如图 8-45 所示。

8.7　曲面连接

曲面连接基于父项和子项的概念，曲面连接箭头从父项曲面指向子项曲面，父项曲面不改变其形状，而子曲面会改变形状以满足父曲面的要求。初学者应该要了解表 8-1 所列出的关于曲面连接的基础知识。注意连接符号显示了连接类型、父项曲面和子项曲面。

表 8-1　曲面连接类型

序　号	连 接 类 型	连 接 说 明
1	G0-位置	曲面共用一个公共边界，但没有沿边界共用的切线或曲率
2	G1-相切	两个曲面在沿公共边界的每个点彼此相切
3	G2-曲率	曲面沿边界相切连续，并且它们沿公共边界的曲率相同
4	G3-加速度	曲面沿边界相切连续，其沿公共边界的曲率相同且曲率变化量相同
5	法向	支持连接的边界曲线是平面曲线，而所有与边界相交的曲线的切线都垂直于此边界所在平面
6	拔模	所有相交边界曲线都具有相对于共用边界同参照平面或曲面成相同角度的拔模曲线连接

曲面连接的操作方法和步骤如下。

① 在"样式"设计环境中，从功能区的"样式"选项卡的"曲面"面板中单击"曲面连接"按钮 ，打开图 8-46 所示的"造型：曲面连接"选项卡。"造型：曲面连接"选项卡中的按钮 用于显示绘制的连接。

图 8-46　"造型：曲面连接"选项卡

② 结合〈Ctrl〉键选择两个或多个要连接的曲面。此时，沿曲面边界显示连接符号。

③ 将鼠标指针移动到连接符号上方，单击鼠标右键，弹出一个快捷菜单，然后从该快捷菜单中选择连接类型选项。

④ 完成曲面连接类型设置后，在"造型：曲面连接"选项卡中单击"确定"按钮 。

另外，在曲面创建期间会建立默认的曲面连接。例如，如果相交边界曲线相切连接到现有相邻曲面，则会建立曲面相切连接。

8.8 修剪自由形式曲面

在"样式"设计环境中，可以使用一组曲线来修剪曲面和面组，并且可设置保留或删除所得到的被修剪面组部分。

下面以一个简单实例来介绍如何修剪自由形式曲面。

① 在"快速访问"工具栏中单击"打开"按钮📂，弹出"文件打开"对话框，选择配套案例文件"hy_8_s_trim. prt"，然后单击该对话框中的"打开"按钮。

② 单击"造型"按钮📖，从而进入"样式"设计环境。此时注意已有的自由形式曲面和曲面上的曲线如图8-47所示。

③ 在功能区的"样式"选项卡的"曲面"面板中单击"曲面修剪"按钮📖，打开"造型：曲面修剪"选项卡。

④ 面组收集器📖处于活动状态，选择要修剪的一个或多个面组。在这里只选择一个自由形式曲面。

⑤ 在"造型：曲面修剪"选项卡的曲线收集器〜的框中单击，将其激活，单击要用于修剪面组的曲线（所选曲线必须位于已选择的面组上），如图8-48所示。

图8-47 自由形式曲面和曲面上的曲线   图8-48 选择要用于修剪面组的曲线

⑥ 在"造型：曲面修剪"选项卡的删除收集器✂的框中单击，以将该收集器激活，接着选择图8-49所示的曲面部分，该部分为要删除的被修剪部分。

⑦ 在"造型：曲面修剪"选项卡中单击"确定"按钮✔，得到修剪后的面组如图8-50所示。

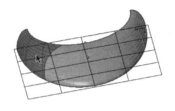 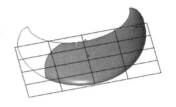

图8-49 选择要删除的被修剪部分   图8-50 修剪自由形式曲面后的效果

说明 如果创建或重定义修剪不能获得有效的修剪面组，那么可在"造型：曲面修剪"选项卡中单击激活面组收集器📖或曲线收集器〜，并更改选定的图元或取消修剪操作。

8.9 使用曲面编辑工具编辑自由形式曲面

在"样式"设计环境中，使用功能区"样式"选项卡的"曲面"面板中的"曲面编辑"按钮工具 ，可以通过编辑控制点和编辑节点来直接修改曲面形状。

在功能区的"样式"选项卡的"曲面"面板中单击"曲面编辑"按钮 ，打开图8-51所示的"造型：曲面编辑"选项卡。注意最大行数和列数均为大于或等于4的值，另外"造型：曲面编辑"选项卡还有如下4个滑出面板。

图 8-51 "造型：曲面编辑"选项卡

1. "列表"面板

"列表"面板如图8-52所示，使用此面板可按时间顺序显示在所选曲面上执行的曲面编辑操作。可进行如下修改操作。

● 选择一个操作并对其进行编辑。

● 单击 或 以导航至第一个或最后一个列表项目。

● 单击 或 以导航至前一个或后一个操作。

● 单击 以从历史记录列表中删除当前操作。

2. "选项"面板

"选项"面板如图8-53所示，使用此面板设置与曲面节点有关的选项。

● "高级选项"复选框：用于设置是否启用曲线上节点线的显示。当选中此复选框时，"曲面"选项组内出现"替换基础曲面"按钮，并且在"选项"面板中提供"操作控制"选项组以供用户设置每节点的行数和列数。

● "保持基础曲面"复选框：用于设置编辑完曲面后是否保留基础节点（原始节点）。

● "替换基础曲面"按钮：单击此按钮，使基础节点可编辑并移除所有其他节点，此时可设置全局平滑度。单击此按钮还可自动清除"保持基础曲面"复选框。

图 8-52 "列表"面板

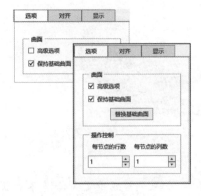

图 8-53 "选项"面板

3. "对齐"面板

"对齐"面板如图 8-54 所示，使用此面板对齐两个或多个曲面的边界，并匹配曲面间的节点。

4. "显示"面板

"选项"面板如图 8-55 所示，使用此面板可增大或减小点云显示密度。其操作方法很简单，即在"点云显示"选项组的"行"和"列"中键入所需的值或者选择所需的值即可。

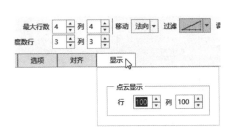

图 8-54 "对齐"面板　　　　　　　图 8-55 "显示"面板

使用曲面编辑工具编辑自由形式曲面的一个典型示例如图 8-56 所示。

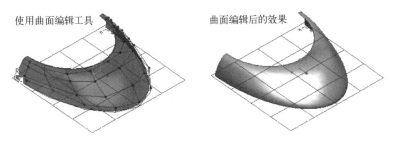

图 8-56 使用曲面编辑工具编辑自由形式曲面

8.10 了解造型特征分析工具

对造型特征进行分析是比较重要的工作，这有助于辅助改进造型特征（造型曲线或造型曲面）的质量。进入"样式"设计环境后，可以在功能区的"样式"选项卡的"分析"面板中找到相关的分析工具命令，如图 8-57 所示。这些分析工具命令的功能含义见表 8-2。

图 8-57 在功能区的"样式"选项卡的"分析"面板中可以找到相关的分析工具

表 8-2 造型特征的分析工具命令

序号	按钮图标	按钮名称	功能含义	图例或打开的对话框
1		曲率	分析曲率参数	
2		反射	显示曲面反射	
3		节点	分析曲线或曲面的节点	
4		斜率	显示曲面斜率	
5		偏移分析	显示曲线或曲面的偏移	
6		拔模斜度	检查分析曲面拔模	

（续）

序号	按钮图标	按钮名称	功能含义	图例或打开的对话框
7		着色曲率	执行着色曲率分析，评估曲面上各点的最小和最大法向曲率值	
8		截面	显示横截面的曲率、半径、相切和位置选项	
9		连接	分析选定图元之间的连接质量	
10		已保存分析	检索已保存的分析	
11		全部隐藏	隐藏所有已保存的分析	
12		删除所有截面	删除所有已保存的截面分析	
13		删除所有曲率	删除所有已保存的曲面分析	
14		删除所有节点	删除所有已保存分析的节点	

上述分析工具命令的使用方法较为简单，本书不详细介绍。希望读者在平时的学习和工作中多加自学研习。

8.11 实战学习案例——创建产品过渡曲面

扫码观看视频

本实战学习案例将练习创建某产品外形表面的过渡曲面（自由形式曲面）。要创建所需的自由形式曲面，先要创建所需的造型曲线，并编辑曲线，然后通过曲线来生成自由形式曲面。要完成的过渡曲面如图8-58所示。本实战学习案例具体的操作步骤如下。

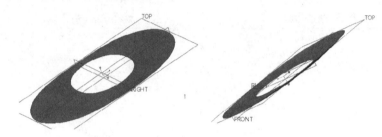

图8-58 创建产品过渡曲面

1. 新建零件文件

在"快速访问"工具栏中单击"新建"按钮，新建一个使用"mmns_part_solid"公制模板的实体零件文件，可将其文件名设置为"hy_8_sz_s"。

2. 创建平面曲线1

① 在功能区的"模型"选项卡的"曲面"面板中单击"造型"按钮，进入"样式"设计环境。

② 确保 TOP 基准平面为活动平面，接着在"图形"工具栏中单击"活动平面方向"按钮，结果如图8-59所示。

③ 在功能区的"样式"选项卡的"曲线"面板中单击"曲线"按钮，打开"造型：曲线"选项卡。

④ 在"造型：曲线"选项卡中单击"创建平面曲线"按钮。

⑤ 按住〈Shift〉键的同时在 RIGHT 基准平面上捕捉到一点（点1），接着释放〈Shift〉键，再依次单击点2、3、4、5、6、7的位置，然后重新按住〈Shift〉键的同时在 RIGHT 基准平面上捕捉到另一点（点8），如图8-60所示。

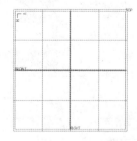

图8-59 设置活动平面方向　　　　图8-60 指定曲线点

⑥ 在"造型：曲线"选项卡中单击"确定"按钮✔️，完成平面曲线 1。

3. 编辑平面曲线 1

① 在功能区的"样式"选项卡的"曲线"面板中单击"曲线编辑"按钮✍️，打开"造型：曲线编辑"选项卡。

② 选择平面曲线 1 作为要编辑的曲线。

③ 单击平面曲线 1 的端点 1。

④ 打开"点"面板，在"软点"选项组的"类型"下拉列表框中，默认选中"自平面偏移"选项，接着在"值"框中输入"−132"，如图 8-61 所示。

⑤ 打开"相切"面板，在"约束"选项组的"第一"下拉列表框中选择"竖直"选项，并设置相应的属性参数，如图 8-62 所示。

图 8-61 设置软点参数值

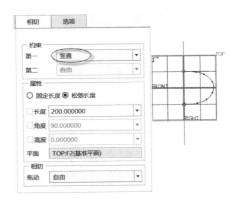

图 8-62 设置主约束条件

⑥ 在图形窗口中单击平面曲线 1 的另一个端点（点 8）。

⑦ 打开"点"面板，在"软点"选项组的"类型"下拉列表框中选择"断开链接"选项，接着在"坐标"选项组中，将 X、Y、Z 的值分别设置为"0""0""132"。

⑧ 打开"相切"面板，在"约束"选项组中的"第一"下拉列表框中选择"竖直"选项，并设置相应的属性参数。

⑨ 使用鼠标左键对平面曲线 1 的相关内部点进行适当拖动，以调整曲线的形状。调整好的曲线效果如图 8-63 所示。

⑩ 在"造型：曲线编辑"选项卡中单击"确定"按钮✔️。

4. 创建内部基准平面

① 在功能区的"样式"选项卡中单击"平面"组溢出按钮，接着单击"内部平面"按钮▼，弹出"基准平面"对话框。

② 选择 TOP 基准平面作偏移参照，设置指定方向的偏移距离为"10"，如图 8-64 所示。

③ 在"基准平面"对话框中单击"确定"按钮。创建的内部基准平面 DTM1 作为当前的活动平面。

5. 在 DTM1 上创建平面曲线 2（弧）

① 在功能区的"样式"选项卡的"曲线"面板中单击"弧"按钮⤵️，打开"造型：弧"选项卡。

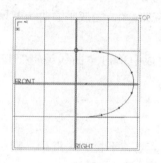

图 8-63 调整好的平面曲线 1

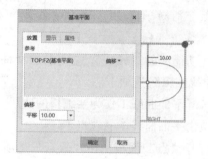

图 8-64 创建内部基准平面

② 在"造型：弧"选项卡中单击"创建平面曲线"按钮 ，接着将弧半径设置为"90"，将起点值设置为"0"，将终点值设置为"180"，如图 8-65 所示。

③ 指定弧的中心，如图 8-66 所示。

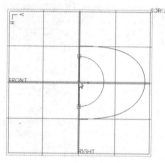

图 8-65 设置弧类型和参数值

图 8-66 指定弧的中心

④ 在"造型：弧"选项卡中单击"确定"按钮 。

6. 编辑平面曲线 2

① 在功能区的"样式"选项卡的"曲线"面板中单击"曲线编辑"按钮 ，打开"造型：曲线编辑"选项卡。

② 选择平面曲线 2，接着单击该曲线上的上端点。

③ 打开"点"面板，将 X、Y、Z 值分别设置为"0""10""-90"，如图 8-67 所示。

④ 打开"相切"面板，在"约束"选项组的"第一"下拉列表框中选择"竖直"选项。

⑤ 单击平面曲线 2 的另一个端点，接着打开"点"面板，将其 X、Y、Z 坐标值分别设置为"0""10""90"。

⑥ 打开"相切"面板，在"约束"选项组的"第一"下拉列表框中选择"竖直"选项。

⑦ 适当调整该曲线内部点的坐标，直到满意为止。

⑧ 在"造型：曲线编辑"选项卡中单击"确定"按钮 。此时，按〈Ctrl+D〉组合键切换至默认的标准方向来显示，效果如图 8-68 所示。

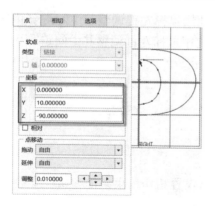

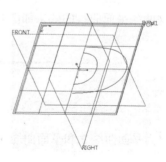

图 8-67　设置曲线上端点的坐标　　　　图 8-68　完成两条曲线

7. 创建平面曲线 3 和 4

① 在功能区的"样式"选项卡的"平面"面板中单击"设置活动平面"按钮，接着选择 RIGHT 基准平面作为活动平面。

② 在功能区的"样式"选项卡的"曲线"面板中单击"曲线"按钮。

③ 在"造型：曲线"选项卡中单击"创建平面曲线"按钮。

④ 按住〈Shift〉键选择平面曲线 1 的上端点，接着释放〈Shift〉键，指定一点作为内部曲线点，再按住〈Shift〉键选择平面曲线 2 的上端点，如图 8-69 所示。单击鼠标中键，结束平面曲线 3 的曲线点选择操作。

⑤ 按住〈Shift〉键选择平面曲线 1 的下端点，接着释放〈Shift〉键后，指定一点作为内部曲线点，再按住〈Shift〉键选择平面曲线 2 的下端点，如图 8-70 所示。

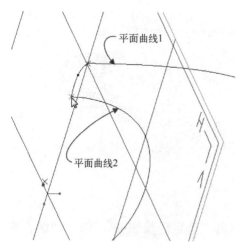

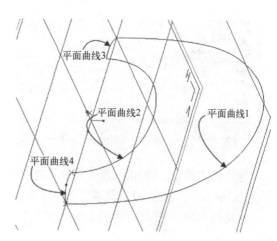

图 8-69　创建平面曲线 3　　　　　图 8-70　创建平面曲线 4

⑥ 单击"确定"按钮。

8. 编辑平面曲线 3 和 4

① 在功能区的"样式"选项卡的"曲线"面板中单击"曲线编辑"按钮，打开"造型：曲线编辑"选项卡。

② 选择平面曲线 3 作为要编辑的曲线，使用鼠标左键调整其中间点（内部点）的位置，接着选择平面曲线 4 作为要编辑的曲线，使用鼠标左键调整其中间点（内部点）的位置，从而使这两条平面曲线的效果如图 8-71 所示。

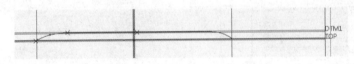

图 8-71　调整两条曲线的内部点（活动平面方向显示）

③ 分别为平面曲线 3 和平面曲线 4 的端点设置相切约束条件和属性参数，如图 8-72 所示。

④ 在"造型：曲线编辑"选项卡中单击"确定"按钮✔。完成曲线编辑后，按〈Ctrl+D〉组合键以切换至默认的标准方向视角。

9. 创建自由形式曲面

① 在功能区的"样式"选项卡的"曲面"面板中单击"曲面"按钮▣，打开"造型：曲面"选项卡。

② 结合〈Ctrl〉键按照顺序依次选择所创建的 4 条平面曲线，预览效果如图 8-73 所示。

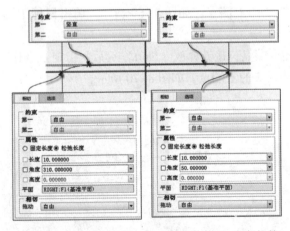

图 8-72　设置平面曲线 3、4 相关端点的约束条件等

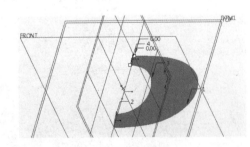

图 8-73　定义曲面边界

③ 在"造型：曲面"选项卡中单击"确定"按钮✔。

10. 退出"样式"设计环境

在功能区的"样式"选项卡的"关闭"面板中单击"确定"按钮✔，保存当前"造型"特征并退出"样式"设计环境。

11. 镜像造型曲面（自由形式曲面）

① 选中刚创建的"造型"特征，在功能区的"模型"选项卡的"编辑"面板中单击"镜像"按钮▯▯，打开"镜像"选项卡。

② 选择 RIGHT 基准平面作为镜像平面。

③ 在"镜像"选项卡中单击"确定"按钮✔，镜像结果如图 8-74 所示。

12. 合并曲面

① 选择原"造型"特征（自由形式曲面），接着按住〈Ctrl〉键的同时选择镜像所得的自由形式曲面。

② 在功能区的"模型"选项卡的"编辑"面板中单击"合并"按钮 。

③ 在"合并"选项卡中打开"选项"面板，选择"联接（连接）"单选按钮，如图 8-75 所示。

④ 在"合并"选项卡中单击"确定"按钮 ✔ 。

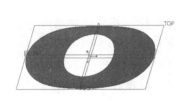

图 8-74 镜像结果

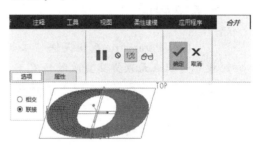

图 8-75 设置合并选项

8.12 思考与练习题

1）使用"样式"设计环境（"造型"设计环境）可以进行哪些重要的设计？

2）在"样式"设计环境中，如何设置活动平面和创建内部基准平面？

3）在"样式"设计环境中可以创建哪些类型的曲线？

4）什么是 COS？创建 COS 的方法有哪些？

5）造型曲面主要有哪些类型？分别如何创建它们？

6）如何修剪造型曲面？可以举例进行说明。

7）在"样式"设计环境中可以使用哪些分析工具？

8）上机操作：参照本章的实战学习综合案例，自行创建某些产品上的自由形式曲面。

9）课外研习：在"样式"设计环境功能区的"曲线"溢出面板中，还提供有"偏移曲线""来自基准的曲线""来自曲面的曲线""复制""按比例复制""移动"等工具命令，请课外自行研习这些曲线工具命令的应用方法及技巧。

第9章　柔性建模

本章导读:

　　Creo Parametric 6.0 提供"柔性建模"功能,通过"柔性建模"可以在无须提交更改的情况下对设计进行试验,并可以对选定几何进行显式修改,且忽略预先存在的各个关系。在实际设计工作中,通常使用"柔性建模"功能对导入特征进行编辑。

　　本章先概括性地介绍柔性建模,接着分别介绍柔性建模环境下的"形状曲面选择"工具、柔性变换、识别(即阵列识别和对称识别)、柔性编辑特征。

9.1　柔性建模概述

　　Creo Parametric 6.0 为用户提供了专门的柔性建模功能环境,在该功能环境中,用户可以对选定的几何形状进行显式修改而忽略预先存在的各个关系,可以快速地对导入的外来模型数据进行柔性编辑,可以简化设计方案的去特征化操作以方便下游设计流程的工作等。总之,柔性建模与参数化建模的有效结合,可以使用户获得更高的设计效率和设计灵活性。

　　在零件模式的功能区中单击"柔性建模"标签以切换到图9-1所示的"柔性建模"选项卡,该选项卡具有"形状曲面选择""搜索""变换""识别"和"编辑特征"5个面板(组)。使用这5个面板(组)中的按钮可以快速选择和操控几何。这5个面板的功能用途如下。

图 9-1　功能区的"柔性建模"选项卡

- "形状曲面选择"面板:用于选择指定类型的几何对象(形状曲面对象)。
- "搜索"面板:设置显示用于展开曲面选择的几何规则,以及按规则在模型中搜索和选择几何项。
- "变换"面板:可用于对选定几何进行直接操控。
- "识别"面板:识别阵列和对称几何,还可识别倒圆角和倒角几何并进行标记。

● "编辑特征"面板：可用于编辑选定的几何或曲面。

"柔性建模"选项卡中包括的工具按钮见表9-1，初学者先从该表中大概了解这些柔性建模工具按钮的功能用途，以形成对柔性建模的一个初步概念认识。

表9-1 "柔性建模"选项卡包含的各工具按钮一览表

序号	所在面板	按钮	名称	功能用途
1	形状曲面选择		凸台	选择构成凸台的曲面
2			多凸台	选择构成一个凸台及其附属凸台的曲面
3			切口	选择形成切口的曲面
4			多切口	选择用于一个切口及其附属切口的曲面
5			倒圆角/倒角	选择一个倒圆角或倒角曲面
6			多倒圆角/倒角	选择具有相同尺寸、类型和凸度的连接倒圆角或倒角
7	搜索		几何规则	单击此按钮，打开"几何规则"对话框，设置显示用于展开曲面选择的几何规则
8			几何搜索	按规则在模型中搜索和选择几何项
9	变换		使用拖动器移动	使用3D拖动器定义移动
10			按尺寸移动	通过在移动几何和固定几何之间最多创建3个尺寸并对它们进行修改来定义移动
11			按约束移动	通过在移动几何和固定几何之间定义一组装配约束来定义移动
12			偏移	偏移选定曲面，偏移曲面可重新连接到实体或同一组面组
13			修改解析	修改圆柱或球的半径、圆环的半径或圆锥的角度，修改过的曲面可重新连接到实体或同一面组
14			镜像	镜像选定几何，镜像曲面可连接到实体或同一面组
15			挠性阵列	创建选定曲面、曲线和基准的阵列
16			替代	用选择的不同曲面替代选定的曲面
17			编辑倒圆角	编辑选定圆角曲面的半径，或将圆角曲面从模型中移除
18			编辑倒角	编辑选定倒角曲面的尺寸，或将倒角曲面从模型中移除
19	识别		阵列识别	标识与选定几何类似的几何并定义几何阵列
20			对称识别	选择两个互为镜像的曲面，然后找出镜像平面，也可以选择一个曲面和一个镜像平面后找出选定曲面的镜像；找到彼此互为镜像的相邻曲面，然后将它们变为对称集的一部分
21			识别倒角	识别倒角几何，并将其标记为由柔性建模特征处理为倒角
22			非倒角	识别倒角几何，并将其标记为不由柔性建模特征处理为倒角
23			识别倒圆角	识别倒圆角几何，并将其标记为由柔性建模特征处理为倒圆角
24			非倒圆角	识别倒圆角几何，并将其标记为不由柔性建模特征处理为倒圆角
25	编辑特征		连接	修剪或延伸开放面组，直到可将其连接到实体几何或选定面组；还可以选择实体化或合并生成的几何
26			移除	从实体或面组中移除曲面

9.2 柔性建模中的曲面选择

当要创建柔性建模特征时，必须选择要移动或修改的几何中的曲面。在功能区中切换到"柔性建模"选项卡，此时可以通过"形状曲面选择"面板中的相关命令工具快速选择形状曲面集。所谓的曲面集是多个曲面或曲面区域（可通过创建带有多个环的曲面或通过在现有曲面中进行切削的方式来创建带有多个曲面区域的曲面）的集合，附加曲面可以与首个选定的曲面相邻，或符合特定的选择规则。首个选定的曲面是种子曲面，它可以是一个曲面，也可以是一个曲面区域，当选择一个曲面区域作为种子曲面时，其余曲面区域可成为曲面集的一部分。形状曲面集收集由种子曲面衍生而来的形状曲面。

下面介绍在柔性建模中选择曲面的几种典型方法，包括使用"形状曲面"命令选择形状曲面集、使用"形状曲面选择"面板中的命令工具选择曲面和使用"几何规则"命令、"几何搜索"命令选择特定几何规则曲面集。

9.2.1 使用"形状曲面"命令选择形状曲面集

形状曲面集收集由种子曲面衍生而来的形状曲面，在实际工作中可以使用形状曲面集来快速选择凸台和筋的曲面（选择顶部曲面或侧面作为种子曲面）。在选择种子曲面时，默认主要形状会自动选定，而系统确定的附属形状在默认情况下也将包括在形状曲面集中。

对于自动选定曲面集，用户需要记住这3点：①不是必须要接受默认的主要形状，可以选择其他形状；②可以选择排除附属形状；③修改模型时，形状曲面集将重新生成。

进入柔性建模功能环境，可以选择一个种子曲面并使用功能区"柔性建模"选项卡的"形状曲面选择"面板中的按钮选择主要形状，具体方法介绍请看9.2.2小节。当从该种子曲面可衍生出多个主要形状时，或者当前已在柔性建模工具中时，可以采用以下方法步骤完成选择形状曲面集的操作。

① 在功能区中打开"柔性建模"选项卡，并在图形窗口中选择一个种子曲面。

② 右键单击，此时系统除了提供一个快速工具栏之外，还弹出一个快捷菜单，如图 9-2 所示，接着从快捷菜单中单击"形状曲面"命令图标 ，打开图 9-3 所示的"形状曲面集"对话框（若可以选择多个形状或可以选择附属形状时）。

图 9-2 快捷工具栏和快捷菜单　　图 9-3 "形状曲面集"对话框

知识点拨 上述快捷菜单中的"相切曲面"命令图标┃用于选择相切曲面,"实体曲面"命令图标☐用于选择实体的全部曲面。

③ 在"形状曲面集"对话框的"主要形状"列表中选择形状。在"主要形状"列表中移动指针可以突出显示图形窗口中的形状。

④ 如果要从选择中移除附属形状,则在"形状曲面集"对话框中取消选中"包括附属形状"复选框。

⑤ 在"形状曲面集"对话框中单击"确定"按钮,从而使指定的形状曲面集被选定。

9.2.2 使用"形状曲面选择"面板中的命令工具

进入柔性建模功能环境中,在图形窗口指定一个种子曲面后,此时可以通过功能区的"柔性建模"选项卡的"形状曲面选择"面板中的相关命令工具来快速选择形状曲面集。

1. 选择凸台曲面

选择凸台曲面的命令工具有"凸台"按钮█和"多凸台"按钮█,前者用于选择形成凸台的曲面,后者用于选择形成凸台的曲面以及与其相交的更小附属曲面。假设在一个模型中先选择一个曲面,如图9-4所示,接着单击"凸台"按钮█和"多凸台"按钮█可以获得不同的形状曲面选择集,见表9-2。

表9-2 选择凸台曲面的示例表

图9-4 在模型中先选择一个曲面

工 具 命 令	完成选定的曲面(形状曲面选择集图例)
"凸台"按钮█	
"多凸台"按钮█	

2. 选择切口类曲面(切削曲面)

选择切口类曲面(切削曲面)的工具有"切口"按钮█和"多切口"按钮█,前者用于选择形成切口的曲面,后者则用于选择形成切口的曲面以及与其相交的更小附属曲面。

假设在一个模型中先选择切口的一个曲面,如图9-5所示,接着单击"切口"按钮█或"多切口"按钮█以获得不同的形状曲面选择集,见表9-3。

表9-3 选择切口类曲面示例

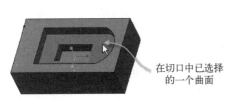

图9-5 在模型中先选择切口的一个曲面

工 具 命 令	完成选定的曲面(形状曲面选择集图例)
"切口"按钮█	
"多切口"按钮█	

3. 选择倒圆角/倒角曲面

选择倒圆角/倒角曲面也类似，既可以只定义选择形成倒圆角/倒角的曲面，也可以定义除了选择形成倒圆角/倒角的曲面，还可选择其延伸过渡的相等参数的附属倒圆角/倒角曲面。请看图9-6所示的2个图例，在柔性建模用户界面下，先选择图例中的一个基本倒圆角曲面或倒角曲面，接着在功能区的"柔性建模"选项卡的"形状曲面选择"面板中单击"倒圆角/倒角"按钮▢或"多倒圆角/倒角"按钮▢来定义倒圆角或倒角形状曲面集，2种图例对比效果见表9-4。

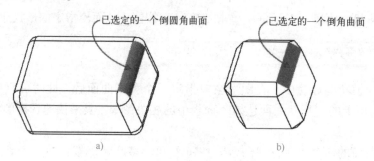

图9-6　在模型中已选择的一个倒圆角曲面

a) 已选定一个倒圆角曲面　b) 已选定一个倒角曲面

表9-4　选择倒圆角曲面和倒角曲面的2个图例

工 具 命 令	图例1完成选定的曲面	图例2完成选定的曲面
"倒圆角/倒角"按钮▢		
"多倒圆角/倒角"按钮▢		

9.2.3　选择几何规则曲面集与几何搜索

几何规则曲面集基于种子曲面和一个或多个几何规则收集曲面或曲面区域，系统将根据种子曲面和工具，自动决定适用的几何规则。用户可以选定几何规则，系统将自动收集集合中的其他曲面，另外可以从几何规则曲面集中排除选定曲面。

要选择几何规则曲面集，可按照以下方法步骤来进行。

① 进入柔性建模功能环境，在图形窗口中选择一个种子曲面。

② 在"搜索"面板中单击"几何规则"按钮▣，打开"几何规则"对话框，如图9-7所示。

③ 在"几何规则"对话框的"规则"选项组中选择一个或多个适用的规则选项。

④ 要选择满足所有选定规则的曲面，则选择"所有可用规则"单选按钮。要选择至少满足一个选定规则的曲面，则选择"任何可用规则"单选按钮。

⑤ 在"几何规则"对话框中单击"确定"按钮，将收集所有满足设定选项的曲面。

另外，用户使用"几何搜索"工具，可以搜索属于指定几何类型或具有指定几何参数的曲面和曲面区域，例如，可以搜索具有指定半径的倒圆角等。此工具可以基于种子曲面进行搜索或在无种子曲面的情况下定义搜索。进入柔性建模环境，在功能区"柔性建模"选项卡的"搜索"面板中单击"几何搜索"按钮 ，弹出"几何搜索工具"对话框，接着设定搜索条件，然后单击"搜索"按钮，满足搜索标准的几何对象将显示在"找到的几何"列表中，且处于被选的状态，如图 9-8 所示。使用鼠标指向"找到的几何"列表的各项时，该项会在图形窗口中突出显示，要取消选择"找到的几何"列表中的任何几何项，可以按住〈Ctrl〉键并单击它，注意按住〈Ctrl〉键并再次单击它可再次将其选中。对于搜索结果，用户可以单击"查询选项"按钮并选择"将查询保存到文件"命令，将搜索结果保存为 .gqry 文件以供再次打开；要保存"找到的几何"列表（位于正在创建或编辑的柔性建模特征的活动收集器中）中选定的几何，并关闭"几何搜索工具"对话框，则单击"查询选项"按钮并选择"在活动特征中用作查询"命令；要选择"找到的几何"列表中选定的几何，并关闭"几何搜索工具"对话框，则单击"选择"按钮；要关闭"几何搜索工具"对话框，而不使用搜索结果，可单击右上角的"关闭"按钮 ✕ 或者在键盘上按〈Esc〉键。

图 9-7　"几何规则"对话框

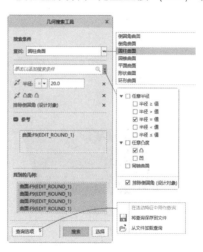

图 9-8　"几何搜索工具"对话框

9.3　柔性建模中的变换操作

本节介绍柔性建模中的变换操作，包括移动几何、偏移几何、修改解析曲面、镜像几何、挠性阵列、替代几何、编辑倒圆角和倒角。

9.3.1　移动几何

使用柔性建模功能环境中的"移动"工具可以移除选定几何并将其置于新位置，或者创建选定几何的副本并将该副本移动到新位置。该"移动"工具仅对单个几何选择起作用，要移动另一个几何选择，必须创建新的移动特征。可以多次移动该几何选择，并会在一个特征中堆叠多个移动步骤。

完成几何选择后，用户可以通过以下 3 种方式之一来对其进行移动。

● 使用拖动器移动几何：按刚性平移和旋转的排序序列移动选定几何，每次重定位拖动器都将创建一个新步骤。在"变换"面板中单击"使用拖动器移动"按钮 ，打开图9-9所示的"移动"选项卡，此时在选定要移动的几何处显示有拖动器，如图9-10所示，拖动中心点可自由移动几何，拖着拖动器控制柄（控制滑块）可沿轴平移几何，单击并拖动弧可旋转几何。要重定位拖动器，则在"移动"选项卡中单击"原点"框并选择新参考；要定向拖动器，则在"移动"选项卡中单击"方向"框并选择方向参考。每次重定位拖动器都将创建一个新步骤。

知识点拨 拖动器的图解示意如图9-11所示，图中的1表示中心点，2为控制柄（控制滑块），3为弧，4为平面。拖动中心点可自由移动几何，拖动控制滑块可沿着轴平移几何，拖动弧可旋转几何，拖动平面可移动平面上的几何。

图9-9 "移动"选项卡（使用拖动器移动）

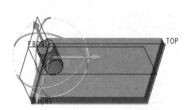

图9-10 显示有拖动器　　　　　图9-11 拖动器图解

● 按定义尺寸移动几何：通过可修改的一组尺寸来移动选定几何。单个移动特征中可包含最多3个非平行的线性尺寸或1个角度（旋转）尺寸。在"变换"面板中单击"按尺寸移动"按钮 ，打开的"移动"选项卡如图9-12所示，此时需要选择尺寸参考并为尺寸设定移动值。

图9-12 "移动"选项卡（按尺寸移动）

● 使用位置约束移动几何：使用一组完全定义了几何选择的位置和方向的约束来移动选定几何。注意需要完全约束才能完成定义移动。在"变换"面板中单击"使用约束移动"按钮 ，打开图9-13所示的"移动"选项卡。

在"移动"选项卡中的左下拉列表框中也可以更改移动方式。另外，需要注意"移动"面板中的以下3个按钮。

图 9-13 "移动"选项卡（使用约束移动）

● ：创建一份选定几何的副本，然后将副本移动到新位置，即创建复制-移动特征。

● ：在已移动曲面与原始侧曲面之间创建多个曲面，或延伸已移动曲面的相邻曲面直到它们与已移动曲面相交。

● ：修改已移动几何旁的几何，以保持现有相切关系。

使用"移动"选项卡的相关面板，可以选择要移动的曲面、将移动曲面连接到基础几何、定义对称度、定义分割和延伸曲面，以及进行其他任务。例如，利用"参考"面板，可以指定要移动的曲面、要排除的曲面和要移动的曲线和基准等；在"连接"面板中，设置在将所移动的几何连接到原始几何时可用的选项；在"条件"面板中，设置用于控制相切传播的条件；在"选项"面板中，设置传播到阵列/对称项，收集要分割的延伸曲面，以及当分割曲面时收集要延伸的曲面等。

下面通过一个案例来介绍柔性移动几何的典型方法和步骤。

1. 使用拖动器移动几何

① 在"快速访问"工具栏中单击"打开"按钮 ，系统弹出"文件打开"对话框，选择本书配套的素材文件"bc_9_yd.prt"，单击"文件打开"对话框中的"打开"按钮。

② 在功能区中单击"柔性建模"标签以打开"柔性建模"选项卡。

③ 选择要移动的形状曲面集。先在模型中单击图 9-14a 所示的一个曲面，接着在"形状曲面选择"面板中单击"凸台"按钮 ，从而选择形成凸台的曲面，如图 9-14b 所示。

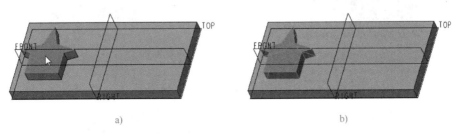

a)   b)

图 9-14 使用"形状曲面选择"工具选择要移动的形状曲面集
a）指定种子曲面   b）选择形成凸台的曲面

④ 在"变换"面板中单击"使用拖动器移动"按钮 ，在功能区中出现"移动"选项卡，并且在所选图形几何区域出现一个原点和方向均为"自由（默认）"的 3D 拖动器。

⑤ 在拖动器中按住一条水平控制柄并沿着该控制柄轴线来平移选定图形几何，如图 9-15 所示。

⑥ 将鼠标指针置于图 9-16 所示的一个控制弧处按住并拖动，拖到预定位置处释放鼠标左键，即可旋转选定图形几何。

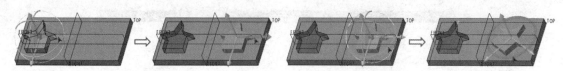

图 9-15　使用拖动器平移选定图形几何　　　图 9-16　使用拖动器旋转选定图形几何

⑦ 在"移动"选项卡中单击选中"创建复制-移动特征"按钮🏠。

⑧ 在"移动"选项卡中单击"确定"按钮✔️，此移动操作后完成的效果如图 9-17 所示。

2. 按尺寸移动（柔性移动操作）

① 选择图 9-18 所示的曲面（即指定种子曲面），接着在"形状曲面选择"面板中单击"凸台"按钮▉以选择形成凸台的曲面。

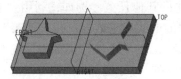
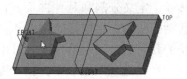

图 9-17　第一次柔性移动　　　　　　　图 9-18　指定种子曲面

② 在"变换"面板中单击"按尺寸移动"按钮▤，打开"移动"选项卡。

③ 在"移动"选项卡中打开"尺寸"面板，定义尺寸 1：按住〈Ctrl〉键的同时选择图 9-19 所示的两个曲面，接着在"尺寸"面板中将尺寸 1 的值设置为"0"，如图 9-20 所示。

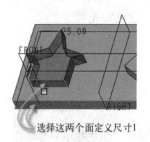
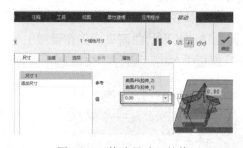

图 9-19　定义尺寸 1　　　　　　　图 9-20　修改尺寸 1 的值

④ 在"移动"选项卡的"尺寸"面板的尺寸列表框中单击"添加尺寸"标签，接着按住〈Ctrl〉键的同时选择图 9-21 所示的两个平整曲面来创建尺寸 2，并将此尺寸的值设置为"68"。

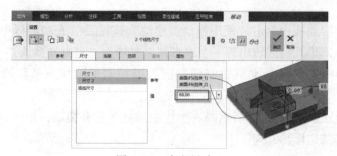

图 9-21　定义尺寸 2

⑤ 在"移动"选项卡中单击"确定"按钮✓，完成结果如图 9-22 所示。

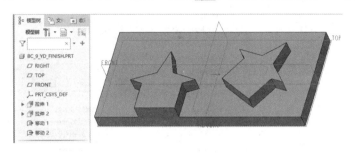

图 9-22　完成移动后的结果

9.3.2 偏移几何

使用功能区的"柔性建模"选项卡的"变换"面板中的"偏移"按钮，可以相对于实体几何或面组偏移选定几何，并可将其连接到该实体或面组中。在柔性建模功能环境中进行偏移几何操作的典型图解示例如图 9-23 所示。既可以在单击"偏移"按钮之前选择要偏移的几何（如曲面），也可以在单击"偏移"按钮之后选择要偏移的几何。

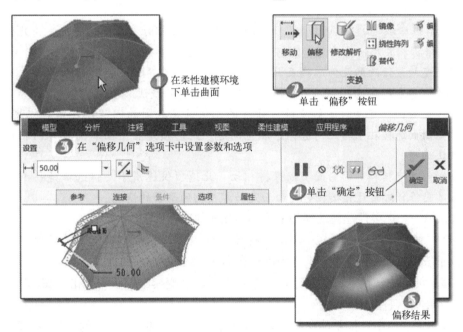

图 9-23　柔性变换的典型操作步骤图解示例

在偏移几何操作的过程中，应注意"偏移几何"选项卡中的"参考""连接"和"选项"滑出面板中的内容设置，如图 9-24 所示。用户要注意"移动""偏移"和"修改解析"（"修改解析"工具将在 9.3.3 小节中介绍）这几个柔性建模工具具有相邻几何连接选项，可以在相应工具选项卡的"连接"面板中更改默认的连接选项。

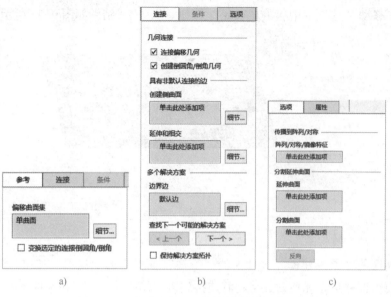

图 9-24 "偏移几何"选项卡中的前 3 个面板
a)"参考"面板 b)"连接"面板 c)"选项"面板

知识点拨 由"柔性建模"特征修改或变换几何时，在默认情况下将几何重新连接到模型。根据相关几何的类型，几何的重新连接共分 3 种情况。

- 对经变换或修改的几何选择及其相邻几何进行曲面延伸，直到曲面最终相交或者选定几何原本所在的孔封闭为止。这是不相切曲面的默认选项。
- 创建侧曲面，直至封闭经变换或修改的几何选择之间的间隙以及留在模型中的孔。这些曲面连接孔中与几何选择中相应的边。此选项是除平面和圆柱外的相切曲面的默认选项。
- 重新创建直接相邻的曲面，以保持相切。此选项仅适用于几何选择是一个或多个圆柱（圆锥）曲面且直接相邻的曲面是与其相切的平面的情况。

下面介绍一个在柔性建模功能环境下偏移几何的典型案例。

① 在"快速访问"工具栏中单击"打开"按钮，选择本书配套的素材实体模型文件"bc_9_pyjh. prt"来打开。该文件中已存在图 9-25 所示的实体模型。

② 在功能区中切换至"柔性建模"选项卡，从"变换"面板中单击"偏移"按钮，打开"偏移几何"选项卡。

③ 在图形窗口中选择要偏移的曲面。在本例中选择图 9-26 所示的圆柱的圆形顶端面。

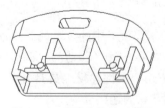

图 9-25 原始实体模型效果

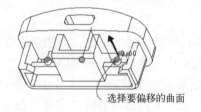

选择要偏移的曲面

图 9-26 选择要偏移的曲面

④ 在"偏移几何"选项卡的├─┤（偏移值）下拉列表框中输入偏移值为"1.5"，并打开"连接"面板设置相关的几何连接选项，如图 9-27 所示，注意选中"连接偏移几何"复选框。

⑤ 在"偏移几何"选项卡中单击"确定"按钮✓，完成创建"偏移几何 2"特征得到的模型效果如图 9-28 所示。

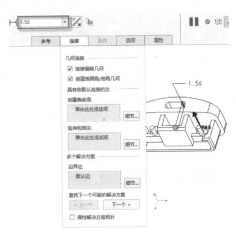

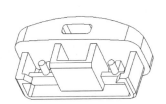

图 9-27 设置偏移值等   图 9-28 完成效果

9.3.3 修改解析曲面

在柔性建模功能环境下，允许使用"变换"面板中的"修改解析"按钮✓编辑驱动解析曲面的基本尺寸，可以修改圆柱、圆环或圆锥的下列尺寸。注意修改后的曲面可重新连接到实体或同一面组。

- 圆柱：半径尺寸，轴仍然固定。
- 圆环：圆的半径及圆的中心到旋转轴的半径，旋转轴仍然固定。
- 圆锥：角度，圆锥的轴和顶点仍然固定。

要修改"解析曲面"特征，可以按照以下方法步骤进行。

① 在柔性建模功能环境下，选择要修改的曲面。

② 在"变换"面板中单击"修改解析"按钮✓，打开"修改解析曲面"选项卡。

③ 在"修改解析曲面"选项卡中输入"半径"或"角度"的新值，或使用拖动控制滑块来更改值。对于圆环，可以修改两个半径。

④ 要设置其他连接和传播选项，则使用"修改解析曲面"选项卡的"附件（连接）"面板和"选项"面板。

⑤ 在"修改解析曲面"选项卡中单击"确定"按钮✓，或者单击鼠标中键接受此特征。

下面介绍一个典型的操作案例，在该案例中要求在柔性建模功能环境中修改零件的一个内孔半径。

① 在"快速访问"工具栏中单击"打开"按钮📂，选择本书配套的素材实体模型文

件"bc_9_xgjx. prt"来打开。该文件中已存在图9-29所示的实体模型。

② 在功能区中切换至"柔性建模"选项卡，选择图9-30所示的内圆柱曲面。

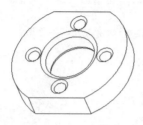 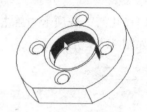

图9-29 原始实体模型　　　　图9-30 选择要修改的曲面

③ 在"变换"面板中单击"修改解析"按钮，打开"修改解析曲面"选项卡。

④ 在"修改解析曲面"选项卡的"半径"框中输入新半径值为"12"，如图9-31所示。

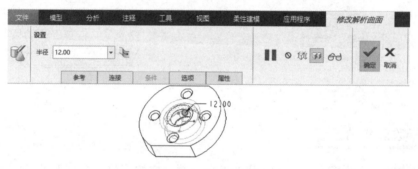

图9-31 修改半径值

⑤ 在"修改解析曲面"选项卡中打开"连接"面板，从中取消选中"创建倒圆角/倒角几何"复选框，并确保选中"连接已修改几何"复选框，如图9-32所示。

⑥ 在"修改解析曲面"选项卡中单击"确定"按钮，修改结果如图9-33所示。

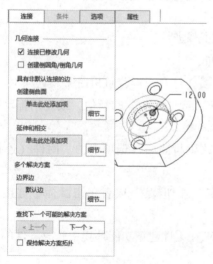 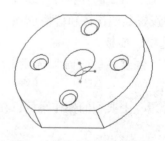

图9-32 设置连接选项　　　　图9-33 修改解析曲面结果

9.3.4 镜像几何

在柔性建模功能环境下，使用"变换"面板中的"镜像"按钮 ，可以相对于一个平面镜像选定几何，镜像曲面可连接到实体或同一个面组。在"柔性建模"中创建镜像几何特征时，将自动识别为对称，而在原始几何上执行的所有后续"柔性建模"也会传播到镜像几何。

下面以一个案例来介绍如何创建镜像几何特征。

① 在"快速访问"工具栏中单击"打开"按钮 📂，选择打开本书配套的素材实体模型文件"bc_9_jxjh. prt"。

② 在功能区中打开"柔性建模"选项卡，在实体模型中选择图9-34所示的几何曲面作为种子曲面，接着在"形状曲面选择"面板中单击"凸台"按钮 📑 以选择形成凸台的形状曲面，如图9-35所示。

图 9-34 指定种子曲面

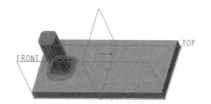

图 9-35 选中形成凸台的形状曲面

③ 在"变换"面板中单击"镜像"按钮 ，打开"镜像几何"选项卡。

④ 在"镜像几何"选项卡中单击"镜像平面"收集器的框，将其激活，如图9-36所示，接着选择一个镜像平面。在本例中选择 RIGHT 基准平面作为镜像平面。此时可以在图形窗口中预览到镜像几何特征的默认效果，如图9-37所示，注意默认时，"连接"面板的"几何连接"选项组中的"连接镜像几何"复选框和"创建倒圆角/倒角几何"复选框处于被选中的状态。

图 9-36 激活"镜像平面"收集器

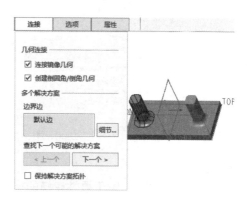

图 9-37 预览默认的镜像几何特征

⑤ 在"连接"面板中，取消选中"创建倒圆角/倒角几何"复选框，而确保选中"连接镜像几何"复选框，如图9-38所示。

⑥ 在"镜像几何"选项卡中单击"确定"按钮 ✓，镜像几何的操作结果如图 9-39 所示。

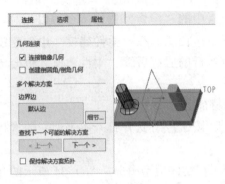

图 9-38　设置连接选项　　　　　　　　　图 9-39　镜像几何结果

9.3.5 挠性阵列

在前面章节中，已经介绍过阵列知识了，这里只简单地介绍柔性建模工具集里的"挠性阵列"工具按钮 ⊞。切换至柔性建模环境下，选择要阵列的形状曲面后，在"变换"面板中单击"挠性阵列"按钮 ⊞，打开图 9-40 所示的"阵列"选项卡，接着指定阵列类型为"方向""轴""填充""表""曲线"或"点"，以及设置相应的参数和选项等来进行阵列操作。使用此阵列工具，可以根据设计要求设置挠性阵列的各连接选项，这样即使在阵列实例所连接的不规则曲面上也可以创建阵列。可选择是否将所有阵列成员连接至模型几何。若阵列导引已通过倒圆角和倒角连接至模型几何，那么可以选择使用同一类型和尺寸的倒圆角或倒角将所有的阵列成员作为阵列导引添加至几何。

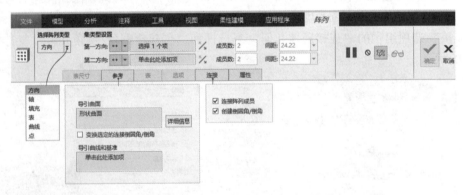

图 9-40　柔性建模环境下的"阵列"选项卡

知识点拨 关于柔性建模的挠性阵列中的连接

在挠性阵列工具选项卡的"连接"面板中提供有"连接阵列成员"复选框和"创建倒圆角/倒角"复选框。用户可以选中其中一个复选框，或同时选中2个复选框。这2个复选框的功能含义及其图例见表9-5。

表 9-5 柔性建模阵列中的连接选项及其应用图例

连 接 选 项	说　　明	应 用 图 例	备　　注
"连接阵列成员"复选框	选中此复选框时，将所有的阵列成员连接到模型几何；未选中此复选框时，生成的几何是面组，原始实体曲面的外观会传播至所生成面组的两侧	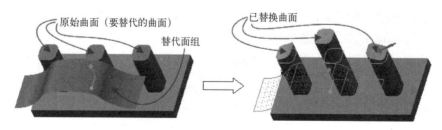	如果阵列导引最初已连接至模型，但未选中该复选框，则阵列导引将会被分离；如果分离阵列导引时形成的间隙无法闭合，则挠性阵列特征将失败
"创建倒圆角/倒角"复选框	选中此复选框时，使用同一类型和尺寸的倒圆角和倒角将所有阵列成员作为阵列导引连接到模型几何		如果阵列导引最初已通过倒圆角或倒角几何连接到模型，但未选中该复选框，则用于将阵列导引几何连接到模型的倒圆角或倒角将被移除

此外，在创建挠性阵列的过程中，也可以设置排除或包括个别阵列成员。

9.3.6 替代几何

在柔性建模功能环境下，使用"变换"面板中的"替代"按钮，可以将几何选择替换为替换曲面，替换曲面和模型之间的倒圆角几何将在连接替换几何后重新创建。要替换的几何选择可以是任何曲面集合或目标曲面，或两者兼有。

在使用替代几何特征时，需要用户切记以下 3 点。

● 几何选择中的所有替代曲面必须属于特定的实体几何或属于同一面组。

● 几何选择不可与相邻几何相切或与倒圆角几何相连。

● 替换曲面必须足够大，才能无须延伸替换曲面便可连接相邻几何。

替换几何的典型示例如图 9-41 所示，在该示例中用面组曲面替代了横梁的曲面。该示例的操作步骤如下。

图 9-41 替换几何的典型示例

① 在"快速访问"工具栏中单击"打开"按钮，选择打开本书配套的素材实体模型文件"bc_9_tdjh. prt"。

② 在功能区中打开"柔性建模"选项卡，在实体模型中选择图 9-42 所示的几何曲面作为要替代的曲面几何。

③ 在"变换"面板中单击"替代"按钮，打开"替代"选项卡。

④ "替代"选项卡中的"替代曲面"收集器处于活动状态，在图形窗口中选择替代曲面或面组。在本例中将选择过滤器的选项设置为"面组"，然后在图形窗口中单击图 9-43

所示的面组以将该面组定义为替代曲面。

图 9-42　选择要替代的曲面几何　　　　图 9-43　选择替代面组

⑤ 在"替代"选项卡中单击"确定"按钮✔，完成替换几何的操作。

9.3.7　编辑倒圆角

在柔性建模功能环境下，使用"变换"面板中的"编辑倒圆角"按钮✔可以编辑选定圆角曲面的半径，或将圆角曲面从模型中移除。如果设计需要，还可将可变半径倒圆角转换为恒定半径倒圆角。

既可以在单击"编辑倒圆角"按钮✔之前选择要修改的倒圆角几何，也可以在单击"编辑倒圆角"按钮✔之后选择要修改的倒圆角几何。

下面结合案例介绍如何编辑倒圆角几何。

① 在"快速访问"工具栏中单击"打开"按钮📂，选择打开本书配套的素材实体模型文件"bc_9_bjdyj. prt"，该文件中存在的原始实体模型如图 9-44 所示。

② 在功能区中打开"柔性建模"选项卡，接着从"变换"面板中单击"编辑倒圆角"按钮✔，打开"编辑倒圆角"选项卡。

③ 在图形窗口中选择要编辑的圆形曲面 1，接着按住〈Ctrl〉键的同时依次选择圆形曲面 2、圆形曲面 3 和圆形曲面 4，如图 9-45 所示。

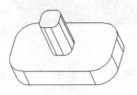 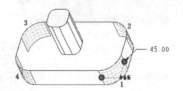

图 9-44　原始实体模型　　　　图 9-45　选择要编辑的倒圆角曲面

④ 在"编辑倒圆角"选项卡中将倒圆角半径更改为"20"，并在"选项"面板中设置相关选项，如图 9-46 所示。

⑤ 在"编辑倒圆角"选项卡中单击"确定"按钮✔，效果如图 9-47 所示。

⑥ 在"变换"面板中单击"编辑倒圆角"按钮✔，打开"编辑倒圆角"选项卡。

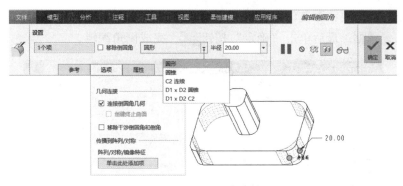

图 9-46 更改圆角半径等

⑦ 在小拉伸柱中选择其中一个倒圆角曲面，接着按住〈Ctrl〉键的同时单击该拉伸柱中的其他 3 个倒圆角曲面，如图 9-48 所示。

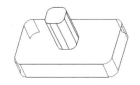

图 9-47 编辑圆角半径的效果

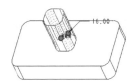

图 9-48 选择多个要编辑的倒圆角曲面

⑧ 在"编辑倒圆角"选项卡中选中"移除倒圆角"复选框，如图 9-49 所示。

⑨ 在"编辑倒圆角"选项卡中单击"确定"按钮✔，完成结果如图 9-50 所示。

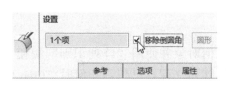

图 9-49 选中"移除倒圆角"复选框

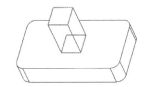

图 9-50 移除倒圆角的结果

9.3.8 编辑倒角

在柔性建模功能环境下，使用"变换"面板中的"编辑倒角"按钮🥄，可以编辑选定倒角曲面的尺寸（包括更改倒角距离、偏移距离后角度、更改标注形式），或将倒角曲面从模型中移除。若其他倒圆角或倒角几何干涉该已编辑的倒角，则可移除干涉几何。

要在柔性建模环境下编辑倒角几何，则可以先选择要修改的倒角曲面，接着在柔性建模下的"变换"面板中单击"编辑倒角"按钮🥄，打开图 9-51 所示的"编辑倒角"选项卡。如果要移除倒角几何，那么可以选中"移除倒角"复选框。如果要更改倒角标注形式，那么可以在下拉列表框中选择新的标注形式。如果要更改距离、角度或偏移距离的值，那么可以在相应的文本框中键入新的数值。在"选项"面板中设置所需的几何连接选项等，例如：要将倒角几何连接到基础曲面，则选中"连接倒角几何"复选框；在未选中"连接倒角几何"复选框的情况下，如果要在倒角覆盖其他几何的端点处创建曲面，则选中"创建终止曲面"复选框；如果要移除与已编辑倒角几何干涉的倒圆角和倒角，则选中"移除干涉倒圆角和倒角"复选框。最后单击"确定"按钮，完成倒角编辑。

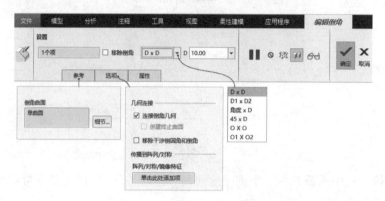

图 9-51 "编辑倒角"选项卡

读者可以打开本书配套的素材实体模型文件"bc_9_bjdj. prt"来进行"编辑倒角"操作练习。

9.4 阵列识别、对称识别及其他识别

本节主要介绍"阵列识别"按钮和"对称识别"按钮这两个识别工具的功能用法，并简要地介绍倒角和倒圆角识别知识。

9.4.1 阵列识别

在"柔性建模"中，用户可以选择所需的几何对象并使用"阵列识别"按钮识别与所选几何类型相同或相似的几何对象并定义几何阵列（保存已识别几何时，Creo Parametric 6.0 将创建"阵列识别"特征）。

要识别几何阵列，则可以按照以下的方法步骤进行。

① 选择阵列导引几何并在功能区的"柔性建模"选项卡的"识别"面板中单击"阵列识别"按钮，随即打开图 9-52 所示的"阵列识别"选项卡，而系统在已识别为阵列一部分的几何上显示黑点。

图 9-52 "阵列识别"选项卡

② 在"阵列识别"选项卡中打开图 9-53a 所示的"参考"面板，激活"导引曲面"收集器可添加或更改阵列导引曲面；若激活"导引曲线和基准"收集器，则可以选择曲线或基准来作为导引曲线和基准。

③ 选择与阵列导引"相同"或"相似"的几何。即在"阵列类型"下拉列表框中选择"相同"或"相似"。选择"相同"时，识别成员具有相同曲面且其与周围几何之间的相交边也相同的阵列；选择"相似"时，识别成员具有相同曲面但其与周围几何的相交边可以不同的阵列。

④ 如果识别了多个阵列，则选择要识别的阵列，如"方向""轴"或"空间"。

⑤ 要将阵列识别限制在模型的某个区域内，则打开图 9-53b 所示的"选项"面板，从中选中"限制阵列识别"复选框，接着选择"曲面"单选按钮或"草绘"单选按钮。当选择"曲面"单选按钮时，需要选择几何必须与之相交以便识别为阵列一部分的曲面；当选择"草绘"单选按钮时，则可选择或定义一个草绘，该草绘的拉伸区域定义了几何必须位于其内以便识别为阵列一部分的边界。

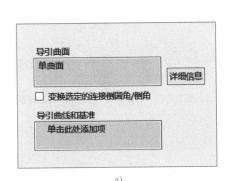

a)   b)

图 9-53 "阵列识别"选项卡的两个实用面板

a)"参考"面板 b)"选项"面板

⑥ 要编辑已识别阵列成员的数量和间距（对于方向阵列和轴阵列可选），则在"选项"面板中选中"允许编辑"复选框，然后编辑已识别几何。

⑦ 要忽略包括在"阵列识别"特征中的阵列成员，则单击图形窗口中的点，若再次单击该点则恢复被忽略的阵列成员。

⑧ 在"阵列识别"选项卡中单击"确定"按钮✔，或者单击鼠标中键，已识别几何保存为可作为单元操控的阵列特征。

9.4.2 对称识别

在"柔性建模"中，用户可以选择几何或几何和基准平面并使用"对称识别"按钮识别与所选几何对称的相同或相似的几何，保存已识别几何时，Creo Parametric 6.0 将创建"对称识别"特征。

"对称识别"特征可以具有两个可能的参考集，请看如下。

● 选择一个种子曲面或种子区域和对称平面时，将识别对称平面另一侧的对称曲面或曲面区域。连接到选定种子曲面的曲面或曲面区域也将作为特征的一部分进行识别，其中，选定种子曲面相对于对称平面对称。

● 选择两个对称的相同或相似的种子曲面或曲面区域时，将识别对称平面。连接到选定种子曲面的曲面或曲面区域也将作为特征的一部分进行识别，其中，选定种子曲面相对于对称平面对称。

创建"对称识别"特征的方法步骤和创建"阵列识别"特征的方法步骤相类似。在功能区的"柔性建模"选项卡的"识别"面板中单击"对称识别"按钮 ，打开图9-54所示的"对称识别"选项卡，接着选择"相同"或"相似"以定义具有与种子曲面相同或相似几何的"对称识别"特征，并使用"参考"面板指定相应的参考对象，然后单击"确定"按钮 即可。

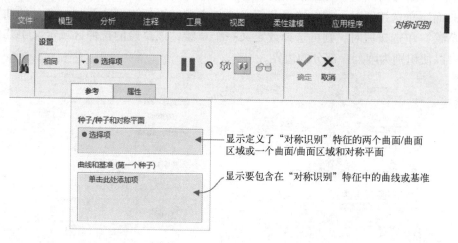

图9-54 "对称识别"选项卡

9.4.3 倒角、倒圆角识别

在柔性建模环境中，可以将对应曲面标记为倒角、非倒角、倒圆角或非倒圆角。如果某曲面被标记为倒角或倒圆角，那么系统会在柔性建模操作期间移除并重新创建该曲面，如果不希望系统移除并重新创建特定的倒角或倒圆角几何，则可以将其标记为非倒角或非倒圆角。

其中，"识别倒角"按钮 用于识别倒角几何，并将其标记为由柔性建模特征处理为倒角；"非倒角"按钮 用于识别倒角几何，并将其标记为不由柔性建模特征处理为倒角；"识别倒圆角"按钮 用于识别倒圆角几何，并将其标记为由柔性建模特征处理为倒圆角；"非倒圆角"按钮 用于识别倒圆角几何，并将其标记为不由柔性建模特征处理为倒圆角。

9.5 柔性建模中的编辑特征

本节介绍柔性建模中的编辑特征，包括"连接"特征和"移除曲面"特征。

9.5.1 "连接"特征

在"柔性建模"中，当开放面组与几何不相交时，可以使用"编辑特征"面板中的

"连接"按钮将开放面组连接到实体或面组几何，开放面组会一直延伸，直至其连接到要合并到的面组或曲面。另外，"连接"按钮可用来重新连接已经移动到新位置的已移除几何。

如果要将开放面组连接到实体几何，可以按照以下方法步骤进行。

① 在功能区的"柔性建模"选项卡的"编辑特征"面板中单击"连接"按钮，打开图 9-55 所示的"连接"选项卡。

图 9-55 "连接"选项卡（1）

② 在"连接"选项卡中打开"参考"面板，确保激活"要修剪/延伸的面组"收集器，接着选择要连接的开放面组。在"参考"面板中单击"要合并的面组"收集器，然后选择用于要合并开放面组的面组。

③ 选择一个连接类型。

如果要通过用实体材料填充由面组界定的体积块来添加材料，则选择"添加实体材料"图标，此时若单击"移除材料侧"按钮可以在面组的另一侧添加材料。

如果要从开放面组的内侧或外侧移除材料，则在"连接"选项卡中选择"移除材料"按钮。如果单击"移除材料侧"按钮，则更改移除材料侧。

如果要通过使用存储的连接信息以与先前相同的连接方式将面组连接到模型几何，则在"连接"选项卡中选择"重新建立上一连接"图标。与先前一样，这将通过填充由面组界定的体积块来添加材料和移除材料。选择此连接类型时，要重新创建倒圆角和倒角并使其以与先前相同的连接方式将面组连接到模型几何，那么需要选中"选项"面板上的"创建倒圆角/倒角"复选框。

④ 对于前两种连接类型，要修剪或延伸开放面组但不将其连接到几何，则在"选项"面板中选中"修剪/延伸并且不进行连接"复选框。如果要设置除默认值以外的几何的边界，那么在"选项"面板中单击"边界边"收集器并选择所需的边。注意"柔性建模"提供了创建"连接"特征的不同解决方案，使用"选项"面板中的"上一个"和"下一个"按钮，即可在各可用的解决方案之间进行切换，以便选择最符合要求的解决方案。

⑤ 在"连接"选项卡中单击"确定"按钮，或者单击鼠标中键接受此特征。

如果要将开放面组连接到面组，则在柔性建模环境下单击"连接"按钮后，利用

"要修剪/延伸的面组"收集器选择要连接的开放面组,利用"要合并的面组"收集器选择用于要合并开放面组的面组后,"连接"选项卡不提供连接类型图标,而是显示图9-56所示的按钮,其他选项设置和上述设置类似,这里不再赘述。

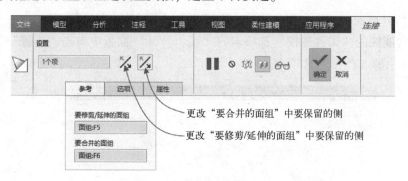

图9-56 "连接"选项卡(2)

9.5.2 在"柔性建模"中移除曲面

在"柔性建模"中,使用"编辑特征"面板中的"移除"按钮 ,可以移除指定曲面,而无须改变特征的历史记录,也无须重定参考或重新定义一些其他特征。使用此方法移除曲面时,会延伸或修剪邻近的曲面,以收敛和封闭空白区域。

下面以一个案例来介绍如何在"柔性建模"中移除曲面。

① 在"快速访问"工具栏中单击"打开"按钮 ,选择打开本书配套的素材实体模型文件"bc_9_ycqm.prt",该文件中存在的原始实体模型如图9-57所示。

② 在功能区中切换至"柔性建模"选项卡,在图形窗口中先选择图9-58所示的一个曲面,接着在"形状曲面选择"面板中单击"多凸台"按钮 ,从而选择图9-59所示的形状曲面。

图9-57 原始实体模型

图9-58 指定种子曲面

图9-59 选择凸台形状曲面

③ 在"编辑特征"面板中单击"移除"按钮 ,打开"移除曲面"选项卡。

说明 "移除曲面"选项卡中显示的收集器基于选择的参考。如果参考是曲面、曲面集或区域,则"移除曲面"选项卡包含"要移除的曲面"收集器;如果参考是边链,则"移除曲面"选项卡包含"要移除的边"收集器。

④ 在"移除曲面"选项卡中进行相关设置,在本例中可接受默认设置,如图9-60所示。

⑤ 在"移除曲面"选项卡中单击"确定"按钮 ，移除曲面的结果如图 9-61 所示。

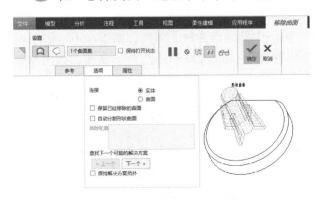

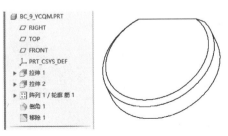

图 9-60 "移除曲面"选项卡　　　　　图 9-61 移除曲面的结果

9.6 实战学习案例——利用柔性建模功能修改外来模型

本节介绍一个利用柔性建模功能修改外来模型的案例，在该案例中主要应用到曲面选择、移动几何、偏移几何、移除曲面和编辑倒圆角等知识点。该案例完成的模型效果如图 9-62 所示。该案例的操作步骤如下。

1. 打开"∗.stp"格式的文档

① 在"快速访问"工具栏中单击"打开"按钮 ，系统弹出"文件打开"对话框，从"类型"下拉列表框中选择"STEP（.stp，.step）"，接着从本书配套素材的"CH9"文件夹里选择"bc_9_zhsjfl.stp"文件，然后单击"导入"按钮。

扫码观看视频

② 系统弹出"导入新模型"对话框，如图 9-63 所示，直接单击"确定"按钮，打开的外来模型效果如图 9-64 所示。该外来模型无法提供建模历史记录。

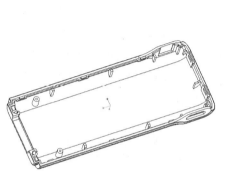

图 9-62 案例完成的模型效果　　图 9-63 "导入新模型"对话框　　图 9-64 外来模型

2. 移动几何

① 在功能区中单击"柔性建模"标签以切换到"柔性建模"选项卡。

② 在模型中选择其中一个"反止骨"的一个侧面作为种子曲面，如图9-65所示，接着在"形状曲面选择"面板中单击"凸台"按钮 ，以选择形成凸台的曲面，如图9-66所示。

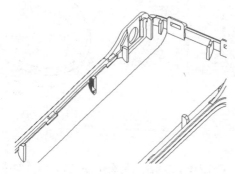 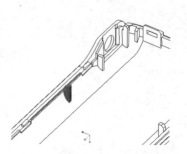

图9-65　选择一个侧面　　　　　　　图9-66　选择形成凸台的曲面

③ 在"变换"面板中单击"按尺寸移动"按钮 ，打开"移动"选项卡。

④ 在"移动"选项卡中打开"尺寸"面板，在图形窗口中结合〈Ctrl〉键选择图9-67所示的两个参考来建立尺寸1，并在"值"框中输入"23"。

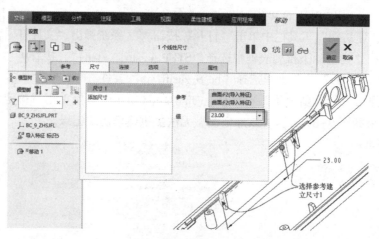

图9-67　选择参考建立尺寸1并修改其值

⑤ 此时，如果在"移动"选项卡中打开"连接"面板，则可以看到"连接移动的几何"复选框和"创建倒圆角/倒角几何"复选框处于被选中的状态。然后单击"确定"按钮 ，移动选定形状曲面的结果如图9-68所示（设置不保留原件）。

3. 偏移几何

① 在"变换"面板中单击"偏移"按钮 ，打开"偏移几何"选项卡。

② 在图形窗口中选择图9-69所示的实体面作为要偏移的曲面。

③ 在"偏移几何"选项卡的"偏移距离" 框中输入偏移距离为"0.5"，如图9-70所示。

图 9-68　移动形状曲面的结果

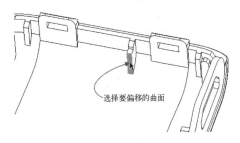

图 9-69　选择要偏移的曲面（几何）

图 9-70　输入偏移距离

④　在"偏移几何"选项卡中单击"确定"按钮 ✓。

4. 从实体中移除曲面

①　在实体中选择要移除的一个圆柱内孔曲面，如图 9-71 所示。

②　在"编辑特征"面板中单击"移除"按钮 ◥，打开"移除曲面"选项卡。

③　在"移除曲面"选项卡中进行图 9-72 所示的设置。

④　在"移除曲面"选项卡中单击"确定"按钮 ✓，则一个内孔被移除，结果如图 9-73 所示。

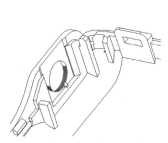

图 9-71　选择要移除的曲面

图 9-72　移除曲面的相关设置

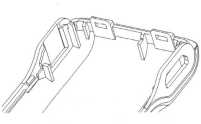

图 9-73　移除曲面的结果

5. 编辑圆角半径

①　在"变换"面板中单击"编辑倒圆角"按钮 ☞，打开"编辑倒圆角"选项卡。

②　在图形窗口中选择圆形曲面 1，按住〈Ctrl〉键的同时依次选择圆形曲面 2、圆形曲面 3 和圆形曲面 4，如图 9-74 所示，所选的这几个圆形曲面均收集在同一个倒圆角集中。

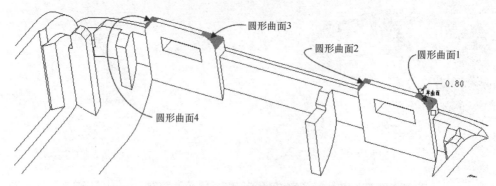

图 9-74　选择 4 个圆形曲面收集到同一个倒圆角集中

③ 在"编辑倒圆角"选项卡中，将半径值修改为"1"，如图 9-75 所示。

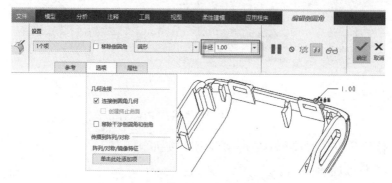

图 9-75　修改圆角半径

④ 在"编辑倒圆角"选项卡中单击"确定"按钮 ✔。

6. 保存文件

① 在"快速访问"工具栏中单击"保存"按钮 🖫，系统弹出"保存对象"对话框。

② 指定要保存到的地址（路径），然后单击"确定"按钮。

9.7　思考与练习题

1）在"柔性建模"功能环境中可以进行哪些操作？

2）请解释"形状曲面选择"各工具按钮的功能用途。

3）移动几何有哪几种方式？

4）如何为导入特征编辑倒圆角的半径？

5）在柔性建模中，使用"修改解析"工具可以进行哪些主要操作？

6）上机练习：请自行在 Creo Parametric 6.0 中创建一个较为简单的模型，然后进入"柔性建模"功能环境进行相关的操作，要求至少应用到本章介绍的全部变换操作以及"移除曲面"命令。

第 10 章 高 级 应 用

本章导读:

　　本章介绍 Creo Parametric 6.0 的一些高级应用, 包括重新排序特征、插入模式、零件族表、使用关系式、用户定义特征和向模型中添加图像。认真学习好这些高级应用, 将会有助于提升实战设计水平及设计效率。

10.1　重新排序特征与插入模式

　　在实际设计过程中, 有时候可以通过对现有特征进行重新排序来修改模型, 或者使用插入模式在某指定特征后面创建新特征。

10.1.1　重新排序特征

　　重新排序特征是指在再生次序列表中向前或先后移动特征, 以改变它们的再生次序。可以在一次操作中对多个特征进行重新排序, 但要求要重新排序的多个特征是连续顺序的。

　　在对特征进行重新排序时, 要注意不能对存在着父子项关系的两个特征调换次序。

　　下面结合示例 (示例源文件为 "bc_10_for.prt") 来介绍如何对特征进行重新排序。

　① 在功能区的 "模型" 选项卡中单击 "操作" 组溢出按钮, 如图 10-1 所示, 打开 "操作" 溢出面板。

　② 选择 "重新排序" 命令, 弹出图 10-2 所示的 "特征重新排序" 对话框。

图 10-1　单击 "操作" 组溢出按钮

图 10-2　"特征重新排序" 对话框

③ "要重新排序的特征"收集器处于被选中激活的状态，此时可以从模型窗口或模型树中选择要重新排序的特征。在这里，在模型树中选择"壳1"特征，如图10-3所示。

？说明 如果所选的要重新排序的特征具有从属特征，那么从属特征将显示在"从属特征"收集器列表中。

④ 在"特征重新排序"对话框的"新建位置"选项组中选择"之前"选项。

？说明 在"新建位置"选项组中提供以下2个单选按钮。

● "之后"单选按钮：选择此单选按钮，在目标特征之后插入特征。

● "之前"单选按钮：选择此单选按钮，在目标特征之前插入特征。

⑤ 在"特征重新排序"对话框的"目标特征"收集器的框内单击，从模型树中选择"孔1"特征，如图10-4所示。

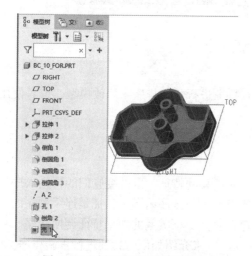

图10-3 选择要重新排序的特征

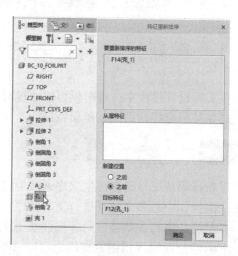

图10-4 选择目标特征

⑥ 在"特征重新排序"对话框中单击"确定"按钮，"壳1"特征便被重新排到"孔1"特征之前了。

经过完成该重新排序特征的操作后，模型树和最后的模型效果如图10-5所示，可以看出重新排序特征可以改变模型效果。

10.1.2 使用插入模式

在Creo Parametric 6.0中，通常是将新特征添加到零件中上一个现有特征（包括隐含特征）之后，然而利用插入模式，可以在特征序列的任何点添加新特征。

在Creo Parametric 6.0模型树中，指示特征插入点的符号标识为一条渐变颜色的长横线。要使用插入模式，则可以在模型树中选择指示特征插入点的标识符号，按住鼠标左键将它拖至要插入的位置，然后释放鼠标左键即可，操作示例如图10-6所示。

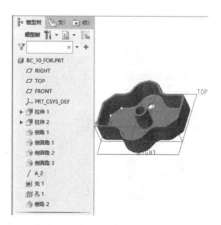
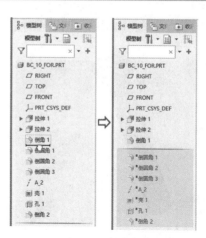

图 10-5　重新排序特征后　　　　　　　　图 10-6　应用插入模式示例

10.2　零件族表

在 Creo Parametric 6.0 中，如果要经常调用一些相似零件或标准件，如螺母、螺栓、销子、轴承、垫圈等，那么可以使用"族表"功能。族表是本质上相似零件（或组件或特征）的集合，但在一两个方面稍有不同，诸如大小或详细特征。族表中的零件被称为表驱动零件。要创建零件族表，需要一个基对象（即基准模型），族的所有成员都建立在它的基础上。

实践表明，使用族表的好处主要包括：把零件的生成标准化，既省时又省力，需要时可从类属零件文件中直接生成所需的零件，而无须重新构造；可以对零件产生细小的变化而无须用关系改变模型；允许在 Creo Parametric 6.0 中表示实际的零件清单；族表使得组件中的零件和子组件容易互换，因为来自同一族的实例（即族表成员）互相之间可以自动互换。

下面通过一个案例来介绍如何建立和使用零件族表。

1. 创建 M12 螺栓的零件族表

① 在"快速访问"工具栏中单击"打开"按钮，系统弹出"文件打开"对话框，选择配套案例文件"hy_bolt_m12.prt"，然后单击"文件打开"对话框中的"打开"按钮，已有模型如图 10-7 所示。该 M12 螺栓将作为该零件族表的基对象（或称"基准模型"）。

② 在功能区中单击"工具"标签以切换到"工具"选项卡，接着从该选项卡的"模型意图"面板中单击"族表"按钮，系统弹出如图 10-8 所示的"族表：HY_BOLT_M12"对话框。也可以不用切换到功能区的"工具"选项卡，而是直接在功能区的"模型"选项卡中选择"模型意图"|"族表"命令来打开"族表"对话框。

② 说明　族表本质上是电子数据表，由行和列组成，行包含零件的实例及其相应的值，列用于项目。列标题包含实例名和表所选择的所有尺寸、参数、特征名、成员和组的名称。

③ 在"族表"对话框中单击"添加/删除表列"按钮，系统弹出"族项，类属模

型"对话框，以定义模型成员间的差异。

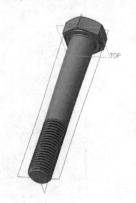

图10-7　已有的M12螺栓

图10-8　"族表：HY_BOLT_M12"对话框

④ 在"添加项"选项组中设置要添加到新变量的对象类型。在这里，选择"尺寸"单选按钮。

⑤ 在图形窗口（或模型树）选择"拉伸2"特征和"螺旋扫描1"特征。其中，当选择到"螺旋扫描1"特征（模型树中倒数第一个特征）时，系统弹出一个菜单管理器，从中选中"轮廓"复选框，接着选择"完成"命令，以显示螺旋扫描特征的轮廓轨迹尺寸，如图10-9所示。

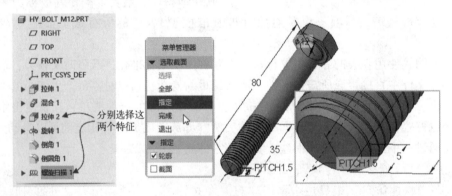

图10-9　选择要添加的特定对象

⑥ 分别在模型中选择图10-10所示的两个尺寸（即数值分别为"80"和"35"的尺寸），这两个尺寸可作为实例模型的可变尺寸参数。

⑦ 在"族项，类属模型"对话框中单击"确定"按钮，返回到"族表"对话框，如图10-11所示，在"族表"对话框中已经添加了"主"行（包含原始对象），所添加的每个项目都添加了新列。

⑧ 在"族表"对话框中单击"实例行"按钮，或者在"族表"对话框的"插入"菜单中选择"实例行"命令，从而添加一个新模型实例。该实例的默认名称为"HY_BOLT_M12_INST"，尺寸参数列的单元格中出现"*"符号，表示该尺寸与基准模型的尺寸相等。在这里，将该新实例的名称更改为"BM12_A_"。

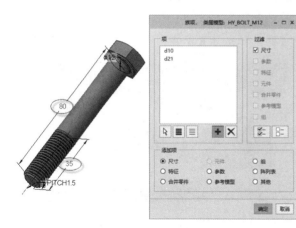

图 10-10 从类属模型中选择所需项目   图 10-11 添加了族项目的"族表"对话框

⑨ 确保选中该实例"BM12_A_",在"族表"对话框中单击"按增量复制选定实例（阵列）"按钮，系统弹出"阵列实例"对话框。

⑩ 在"数量"选项组的文本框中输入数量为"3"。

⑪ 在"项"选项组的左列表中选择"d10"，单击"添加"按钮 >> ，则将此尺寸变量项目移到右列表，接着在"增量"文本框中输入该尺寸增量为"10"，按〈Enter〉键确认输入。使用同样的方法，将"d21"也添加到右列表，并设置其尺寸增量为"5"。此时，"阵列实例"对话框如图 10-12 所示。

⑫ 在"阵列实例"对话框中单击"确定"按钮，返回到"族表"对话框，系统对这系列的实例模型自动编号，如图 10-13 所示。从族表中可以看出"d10"和"d21"的尺寸变化规律。

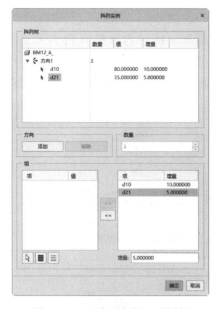

图 10-12 "阵列实例"对话框   图 10-13 "族表"对话框

说明 如果要检索族表中的某个实例，则可将鼠标光标置于实例行的任何位置，然后单击 "族表" 对话框中的 "打开" 按钮。

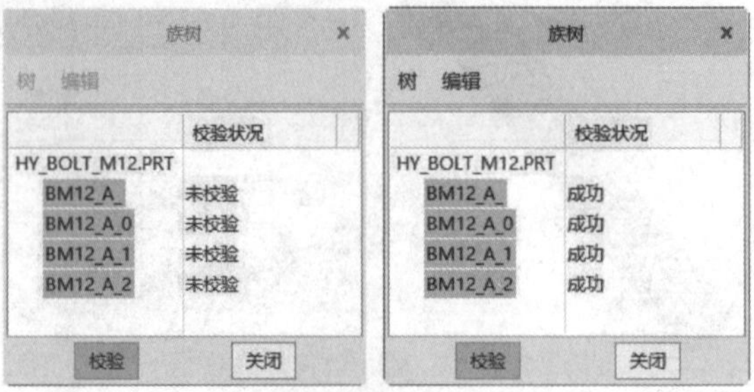

2. 校验实例模型

① 在 "族表" 对话框中单击 "校验族的实例" 按钮 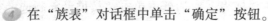，系统弹出图 10-14a 所示的 "族树" 对话框，族树中所有实例均显示在左侧，而实例的校验状态则均显示在右侧。

② 确保选中全部实例，单击 "校验" 按钮，校验结果如图 10-14b 所示。

③ 单击 "关闭" 按钮，关闭 "族树" 对话框。

④ 在 "族表" 对话框中单击 "确定" 按钮。

图 10-14 "族树" 对话框
a) 未检验时 b) 检验成功时

3. 执行 "另存为" "拭除" 操作

① 选择 "文件" | "另存为" | "保存副本" 命令，弹出 "保存副本" 对话框。选择要保存到的目录，输入新名称为 "bolt_m12_a_x"，单击 "确定" 按钮，完成保存副本操作。

② 在 "快速访问" 工具栏中单击 "关闭" 按钮 ，以关闭当前窗口模型并将对象留在会话中。

③ 单击 "拭除未显示的" 按钮 ，接着单击 "确定" 按钮以从会话中移除所有不在窗口中的对象。

4. 打开族表零件

① 在 "快速访问" 工具栏中单击 "打开" 按钮 ，系统弹出 "文件打开" 对话框，选择 "bolt_m12_a_x. prt" 文件，单击 "打开" 按钮。

② 系统弹出图 10-15 所示的 "选择实例" 对话框。该对话框具有两个选项卡，即 "按名称" 选项卡和 "按列" 选项卡。在 "按名称" 选项卡中可以按名称来选择要打开的模型实例，例如选择 "BM12_A_2" 实例。也可以切换到 "按列" 选项卡，按照指定列的内容进行实例选择，如图 10-16 所示。

图 10-15 "选择实例" 对话框

图 10-16 按列的内容进行选择

③ 在"选择实例"对话框中单击"打开"按钮，打开的该实例模型如图 10-17 所示。

?说明 该螺栓族表中的 3 个实例模型的外形结构是相似的，只是螺栓的螺杆长度和螺纹长度稍有不同而已，它们的三维模型对比效果如图 10-18 所示。

图 10-17　打开族表中的一个实例模型　　图 10-18　案例族表中的 3 个螺栓实例

10.3　使用关系式

在某些设计场合下，巧用关系式可以建构出奇特的模型效果，或者获得满足特定关系的产品零件。关系（也被称为参数关系）是书写在符号尺寸和参数之间的用户定义的等式，利用参数以及参数之间的关系式，可以

扫码观看视频

更好地捕捉设计意图和从各方面控制产品的建模。有关关系式中的运算符、变量符号、注释语句、函数、用户参数等，本书不做具体的介绍，有兴趣的读者可以查阅相关的资料（如 Creo Parametric 6.0 帮助文件）去学习和掌握。在这里，只通过一个相对简单的案例来介绍如何在设计中使用关系式。另外，在后面章节的齿轮案例中也涉及关系式的应用。

使用关系式的体验案例如下。

① 在"快速访问"工具栏中单击"打开"按钮🗁，弹出"文件打开"对话框，选择配套案例文件"bc_10_tr. prt"，然后单击"文件打开"对话框中的"打开"按钮。该文件中的已有模型如图 10-19 所示。下面要在该原始模型上创建具有波浪形的可变截面扫描特征，以构造出一个艺术式的托盘零件。

② 在功能区的"模型"选项卡的"形状"面板中单击"扫描"按钮🗇，打开"扫描"选项卡。

③ 在"扫描"选项卡中单击"实心"按钮◻，接着单击"创建薄板特征"按钮◻，并输入薄板的厚度值为"3"。

④ 在"扫描"选项卡中单击"允许截面变化"按钮🗹。

⑤ 选择原始模型上表面的一个轮廓边，接着按住〈Shift〉键并单击上表面，从而选中整个上表面的轮廓边，如图 10-20 所示。此时，若打开"扫描"选项卡的"参考"面板，则可以看到默认的截平面控制选项为"垂直于轨迹"，水平/竖直控制选项为"垂直于曲面"。

⑥ 在"扫描"选项卡中单击"创建或编辑扫描剖面"按钮🗹，进入草绘器。

⑦ 绘制图 10-21 所示的扫描剖面。

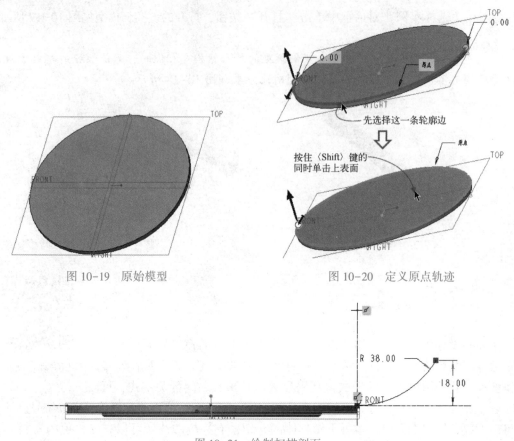

图 10-19 原始模型　　　　　　　　图 10-20 定义原点轨迹

图 10-21 绘制扫描剖面

⑧ 在功能区中单击"工具"标签以切换到"工具"选项卡,如图 10-22 所示,在"模型意图"面板中单击"关系"按钮 **d=**,系统弹出"关系"对话框。

图 10-22 切换到"工具"选项卡并单击"关系"按钮

⑨ 在"关系"对话框的关系文本框中输入带 trajpar 参数的剖面关系式如下。

$$sd4 = 19 + 3.2 * \sin(\text{trajpar} * 360 * 20)$$

图 10-23 所示,可以单击"执行/校验关系并按关系创建新参数"按钮 来校验关系,系统弹出"校验关系"对话框提示"已成功校验了关系",单击"校验关系"对话框中的"确定"按钮。

说明 在创建可变截面扫描特征的过程中,可使用带 trajpar 参数的截面关系来使草绘可变。草绘所约束到的参照可改变截面形状。所述的 trajpar 可以说是一种轨迹参数,定义轨迹从起点到终点的变化,其参数值从 0 到 1 变化,起点对应赋值 0,终点对应赋值 1。

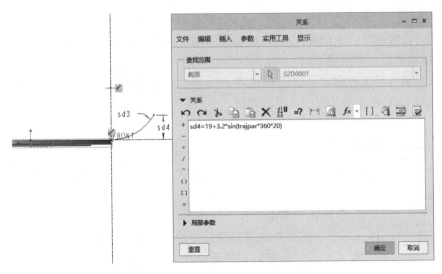

图 10-23　设置截面的关系式

⑩ 在"关系"对话框中单击"确定"按钮。

⑪ 在功能区中切换到"草绘"选项卡，单击"确定"按钮✔，完成截面草绘并退出草绘器。

⑫ 返回到"扫描"选项卡，在"扫描"选项卡中单击"在草绘的一侧、另一侧或两侧间更改加厚方向"按钮▨，使加厚的材料侧如图 10-24 所示。

⑬ 在"扫描"选项卡中单击"确定"按钮✔，完成的效果如图 10-25 所示。

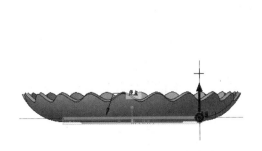

图 10-24　更改加厚的材料侧方向

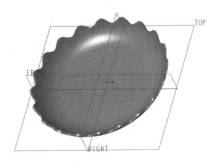

图 10-25　完成效果

10.4　用户定义特征

Creo Parametric 6.0 中的用户定义特征简称为"UDF"，其包括选定的特征、它们的所有相关尺寸、选定特征之间的任何关系以及在零件上放置 UDF 的参照列表。

UDF 既可以是从属的，也可以是独立的。从属的 UDF 在运行时直接从原始模型获得其值（要使从属 UDF 有效，原始模型必须存在），如果在原始模型中改变尺寸值，则所作改变会自动反映到相关的 UDF 中。独立的 UDF 将所有原始模型信息复制到 UDF 文件中，如果改变参照的原始模型，那么所作变化不会反映到 UDF 中。独立的 UDF 比从属的 UDF 需要更多的空间。

需要用户注意的是：在创建 UDF 之前，可创建所需的 UDF 库目录。默认时，Creo Parametric 6.0 在当前目录中创建 UDF。

下面以案例的形式介绍如何创建 UDF 库和在模型中放置 UDF。通过案例学习，读者应该能够加深对 UDF 概念及其应用流程的理解。

10.4.1 创建 UDF 库

在创建 UDF 库之前，必须准备好所需的原始模型，定义好某些元素。创建 UDF 库的案例步骤如下。

①在"快速访问"工具栏中单击"打开"按钮，弹出"文件打开"对话框，选择配套案例文件"bc_10_u. prt"，然后单击该对话框中的"打开"按钮。

②在功能区中选择"工具"标签以切换到"工具"选项卡，接着在"实用工具"面板中单击"UDF 库"按钮，弹出一个菜单管理器，并在菜单管理器的"UDF"菜单中选择"创建"命令，如图 10-26 所示。

图 10-26　新建 UDF 库的命令操作

③输入 UDF 名为"bc_udf_1"，单击"接受"按钮，或者按〈Enter〉键确定。

④在出现的"UDF 选项"菜单中选择"独立"|"完成"命令，如图 10-27 所示。

⑤系统弹出"确认"对话框，如图 10-28 所示，从中单击"是"按钮，确认包括参考零件。

图 10-27　设置 UDF 选项

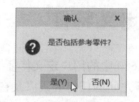

图 10-28　"确认"对话框

⑥系统弹出一个特征定义对话框。此时，菜单管理器出现"UDF 特征"菜单和"选择特征"菜单，接受默认选项。结合〈Ctrl〉键选择圆柱形的"拉伸 2"特征和孔特

征（孔1）作为要添加到UDF的特征，如图10-29所示。单击"选择"对话框中的"确定"按钮。

⑦ 在菜单管理器的"选择特征"菜单中选择"完成"命令，接着在"UDF特征"菜单中选择"完成/返回"命令。

⑧ 依据图形中以加亮颜色标识的参照面，在图10-30所示的框中输入"主放置面"，然后单击"接受"按钮✔。

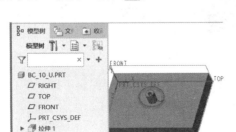

图 10-29　选择特征　　　　　　　图 10-30　为加亮参照输入提示

⑨ 根据第二个加亮参照输入提示信息为"右参照"，单击"接受"按钮✔；根据第三个加亮参照输入提示信息为"第三参照（背）"，然后单击"接受"按钮✔。

⑩ 在菜单管理器出现的"修改提示"菜单（图10-31）中选择"完成/返回"命令。

⑪ 在图10-32所示的"UDF:bc_udf_1,独立"对话框（特征定义对话框）中选择"可变尺寸"元素选项，接着单击"定义"按钮。

图 10-31　"提示设置"菜单　　　　图 10-32　"UDF"对话框

⑫ 此时，在图形窗口中显示模型中之前所选特征的全部尺寸，如图10-33所示。现在开始添加可变尺寸：选择圆柱高度尺寸为"16"、圆柱定位尺寸为"75"和"50"，然后在"添加尺寸"菜单中选择"完成/返回"命令，在"可变尺寸"菜单中选择"完成/返回"命令。

⑬ 对照模型中特别显示的尺寸参考来为其输入相应的提示。这些尺寸的提示依次为"圆柱高度""到第三参照的定位距离""到第二参照的定位距离"。

⑭ 在"UDF:bc_udf_1,独立"对话框（特征定义对话框）中单击"确定"按钮。

⑮ 在菜单管理器的"UDF"菜单中选择"完成/返回"命令。

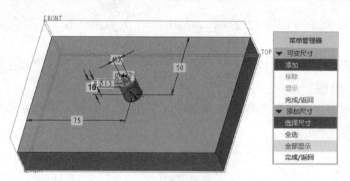

图 10-33 设置可变尺寸

10. 4. 2 放置 UDF

可以在模型中放置 UDF，请看如下的操作案例。

① 在"快速访问"工具栏中单击"打开"按钮，弹出"文件打开"对话框，选择配套案例文件"bc_10_ub. prt"，然后单击"文件打开"对话框中的"打开"按钮。该文件中的模型如图 10-34 所示。

② 在功能区的"模型"选项卡的"获取数据"面板中单击"用户定义特征"按钮，如图 10-35 所示。

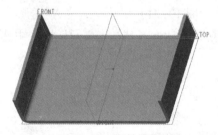

图 10-34 原始模型

图 10-35 单击"用户定义特征"按钮

③ 利用弹出的"打开"对话框，选择"bc_udf_1. gph"文件来打开。

④ 系统弹出"插入用户定义的特征"对话框，如图 10-36 所示，在该对话框中确保选中"高级参考配置"复选框，然后单击"确定"按钮。

⑤ 系统弹出"用户定义的特征放置"对话框，该对话框由选项卡和预览控件组成。切换到"选项"选项卡，设置图 10-37 所示的选项（可以接受默认设置）。

说明 预览控件主要包括以下元素。

● ：复位到创建第一个 UDF 特征之前的状态。

● ：复位到上一个 UDF 特征。

● ：向前滚动或再生下一个 UDF 特征。

● ：向前滚动或再生所有已成功再生的 UDF 特征。

● "自动重新生成"复选框：如果选中该框（默认设置），则在 UDF 放置对话框中进行更改后会自动再生 UDF。

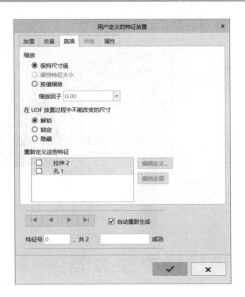

图 10-36 "插入用户定义
的特征"对话框

图 10-37 用户定义的特征
放置：选项设置

⑥ 切换到"放置"选项卡，在"原始特征的参考"列表中选择第 1 个参考，接着在现模型中选择主放置面；使用同样的方法，分别对照原始特征的第 2 参考和第 3 参考，在现模型中定义 UDF 特征的第 2 参考和第 3 参考，这些定义的放置参照如图 10-38 所示。

⑦ 切换到"变量"选项卡，设置圆柱高度为"20"，到第三参照的定位距离为"40"，到第二参照的定位距离为"50"，如图 10-39 所示。

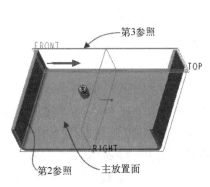

图 10-38 定义相关的放置参照

图 10-39 设置变量

⑧ 在"用户定义的特征放置"对话框中单击"应用"按钮 ✓ ，完成放置 UDF 的结果如图 10-40 所示。

❓ **说明** 读者可以参考上述操作，继续在该模型零件中放置 UDF 特征，以便熟练掌握插入 UDF 特征的操作方法和技巧等。

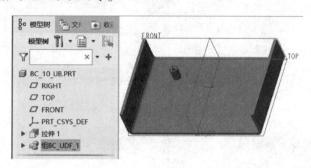

图 10-40　放置 UDF 的结果

10.5　向模型中添加图像

在功能区的"视图"选项卡中单击"模型显示"组溢出按钮，接着单击"图像"按钮 🖼️ ，则打开图 10-41 所示的"图像"选项卡，使用此选项卡，可以向模型中添加图像并管理其属性，可以轻松实现"跟踪草绘"的设计理念（参照导入的草绘、图像等来进行建模设计）。

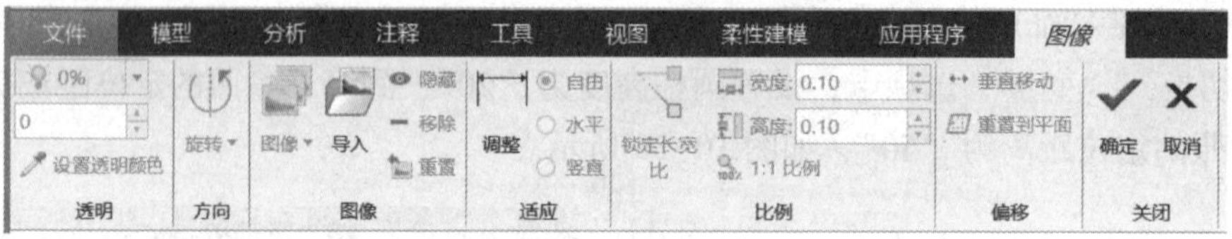

图 10-41　在功能区中打开"图像"选项卡

请看以下的一个操作示例。

① 新建一个使用"mmns_part_solid"公制模板的实体零件文件，在功能区中打开"视图"选项卡，接着单击"模型显示"组溢出按钮并从该组溢出列表中单击"图像"按钮 🖼️ ，从而在功能区中打开"图像"选项卡。

② 在"图像"选项卡的"图像"面板中单击"导入"按钮 📂 ，此时系统提示选择一个基准平面或平面曲面以放置图像。根据该提示在图形窗口中选择 FRONT 基准平面来放置图像，系统弹出"打开"对话框，从本书配套资料中选择配套素材图像文档"bc_10_xiaoche.jpg"，单击"打开"按钮，默认放置图像的效果如图 10-42 所示。

③ 调整视角以便于编辑图像属性。对于本例，在"图形"工具栏中单击"已保存方向"按钮 🖼️ ，从其已命名视图列表中选择"FRONT"视图，此时视图效果如图 10-43 所示。

④ 注意确保使"图像"选项卡的"比例"面板中的"锁定长宽比"按钮 🖼️ 处于被选中的状态，在"高度" 🖼️ 框中输入"256"，接着使用鼠标拖拽的方式将图像整体拖放到放置平面的合适位置处，如图 10-44 所示。

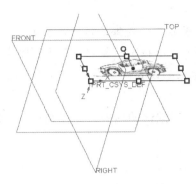

图 10-42　在指定平面添加
图像（默认放置）

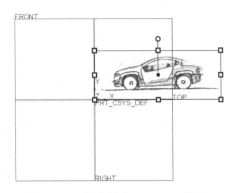

图 10-43　调整视角（TRONT 视角）

知识点拨　用户可以在"图像"选项卡的"调整"面板中单击"调整"按钮，此时"自由"单选按钮、"水平"单选按钮和"竖直"单选按钮可用。当选择"自由"单选按钮时，可使图像适应任何方向；当选择"水平"单选按钮时，可使图像适应水平大小；当选择"竖直"单选按钮时，可使图像适应竖直大小。

在"图像"选项卡的"透明"面板中可以设置透明颜色和图像的透明度，在本例中从"选择透明度"下拉列表框中选择"75%"透明度，如图 10-45 所示。

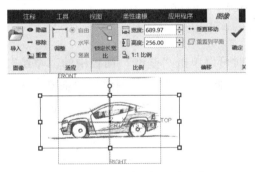

图 10-44　设置图像比例和放置位置

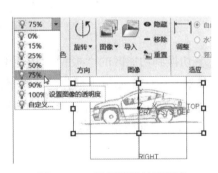

图 10-45　设置图像的透明度

在"图像"选项卡的"方向"面板中单击"旋转"按钮以打开方向按钮列表，如图 10-46 所示，接着单击"竖直反向"按钮，竖直反向的效果如图 10-47 所示。

图 10-46　设置图像的放置方向

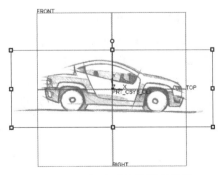

图 10-47　竖直反向的图形效果

知识点拨 在"图像"选项卡的"图像"面板中还提供了其他几个实用的工具按钮，其中，"隐藏"按钮◎用于设置是否隐藏当前图像，"移除"按钮━用于移除当前选定的图像，"重置"按钮🔄用于将当前图像重新设置为原始设置，而单击"图像"按钮🖼️则可以选择其中已导入的一个图像。

⑦ 在"图像"选项卡中单击"确定"按钮✔️。以默认的标准方向视角显示的图像效果如图 10-48 所示。

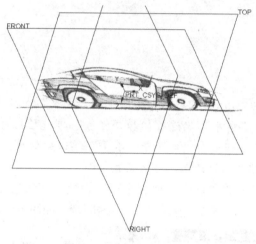

图 10-48   完成导入图像

⑧ 切换到功能区的"模型"选项卡，此时可以单击"基准"面板中的"草绘"按钮🪶，并选择 FRONT 基准平面作为草绘平面，这样便可参考导入的图像来"临摹"出所需的外形轮廓曲线。也可以单击"曲面"面板中的"造型"按钮📖，在"样式"设计环境中根据导入的图像来创建相关的曲线。

10.6   思考与练习题

1）如何对选定的特征进行重新排序？尝试一下是否可以在模型树中使用鼠标左键拖动的方式来将选定特征拖放到其他特征之前或之后，以快速完成特征重新排序？

2）如何理解插入模式？

3）上机练习：参考本章相应案例，使用关系式创建可变截面扫描特征。

4）什么是 UDF？

5）UDF 应用主要包括哪两大环节？

6）如何根据外来图像来创建相关的曲线？

第11章 装配设计

本章导读：

Creo Parametric 6.0 集成了一个装配模式，使用该模式可以将设计好的零件装配成一个组件（例如半成品或完整的产品模型），也可以在装配模式下规划产品结构、管理装配视图，以及新建和设计元件等。

本章首先简述装配模式，接着介绍放置约束、连接装配（即使用预定义约束集）、移动正在放置的元件、阵列元件、镜像装配、组件操作、替换元件、在装配模式下新建元件、管理装配视图和分析组件模型等。

11.1 装配模式概述

在 Creo Parametric 6.0 软件基础包中，配置了一个专门用于装配设计的模块。装配模块（也称"组件模块"）提供了各种实用的基本装配工具和其他相关工具，使用它们可以将已经设计好的零件按照一定的约束关系放置在一起来构成组件，可以在装配模式下新建和设计零件（元件），还可以阵列元件、镜像元件、替换元件、使用骨架模型、使用布局、检查各零件间的干涉情况等。

在使用装配模块来进行产品设计时，免不了要考虑两种典型的设计方法，即自顶向下设计和由下到上设计。这两种设计方法的简要介绍（主要摘自 Creo Parametric 6.0 的帮助文件并进行整理归纳）如下。

- *自顶向下设计*：从已完成的产品开始对产品进行分析，然后向下设计。因此，可从主组件开始，将其分解为组件和子组件。然后标识主组件元件及其关键特征。最后，了解组件内部及组件之间的关系，并评估产品的装配方式。掌握了这些信息，就能规划设计并能在模型中体现总体设计意图。自顶向下设计是各公司的业界案例，用于设计历经频繁设计修改的产品，被设计各种产品的各公司所广泛采用。

- *由下到上设计*：从元件级开始分析产品，然后向上设计到主组件。注意，成功地由下到上设计要求对主组件有基本的了解。基于由下到上设计的一个缺点是不能完全体现设计意图。尽管采用由下到上设计的结果可能与自顶向下设计的结果相同，但是由下到上设计却加大了设计冲突和错误的风险，从而导致设计不灵活。然而，目前由下到上设计仍是设计界广泛采用的设计方法或设计思路。设计相似产品或不需要在其生命周期中进行频繁修改的产品的公司大多采用由下到上的设计方法。

下面介绍如何新建一个装配文件（亦称组件文件），并了解装配文件的界面。

① 在"快速访问"工具栏中单击"新建"按钮，弹出"新建"对话框。

② 在"类型"选项组中选择"装配"单选按钮，在"子类型"选项组中选择"设计"单选按钮，在"文件名"文本框中输入新的组件名称或接受默认的组件名称，取消选中"使用默认模板"复选框，如图 11-1a 所示。然后单击"确定"按钮，弹出"新文件选项"对话框。

③ 在"模板"选项组中选择公制模板"mmns_asm_design"，如图 11-1b 所示，然后单击"确定"按钮，进入新装配的设计界面。

a)　　　　　　　　　　　　　　　b)

图 11-1　新建装配文件

a)"新建"对话框　b)"新文件选项"对话框

装配模式的设计界面由标题栏、功能区、导航区、图形窗口、状态栏、"快速访问"工具栏和"图形"工具栏等组成，其中功能区提供与装配相关的面板和相应的工具命令。如果要使装配模型树显示"特征"和"放置文件夹"，那么可以按照图 11-2 所示的图解步骤进行操作。

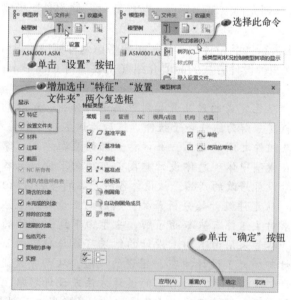

图 11-2　设置使装配模型树显示"特征"和"放置文件夹"

11.2　放置约束

在 Creo Parametric 6.0 中，可以采用两种参数化的装配方法来装配零部件，即使用放置约束（其实是用户定义约束集）和连接装配（连接装配其实就是使用预定义的约束集）。在实际的装配设计中，可以根据产品的结构关系、功能和设计要求来综合判断采用哪种装配方法，例如当要装配进来的零件或子组件将作为固定件时，可采用放置约束的方法使其在装配（组件）中完全约束；当要装配进来的零件或子装配（子组件）相对于装配（组件）作为活动件时，一般采用连接装配的方法。不管采用哪种装配方法，都是在"元件放置"选项卡中进行选择和设置的，如图 11-3 所示。

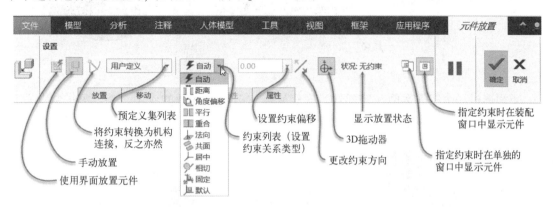

图 11-3　"元件放置"选项卡

放置约束指定了一对参照的相对位置。而放置约束的关系类型（简称"约束类型"）主要包括"自动""距离""角度偏移""平行""重合""法向""共面""居中""相切""固定"和"默认"，这可以从"元件放置"选项卡的约束列表中选择。用户也可以在"元件放置"选项卡的"放置"面板中选择约束类型及进行相关放置操作。各放置约束的功能含义如下。

- "自动"：元件参考相对于装配参考自动放置。
- "距离"：元件参考偏移至装配参考，需要设置元件参考和装配参考之间的距离值，以及设置它们之间的约束方向。
- "角度偏移"：元件参考与装配参考成设定的角度。
- "平行"：元件参考定向至装配参考。
- "重合"：元件参考与装配参考重合，朝向相同或朝向相反。
- "法向"：元件参考与装配参考垂直。
- "共面"：元件参考与装配参考共面。
- "居中"：元件参考与装配参考同心。
- "相切"：元件参考与装配参考相切。
- "固定"：将元件固定到当前位置。
- "默认"：在默认位置组装元件。

图 11-4 给出了两种常见的放置约束类型，即"距离"（左）和"重合"（中和右，中为面重合，右为轴重合），其中"重合"约束既可以使选定的两组面重合，也可以使选定的两组轴线重合。对于两组平面曲面的"距离"约束或"重合"约束，还可以单击"元件放置"选项卡中的"更改约束方向"按钮 ，来更改约束方向，从而使得选定的参照朝向相同或朝向相反。另外，尤其要注意"重合"约束的参照的类型必须相同（例如平面对平面、点对点、轴对轴、坐标系对坐标系等）。

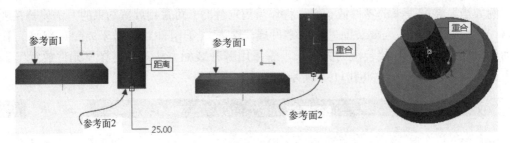

图 11-4　举例：两种常见的放置约束类型

下面通过一个实战案例（装配灯具底座）来讲解放置约束的应用。装配好的灯具底座如图 11-5 所示。灯具底座的基本装配过程如下。

图 11-5　灯具底座

1. 新建一个装配设计文件

① 在"快速访问"工具栏中单击"新建"按钮 ，新建一个名为"bc_lamp_base"的装配设计文件，不采用默认的装配（组件）模板，而选择"mmns_asm_design"模板。

② 在模型树的上方单击"设置"按钮 ，接着选择"树过滤器"选项。

③ 系统弹出"模型树项"对话框，如图 11-6 所示，在"显示"选项组中确保增加选中"特征"复选框，然后单击"确定"按钮。

2. 放置第 1 个零件——底座

① 在功能区的"模型"选项卡的"元件"面板中单击"组装"按钮 ，系统弹出"打开"对话框。

图 11-6　"模型树项"对话框

② 在"打开"对话框中通过浏览选择打开"tsm_lamp_1.prt"文件。此时，在功能区

中出现"元件放置"选项卡，如图 11-7 所示。

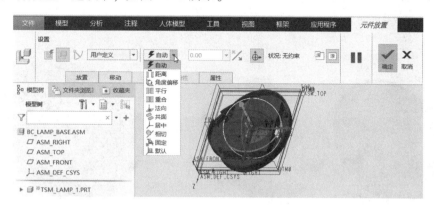

图 11-7 将元件添加到装配出现的"元件放置"选项卡

③ 在"元件放置"选项卡的"约束类型"下拉列表框中选择"默认"，则系统在"元件放置"选项卡中显示"状况：完全约束"的信息。

④ 在"元件放置"选项卡中单击"确定"按钮 ✓，从而使默认的装配坐标系（也称"组件坐标系"）与元件坐标系对齐。

此时，可以通过在模型树中使用快捷功能来将底座 1 零件上的部分基准平面隐藏起来，以得到图 11-8 所示的效果。

3. 装配底座上壳

① 在功能区的"模型"选项卡的"元件"面板中单击"组装"按钮 🗗，选择打开"tsm_lamp_2. prt"文件。

② 在功能区中出现"元件放置"选项卡，从"约束类型"下拉列表框中选择"重合"选项，如图 11-9 所示。

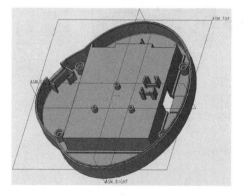

图 11-8 以"默认"方式装配好
的底座 1 零件

图 11-9 选择约束类型

③ 在状态栏右侧的选择过滤器下拉列表框中选择"坐标系"选项，接着在图形窗口中选择底座 1（tsm_lamp_1. prt）的 PRT_CSYS_DEF 坐标系和底座上壳（tsm_lamp_2. prt）的 PRT_CSYS_DEF 坐标系，如图 11-10 所示。

④ 在"元件放置"选项卡中单击"确定"按钮 ✔，从而用在装配（组件）中选定的坐标系对齐元件坐标系来完成底座上壳的装配，效果如图 11-11 所示。

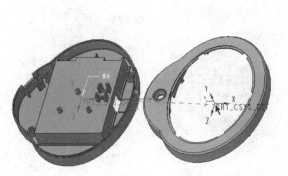 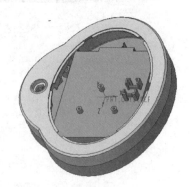

图 11-10　选择两个坐标系　　　　　　　　图 11-11　完成底座上壳的组装

4. 组装蓄电池面盖

① 在功能区的"模型"选项卡的"元件"面板中单击"组装"按钮 💾，接着利用弹出的"打开"对话框选择打开"tsm_lamp_3. prt"文件。

② 在"元件放置"选项卡的"约束类型"下拉列表框中选择第一个约束类型为"重合"▯▮，接着在图形窗口中选择底座 1 的配合面和蓄电池面盖零件（tsm_lamp_3. prt）的一个平面表曲面，如图 11-12 所示。接着单击"更改约束方向"按钮 ✕ 以获得合理的约束方向。

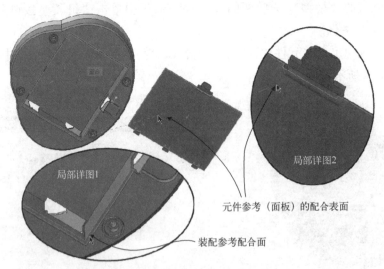

局部详图1

局部详图2

元件参考（面板）的配合表面

装配参考配合面

图 11-12　选择一组重合配合面

③ 在"元件放置"选项卡中打开"放置"面板，单击"新建约束"选项，系统自动添加一个默认类型为"自动"的约束。将该约束（即第二个约束）的类型设置为"重合"，接着在装配体中选择 ASM_FRONT 基准平面以及在蓄电池面盖零件（tsm_lamp_3. prt）中选择 RIGHT 基准平面，然后在"放置"面板中单击"反向"按钮，以使蓄电池面盖零件的组装方位正确，如图 11-13 所示。

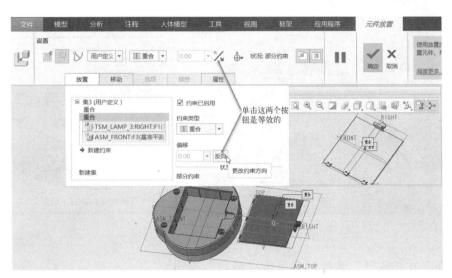

图 11-13　定义第 2 个重合约束

④ 在"放置"面板中单击"新建约束"选项，增加一个新约束，将该第三个约束的
类型也设置为"重合"，然后选择装配体的 ASM_RIGHT 基准平面和蓄电池面盖零件（tsm_
lamp_3. prt）的 FRONT 基准平面。若系统提示约束无效，则在"放置"面板中单击"反向"
按钮来反向约束方向，此时，系统提示完全约束。

⑤ 在"元件放置"选项卡中单击"确定"按钮，完成该蓄电池面盖的组装，组装
效果如图 11-14 所示。

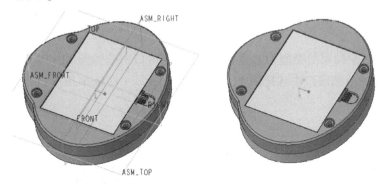

图 11-14　完成蓄电池面盖零件的组装

5. 装配底座凸盖

① 在功能区的"模型"选项卡的"元件"面板中单击"组装"按钮，选择打开
"tsm_lamp_4. prt"文件。

② 选择第一个约束类型为"重合"。图 11-15 所示，在图形窗口中选择底座上壳（tsm
_lamp_2. prt）的上支撑面和底座凸盖（tsm_lamp_4. prt）的下表面（环形的）。

③ 新建一个约束。将第二个约束的类型设置为"重合"，然后选择装配体的 ASM_
FRONT 基准平面和底座凸盖（tsm_lamp_4. prt）的 FRONT 基准平面。

④ 再新建一个约束。将第三个约束的类型设置为"重合"，然后选择装配体的 ASM_
RIGHT 基准平面和底座凸盖（tsm_lamp_4. prt）的 RIGHT 基准平面。

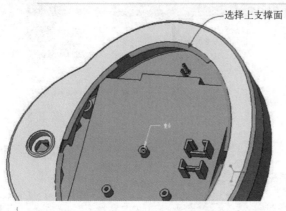

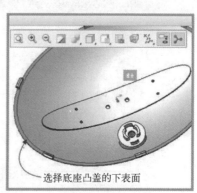

选择上支撑面

选择底座凸盖的下表面

图 11-15　选择一组重合约束参照

⑤ 在"元件放置"选项卡中单击"确定"按钮
✓，完成该底座凸盖零件的装配，结果如图 11-16 所
示（图中已经将一些基准平面隐藏）。

6. 装配指示灯装饰条

① 在功能区的"模型"选项卡的"元件"面板
中单击"组装"按钮 📳，选择打开"tsm_lamp_5. prt"
文件。

② 在"元件放置"选项卡中单击选中"指定约束
时在单独的窗口中显示元件"按钮 🔲，以打开图 11-17
所示的单独窗口。

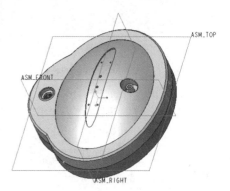

图 11-16　完成底座凸盖零件的装配

③ 选择第一个约束的类型为"重合"，在装配窗口中选择图 11-18 所示的曲面，接着
在指示灯装饰条的单独窗口中选择图 11-18 所示的曲面（在该单独窗口中旋转模型后再选
择重合参照曲面）。

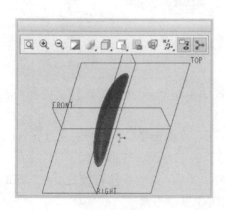

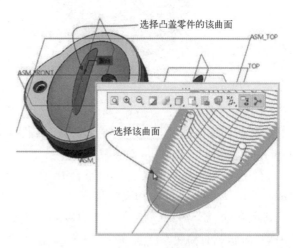

选择凸盖零件的该曲面

选择该曲面

图 11-17　在单独的窗口中显示
指示灯装饰条

图 11-18　选择重合约束的一组参照

④ 添加第二个约束。将第二个约束的类型设置为"重合"，然后选择装配体的 ASM_FRONT 基准平面和指示灯装饰条的 FRONT 基准平面。

⑤ 添加第三个约束。将第三个约束的类型设置为"距离"，然后选择装配体的 ASM_RIGHT 基准平面和指示灯装饰条的 RIGHT 基准平面，设置偏移距离值为"0"。

⑥ 在"元件放置"选项卡中单击"确定"按钮✔，从而完成指示灯装饰条的组装，其效果如图 11-19 所示。

7. 装配按钮帽零件

？说明 为了便于将按钮帽零件装配进组件（装配体），可以先将相关元件（零件）隐藏起来，其方法是在导航区的装配模型树中，结合使用〈Ctrl〉键选择要隐藏的多个元件，如图 11-20 所示，接着在出现的快捷工具栏中单击"隐藏"按钮即可。

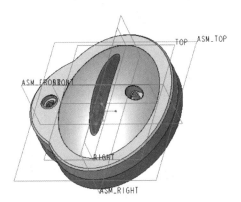

图 11-19 完成指示灯装饰条的组装   图 11-20 在装配中隐藏选定元件

① 在功能区的"模型"选项卡的"元件"面板中单击"组装"按钮，选择"tsm_lamp_6. prt"文件来打开。

② 在"元件放置"选项卡中选择第一个约束的类型为"距离"，在模型窗口中选择底座凸盖零件（tsm_lamp_4. prt）的按钮卡扣配合面，以及选择按钮帽（tsm_lamp_6. prt）的卡扣面，如图 11-21 所示，设置两者间的偏移距离值为"0"。

③ 在"元件放置"选项卡的"放置"面板中单击"新建约束"选项，以添加第二个约束。选择第二个约束的类型为"重合"，接着选择装配体的 ASM_FRONT 基准平面和按钮帽零件的 RIGHT 基准平面。

④ 再次在"放置"面板中单击"新建约束"选项以添加第三个约束。接着将第三个约束的类型设置为"重合"，在图形窗口中选择底座凸盖零件的 A_10 轴（或 A_16 轴）和按钮帽的 A_2 轴，如图 11-22 所示。

⑤ 在"元件放置"选项卡中单击"确定"按钮✔，完成按钮帽的装配，装配结果如图 11-23a 所示。

至此，本实战学习案例的灯具底座组件装配好了。此时，在模型树中选择"tsm_lamp_1. prt""tsm_lamp_2. prt""tsm_lamp_3. prt"这 3 个零件，接着在浮动工具栏（快捷工具栏）中单击"取消隐藏"按钮，从而取消隐藏这 3 个零件，最终的装配效果如图 11-23b 所示。

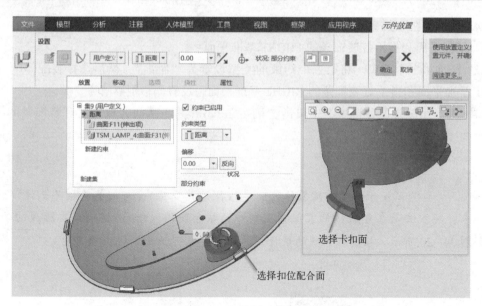

图 11-21 选择配对参照面

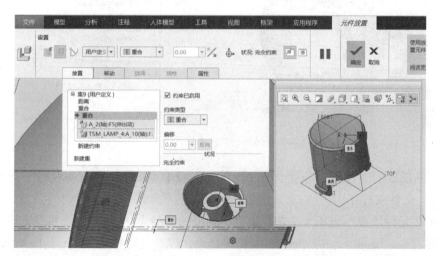

图 11-22 选择重合参照

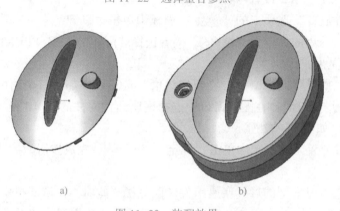

a) b)

图 11-23 装配效果

a) 完成按钮帽的装配 b) 显示组件中的全部零件

11.3 连接装配

连接装配主要考虑了机构运动的要素，它是使用预定义约束集来定义元件在组件中的运动。预定义约束集包含用于定义连接类型（有或无运动轴）的约束，而连接定义特定类型的运动。使用预定义约束集放置（装配）的元件一般是有意地未进行充分约束，以保留一个或多个自由度。在 Creo Parametric 6.0 中，连接装配是对产品结构进行运动仿真和动力学分析的前提。本书对连接装配只作一般性的介绍。

连接装配的类型主要有"刚性""销""滑块（滑动杆）""圆柱""平面""球""焊缝""轴承""常规""6DOF""万向"和"槽"。连接装配的定义和放置约束的定义非常相似，即在功能区出现的"元件放置"选项卡中，从"预定义约束集"下拉列表框中选择所需要的连接类型选项，如图 11-24 所示，接着根据所选连接类型选项的特定约束要求，分别在组件中和要装配元件中指定约束参照。例如，当选择"滑块"连接类型时，需要在装配组件中和要装配元件中选择合适的参照对来定义两个约束："轴对齐"约束和"旋转"约束，这可以通过打开"元件放置"选项卡的"放置"面板来辅助操作，如图 11-25 所示。

图 11-24 使用"预定义 图 11-25 定义"滑动杆"连接类型
约束集"列表框

下面通过一个案例来说明连接装配的一般应用方法和步骤。

① 在"快速访问"工具栏中单击"打开"按钮 📂，弹出"文件打开"对话框，选择本书配套的案例学习文件"bc_11_3_m. asm"，然后单击"文件打开"对话框中的"打开"按钮。该装配组件中存在图 11-26 所示的元件。

② 在功能区的"模型"选项卡的"元件"面板中单击"组装"按钮 🖳，弹出"打开"对话框，选择"bc11_3b. prt"配套文件，单击"打开"按钮。

③ 在功能区出现"元件放置"选项卡，在该选项卡中打开"预定义约束集"下拉列表框，并从该下拉列表框中选择"销"选项。

④ 打开"放置"面板，首先定义"轴对齐"约束。在装配中选择 A_1 特征轴，接着在"bc11_3b. prt"元件中也选择 A_1 轴，如图 11-27 所示。

⑤ 自动切换到"平移"定义状态，即在"放置"面板的"集"列表中切换到"平移"定义项。分别选择组件参照（装配项）和元件参照（元件项），如图 11-28a 所示。注意此时默认的约束类型为"▇▇重合"。

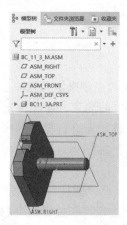

图 11-26 原始装配组件

图 11-27 定义轴对齐

在这里，可以在"放置"面板的"约束类型"下拉列表框中选择"□□距离"选项，然后在"偏移"文本框中设置偏移距离为"20"，如图 11-28b 所示。

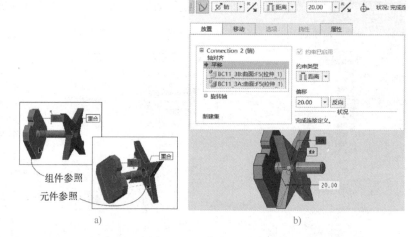

图 11-28 定义"平移"

a）为定义"平移"选择组件参照和元件参照 b）设置偏移距离

如果需要，还可以在"放置"面板的集列表中选择"旋转轴/运动轴"，然后在其属性区域定义元件运动限制。

⑥ 在"元件放置"选项卡中单击"确定"按钮✔，完成该"销"连接装配的操作，结果如图 11-29 所示。

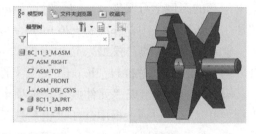

图 11-29 "销"连接装配的结果

11.4 移动正在放置的元件

在进行元件放置（装配）的时候，可以使用下列方法来调节元件的位置。

1. 右键方式

右键单击要操作的元件，然后从快捷菜单中选择"移动元件"命令，在图形窗口中单击并释放鼠标左键，接着移动鼠标，要停止移动，则在图形窗口中右击，在快捷菜单中选择其他选项退出。

2. 使用 3D 拖动器

装配元件时，在功能区的"元件放置"选项卡中使"显示 3D 拖动器" ⬙ 处于被选中的状态，这样在图形窗口的正在放置的元件中显示有一个 3D 拖动器，如图 11-30 所示，使用鼠标左键按住 3D 拖动器的坐标原点、坐标轴、圆形控制弧线拖动可以在自由度允许的条件下分别移动、沿着指定轴平移、旋转元件。

3. 使用"元件放置"选项卡的"移动"面板选项

在"元件放置"选项卡中打开"移动"面板，如图 11-31 所示，使用该面板，可以以"定向模式""平移""旋转"和"调整"这些运动方式之一来移动正在放置的元件。

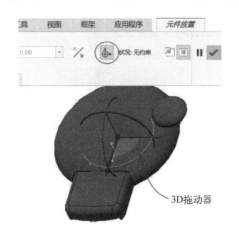

图 11-30 使用 3D 拖动器移动元件

图 11-31 使用"元件放置"
选项卡的"移动"面板

4. 使用键盘快捷方式

在打开的组件文件中，从功能区的"模型"选项卡的"元件"面板中单击"组装"按钮🔩，选择要放置的元件来打开后，出现"元件放置"选项卡，此时可以使用以下任意一种鼠标和按键组合来移动元件。

- 按〈Ctrl+Alt〉组合键+鼠标左键并移动指针以拖动元件。
- 按〈Ctrl+Alt〉组合键+鼠标中键并移动指针以旋转元件。
- 按〈Ctrl+Alt〉组合键+鼠标右键并移动指针以平移元件。
- 按〈Ctrl+Shift〉并单击鼠标中键，启用定向模式。

11.5 阵列元件与镜像装配

本节介绍如何在装配中阵列元件和镜像元件。

11.5.1 阵列元件

在装配模式下，"阵列"工具也可以使用，例如使用阵列工具来装配具有某种规律排布的多个相同元件（零部件）。在组件中阵列元件的方法简述为：先选择在合适的位置处装配好的一个元件，接着执行"阵列"工具命令来装配余下的相同元件。阵列元件比按常规方法一个一个地组装这些元件要快捷得多。

下面的这个实战案例中便应用了阵列工具来阵列元件。

① 在"快速访问"工具栏中单击"打开"按钮 🗁，弹出"文件打开"对话框，选择本书配套的案例学习文件"bc_g_m.asm"，然后单击"文件打开"对话框中的"打开"按钮。在该源文件中已经存在图11-32所示的装配组件。

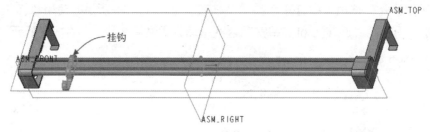

图 11-32　原始装配组件

② 从选择过滤器列表框中选择"零件"，接着在图形窗口中选择已经装配好的挂钩，该挂钩是以"滑块（滑动杆）"连接方式装配进来的。

③ 在功能区的"模型"选项卡的"修饰符"面板中单击"阵列"按钮 ⊞，打开"阵列"选项卡。

④ 在"阵列"选项卡的阵列类型下拉列表框中选择"方向"选项，如图11-33所示，并默认选中"第一方向"框中的"平移"图标选项 ↔。

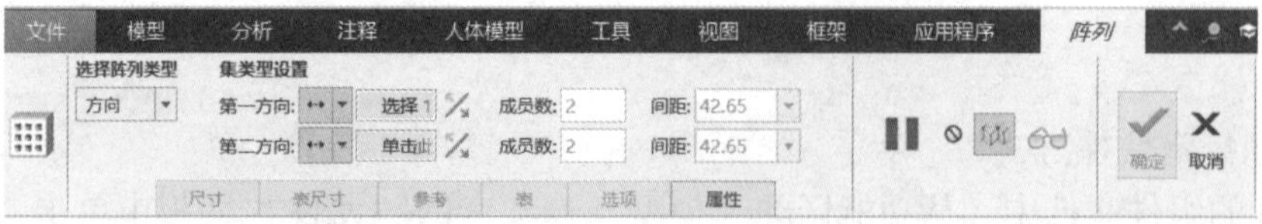

图 11-33　采用方向阵列

⑤ 选择 ASM_RIGHT 基准平面作为方向1参照，设置方向1的成员数为"8"，输入方向1的相邻阵列成员间的间距为"65"，如图11-34所示。

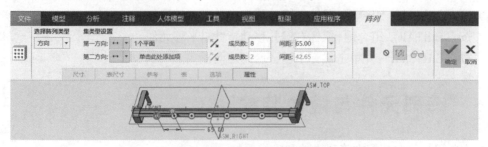

图 11-34　设置方向1参照及参数

⑥ 在"阵列"选项卡中单击"确定"按钮✔，完成所有挂钩的阵列操作，得到的该产品效果如图 11-35 所示。

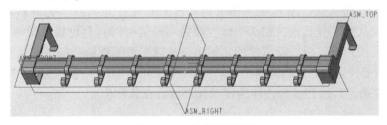

图 11-35　完成元件阵列

11.5.2 镜像元件

可以在装配中创建元件的镜像副本，这些副本关于一个平面参考镜像元件时，可以控制新元件与原始元件的相关性。当修改原始元件几何、原始几何的放置或同时修改两者时，从属镜像元件会自动更新。典型图例如图 11-36 所示，本图例新零件的放置从属于原始零件的放置，因此，原始零件的装配约束（例如"距离"约束和"重合"约束）将应用至新零件。

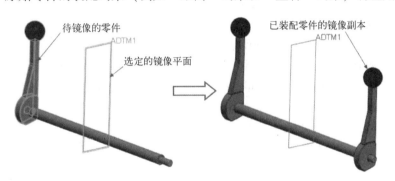

图 11-36　图例：在装配内创建零件的镜像副本

要在装配内创建零件的镜像副本，则可以按照以下步骤进行。

① 在装配文件的功能区的"模型"选项卡中单击"元件"面板中的"镜像元件"按钮，系统弹出图 11-37 所示"镜像元件"对话框。

② 选择要镜像的元件。

③ 选择一个镜像平面（可以是基准平面，也可以是平整曲面）。相对于要镜像的零件上的一个平面进行镜像是一个好的方法。

④ 在"新建元件"选项组中选择"创建新模型"单选按钮或"重新使用选定的模型"单选按钮。这里以选择"创建新模型"单选按钮为例，接着指定新元件的名称等。

⑤ 在"镜像"选项组中选择"仅几何"单选按钮或"具有特征的几何"单选按钮。前者用于创建原始零件几何的

图 11-37　"镜像元件"对话框

镜像副本，后者用于创建原始零件的几何和特征的镜像副本。

⑥ 在"相关性控制"选项组中设置"几何从属"复选框和"放置从属"复选框的状态。倘若选中"几何从属"复选框，那么当修改原始零件几何时，会更新镜像零件几何。倘若选中"放置从属"复选框，那么当修改原始零件放置时，会更新镜像零件放置。注意：使用"具有特征的几何"时，新零件的几何不会从属于源零件的几何。

⑦ 根据需要决定是否执行对称分析。

⑧ 单击"确定"按钮，元件作为镜像元件放置在装配中。

11.6　重复放置元件

在装配模式下，使用"重复"功能来一次装配多个相同零部件是很实用的，所谓的"重复"功能是指使用现有约束信息在此装配中添加元件的另一实例。

要使用"重复"功能，需要先在组件中按照常规方法（如放置约束方法）装配一个用于重复复制的元件，装配好该元件之后，选择它，接着在功能区的"模型"选项卡的"元件"面板中单击"重复"按钮 ↻，利用打开的"重复元件"对话框定义可变装配参考，并在组件（装配体）中选择新的装配参考来自动添加新元件等，可继续定义参照放置直到将元件的所有实例放置完毕为止。

下面介绍一个重复放置元件的操作案例。

① 在"快速访问"工具栏中单击"打开"按钮 📂，弹出"文件打开"对话框，选择本书配套的案例学习文件"bc11_r_m.asm"，然后单击"文件打开"对话框中的"打开"按钮。该文件中的原始装配（组件）如图11-38所示。

② 选择与螺栓或螺钉相似的零件"bc11_r_2.prt"。

③ 在功能区的"模型"选项卡的"元件"面板中单击"重复"按钮 ↻，打开"重复元件"对话框。

④ 在"可变装配参考"选项组的列表中，选择要改变的装配参考。在这里选择第2行的"重合"，即选择第2个"重合"所在的参考行，如图11-39所示。

图11-38　源文件中的装配（组件）

图11-39　选择第2行的"重合"

⑤ 在"重复元件"对话框的"放置元件"选项组中单击"添加"按钮。

⑥ 选择新的装配参考，所选新装配参考将出现在"重复元件"对话框的"放置元件"列表中。在这里，系统在状态栏中出现"为新元件事件从装配选择要插入的旋转曲面"的提示信息，在该提示下在图形窗口中分别选择装配组件中的其余 4 个孔的内圆柱面。生成的每一个实例都显示为"放置元件"列表中的一行。

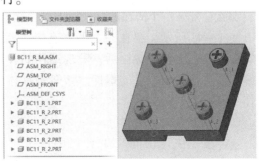

说明 如果要删除出现的元件，则可以在"重复元件"对话框的"放置元件"列表中选择该元件所在的行，然后单击"移除"按钮即可。

⑦ 在"重复元件"对话框中单击"确定"按钮，完成重复放置新元件，结果如图 11-40 所示。

图 11-40　完成重复放置新元件

11.7　替换元件

在实际的产品结构设计工作中，有时候会考虑将组件中的某个元件替换成别的元件。Creo Parametric 6.0 提供了专门的"替换组件元件"功能，使用该功能可以快捷地、方便明了地置换组件中需要变更的零部件。

替换零部件的形式有"族表""互换""参考模型""记事本""通过复制""不相关的元件"等。

替换元件（零部件）的一般操作思路如下。

① 选择需要替换的零部件。

② 在功能区的"模型"选项卡中单击"操作"|"替换"命令，弹出图 11-41 所示的"替换"对话框。其中，"替换为"（即替换形式）选项是否可用，与之前选择的需要替换的零部件有关，例如之前选择的需要替换的零部件为类属零件，那么"族表"选项也可用。

③ 在"替换为"选项组中，选择替换形式选项。

图 11-41　"替换"对话框

④ 指定选择新元件作为替换件等。

⑤ 单击"应用"按钮或"确定"按钮，完成元件（零部件）的替换操作。

当装配中的某个元件被另一个元件替换后，系统会将新元件置于模型树中相同的几何位置。如果替换模型与原始模型具有相同的约束和参照，则会自动执行放置。如果参照丢失，则会打开"元件放置"选项卡，并且必须定义放置约束。

如果被替换的模型为收缩包络特征、继承特征、合并特征、族表成员、功能互换组件和声明到布局的模型之一时，可以执行元件的自动替换。

　　另外，使用"不相关的元件"选项可以用选定的元件手动替换模型。

　　在这里，详细介绍使用族表的形式来替换元件（零部件）。而其他几种形式，希望读者在掌握操作方法的基础上，在今后的实际应用中慢慢体会。

　　利用族表可以轻而易举地产生一系列相似零件，同时倘若在装配中应用到这些类属零件时，那么会带来一个潜在的好处，即可以轻轻松松地在族表内部替换零件。

　　图 11-42 所示，要在一个平直连接件上装配螺栓，第一次装配螺栓后，发现螺栓的长度不够，需要替换长一点的螺栓。该案例具体的操作步骤如下。

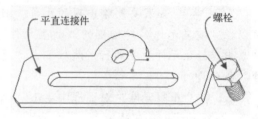

图 11-42　要装配的零件

1. 新建装配设计文件

① 在"快速访问"工具栏中单击"新建"按钮，新建一个名为"bc_11_7"的装配设计文件，不采用默认的装配模板，而是选择模板"mmns_asm_design"。

② 如果装配模型树上没有显示特征层级的信息，那么可以在导航区的模型树上方，单击"设置"按钮，接着从打开的下拉菜单中选择"树过滤器"选项，系统弹出"模型树项目"对话框，并在"显示"选项组中增加选中"特征"复选框（根据设计需要增加或减少项目），然后单击"确定"按钮。

2. 装配连接件和螺栓

① 在功能区的"模型"选项卡的"元件"面板中单击"组装"按钮，选择打开"bc_base_plate.prt"配套文件。

② 功能区出现"元件放置"选项卡，在约束类型下拉列表框中选择"默认"选项。

③ 在"元件放置"选项卡中单击"确定"按钮，从而在默认位置（默认彼此坐标系对齐）放置该连接件。

④ 单击"组装"按钮，弹出"打开"对话框，选择"bc_m.prt"，在该对话框中单击"打开"按钮，系统弹出"选择实例"对话框，在"按名称"选项卡中选择"BOLT_M10_0"，如图 11-43 所示，然后单击"选择实例"对话框中的"打开"按钮。

⑤ 功能区出现"元件放置"选项卡，接受第一个约束的类型为"自动"，在图形窗口中选择平直连接件的上表面和螺栓的帽缘台阶面，如图 11-44 所示。此时，系统自动将该约束的类型定为"重合"。

⑥ 打开"放置"面板，单击"新建约束"选项，从而新建一个约束。选择该约束的类型为"重合"，然后选择平直连接件中的 A_2 轴和螺栓的中心轴 A_2，如图 11-45 所示。

⑦ 在"元件放置"选项卡中单击"确定"按钮，完成第一个螺栓的装配，如图 11-46 所示。假如经过观察和设计分析，觉得该螺栓的长度显得较短，需要替换为长度稍长一点的同类螺栓。

3. 替换螺栓

① 在装配模型树中选择螺栓。

图 11-43 "选择实例"对话框

图 11-44 选择一对约束参照

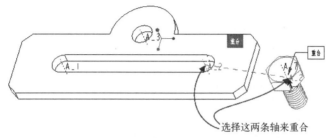

图 11-45 选择两条轴线来重合

2 在功能区的"模型"选项卡中选择"操作"|"替换"命令,系统弹出"替换"对话框。

3 图 11-47 所示,在"替换"对话框"替换为"选项组中默认选择"族表"单选按钮,接着单击"选择新元件"下的"打开"按钮 🖻。

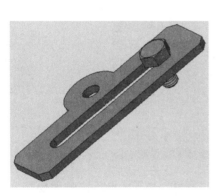

图 11-46 完成第一个螺栓的装配

图 11-47 在"替换"对话框中进行操作

④ 系统弹出"族树"对话框，选择"BOLT_M10_1"，如图11-48所示，然后在"族树"对话框中单击"确定"按钮。

⑤ 在"替换"对话框中单击"确定"按钮，替换后的较长些的螺栓如图11-49所示。

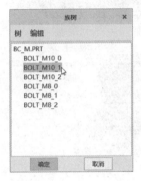

图11-48 "族树"对话框

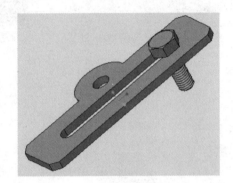

图11-49 替换结果

说明 按照上述装配螺栓和替换螺栓的方法、操作步骤，练习装配另一个同样规格的螺栓，以巩固本节所学知识。

11.8 在装配模式下新建元件

可以根据设计情况，直接在装配模式下创建新元件。要在装配模式下创建一个新元件（以零件为例），则要确保组件中的顶级组件处于被激活的状态。

如果装配（组件）中的某个零件处于激活（活动）状态，则在图形窗口的左下角会显示该活动零件的名称，同时在模型树中的该元件节点（标签）处显示一个表示活动的标识。要从活动元件状态返回到活动装配（活动组件）状态，则可在模型树中选择顶级组件节点，接着在出现的浮动工具栏（快捷工具栏）中单击"激活"按钮◆；激活顶级组件后，模型树上各元件便没有出现活动标识了，如图11-50所示。在装配中激活某一个元件的方法也类似。

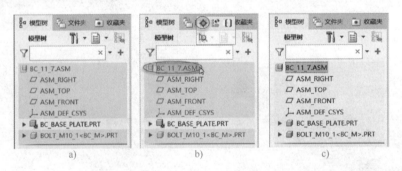

图11-50 装配（组件）中活动对象图例

a）组件中的某个零件为活动元件 b）激活顶级组件 c）顶级组件处于活动状态

在装配模式下可以创建多种类型的元件，包括"零件""子装配""骨架模型""主体项"和"包络"。而"零件"类型的元件又可以分为"实体""钣金件"和"相交"这些子类型。在这里，以在装配模式下创建一个实体零件为例，说明在活动装配中创建新元件的一般方法和步骤。

① 在装配模式下，从功能区的"模型"选项卡的"元件"面板中单击"创建（新建元件）"按钮，系统弹出"创建元件"对话框。

② 在"类型"选项组中选择"零件"单选按钮，在"子类型"选项组中选择"实体"单选按钮，在"文件名"文本框中输入新的元件名称或接受默认的元件名称，如图 11-51 所示。然后单击"确定"按钮。

③ 系统弹出图 11-52 所示的"创建选项"对话框，可使用 4 种创建方法之一。

图 11-51　"创建元件"对话框　　　　图 11-52　"创建选项"对话框

- "从现有项复制"：通过复制现有零件来创建实体零件，即创建现有零件的副本并将其放置在装配中。新零件被放置在装配中，或作为未放置元件包括在装配中。
- "定位默认基准"：创建实体零件并设置默认基准，可以有 3 种定义基准的方法，即"三平面""轴垂直于平面""对齐坐标系与坐标系"。新零件创建完毕便是装配中的活动模型，此时处于该零件的特征创建模式。
- "空"：创建空零件。新零件被放置在装配中，或作为未放置元件包括在装配中。
- "创建特征"：使用现有组件参照创建新零件特征。新零件创建完毕便进入其特征创建模式，也就是说新零件是装配中的活动模型。

④ 设置创建方法后，在"创建选项"对话框中单击"确定"按钮，需要时根据提示进行相关的操作来完成元件创建。

11.9　管理装配视图

本节主要介绍与装配视图相关的两个方面内容，包括创建分解视图和装配剖面。

11.9.1　创建分解视图

组件中的分解视图又称"爆炸视图"，它是将组件模型中每个元件与其他元件分开表示。创建好的分解视图，可以帮助工程技术人员直观和快捷地了解产品内部结构和各零部件之间的关系。

要分解装配视图，可以在功能区中切换到"视图"选项卡并从"模型显示"面板中单击"分解图"按钮，则 Creo Parametric 6.0 以默认方式创建分解视图。用户也可以在功能区的"模型"选项卡的"模型显示"面板中单击"分解图"按钮。默认的分解视图根据元件在组件中的放置约束显示分离开的每个元件，如图 11-53 所示。默认的分解视图可能还不满足设计者或使用者的要求，在这种情况下可以在功能区的"视图"选项卡的"模型显示"面板中单击"编辑位置"按钮（用户也可以在功能区的"模型"选项卡的"模型显示"面板中单击"编辑位置"按钮），打开图 11-54 所示的"分解工具"选项卡，使用该选项卡来为指定元件定义位置，需要进行这些操作：选定运动类型（平移、旋转或沿视图平面移动）、选择要移动的元件、设置运动参考及运动选项、使用鼠标将元件或元件组拖动到所需位置等。既可以单独为每个元件定义分解位置，也可以将两个或更多元件作为一个整体来移动。

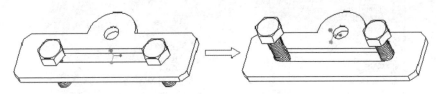

图 11-53　生成默认的分解视图

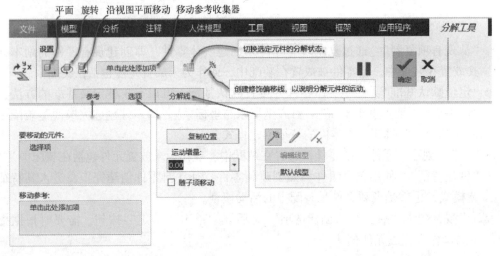

图 11-54　在功能区出现"分解工具"选项卡

如果要将视图返回到其以前未分解的状态，则再次单击"分解图"按钮以取消其选中状态即可。

另外，使用视图管理器同样可创建分解视图和修改分解视图，并可保存在组件中设置的一个或多个分解视图，以便以后调用命名的分解视图。下面结合案例（源文件为"bc_11_9.asm"）介绍使用视图管理器创建和保存新的分解视图。

❶　打开源文件后，在功能区的"模型"选项卡的"模型显示"面板中单击"视图管理器"按钮，或者在功能区的"视图"选项卡的"模型显示"面板中单击"视图管理器"按钮，系统弹出"视图管理器"对话框，切换到"分解"选项卡，如图 11-55a 所示。

② 在"视图管理器"对话框的"分解"选项卡中单击"新建"按钮。

③ 此时在出现的文本框中提供分解视图的默认名称，如图 11-55b 所示，或者在该文本框中重新输入一个新名称，按〈Enter〉键确认。该分解视图处于活动状态。

a)   b)

图 11-55 "视图管理器"对话框

a)"分解"选项卡 b)设置分解视图的名称

④ 在"视图管理器"对话框中单击"属性>>"按钮 属性>> ，从而将对话框切换至分解属性界面。

⑤ 图 11-56 所示，单击"编辑位置"按钮 ，从而在功能区中打开"分解工具"选项卡。

⑥ 在功能区的"分解工具"选项卡中单击"平移"按钮 ，结合〈Ctrl〉键选择两个螺栓零件，则在图形窗口中出现拖动控制滑块，如图 11-57 所示。

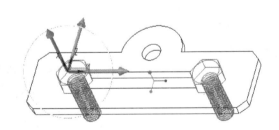

图 11-56 单击"编辑位置"按钮   图 11-57 选择要分解的元件

说明 如果选择"平移" 定义运动类型，那么出现的拖动控制滑块带有坐标系。在该坐标系中选择一个轴可定义平移轴。

⑦ 在带有拖动控制滑块的坐标系中选择所需的一个轴，按住鼠标左键将其沿着该轴拖动到合适的位置处释放，如图 11-58 所示。

⑧ 在功能区的"分解工具"选项卡中单击"确定"按钮 。

⑨ 返回到"视图管理器"对话框，此时的"分解"选项卡如图 11-59 所示。

说明 元件列表中的 表示分解，而 表示未分解。可改变选定元件的分解状态，其方法是在元件列表中选择该元件，接着单击可用的"切换状态"按钮 即可。

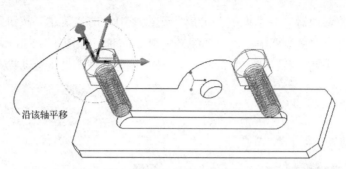

图 11-58　沿着指定轴平移

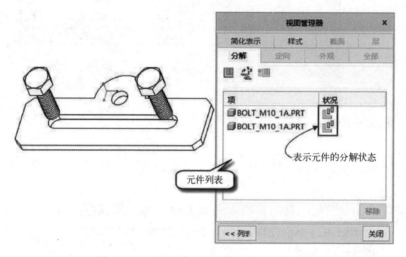

图 11-59　返回到"视图管理器"对话框

在"视图管理器"对话框中单击"列表"按钮 << 列表 ，返回到"视图管理器"对话框的分解视图列表。

⑩ 在"视图管理器"对话框的"分解"选项卡中单击"编辑"按钮 编辑 ▾ ，打开一个下拉菜单，从中选择"保存"命令，如图11-60a 所示。

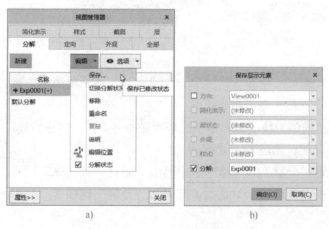

a)　　　　　　　　　　　　b)

图 11-60　保存分解视图的已修改状态
a)选择分解图的"保存"命令　b)"保存显示元素"对话框

⑪ 系统弹出"保存显示元素"对话框，确保选中"分解"复选框，并从该复选框右侧的下拉列表框中选择新分解视图名称，如图 11-60b 所示，然后在"保存显示元素"对话框中单击"确定"按钮。

⑫ 在"视图管理器"对话框中单击"关闭"按钮。

11.9.2 使用装配剖面

在工业产品设计中，有时候要通过设置剖面来观察装配体中各元件间的结构关系，以配合分析产品结构装配的合理性，以及研究产品内部结构的细节问题等。

在装配模式下，可以创建一个与整个装配（组件）或仅与一个选定零件相交的剖面，组件中每个零件的剖面线分别确定。

在 Creo Parametric 6.0 中，可以有以下 2 种方式使用剖面功能。

1. 使用"视图管理器"对话框的"截面"选项卡

使用"视图管理器"对话框的"截面"选项卡可以创建多种类型的剖面，包括模型的平面剖面、X 方向剖面、Y 方向剖面、Z 方向剖面、偏移剖面和区域剖面。下面以创建模型的平面剖面为例。

① 在打开的一个组件中，单击"视图管理器"按钮 📷，系统弹出"视图管理器"对话框。

② 在"视图管理器"对话框中切换至"截面"选项卡，接着单击该选项卡中的"新建"按钮，打开一个下拉菜单，如图 11-61 所示，该下拉菜单提供了以下 6 个截面选项。

◉ "平面"：通过选定的参考平面、坐标系或平整曲面来创建横截面。

◉ "X 方向"：通过参考默认坐标系的 X 轴创建平面横截面。

◉ "Y 方向"：通过参考默认坐标系的 Y 轴创建平面横截面。

◉ "Z 方向"：通过参考默认坐标系的 Z 轴创建平面横截面。

◉ "偏移"：通过参考草绘来创建横截面。

◉ "区域"：创建一个 3D 横截面。

③ 在这里以选择"平面"截面选项为例。在出现的文本框中输入新的截面名称，如图 11-62 所示，或者接受默认的截面名称，按〈Enter〉键确定。

图 11-61 在"截面"选项卡
中单击"新建"按钮

图 11-62 设置横截面名称

④ 在功能区出现"截面"选项卡，此时选择平面、曲面、坐标系或坐标系轴来放置截面，如图11-63所示，注意可以单击选中"在横截面曲面上显示剖面线图案"按钮 以在横截面曲面上显示剖面线图案。

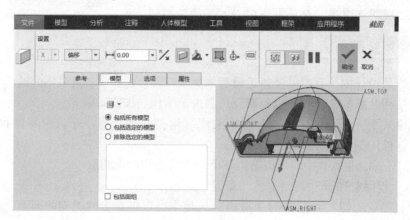

图11-63 创建平面剖截面

⑤ 在"距离" 框中设置横截面与参考之间的距离，默认值为"0"，用户也可以使用图形中的箭头拖动器设置该距离，单击"反向横截面的修剪方向"按钮 可反向横截面的修剪方向。

⑥ 在功能区的"截面"选项卡中打开"模型"面板，从中选择"创建整个装配的截面"图标选项 ，设置"包括所有模型""包括选定的模型"或"排除选定的模型"等，如图11-64所示。该示例选择"排除选定的模型"单选按钮，并在图形窗口中选择要排除的模型。

⑦ 在功能区的"截面"选项卡中打开"选项"面板，从中可设置显示干涉，以及从调色板中选择一种用于元件干涉显示的颜色，如图11-65所示。必要时，选择要包括的面组。

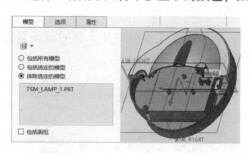

图11-64 示例：设置"排除选定的模型"

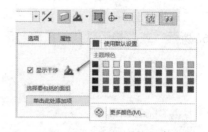

图11-65 "截面"选项卡的"选项"面板

⑧ 在功能区的"截面"选项卡中单击选中"启用修剪平面的自由定位"按钮 ，则启用自由定位，此时在图形窗口的模型中显示一个拖动器，如图11-66所示，可以使用拖动器平移和旋转修剪平面方向。

⑨ 在功能区的"截面"选项卡中单击选中"在单独的窗口中显示横截面的2D视图"按钮 ，则系统弹出一个单独的窗口来显示横截面的2D视图，如图11-67所示。在该单独的窗口中还提供了几个实用的图形工具，如"向右旋转"按钮 、"向左旋转"按钮 、

"竖直反向"按钮✦、"水平反向"按钮↨和"显示罩盖"按钮▱等。

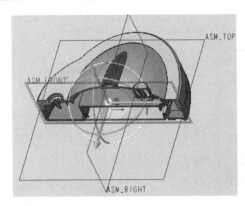

图 11-66　启用自由定位

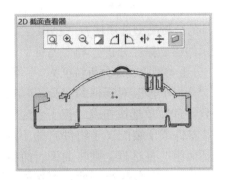

图 11-67　在单独的窗口中
显示横截面的 2D 视图

⑩ 在功能区的"截面"选项卡中单击"确定"按钮✔，接着在"视图管理器"对话框中单击"关闭"按钮。

2. 使用"截面"工具按钮

在功能区的"模型"选项卡的"模型显示"面板中提供了截面的几个实用工具按钮，如图 11-68 所示，包括"平面"按钮▱、"X 方向"按钮▱、"Y 方向"按钮▱、"Z 方向"按钮▱、"偏移截面"按钮▱和"区域"按钮▦。在"视图"选项卡的"模型显示"面板中也提供了截面的这几个实用工具按钮。这些工具按钮的应用和"视图管理器"对话框中的相应截面选项的应用是一样的，在此不再赘述。

图 11-68　在功能区中提供了截面的几种工具按钮

11.10　装配模型分析

可以对装配进行相关的分析，以企图找出装配中各元件间存在配合问题的地方，从而制定出修改意见，优化设计等。装配模型分析的命令位于装配模式下功能区的"分析"选项卡中，其中在装配中分析应用较多的主要为"全局干涉""体积干涉""全局间隙"和"全局干涉"等。这些分析命令的操作方法都是差不多的，在这里以"全局干涉"为例进行简要介绍。

在一个打开的装配组件中，切换到功能区的"分析"选项卡，在"检查几何"面板中单

击 "全局干涉" 按钮 🖳，系统弹出图 11-69 所示的 "全局干涉" 对话框。全局干涉的默认分析类型选项是 "快速"（"快速" 是指创建临时分析），另外可选的分析类型选项还有 "已保存"（"已保存" 表示创建已保存分析）和 "特征"（选择此 "特征" 分析类型则创建分析特征）。

在 "全局干涉" 对话框的 "分析" 选项卡中选择 "仅零件" 单选按钮或 "仅子装配" 单选按钮来计算零件或子装配（子组件）的干涉。若选中 "包括面组" 复选框，则将曲面、面组包括在计算中；若选中 "包括小平面" 复选框，则将多面体包括在计算中。接着为 "计算" 设置值，选择 "精确" 单选按钮可获得完整且详尽的计算，而选择 "快速" 单选按钮则执行快速检查，"快速" 会列出发生干涉的零件或子组件对，而 "精确" 还会加亮干涉体积。

图 11-69 "全局干涉" 对话框

另外，"确定" 按钮用于接受并完成当前分析；"取消" 按钮用于取消当前的分析；"预览" 按钮用于计算当前分析以供预览；"重复" 按钮用于重复开始新分析。

如果需要，可打开 "全局干涉" 对话框的 "特征" 选项卡，创建或更改当前分析的特征选项。只有在选择 "特征" 类型的分析时才能使用特征选项（如参数）。

检测有干涉体积时，应该分析这些干涉情况是否正常。若这些干涉是设计不合理造成的，那么可在获知干涉区域的情况下，采用常规的方法对产生干涉情况的零件进行编辑处理，切除干涉体积。既可以打开装配中的零件以在零件模型下修改，也可以在装配模式下激活该零件来进行修改。另外也可以这样设计：在装配模式下，激活要移除干涉体积的零件，接着在功能区的 "模型" 选项卡中选择 "获取数据" | "合并/继承" 命令，并在出现的 "合并/继承" 选项卡中单击 "移除材料" 按钮 🗗，如图 11-70 所示，然后选择与之干涉的元件，单击 "确定" 按钮 ✓，即可切除活动零件中与所选元件干涉的体积。

图 11-70 "合并/继承" 选项卡

11.11 实战学习案例——装配中的干涉检查及处理

本实战学习案例将介绍在产品设计中如何巧妙地处理装配中各元件间的干涉现象。本实战学习案例具体的操作步骤如下。

扫码观看视频

1. 打开装配设计文件

在"快速访问"工具栏中单击"打开"按钮 ，弹出"文件打开"对话框。利用该对话框浏览并选择配套装配文档"bc_11_m.asm"，接着单击该对话框中的"打开"按钮，原始装配组件模型如图 11-71 所示。

2. 进行全局干涉检查

① 在功能区中打开"分析"选项卡，在该选项卡的"检查几何"面板中单击"全局干涉"按钮，打开"全局干涉"对话框。

② 在"全局干涉"对话框的"分析"选项卡中，在"设置"选项组中选择"仅零件"单选按钮，在"计算"选项组中选择"精确"单选按钮，分析计算类型为"快速"，如图 11-72 所示。

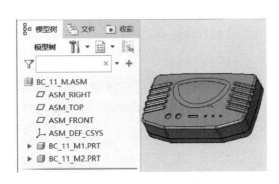

图 11-71 原始装配组件模型

图 11-72 "全局干涉"对话框

③ 单击"预览"按钮，计算结果（即检查全局干涉的计算结果）如图 11-73 所示。

检查结果显示表明装配中的两个零件"BC_11_M1.PRT"和"BC_11_M2.PRT"存在干涉，需要在以后的设计中认真考虑这些干涉因素，并想方设法消除这些不必要的体积干涉情况。

④ 单击"确定"按钮，或单击"取消"按钮。

3. 切除干涉体积

① 在装配模型树中单击元件"BC_11_M1.PRT"的节点标识，在弹出的图 11-74

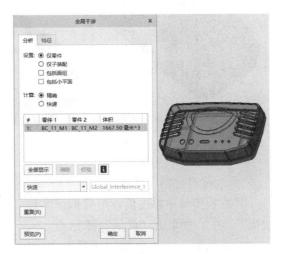

图 11-73 计算当前分析以供预览

所示的浮动工具栏（快捷工具栏）中单击"激活"图标 ◆，从而将该元件激活。

② 在功能区的"模型"选项卡中选择"获取数据"|"合并/继承"命令，此时在功能区打开"合并/继承"选项卡。

③ 在装配组件的模型树中或图形窗口中选择"BC_11_M2.PRT"元件。

④ 在"合并/继承"选项卡中分别单击"将参考类型设置为装配上下文"按钮和"移除材料"按钮，并打开"选项"面板，确保选中"自动更新"复选框，如图11-75所示。

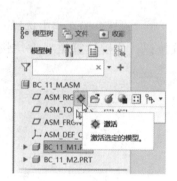

图11-74 激活要切除干涉体积的元件

图11-75 在"合并/继承"选项卡中进行相关操作

⑤ 在"合并/继承"选项卡中单击"确定"按钮，从而将该元件中与另一元件产生干涉重叠的体积区域切除掉。该元件的变化情况如图11-76所示，可以看出活动元件产生了与配合元件匹配的切口扣合结构。

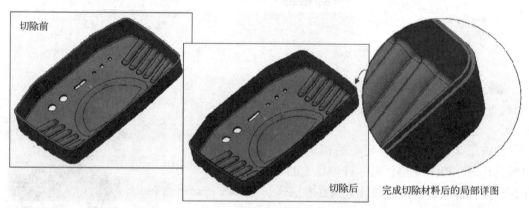

切除前

切除后

完成切除材料后的局部详图

图11-76 在活动元件中切除干涉体积

4. 再次检查全局干涉情况

① 在模型树中单击顶级组件标识名称"BC_11_M_ASM"，接着从出现的浮动工具栏（快捷工具栏）中单击"激活"图标。

② 在功能区的"分析"选项卡中，从"检查几何"面板中单击"全局干涉"按钮，系统弹出"全局干涉"对话框。

③ 在"全局干涉"对话框中采用默认设置。

④ 在"全局干涉"对话框中单击"预览"按钮，经过计算后，系统在状态行出现

"没有干涉零件"的结果信息。

在"全局干涉"对话框中单击"取消"按钮。可以继续根据设计要求在图 11-77 所示的组件中进行相关的设计工作，以完成产品的细节结构等。

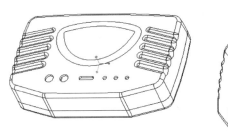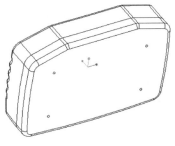

图 11-77　装配体（组件模型）

11.12　思考与练习题

1）如何新建一个组件设计文档？在装配模式中可以进行哪些重要的设计工作？

2）放置约束和连接装配分别用在什么场合？它们分别包括哪些具体的类型？

3）在装配中组装相同零件的方法主要有哪几种？分别说出这些装配方法的操作思路及其步骤，可以举例辅助说明。

4）在装配中替换元件（零部件）的形式包括哪几种？

5）什么是分解视图？如何使用视图管理器来创建和保存命名的分解视图？

6）如何在装配（即组件）中创建平面剖面？

7）了解了哪些关于装配模型分析的命令？

8）上机操作：为本章 11.2 节案例完成的灯具底座组件创建分解视图，如图 11-78 所示。

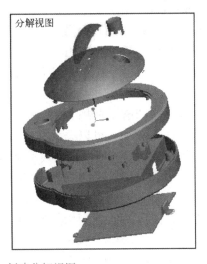

图 11-78　创建分解视图

第 12 章　工程图设计

本章导读：

设计好零件、产品组件的三维模型后，在很多情况下需要制作其工程图，例如，在制造环节通常需要工程图来指导生产。

Creo Parametric 6.0 具有强大的工程图设计功能（详细绘图功能），可以根据建立好的零件模型或组件模型来快速生成所需的工程视图。这些工程视图与相应的零件或组件模型存在关联，如果修改其中某一方的驱动尺寸或关系，那么相关联的另一方也会自动发生更改，从而保证设计的一致性，提高设计效率。

本章首先介绍工程图模式，接着循序渐进地介绍设置绘图环境、创建常见的各类绘图视图、视图的可见性和剖面选项、视图编辑、视图注释、使用绘图表格和工程图实战学习综合案例。

12.1　工程图模式概述

Creo Parametric 6.0 为用户提供了功能强大的工程图设计模块（也称"绘图模式"）。使用该模块，可以由建立好的零件模型或组件模型等来快速生成所需的工程视图，并可以为视图添加各种标注和注释。同一绘图中的所有视图都是相关的，如果在某一个视图中更改了驱动尺寸，则其他视图也会相应地进行更新。另外，绘图视图与其父项模型相关，模型会自动反映对绘图所做的任何尺寸更改，相应的绘图也反映对零件、钣金件、组件或制造模式中的模型所做的任何改变（如添加或删除特征和尺寸变化等）。

通过模型产生的工程视图可以分为标准三视图、一般视图（也称普通视图）、投影视图、详细视图、辅助视图等。可以根据模型结构和设计要求来为选定视图设置视图可见性（全视图、半视图、局部视图和剖断视图）和剖面情况。

工程视图需要遵循一定的制图规范或标准。在机械制图领域，视图是指将机件向投影面投影所得的图形。目前，三面投影体系中常用的投影方法有第一角投影法和第三角投影法，其中我国推荐采用第一角投影法，而国际上一些国家则采用第三角投影法。至于在 Creo Parametric 6.0 中采用何种投影法，则可由用户自行设置，在本章第 2 节（12.2 节）中有所介绍。

在本节中还将介绍这些工程图的入门基础知识：新建工程图文件、使用绘图树、向绘图中添加模型、使用绘图页面、在绘图模式中草绘。

12.1.1 新建工程图文件

在 Creo Parametric 6.0 中，工程图文件（也称"绘图"文件）的文件格式为"*
.drw"，即其文件后缀名为.drw。要新建一个工程图文件，则在 Creo Parametric 6.0 设计主
界面的"快速访问"工具栏中单击"新建"按钮，或者单击"文件"按钮并从文件菜单
中选择"新建"命令，打开"新建"对话框。

在"新建"对话框的"类型"选项组中选择"绘图"单选按钮，在"文件名"文本框
中输入文件名或者接受默认的名称，可以根据需要设置是否使用绘图模型文件名，接着取消
选中"使用默认模板"复选框，如图 12-1 所示，然后单击"确定"按钮，系统弹出图 12-2
所示的"新建绘图"对话框。

图 12-1 "新建"对话框   图 12-2 "新建绘图"对话框

在"新建绘图"对话框的"默认模型"选项组中单击"浏览"按钮，利用弹出的"打
开"对话框浏览并选择所需要的模型。注意，如果在创建工程图文件之前已经打开了一个
模型，那么"默认模型"文本框中会默认显示之前打开的这个模型文件，即系统将该模型
自动定为默认模型。

在"指定模板"选项组中，提供了以下 3 个单选按钮。

● "使用模板"单选按钮。

如果要使用 Creo Parametric 6.0 绘图模板，则选择"使用模板"单选按钮，然后从列表
中选取所需要的一个模板，如图 12-3 所示。

● "格式为空"单选按钮。

如果不使用模板而用现有格式创建绘图，则选择"格式为空"单选按钮，如图 12-4 所
示，接着在"格式"选项组中指定要使用的格式，可以单击相应的"浏览"按钮查找相关
的格式。

● "空"单选按钮。

如果选择"空"单选按钮，则由用户指定页面方向（纵向、横向或可变）和大小。

在"新建绘图"对话框中设置好模型、模板参数后，单击"确定"按钮，从而新建一
个工程图文件。

图 12-3 选择"使用模板"选项　　　图 12-4 选择"格式为空"选项

12.1.2 使用绘图树

绘图树是活动绘图中绘图项目的结构化列表，它位于导航区中。默认情况下，工程图导航区同时显示绘图树和模型树（用户可以通过设置，将模型树切换为层树显示），绘图树位于模型树的上方，可通过拖动位于这两个树之间的分隔栏来增加或减少绘图树或模型树的高度。绘图树表示绘图项目的显示状态，以及绘图项目与绘图活动模型之间的关系。需要注意的是，绘图项目根据当前绘图页面中视图层次和项目种类排列在可搜索组中，绘图项目仅在绘图树中显示一次，绘图树只显示与活动选项卡相关的项目。与模型树类似，绘图树也可以被展开或搜索。

在绘图树中选择绘图项目时，它会成为选择集的一部分，并且该项目会在绘图页面中加亮显示。如果选定的项目有对应的模型项目，则该模型项目会在模型树中显示为选中状态。如果在绘图树中选择绘制图元节点，那么该节点表示的所有绘制图元将显示为选中状态。

12.1.3 向绘图添加模型

向绘图添加模型是指在放置 3D 模型的视图之前，必须使该 3D 模型和绘图相关。在打开的绘图文件（工程图文件）中，如果需要，可以执行以下步骤来向绘图文件添加其他模型。

① 要向绘图添加模型，则执行下列操作之一（如图 12-5 所示）。

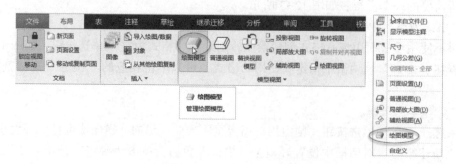

图 12-5 执行"绘图模型"命令的两种操作方式

○ 在功能区的"布局"选项卡的"模型视图"面板中单击"绘图模型"按钮。

○ 在绘图区空白区域单击鼠标右键，接着从快捷菜单中选择"绘图模型"命令。

② 系统弹出一个提供"绘图模型"菜单的菜单管理器，如图 12-6 所示。在"绘图模型"菜单中选择"添加模型"选项，弹出"打开"对话框，选择绘图模型，该模型被设置为当前绘图模型。

菜单管理器	
▼ 绘图模型	
添加模型	向绘图添加新的零件或装配
删除模型	从绘图中删除绘图模型
设置模型	激活图纸中的零件或装配并作修改
移除表示	从绘图中移除简化表示
设置/添加表示	激活绘图模型的简化表示
替换	用同族中的另一绘图模型替换当前绘图模型
模型显示	设置活动绘图模型的显示
完成/返回	完成操作/返回到上一菜单

图 12-6 "绘图模型"菜单

说明 向绘图添加模型，不是将模型的视图直接放置到页面，而是重新设置为当前绘图模型，以便放置新模型的相关视图。插入新添加零件的绘图视图和插入任何其他绘图模型的方法是一样的。

12.1.4 使用绘图页面

在 Creo Parametric 6.0 中，可以创建具有多个页面的绘图，并可以在页面之间移动项目。绘图的页面列在图形窗口左下角的"页面"栏中，如图 12-7 所示，可以使用该"页面"栏中的"页面"选项卡来在各页面之间浏览。若单击"页面"栏中的"新建页面"按钮，则可以添加新页面。用户也可以在功能区的"布局"选项卡的"文档"面板中单击"新页面"按钮来添加一个新的页面。

如果要查看和更新当前页面的属性，如名称、格式、大小和方向，则可以在功能区的"布局"选项卡中单击"文档"面板中的"页面设置"按钮以弹出图 12-8 所示的"页面设置"对话框。注意可以选择多个页面并使用"页面设置"一次性更新所有选定页面的属性。

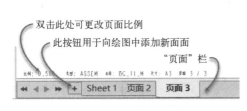

双击此处可更改页面比例
此按钮用于向绘图中添加新画面
"页面"栏

图 12-7 "页面"栏

图 12-8 "页面设置"对话框

在处理多页面绘图时，一定要切记以下 2 条原则。

原则 1：可以将投影视图切换到其他页面，但它将丢失与父视图的关联。如果将投影视图切换回其父视图的同一页面，则该关联随即恢复。

原则 2：可以单独改变每个页面上的绘图比例。其典型方法是先在"页面"栏中选择所需的页面，接着在绘图区左下角（"页面"栏上方）双击"比例"值标识，在弹出的文本框中输入新的绘图比例，按〈Enter〉键确认或单击"接受"按钮✔。

要从绘图中删除某个页面，则可以先在"页面"栏中选择该页面，接着右击并从弹出的快捷菜单中选择"删除"命令，系统弹出"删除选定页面确认"对话框，从中单击"是"按钮即可。

12.1.5　在绘图模式中草绘

可以根据设计要求随时在绘图中添加草绘图元，这些图元包括线、圆、弧、样条、椭圆、点和倒角。对于这些绘图中的草绘图元，可以使用和草绘器中相同的参照和几何约束。从 IGES、DXF 或 SET 文件中读取到绘图中的图元将被视为草绘图元。用于在绘图模式中草绘的相关工具按钮位于功能区的"草绘"选项卡中，如图 12-9 所示。

图 12-9　功能区的"草绘"选项卡

12.2　设置绘图环境与绘图行为

在 Creo Parametric 6.0 中，可以通过使用绘图设置文件选项、配置选项、模板和格式这些组合来定制自己的绘图环境和绘图行为。

单击"文件"按钮并从打开的文件应用程序菜单中选择"选项"命令，系统弹出"Creo Parametric 选项"对话框，接着选择"配置编辑器"来设置与绘图相关的配置选项。

对于绘图文件，系统提供绘图设置文件选项（绘图详细信息选项）以向细节设计环境添加附加控制，如确定尺寸和注释文本高度、文本方向、几何公差标准、字体属性、绘制标准、箭头长度等属性。下面介绍设置绘图文件选项（绘图文件选项可简称为"绘图选项"）的应用知识。

设置绘图选项的典型方法及步骤如下。

① 在一个新建的工程图文件中，单击"文件"按钮，接着选择"准备"|"绘图属性"命令，弹出图 12-10 所示的"绘图属性"对话框。

绘图属性		— □ ✕
🔷 特征和几何		
公差	ANSI	更改
详细信息选项		
详细信息选项		更改

关闭

图 12-10　"绘图属性"对话框

② 在"绘图属性"对话框中单击"详细信息选项"对应的"更改"选项，系统弹出图 12-11 所示的"选项"对话框。

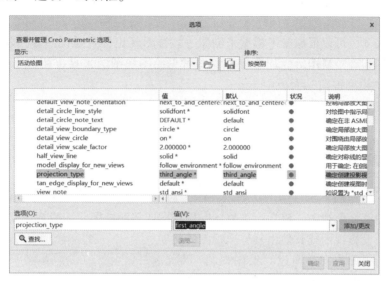

图 12-11 "选项"对话框

❓ **说明** 可以设置排序方式来列出绘图设置文件选项，可供选择的排序方式有"按类别""按字母顺序"和"按设置"。每一个选项主题包含这些信息：①绘图设置文件选项名称；②描述绘图设置文件选项的简单说明和注释；③默认和可用的变量或值，所有默认值后均带有星号"*"。

③ 从"选项"对话框的列表中选择要修改的选项，或者直接在"选项"文本框中输入选项名称，接着在"值"下拉列表框中指定所需的选项（值），然后单击"添加/更改"按钮，以及单击"应用"按钮。

④ 可继续设置其他绘图设置文件选项的值。完成后关闭"选项"对话框，完成配置新的绘图环境。

⑤ 在"绘图属性"对话框中单击"关闭"按钮。

在这里，有必要介绍一下如何更改 Creo Parametric 6.0 的视图投影方法。在 Creo Parametric 6.0 中，绘图设置文件选项"projection_type"用来控制投影视图的方法，其默认值为"third_angle *"。可以将绘图设置文件选项"projection_type"的选项值设置为"first_angle"，从而使设置有效后制作的工程图都符合第一角投影法。设置的方法是在上述"选项"对话框中，选择或输入该选项为"projection_type"，接着从"值"下拉列表框中选择"first_angle"，然后单击"添加/更改"按钮，并单击"确定"按钮确认后即可。

如果没有特别说明，本书主要案例采用第一角投影法。

此外，还可以设置或更改绘图的公差标准，其方法是在"绘图属性"对话框中单击"公差"右侧对应的"更改"选项，弹出一个菜单管理器，利用该菜单管理器提供的"公差设置"菜单进行相关设置即可。

12.3 创建常见的各类绘图视图

在绘图模式下,可以根据参考模型来创建一般视图(也称普通视图)、投影视图、详细视图、辅助视图和旋转视图等。用于创建这些常见绘图视图的工具按钮位于功能区的"布局"选项卡的"模型视图"面板中。

本节结合典型案例来分别介绍如何创建一般视图、投影视图、详细视图、辅助视图和旋转视图。

12.3.1 一般视图

使用功能区"布局"选项卡的"模型视图"面板中的"普通视图"按钮🔲,可以创建放置到页面上的第一个视图,该视图被称为一般视图或普通视图。一般视图是最易于变动的视图,它可作为投影视图或其他由其导出视图的父项。

一般视图的视图方向是通过"绘图视图"对话框的"视图类型"类别选项卡来定义的,如图 12-12 所示。视图定向的方法有"查看来自模型的名称""几何参考"和"角度"3 种。

图 12-12 "绘图视图"对话框的
"视图类型"类别选项卡

- "查看来自模型的名称":使用来自模型的已保存视图来定向一般视图,需要从"模型视图名"列表中选择相应的模型视图。用户可以在"默认方向"下拉列表框中选择"斜轴测""等轴测"或"用户定义"选项来定义默认方向,当选择"用户定义"选项时,必须指定 X 角度值和 Y 角度值。

- "几何参考":使用来自绘图中预览模型的几何参考对视图进行定向。

- "角度":使用选定参考的角度或定制角度对视图进行定向。

以配套模型文件"bc_12_3a.prt"中的实体零件为例,如图 12-13 所示,练习插入一般视图的操作。

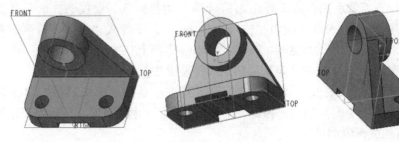

图 12-13 实体零件

① 在"快速访问"工具栏中单击"新建"按钮 📄，新建一个名为"bc12_3a_1"的工程图文件，不使用默认模板，设置"默认模型"为"bc_12_3a.prt"，"指定模板"选项为"空"，采用纵向的 A4 图纸。

② 单击"文件"按钮，选择"准备"|"绘图属性"命令，打开"绘图属性"对话框，接着在"绘图属性"对话框中单击"详细信息选项"右侧相应的"更改"选项，打开"选项"对话框，将绘图设置文件选项"projection_type"的选项值设置为"first_angle"。确定后关闭"选项"对话框和"绘图属性"对话框。

③ 在功能区"布局"选项卡的"模型视图"面板中单击"普通视图"按钮 🔲。注意如果单击"普通视图"按钮 🔲 时，系统弹出"选择组合状态"对话框来让用户选择组合状态名称（"无组合状态"或"全部默认"），此时用户可以在该对话框中选中"不要提示组合状态的显示"复选框并单击"确定"按钮。

④ 在图纸图框内单击要放置一般视图的位置。此时在单击处出现默认方向的一般视图，同时系统弹出"绘图视图"对话框，如图 12-14 所示。

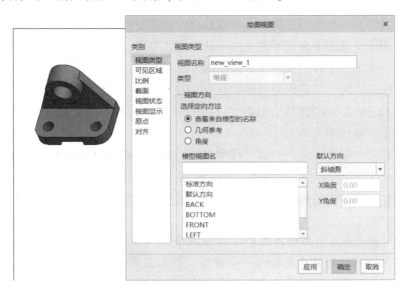

图 12-14　指定放置一般视图的位置时

⑤ 设置视图显示。在"绘图视图"对话框的"类别"列表框中选择"视图显示"，从而打开"视图显示"类别选项卡。接着从"显示样式"下拉列表框中选择"消隐"选项，从"相切边显示样式"下拉列表框中选择"无"选项，其他视图显示选项默认，然后单击"应用"按钮，如图 12-15 所示。

⑥ 切换回"视图类型"类别选项卡，在"视图方向"选项组中选择视图定向方法为"查看来自模型的名称"，从"模型视图名"列表中选择"FRONT"，然后单击"应用"按钮。

⑦ 在"绘图视图"对话框中单击"确定"按钮，完成创建该一般视图，如图 12-16 所示。

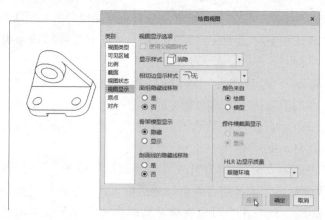

图 12-15 设置视图显示

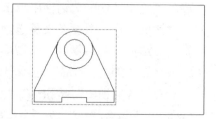

图 12-16 创建的一般视图

12.3.2 投影视图

投影视图是将另一个视图几何沿水平或垂直方向正交投影而产生的。投影视图放置在投影通道中，可位于父视图上方、下方或位于其右边或左边。

下面通过一个案例来介绍创建投影视图的方法和步骤。

① 在"快速访问"工具栏中单击"打开"按钮 🗁，弹出"文件打开"对话框，选择配套文件"bc12_3a_2. drw"，然后单击"文件打开"对话框中的"打开"按钮。在文件中已经建立好一个一般视图。

② 在功能区"布局"选项卡的"模型视图"面板中单击"投影视图"按钮 🔡。

③ 系统默认选中唯一的一个视图作为父视图，此时在父视图的某投影通道中（鼠标光标位置指示了相应的投影通道）出现一个代表投影的框，如图 12-17 所示。

❓ *说明* 如果在当前工程图文档中存在两个或两个以上的工程视图，而在执行"投影"命令之前又没有选择其中的任何一个视图，那么在单击"投影"按钮后，系统将提示选择投影父视图，即需要用户选择要在投影中显示的父视图，该视图为主视图。

④ 将投影框在主视图的水平投影通道中向右移动，在所需的位置处单击便可放置一个投影视图，如图 12-18 所示。

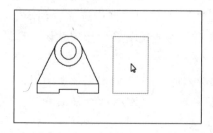

图 12-17 确定父视图之后

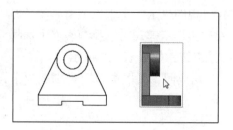

图 12-18 放置第一个投影视图

⑤ 双击该投影视图，弹出"绘图视图"对话框，切换到"视图显示"类别选项卡，接着从"显示样式"下拉列表框中选择"消隐"，从"相切边显示样式"下拉列表框中选

择"无",单击"应用"按钮,如图 12-19 所示。然后单击"确定"按钮,关闭"绘图视图"对话框。

⑥ 在绘图区域的空白区域单击,以确保没有选中任何视图,接着单击"投影视图"按钮🔡。

⑦ 系统提示选择投影父视图。选择第一个普通视图作为要投影的父视图。

⑧ 在父视图的下方适当位置处单击以确定该投影视图的放置中心点。然后双击该投影视图,利用弹出的"绘图视图"对话框来设置和其他视图一样的视图显示选项,完成后的效果如图 12-20 所示。

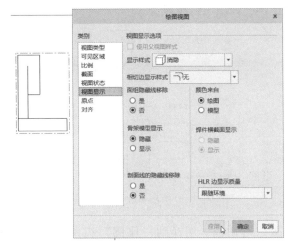

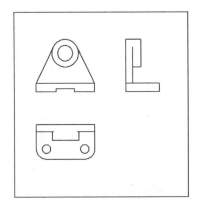

图 12-19 设置视图显示选项 　　　　图 12-20 完成第二个投影视图

12.3.3 局部放大图

局部放大图(又称为"详细视图")是指在另一个视图中放大显示模型中的一小部分视图,在父视图中包括一个参考注解和边界作为局部放大图设置的一部分。当将局部放大图放置在绘图页面上后,可以使用"绘图视图"对话框来修改该视图。

下面通过一个案例来介绍创建局部放大图的方法和步骤。

① 在"快速访问"工具栏中单击"打开"按钮📂,弹出"文件打开"对话框,选择配套文件"bc12_3c_1.drw",然后单击"文件打开"对话框中的"打开"按钮。该绘图文件中存在一个主视图,如图 12-21 所示。

② 在功能区"布局"选项卡的"模型视图"面板中单击"局部放大图"按钮🔎。

③ 选择要在详细视图中放大的现有绘图视图中的点,如图 12-22 所示,系统以加亮的叉来显示所选的点。

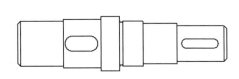

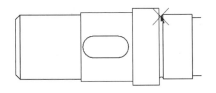

图 12-21 已有的主视图 　　　　　　图 12-22 选择关键点

④ 系统出现"草绘样条,不相交其他样条,来定义一轮廓线。"的提示信息。使用鼠标左键围绕着所选的中心点依次选择若干点,如图 12-23 所示,以草绘环绕要详细显示区域的样条。

说明 不要使用功能区的"草绘"选项卡中的命令工具来启用样条草绘。

⑤ 单击鼠标中键完成样条的定义。此时,样条显示为一个圆和一个详图视图名称的注解。

⑥ 在图纸页面中选择要放置局部放大图的位置。局部放大图显示样条范围内的父视图区域,并标注上局部放大图的名称和缩放比例,如图 12-24 所示。

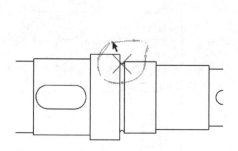

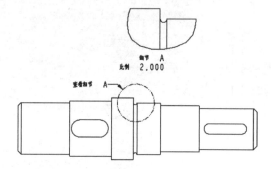

图 12-23　草绘环绕要详细显示区域的样条 　　　图 12-24　选择要放置局部放大图的位置

⑦ 双击局部放大图,弹出"绘图视图"对话框。切换到"比例"类别选项卡,选择"自定义比例"单选按钮,将其比例值更改为"2.5",如图 12-25 所示,然后单击"应用"按钮。

说明 如果在"绘图视图"对话框中选择"视图类型"类别以打开"视图类型"类别选项卡,从该类别选项卡中可以设置此局部放大图属性,包括父项视图上的边界类型和是否在局部放大图(详细视图)上显示边界。父项视图上的边界类型可以为"圆""椭圆""水平/竖直椭圆""样条"或"ASME 94 圆"。

⑧ 在"绘图视图"对话框中单击"确定"按钮,完成局部放大图后的工程图效果如图 12-26 所示。

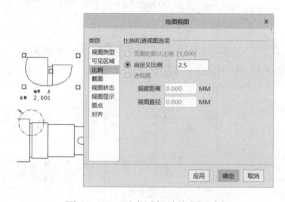

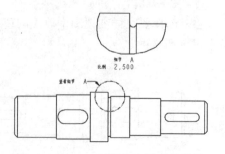

图 12-25　更改局部放大图比例 　　　　图 12-26　完成局部放大图后的效果

12.3.4 辅助视图

辅助视图是一种特殊类型的投影视图，它在恰当角度上向选定曲面或轴进行投影。选定曲面的方向可确定投影通道。注意：父视图中的参照必须垂直于屏幕平面。

下面通过一个案例来介绍创建辅助视图的方法和步骤。

① 在"快速访问"工具栏中单击"打开"按钮，弹出"文件打开"对话框，选择配套文件"bc12_3d_1.drw"，然后单击对话框中的"打开"按钮。该绘图文件中已经存在 3 个绘图视图。

② 在功能区"布局"选项卡的"模型视图"面板中单击"辅助视图"按钮。

③ 选择要从中创建辅助视图的边、轴、基准平面或曲面。在这里，选择图 12-27 所示的一条轮廓边。此时，父视图上方出现一个框，它代表辅助视图。

④ 拖动投影框在投影通道（投影方向）上移动，在所需放置的位置处单击鼠标左键，则显示辅助视图，如图 12-28 所示。

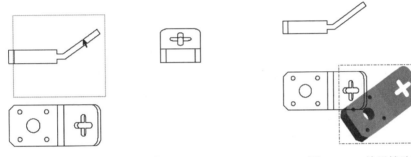

图 12-27 选择一条轮廓边   图 12-28 放置辅助视图

⑤ 双击该辅助视图，弹出"绘图视图"对话框。

在"视图类型"类别选项卡中，将"视图名称"设置为"A"，从"辅助视图属性"选项组的"投影箭头"下选择"单箭头"单选按钮，如图 12-29 所示，从而设置显示单箭头。

切换至"视图显示"类别选项卡，从"显示样式"下拉列表框中选择"消隐"选项，从"相切边显示样式"下拉列表框中选择"无"选项，单击"应用"按钮。

图 12-29 设置视图类型

切换至"可见区域"类别选项卡，从"视图可见性"下拉列表框中选择"局部视图"选项，接着在辅助视图中选择一个参考点，然后在当前视图上通过单击若干点草绘样条来定义外部边界，如图 12-30 所示，单击鼠标中键，并单击"应用"按钮。

? 说明 使用"绘图视图"对话框的相关类别，可定义选定辅助视图的相应属性。还可以切换到"对齐"类别选项卡，取消选中"将此视图与其他视图对齐"复选框，以便以后可以将该辅助视图拖放到页面上其他更合适的位置。

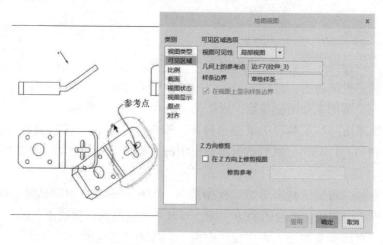

图 12-30　设置可见区域

⑥ 在"绘图视图"对话框中单击"确定"按钮。完成创建辅助视图后的效果如图 12-31 所示。

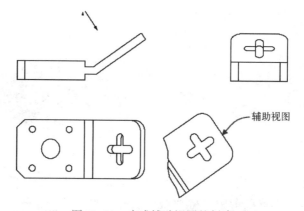

图 12-31　完成辅助视图的创建

12.3.5　旋转视图

Creo Parametric 6.0 中的旋转视图是现有视图的一个剖面，它绕切割平面投影旋转 90°。可以将在 3D 模型中创建的剖面用作切割平面，或者在放置视图时即时创建一个剖面。旋转视图和剖视图的最大不同之处在于它包括一条标记视图旋转轴的线。旋转视图示例如图 12-32 所示。

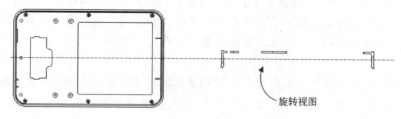

图 12-32　旋转视图示例

由于旋转视图在实际设计中应用相对较少，在此只介绍其创建方法和步骤（本书只要求读者了解一下这方面的知识）。

① 在功能区"布局"选项卡的"模型视图"面板中单击"旋转视图"按钮 ⬛⬛。

② 系统提示选择旋转界面的父视图。在该提示下选择要显示剖面的视图。

③ 系统提示选择绘制视图的中心点。在图纸页面上选择一个位置以显示旋转视图，近似地沿父视图中的切割平面投影。

④ 此时，弹出"绘图视图"对话框。在"视图类型"类别选项卡中，可以修改视图名，但不能修改视图类型。在"横截面"下拉列表框中选择现有剖面，或者选择"新建"选项来创建一个新剖面来定义旋转视图的位置。当选择"新建"选项时，弹出一个"横截面创建"菜单，如图 12-33 所示。使用"横截面创建"菜单可以创建所需的一个有效剖面，例如选择"平面" | "单一" | "完成"命令，接着输入横截面名称，按〈Enter〉键，然后选择一个现有的参照（如平面曲面或基准平面）或创建一个新的参照来创建平行于屏幕的剖面。

图 12-33 "绘图视图"对话框和
"横截面创建"菜单

⑤ 可以利用"绘图视图"对话框继续定义绘图视图的其他属性，然后关闭"绘图视图"对话框。

⑥ 必要时，还可以修改旋转视图的对称中心线。

12.4 视图的可见性和剖面设置

本节集中介绍如何进行绘图视图的可见性和剖面设置。

12.4.1 视图的可见性

根据视图的可见性来划分，可以将绘图视图划分为全视图、半视图、局部视图和破断视图等。视图的可见性可在"绘图视图"对话框的"可见区域"类别选项卡中进行设置，如图 12-34 所示。默认的视图可见性选项为"全视图"。

半视图也称"对称"视图，它是只显示其中一半的视图，而省略另一半视图，省略的另一半视图一般是现有半视图关于中心参考平面对称的，如图 12-35 所示。下面练习将一个全视图更改为由半视图来表示，具体操作步骤如下。

① 在"快速访问"工具栏中单击"打开"

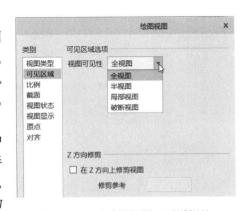

图 12-34 "绘图视图"对话框的
"可见区域"类别选项卡

按钮 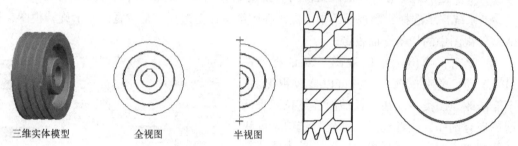 ，弹出"文件打开"对话框，从配套资源中选择配套文件"bc_12_4a_1.drw"，然后单击"文件打开"对话框中的"打开"按钮。该工程图文件中已经创建好的两个绘图视图如图 12-36 所示。

三维实体模型　　　全视图　　　半视图

图 12-35　全视图与半视图示例　　　　　　　　图 12-36　已有的两个绘图视图

② 双击右边的绘图视图，弹出"绘图视图"对话框。

③ 切换到"可见区域"类别选项卡，从"视图可见性"下拉列表框中选择"半视图"选项。

④ 在模型树或绘图窗口中选择 TOP 基准平面作为半视图参考平面。如果要在绘图窗口选择半视图参考平面，那么需要在"图形"工具栏中单击"基准显示过滤器"按钮 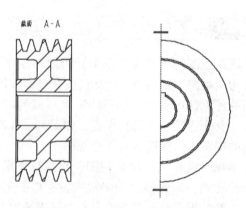 ，并单击"平面显示" ☐ 复选框，以定义在绘图窗口中显示基准平面。

说明　选择半视图参照平面后，在视图中会显示一个箭头来提示半视图参照平面的哪一侧是保持侧。如果保持侧不对，则可以单击"保持侧"按钮 来更改保持侧。

⑤ 在"对称线标准"下拉列表框中选择"对称线 ISO"，如图 12-37 所示。

⑥ 在"绘图视图"对话框中单击"应用"按钮，然后单击"确定"按钮。完成的半视图效果如图 12-38 所示。

图 12-37　设置对称线标准　　　　　　　　图 12-38　完成半视图的效果

局部视图是将物体的某一部分向基本投影面投影所得到的视图。局部视图的创建和半视图的创建类似，不同之处在于创建局部视图时，要从"绘图可见性"下拉列表框中选择

"局部视图"选项，接着指定几何上的参考点以及定义样条边界，还可根据设计要求决定是否选中"在视图上显示样条边界"复选框，如图 12-39 所示。

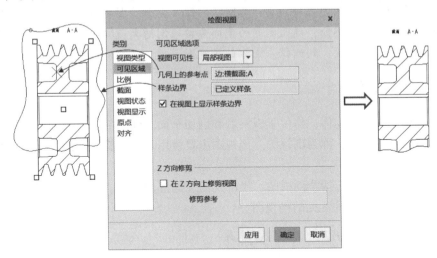

图 12-39　设置局部视图的示例

对于一些较长机件沿长度方向的形状一致或均匀变化时，可用波浪线、中断线或双折线等断裂绘制，但在标注尺寸时一定要标注其实际长度尺寸，这就是破断视图的本质概念。要定义破断视图，需要分别定义第一破断线和第二破断线的位置参考，并且可在破断视图表的"破断线样式"列表中选择破断线的表示形式，如图 12-40 所示。

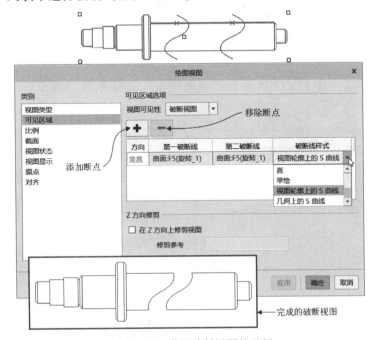

图 12-40　设置破断视图的示例

破断视图只适用于一般普通视图和投影视图类型。一旦将视图定义为破断视图，那么便不能将其更改为其他视图类型。

⁇**说明** 首次创建断点时，通过更改绘图设置文件选项"broken_view_offset"的值，可以控制破断视图两部分间的偏移距离，其默认间距是1个绘图单位。要改变间距，可拖动破断视图的某些子视图或部分，剖面之间的空间会按比例增大或减小。如果要将整个破断图移到绘图页面的另一个位置，则选择左上方的子视图。

12.4.2 相关剖视图

假想用剖切平面剖开物体，将位于观察者和剖切平面之间的部分移去，而将剩余部分向投影面投影所得到的图形，称为剖视图。剖视图主要被用来表达物体内部的结构，相关剖面线可用来表达零件材料。

剖视图有多种类型，包括全剖视图、半剖视图、局部剖视图、全部展开视图和全部对齐视图。图12-41给出了3种常见的剖视图。

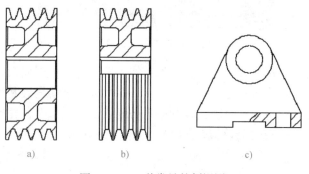

图 12-41　3种常见的剖视图
a) 全剖视图　b) 半剖视图　c) 局部剖视图

剖视图的定义是在图12-42所示的"绘图视图"对话框的"截面"类别选项卡中进行的。

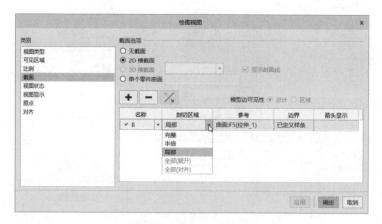

图 12-42　"绘图视图"对话框的"截面"类别选项卡

下面通过案例（模型如图12-43所示）的方式来练习如何创建全剖视图和局部剖视图。本案例的具体操作步骤如下。

图 12-43　案例的实体参考模型

1. 创建全剖视图

① 在"快速访问"工具栏中单击"打开"按钮 📂，弹出"文件打开"对话框，从配套资源中选择配套文件"bc_12_4c_1.drw"，然后单击"文件打开"对话框中的"打开"按钮。在该工程图文件中已经存在图 12-44 所示的 3 个视图。

② 选择右侧的绘图视图，双击它，弹出"绘图视图"对话框。

图 12-44　已有的 3 个视图

③ 切换到"截面"类别选项卡，选择"2D 横截面"单选按钮，接着单击"将横截面添加到视图"按钮 ✚，系统默认创建新的剖截面，此时弹出"横截面创建"菜单，如图 12-45 所示。

图 12-45　设置截面选项等

④ 在菜单管理器的"横截面创建"菜单中选择"平面"|"单一"|"完成"命令。

⑤ 在出现的文本框中输入截面名为"A"，按〈Enter〉键，或单击"接受"按钮 ✓。

⑥ 选择 RIGHT 基准平面。此时在"绘图视图"对话框的"截面"类别选项卡中会出现符号"✔"来表示剖面 A 有效，剖切区域选项为"完整（完整剖切区域）"。

⑦ 在"绘图视图"对话框中单击"确定"按钮，创建的全剖视图如图 12-46 所示。

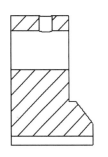

图 12-46　全剖视图

2. 创建局部剖视图

① 双击左上角的视图（主视图），弹出"绘图视图"对话框。

② 切换到"截面"类别选项卡，在该类别选项卡的"截面选项"选项组中选择"2D 横截面"单选按钮。

③ 单击"将横截面添加到视图"按钮 ➕，接着确保选择"新建…"选项，弹出"横截面创建"菜单，如图 12-47 所示。

图 12-47　设置创建新的截面

说明 若在模型中已经创建有截面，而对于当前选定绘图剖面无效的截面，系统会对该截面标识有符号"✕"。

④ 在菜单管理器的"横截面创建"菜单中选择"平面"|"单一"|"完成"命令。

⑤ 在出现的文本框中输入截面名为"B"，按〈Enter〉键，或单击"接受"按钮 ✔。

⑥ 选择 DTM1 基准平面来产生有效的剖截面。

⑦ 在"剖切区域"下拉列表框中选择"局部"选项，如图 12-48 所示。

⑧ 在主视图中选择所需的一点，如图 12-49 所示。这一点位于要局部剖切的区域内部。

图 12-48　设置剖切区域选项

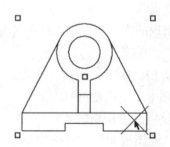

图 12-49　在主视图中选择所需的一点

⑨ 系统提示信息："草绘样条，不相交其他样条，来定义一轮廓线。"使用鼠标左键围绕所选点依次单击若干点来产生样条，如图 12-50 所示，然后单击鼠标中键完成样条。

⑩ 在"绘图视图"对话框中单击"应用"按钮，然后单击"确定"按钮。完成的局部剖视图效果如图 12-51 所示。

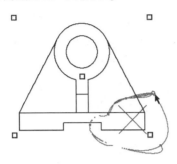

图 12-50 定义局部剖视图边界

图 12-51 完成局部剖视图效果

12.5 视图的一些编辑操作

本节介绍的视图编辑操作包括对齐视图、移动视图、修改剖面线、拭除视图、恢复视图、移动到页面、删除视图、将视图转换为绘制图元及更改线造型等。

12.5.1 对齐视图

在进行工程制图（包括机械制图）工作时，需要认真考虑"长对齐、高平齐、宽相等"的投影规则，并保证图纸整洁。因此，设计人员要掌握如何为一些没有建立对齐关系的视图设立对齐关系，以及掌握如何移动视图。

根据视图的类型，通过将视图与另一个视图对齐可以在页面上定位绘图视图，例如可以将详细视图与其父视图对齐以确保详细视图（在移动时）跟随父视图。对齐视图的操作方法及过程如下。

① 选择要定义对齐属性的视图，然后双击它，或者在选择要定义对齐属性的视图时从浮动工具栏（快捷工具栏）中单击"属性"按钮，系统弹出"绘图视图"对话框。

② 切换到"对齐"类别选项卡，选中"将此视图与其他视图对齐"复选框，如图 12-52 所示，然后选择作为对齐参照的其他视图。

③ 选择"水平"单选按钮或"竖直"单选按钮。

④ 在"对齐参考"选项组中分别设置此视图与其他视图的对齐点。

图 12-52 对齐操作

⑤ 在"绘图视图"对话框中单击"应用"或"确定"按钮，完成视图的对齐操作。

要取消视图的对齐约束，那么只需在其"绘图视图"对话框的"对齐"类别选项卡中，取消选中"将此视图与其他视图对齐"复选框即可。

12.5.2 移动视图

为了防止意外移动视图，系统在默认情况下将它们锁定在适当位置。要在图纸页面上使用鼠标自由拖曳来移动选定视图，那么就必须解锁视图移动，其方法是选择并右键单击视图，接着从弹出的快捷菜单中选择"锁定视图移动"选项以取消该选项的选择状态，则绘图页面中的所有视图（包括选定视图）将被解锁。另外，也可以在功能区"布局"选项卡的"文档"面板中单击"锁定视图移动"按钮以取消该按钮的选定状态（即取消锁定视图移动）。

解锁视图后，选择要移动的视图，将鼠标指针置于该视图轮廓内，鼠标指针变为十字形表示激活拖动模式，此时可按住鼠标左键将视图拖动到新位置。如果移动的视图存在对齐关系的子视图，那么子视图也会跟随父视图移动。

如果要使用精确的 X 和 Y 坐标移动视图，那么可以选定并右键单击该视图，然后使用快捷菜单中的"移动特殊"命令。

12.5.3 修改剖面线

如果要修改剖面线的间距或角度，可以按照图 12-53 所示的图解过程来进行。

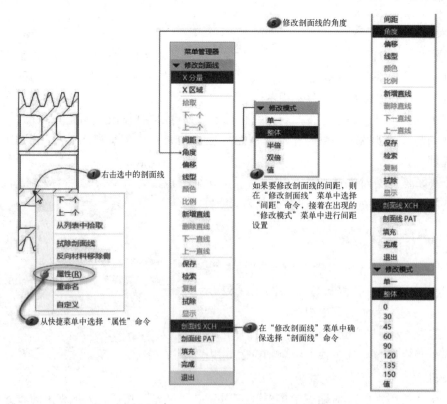

图 12-53　修改剖面线的图解过程

12.5.4 拭除视图与恢复视图

可以拭除或恢复整个绘图视图。拭除视图不会将视图从绘图中删除。拭除视图多用在大型的绘图文件中，这有助于重画大型绘图文件。

要拭除某个绘图视图，首先在功能区的"布局"选项卡的"显示"面板中单击"拭除视图"按钮，接着从绘图树或图形窗口中选择要拭除的视图，则所选的视图随即从绘图页面中被拭除。

要显示已被拭除的视图，那么先选择一个已从绘图页面中拭除的视图，也可按住〈Ctrl〉键辅助选择多个所需的视图，然后在功能区"布局"选项卡的"显示"面板中单击"恢复视图"按钮，即可在绘图页面上显示已拭除的绘图视图。

12.5.5 移动到页面

可以将选定视图项目移动到其他页面，其方法是先选择要移动到另一个页面的视图，接着在功能区的"布局"选项卡的"编辑"面板中单击"移动到页面"按钮，打开"选择页面"对话框，如图12-54所示，在"选择页面"对话框中选择一个页面或创建新页面，然后单击"确定"按钮，所选视图随即被移动到目标页面上的相同坐标处。

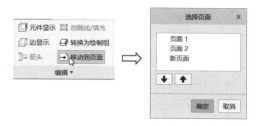

图12-54 移动到页面操作

12.5.6 删除视图

如果创建了不需要的视图，则可选择该视图，接着按键盘上的〈Delete〉键即可。也可以通过单击所需视图并从浮动工具栏（快捷工具栏）中单击"删除"图标按钮✗来删除视图。如果选择的视图具有投影子视图，那么投影子视图也会与该视图一起被删除。

12.5.7 转换为绘制图元及更改线造型

在Creo Parametric 6.0绘图模式下，可以将绘图视图转换为与其对应模型不再关联的一组绘制项目。在转换期间，视图中的所有可见几何、轴、基准和其他图元变为绘制图元，先前与视图相关联的所有绘制图元变成自由的，所有附着的绘图项目（如注解、几何公差、符号和绘制尺寸等）转换为各自的绘制图元或注解，所有可见的模型尺寸都变成绘制尺寸，视图尺寸变为不相关的绘制尺寸。

将视图转换成绘制图元后，Creo Parametric 6.0将删除原始视图及子视图、其他页面上的子项和已拭除的子项，但是Creo Parametric 6.0不会自动删除用于生成该视图的模型。如果需要，可以手动从绘图中删除该模型。

在Creo Parametric 6.0中，可以修改与任意选定视图中绘图项目的线造型关联的这些元素：图线种类（实体、破折号、空格、点样式或所有它们的组合）、字体宽度和颜色。

下面通过一个典型的操作案例来介绍将视图转换为绘制图元及更改线造型的实用知识。该案例具体的操作步骤如下。

1. 将所选视图转换为绘制图元

① 在"快速访问"工具栏中单击"打开"按钮 ，弹出"文件打开"对话框，从配套资源中选择配套文件"bc12_5_7. drw"，然后单击"文件打开"对话框中的"打开"按钮。在该工程图文件中已经存在图 12-55 所示的 3 个视图。

② 在绘图中结合〈Ctrl〉键选择这 3 个视图作为要转换为绘制图元的视图。

③ 在功能区的"布局"选项卡中单击"编辑"组溢出按钮，接着从打开的该组溢出命令列表中单击"转换为绘制图元"按钮 。

④ 系统弹出图 12-56 所示的菜单管理器。在菜单管理器的"快照"菜单中选择"本视图"选项，接着在依次弹出的两个"确认"对话框中均单击"是"按钮，如图 12-57 所示，从而将所选的视图转换为绘制图元。

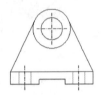

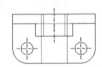
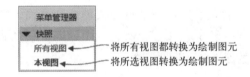

图 12-55　已有的 3 个绘图视图　　　　　　　图 12-56　"快照"菜单

图 12-57　确认信息

💬 **说明**　在本例中也可以在"快照"菜单中选择"所有视图"选项，接着在弹出的"确认"对话框中单击"是"按钮即可。

2. 更改所选线的线造型

① 在功能区"布局"选项卡的"格式"面板中单击"线型"按钮 。

② 在菜单管理器的"线型"菜单中默认选中"修改直线"选项，如图 12-58 所示。

💬 **说明**　"修改直线"用于修改绘制线的型值；"编辑样式"用于创建并管理用户定制的样式；"编辑线型"用于编辑线型；"清除样式"用于将详图项目恢复到默认样式和颜色。

③ 结合〈Ctrl〉键在绘图窗口中选择图 12-58 所示的多条直线，然后在"选择"对话框中单击"确定"按钮或单击鼠标中键，结束并确认直线选择。

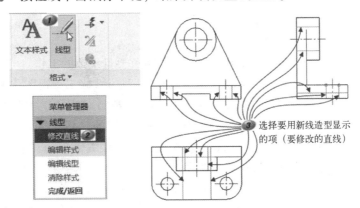

选择要用新线造型显示的项（要修改的直线）

图 12-58　修改线型操作

④ 系统弹出"修改线型"对话框。在"属性"选项组的"线型"下拉列表框中选择"短画线_S_S"，接着单击"颜色"按钮，系统弹出"颜色"对话框，接着在"颜色"对话框中选择所需的一种颜色，如图 12-59 所示，然后在"颜色"对话框中单击"确定"按钮。

图 12-59　修改线型

⑤ 在"修改线型"对话框中单击"应用"按钮，然后关闭"修改线型"对话框。

⑥ 在菜单管理器的"线型"菜单中选择"完成/返回"命令，菜单管理器被关闭。修改线造型后的效果如图 12-60 所示，虚线（短画线）表示被遮挡的轮廓线。

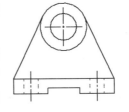
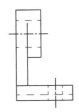

12.5.8 插入投影视图箭头或横截面箭头

有时候，需要插入投影视图箭头或横截面箭头，这便需要应用到功能区"布局"选项卡的"编辑"面板中的"箭头"按钮 🔲。单击"箭头"按钮 🔲

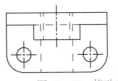

图 12-60　修改线型后的效果

后，选择所需视图来显示箭头，可能还要给箭头选出一个截面在其处垂直的视图。

12.6 视图注释

在工程图设计工作中，创建和注释绘图是一项很重要且细致的工作，它主要是为制造模型做准备。在 Creo Parametric 6.0 中，可以通过以下几种方式为工程视图添加尺寸和细节。

- 显示驱动尺寸：显示存储在模型自身中的信息。默认情况下，将模型或组件导入到 2D 绘图中时，所有尺寸和存储的模型信息是不可见的（或已拭除）。这些尺寸与 3D 模型的链接是活动的，所以可通过绘图中的尺寸直接编辑 3D 模型。可使用这些显示或驱动尺寸通过绘图来驱动模型的形状。

- 插入从动尺寸：在绘图中创建新尺寸。这些从动尺寸具有单向关联：从模型到绘图。如果在模型中更改尺寸，所有编辑的尺寸值和绘图都将更新。无法使用这些从动尺寸来编辑 3D 模型。

- 添加未标注尺寸的细节：创建未标注尺寸的详图项目，例如几何公差、基准、符号、表面光洁度符号、基准目标、球标、文本和注解。

用于视图注释的工具按钮集中在功能区的"注释"选项卡中，其中，"注释"选项卡的"注释"面板中的相关工具按钮最为常用。本节将详细介绍常用的视图注释功能，包括：显示模型注释、显示模型驱动尺寸和插入从动尺寸、使用尺寸公差、创建基准特征、标注几何公差、使用注释文本和手动标注表面粗糙度符号等。

12.6.1 显示模型注释项目

在 Creo Parametric 6.0 中，显示模型注释是其参数化特点的一个表现方面，将三维模型导入到二维绘图中时，3D 尺寸和存储的模型信息会与三维模型保持参数化相关性，在默认情况下，它们是不可见的。在绘图模式下，可以根据工程图设计要求，有选择性地选择要在特定视图上显示的三维模型信息，使这些项目可见。这些显示的尺寸在各个方向都与三维模型相关联，可以用来驱动模型。

要显示来自三维模型的注释项目（包含模型尺寸、几何公差、注解、表面粗糙度、符号和基准），可以在功能区的"注释"选项卡的"注释"面板中单击"显示模型注释"按钮，弹出图 12-61 所示的"显示模型注释"对话框，接着打开相应的选项卡，必要时可设置注释类型选项和项目范围，然后单击要在绘图中显示的各注释所对应的复选框。此外，还可以单击"全选"按钮选择选定注释类型的所有注释，或单击"全部取消"按钮清除选定注释类型的所有注释。最后在"显示模型注释"对话框中单击"确定"按钮，从而显示选定的模型注释。

例如要在某模型的工程图中显示轴线，那么可以按照以下的步骤进行操作。

① 在功能区的"注释"选项卡的"注释"面板中单击"显示模型注释"按钮，系统弹出"显示模型注释"对话框。

② 单击"显示模型基准"选项卡，并从"类型"下拉列表框中选择"轴"注释类型选项，如图 12-62 所示。

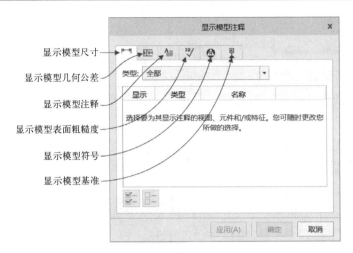

显示模型尺寸
显示模型几何公差
显示模型注释
显示模型表面粗糙度
显示模型符号
显示模型基准

图 12-61 "显示模型注释"对话框

图 12-62 选择基准类型选项

说明 在"显示模型基准" 选项卡中，可以根据情况设置要显示的基准类型，可供选择的基准注释类型选项有"全部""设置基准平面""设置基准轴""设置基准目标"和"轴"。

③ 在模型树中单击模型零件名，此时在"显示模型注释"对话框中列出各个轴注释，单击"全选"按钮 以选择全部的轴注释，如图 12-63 所示。

说明 如果只需要显示某个特征中的轴线，那么只需在模型树或绘图中单击某个特征以列出它的轴线注释。

④ 在"显示模型注释"对话框中单击"应用"按钮或"确定"按钮，从而使该模型的轴线显示在相应的绘图视图中，如图 12-64 所示。

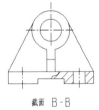

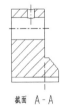
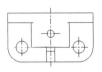

图 12-63 选择全部的轴注释

截面 B-B   截面 A-A

图 12-64 显示模型的轴线

说明 对于在视图中显示的轴线，可以修改其显示长度，方法是选择要修改的轴线，然后按住鼠标左键拖动轴线端的控制图柄进行调整即可。

12.6.2 显示模型驱动尺寸和插入尺寸

首先以一个案例来介绍如何显示模型驱动尺寸。

①在"快速访问"工具栏中单击"打开"按钮，弹出"文件打开"对话框，选择配套文件"bc12_6a_2.drw"，然后单击"文件打开"对话框中的"打开"按钮，已有的视图如图 12-65 所示。

②在功能区切换到"注释"选项卡，单击"注释"面板中的"显示模型注释"按钮，系统弹出"显示模型注释"对话框。

③在"显示模型尺寸"选项卡中，从"类型"下拉列表框中选择"所有驱动尺寸"，如图 12-66 所示。或者接受该下拉列表框默认的"全部"选项。

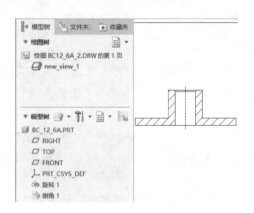

图 12-65　已有视图　　　　　　图 12-66　在"显示模型尺寸"选项卡中操作

④位于状态行右侧部位的选择过滤器的默认选项为"全部"，在模型树中单击模型零件名，也可以分别选中该零件下的"旋转 1"特征和"倒角 1"特征以获得这两个特征的驱动尺寸。

⑤在"显示模型注释"对话框中单击"全选"按钮，以选中该零件的所有驱动尺寸来显示，如图 12-67 所示。

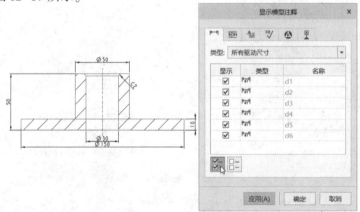

图 12-67　显示全部的驱动尺寸

⑥ 在"显示模型注释"对话框中单击"确定"按钮。自动显示的尺寸如图 12-68 所示。可以使用鼠标拖动的方式来调整这些尺寸的放置位置，以获得更整洁的图面效果。

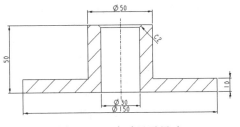

图 12-68　自动显示尺寸

说明　自动显示的尺寸通常比较凌乱，有些可能不符合设计者对图面美观和读图的要求，这就需要手动调整尺寸的放置位置，删除不需要的尺寸和重新手动标注所需的从动尺寸，或对选定尺寸进行相应的编辑处理。

下面介绍手动标注尺寸，即手动插入从动尺寸。从动尺寸是由用户创建的，此类型尺寸根据创建尺寸时所选的参考来记录值。值得用户注意的是，不能修改从动尺寸的值，因为它的值是从其参考位置衍生而来的。Creo Parametric 6.0 允许创建多种类型的从动尺寸，包括标准（新参考）尺寸⊢、纵坐标尺寸⊨、自动纵坐标尺寸⊨、坐标尺寸▦和 Z 半径尺寸⌇等。其中，纵坐标尺寸使用不带引线的单一的尺寸界线，并与基线参考相关，所有参考同一基线的尺寸，必须共享一个公共平面或边。

可以使驱动尺寸和从动尺寸显示为已定义小数位数的四舍五入值，而不影响尺寸的实际值。创建相关尺寸时，将配置选项"round_displayed_dim_value"的值设置为"yes"，可显示四舍五入值。在默认情况下，创建的尺寸将四舍五入为两位小数位。用户可以通过设置配置选项"default_dec_places"来更改默认小数位数的值。

在这里，以插入标准（新参考）形式的从动尺寸为例进行方法介绍，其他类型的从动尺寸的创建方法也类似。这其实也和在草绘器中标注尺寸的方法是基本一样的。使用新参考插入从动尺寸的操作方法和步骤如图 12-69 所示。

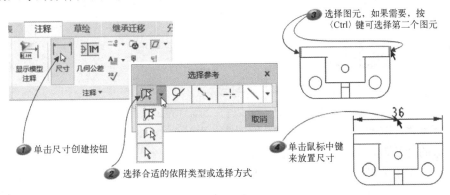

图 12-69　使用新参考创建尺寸

另外，还可以手动插入参考尺寸。所有参考尺寸除了具有表示其为参考尺寸的特殊注释之外，其他方面均与标准尺寸相同。用户可以添加参考（⊞）、纵坐标格式（⊨）或自动纵坐标格式（⊨）的参考尺寸。

12.6.3　整理尺寸

对于绘图中的显示尺寸，可以对其进行相应的编辑整理，以获得较佳的图面效果和符合工业标准，并使模型细节信息更容易读取。通常可以使用以下典型方法来调整尺寸。

- 拭除单个尺寸：先选择要拭除的尺寸，在出现的浮动工具栏中单击"拭除"按钮 �，即可。

- 在单视图内调整尺寸位置：选择要移动的尺寸，鼠标光标变为四角箭头形状 ✛ 后，将尺寸拖动到所需的位置处。使用功能区"注释"选项卡的"编辑"面板中的"移动特殊"按钮 ⊡↦，可以根据尺寸 X 和 Y 坐标移动显示尺寸。

- 对齐尺寸：也就是选定尺寸与所选择的第一尺寸对齐（假设它们共享一条平行的尺寸界线）。对齐尺寸的方法很简单，即先选择要将其他尺寸与之对齐的尺寸，接着按住〈Ctrl〉键选择要对齐的剩余尺寸，然后在功能区"注释"选项卡的"注释"面板中单击"对齐"按钮 ⊞。

- 反转箭头方向：先选择箭头所在的标注尺寸，接着从弹出的浮动工具栏中单击"反向箭头"按钮 ⇄。

- 将尺寸移动到其他视图：先选择要移动的尺寸，接着在功能区"注释"选项卡的"编辑"面板中单击"移动到视图"按钮 ⚐，或者在浮动工具栏（快捷工具栏）中单击"移动到视图"按钮 ⚐，然后选择要将项目移至的视图即可。

- 删除尺寸：要删除尺寸，可以先选择要删除的尺寸，接着从弹出的浮动工具栏（快捷工具栏）中单击"删除"按钮 ✖。

- 自动清理尺寸：在功能区"注释"选项卡的"注释"面板中提供了一个实用的"清理尺寸"按钮 ⚏，它主要用于清理视图周围的尺寸的位置。

- 更改尺寸文本样式：在功能区"注释"选项卡的"格式"面板中单击"文本样式"按钮 ⅍，接着选择要更改文本样式的尺寸文本项目，单击鼠标中键以结束选择操作，系统弹出"文本样式"对话框，从中可更改字体、高度、厚度、宽度因子、斜角、颜色等。

12.6.4 使用尺寸公差

尺寸公差与几何公差影响着零件制造的精度。

在 Creo Parametric 6.0 绘图模式中，可以将公差标准设置为 ANSI 或 ISO/DIN 等，其方法是单击"文件"按钮，选择"准备"|"绘图属性"命令，打开"绘图属性"对话框，接着单击公差的"更改"选项进行相应设置即可。

此外，使用绘图设置文件选项"tol_display"可以将全部尺寸的公差显示设置为打开或关闭（即绘图设置文件选项"tol_display"控制尺寸公差的显示），Creo 早期版本初始默认时公差显示是关闭的（其选项值初始默认为"no *"，若要将全部尺寸的公差显示设置为打开，则需要将该选项值设置为"yes"）；而使用绘图设置文件选项"default_tolerance_mode"，则可以设置新创建尺寸的默认公差模式，其默认公差模式可以为"nominal *（公称）""basic（基本）""limits（限制）""plusminus（正-负）""plusminussym（+-对称）"或"plusminussym_super（+-对称_上标）"。

默认时，新建尺寸以公称值显示。用户可以为选定尺寸设置相应的公差类型和公差值等。下面通过一个操作案例来详细介绍。

① 在"快速访问"工具栏中单击"打开"按钮📂，弹出"文件打开"对话框，选择配套文件"bc12_6a_4.drw"，然后单击"文件打开"对话框中的"打开"按钮。该文件中已有一个显示尺寸的绘图视图。

② 在功能区中单击"注释"标签以打开"注释"选项卡。

③ 选择图 12-70 所示的一个现有尺寸，则出现一个浮动工具栏，以及在功能区上显示一个"尺寸"上下文功能区选项卡。"尺寸"上下文功能区选项卡列出了选定尺寸的属性，用户可以使用此选项卡各面组下的可用命令来修改选定尺寸的属性。注意："尺寸"上下文功能区选项卡会在放置新建尺寸或选择现有尺寸时出现。

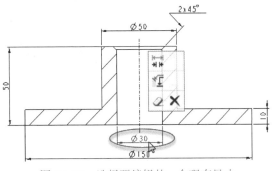

图 12-70　选择要编辑的一个现有尺寸

④ 在"尺寸"上下文功能区选项卡的"精度"面板中，确保选中"四舍五入尺寸"复选框，从 $_{10.123}$ 下拉列表框中选择"0.12"（表示尺寸精度小数位数为2）；从 $_{0.123}^{0.123}$ 下拉列表框中选择"同尺寸"选项；在"公差"面板中，从"公差类型"下拉列表框中选择"对称" ± 0.1，设置上公差值为"0.15"，如图 12-71 所示。

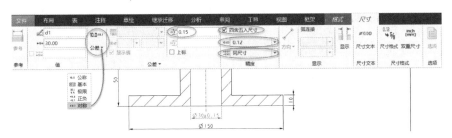

图 12-71　使用"尺寸"上下文功能区选项卡进行尺寸属性设置

说明　默认的公差模式为"公称"$_{10.0}$，只显示无公差的公称值；若选择"基本"$\boxed{10.0}$，则显示带有矩形框的基础尺寸值；若选择"极限"$_{1.1}^{10.1}$，则显示尺寸的上限和下限；若选择"正负"$_{-0.1}^{+0.2}$，则需要分别设置上公差值和下公差值，显示单独的上公差和下公差后跟随的公称尺寸；若选择"对称"± 0.1，则显示对称公差后跟随的公称尺寸。

⑤ 在图纸页面的空白处，以间接取消选中当前尺寸，此时"尺寸"上下文功能区选项卡便自动关闭。

说明　如果发现尺寸（包含公差数值）中的小数点以逗号"，"显示，那么可以通过设置绘图文件详细选项来设置以点句号"．"显示，方法是选择"文件"|"准备"|"绘图属性"命令，接着在打开的"绘图属性"对话框中单击"详细信息选项"对应的"更改"命令，弹出"选项"对话框，选择或输入"decimal_marker"，从"值"下拉列表框中选择"period"，如图 12-72 所示，然后单击"添加/更改"按钮即可。绘图文件详细选项

"decimal_marker"的可供选择的选项值有"comma_for_metric_dual*""period"和"comma"。"comma_for_metric_dual*"为默认选项值,用于若使用单一尺寸(通常指显示时不带公差),则小数点使用点句号,若使用双重尺寸,则小数点为逗号;"period"用于不管是单一尺寸还是双重尺寸,小数点皆使用点句号;"comma"用于不管是单一尺寸还是双重尺寸,小数点皆使用逗号。

图 12-72 指定在辅助尺寸中用于小数点的字符

⑥ 使用同样的方法,为选定尺寸设置相应的公差显示,最终完成的效果如图 12-73 所示(注意直径为 150 的那个尺寸,其上公差为+0.15,下公差为-0.05,其他相关尺寸的公差可从图中读取)。其中,注意有些尺寸公差是显示 3 位小数的,这需要在"尺寸"上下文功能区选项卡的"精度"面板中进行相应的设置操作。

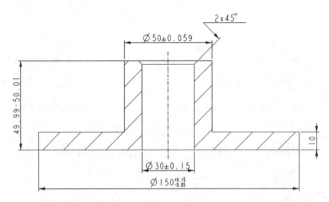

图 12-73 完成相关尺寸的公差显示

12.6.5 创建基准特征符号

在工程图中,基准特征符号是一种重要的参考对象,它经常与几何公差一起配合使用。

要在绘图中创建基准特征符号，则可以按照以下的方法步骤进行。

① 在功能区打开"注释"选项卡，并在该选项卡的"注释"面板中单击"基准特征符号"按钮。

② 选择边、几何、轴、基准、曲线、顶点或曲面上的点来指定基准特征符号的连接点。基准特征符号将连接到选定图元。

③ 拖动光标来指定基准特征符号引线的长度。

④ 单击鼠标中键以放置基准特征符号，此时在功能区出现图 12-74 所示的"基准特征"选项卡。

| 文件 | 布局 | 表 | 注释 | 草绘 | 继承迁移 | 分析 | 审阅 | 工具 | 视图 | 框架 | 格式 | 基准特征 |

图 12-74　"基准特征"选项卡

⑤ 使用功能区"基准特征"选项卡中的选项来定义基准特征符号的属性，最后在图形区域内单击以完成基准特征符号的创建。

请看以下一个操作实例。

① 在"快速访问"工具栏中单击"打开"按钮，弹出"文件打开"对话框，选择配套文件"bc12_6e_1x. drw"，然后在"文件打开"对话框中单击"打开"按钮。该文件中已有一个显示尺寸的绘图视图。

② 在功能区切换到"注释"选项卡，接着在该选项卡的"注释"面板中单击"基准特征符号"按钮。

③ 在视图中选择图 12-75 所示的一处短的轮廓边。

④ 拖动鼠标光标来指定基准特征符号引线的长度，如图 12-76 所示。

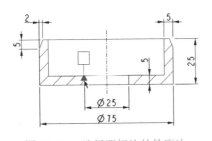

图 12-75　选择要标注的轮廓边

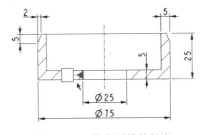

图 12-76　指定引线的长度

⑤ 单击鼠标中键以放置基准特征符号，此时在功能区出现"基准特征"选项卡。

⑥ 在功能区"基准特征"选项卡中设置在基准特征符号框架内显示的标签为"A"，单击选中"直"按钮，此时可以在图形窗口中使用鼠标拖动基准特征符号来调整其放置位置和引线长度，如图 12-77 所示。满意后，在图形区域内的合适位置处单击以完成基准特征符号的创建。

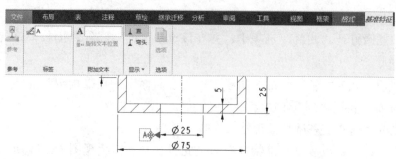

图 12-77　设置基准特征参数等

12.6.6 标注几何公差

几何公差是与模型设计中指定的确切尺寸和形状之间的最大允许偏差。

要将几何公差插入绘图中,可以参考以下简述的方法步骤。

① 在功能区打开"注释"选项卡,并在该选项卡的"注释"面板中单击"几何公差"按钮⚪IM,此时在图形窗口中依附鼠标指针而显示未连接的几何公差框的动态预览。默认情况下,预览几何公差框是以当前绘图中最后放置的几何公差的数据填充的;但是,对于绘图中的第一个几何公差,几何公差框通过采用默认值的"位置"几何特性进行预览。

② 定义参考选择和几何公差放置的模式。如果右击预览的几何公差框,则可以从弹出的快捷菜单(如图 12-78 所示)中选择以下模式之一。

图 12-78　右击预览的几何公差框

- "自动":此为默认模式。采用此模式,可以在图形区域中的某一位置单击以放置自由(未连接)的几何公差,可以将几何公差的引线连接到模型几何(例如边、尺寸界线、坐标系、轴心、轴线、曲线或曲面点、顶点、截面图元或绘制图元等),可以将几何公差连接到尺寸或尺寸弯头,可以将几何公差连接到注释弯头、另一个几何公差或另一个基准标记。
- "产生尺寸":用于创建尺寸线并放置与之相连的几何公差框。
- "偏移":可将几何公差框放置在距离某绘图对象(例如尺寸、尺寸箭头、几何公差、注解或符号等)一定偏移处。在放置几何公差前,按〈Esc〉键可终止几何公差创建进程。

③ 单击鼠标中键可放置几何公差框,此时如果需要,则可以拖动几何公差框来重新放置几何公差。放置几何公差框时,"几何公差"功能区选项卡被自动打开,如图 12-79 所示。

图 12-79　"几何公差"功能区选项卡

④ 在"几何公差"功能区选项卡中,更改几何公差的几何特性为"直线度"——、"平面度"▱、"圆度"○、"圆柱度"⌀、"线轮廓"⌒、"曲面轮廓"⌓、"倾斜度"∠、

"垂直度" ⊥、"平行度" //、"位置度" ⊕、"同轴度" ◎、"对称度" ═、"圆跳动" ✓
和 "总跳动" ✓ 中的其中一个,接着分别指定几何公差的参考图元(如果需要)、公差值、
参考基准、材料状态和附加文本等。

⑤ 在图形区域的指定位置处单击以完成插入几何公差。

下面以一个典型工程视图为例,说明如何添加一个公差值为 Φ0.068 的同轴度。

该案例具体的操作步骤如下(注意总结方法)。

① 在 "快速访问" 工具栏中单击 "打开" 按钮 📂,弹出 "文件打开" 对话框,选择
配套文件 "bc12_6e_2.drw",然后在 "文件打开" 对话框中单击 "打开" 按钮。也可以使
用上一小节完成的案例文件。

② 在功能区切换到 "注释" 选项卡,接着在该选项卡的 "注释" 面板中单击 "几何
公差" 按钮 ⏢1M。

③ 接受默认的 "自动" 模式,选择图 12-80a 所示的轮廓边。

④ 在适合位置处单击鼠标中键以放置几何公差框,如图 12-80b 所示。

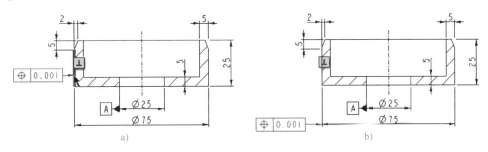

图 12-80 选择轮廓边和放置几何公差框

a)选择所需的一条轮廓边 b)放置几何公差框

⑤ 在 "几何公差" 功能区选项卡的 "符号" 面板中选择 "同轴度" ◎,在 "公差和
基准" 面板的 框中先输入总公差为 "0.068",接着将输入光标移至 "0.068" 字符的前
面,在 "符号" 面板中单击 "符号" 按钮 ⬇,并从打开的符号列表框中单击符号图标
"∅",从而在 "0.068" 字符前插入符号 "∅",如图 12-81 所示。

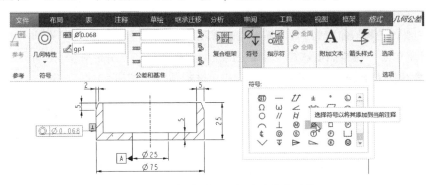

图 12-81 初步设置几何公差的公差值

⑥ 在 "几何公差" 功能区选项卡的 "公差和基准" 面板中单击第一行的 "从模型选
择基准参考" 按钮 🔧,弹出 "选择" 对话框,在图形窗口中单击已有的基准特征符号,如

图 12-82 所示。完成选择基准参考后，在"选择"对话框中单击"确定"按钮。

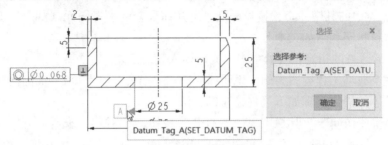

图 12-82　从模型选择基准参考

⑦ 在图形区域的其他合适位置处单击以完成插入几何公差，效果如图 12-83 所示。

说明　如果需要，用户可以在选中指定几何公差框的状态下，通过使用鼠标拖动其箭头处的控制点来调整几何公差的引出点位置，如图 12-84 所示。

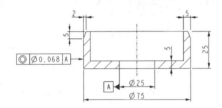

图 12-83　完成插入一处几何公差

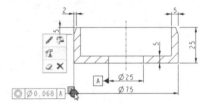

图 12-84　调整几何公差引出点位置等

12.6.7 使用注解文本

在工程图中，添加必要的技术要求注解有助于清楚地表达设计信息。在 Creo Parametric 6.0 工程图模式下，从功能区的"注释"选项卡的"注释"面板中可以选择图 12-85 所示的注解类型命令，主要包括"独立注解""偏移注解""项上注解""引线注解"。属于创建无引线注解的命令有"独立注解""偏移注解""项上注解"，它们将绕过所有引线设置选项，并且在页面中只指定注解文本和位置；而用于创建带引线注解的命令为"引线注解"，它将引线连接到特定点，可以指定连接样式、箭头样式等。

先以"独立注解"命令为例。选择"独立注解"命令后，弹出图 12-86 所示的"选择点"对话框。接着单击"在绘图上选择一个自由点"按钮 ⨯ ⬝、"使用绝对坐标选择点"按钮 ⌗ ⬝、"在绘图对象或图元上选择一个点"按钮 ⊶ 和"选择顶点"按钮 ⊶ 之一进行放置操作。

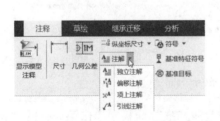

图 12-85　选择注解类型命令

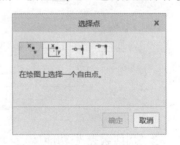

图 12-86　"选择点"对话框

- ⊙ "在绘图上选择一个自由点"按钮 ⟋✕⟍：将注解放置在绘图上选择的自由点处。
- ⊙ "使用绝对坐标选择点"按钮 ⟋✕⟍：将注解放置在由参考绘图原点的 X 和 Y 值定义的绝对坐标处。
- ⊙ "在绘图对象或图元上选择一个点"按钮 ⊣┤：将注解放置在所选的绘图对象或图元上。
- ⊙ "选择顶点"按钮 ⊣│：将注解放置在所选的顶点上。

完成放置操作后，注解文本框的原点放置在所选位置上，此时功能区出现"格式"选项卡，如图 12-87 所示，使用"格式"选项卡上的命令格式化注解文本（为注解文本设置相关样式和格式等），并在文本框中输入所需的注解文本，最后在文本框外单击以完成放置注解。

图 12-87　"格式"选项卡

如创建带有引线的注解文本，可选择"引线注解"命令，接着利用"选择参考"对话框来指定选定图元上的引线连接点，再单击鼠标中键来指定注解的位置，然后利用功能区出现的"格式"选项卡来格式化注解文本，并在文本框中输入注解文本。

12.6.8　手动插入表面粗糙度符号

在 Creo Parametric 6.0 中，插入表面粗糙度符号还是沿用 GB/T 1031–1995 表面粗糙度（表面光洁度）的标注方法，而此标注方法已经被新的国家标准 GB/T 1031–2009 所替代。下面结合实例来介绍如何插入表面粗糙度符号。

① 在功能区"注释"选项卡的"注解"面板中单击"表面粗糙度"按钮 ³²✓，弹出"打开"对话框。

② 系统自动指向"Surffins"文件夹，选择"machined"子文件夹下的"standard1.sym"文件，如图 12-88 所示，然后单击"打开"按钮，系统弹出"表面粗糙度"对话框。

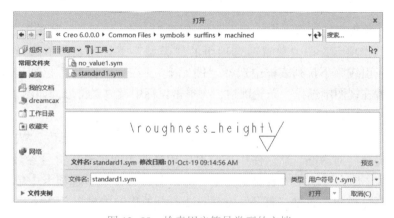

图 12-88　检索用户符号类型的文档

③ 在"表面粗糙度"对话框中切换至"可变文本"选项卡，输入表面粗糙度"rough-ness_height"的值，例如输入"6.3"，如图12-89所示。

图12-89 输入表面粗糙度的参数值

④ 切换至"常规"选项卡，在"放置"选项组的"类型"下拉列表框中选择"图元上"选项，接着在图形窗口中选择要放置此表面粗糙度符号的轮廓边，如图12-90所示，此时可以接受默认的属性参数（包含高度、角度和颜色等），然后单击鼠标中键确定放置此表面粗糙度符号。

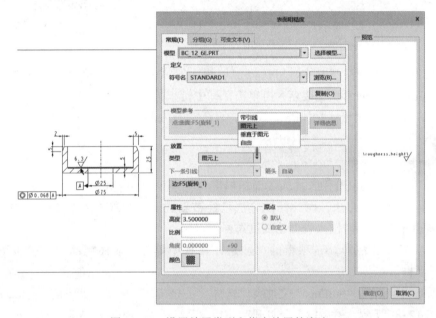

图12-90 设置放置类型和指定放置轮廓边

⑤ 在"可变文本"选项卡中将新表面粗糙度"roughness_height"的值设置为"3.2"；切换至"常规"选项卡，在"放置"选项组的"类型"下拉列表框中选择"带引线"选项，在"下一条引线"下拉列表框中选择"图元上"，在"箭头"下拉列表框中选择"箭头"选项，接着在视图中选择一条轮廓边，再单击鼠标中键放置符号，如图12-91所示。

⑥ 在"表面粗糙度"对话框中单击"确定"按钮。

之后在功能区"注释"选项卡的"注解"面板中单击"表面粗糙度"按钮 ³²√，将直接弹出"表面粗糙度"对话框，默认使用上一次应用过的表面粗糙度符号参数。如果要更改表面粗糙度符号，那么可以在"表面粗糙度"对话框的"常规"选项卡中单击"定义"选项组中的"浏览"按钮，通过"打开"对话框去打开所需的用户定义符号。

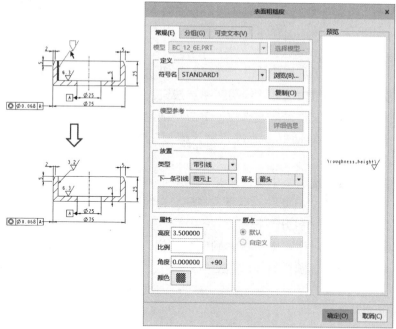

图 12-91 插入带引线的表面粗糙度符号

12.7 使用绘图表

一个完整的零件工程图应该包括标题栏，可能还包括一些技术参数栏，而一个完整的装配工程图除了包括标题栏之外还应该包括明细表。标题栏、技术参数栏和明细表可通过绘图表来完成。绘图表是具有行和列的栅格，在其中可以输入文本。绘图表可以应用到绘图格式、绘图和布局中。

与绘图表相关的工具命令位于功能区的"表"选项卡中，其中包含"表"面板、"行和列"面板、"数据"面板、"球标"面板和"格式"面板。绘图表不少工具的应用和 Word 中有关表格工具的应用是相似的，在这里不再进行赘述了。

12.8 工程图实战学习案例

该工程图实战学习案例选用的三维实体模型（该实体模型已经建好并保存在配套资料里的"hy_shaft.prt"模型文档里）如图 12-92 所示。

扫码观看视频

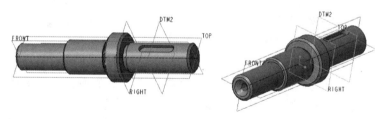

图 12-92 轴零件

该案例的设计意图是为该轴零件建立一个完整的工程图，要求视图的投影法采用第一象限投影法。该案例的具体操作步骤如下。

1. 新建工程图

① 在"快速访问"工具栏中单击"新建"按钮 📄，弹出"新建"对话框。

② 在"类型"选项组中选择"绘图"单选按钮，取消选中"使用默认模板"复选框，确保选中"使用绘图模型文件名"复选框，单击"确定"按钮，弹出"新建绘图"对话框。

③ 在"新建绘图"对话框中通过"默认模型"选项组的"浏览"按钮选择"hy_shaft. prt"模型作为默认模型。

④ 在"指定模板"选项组中选择"格式为空"单选按钮，接着单击"格式"选项组中的"浏览"按钮，利用"打开"对话框选择配套资源里的"bc_a3. frm"格式文件，然后单击"打开"对话框中的"打开"按钮。

⑤ 在"新建绘图"对话框中单击"确定"按钮，进入工程图（绘图）模式，绘图区出现图 12-93 所示的具有标题栏的 A3 图框。

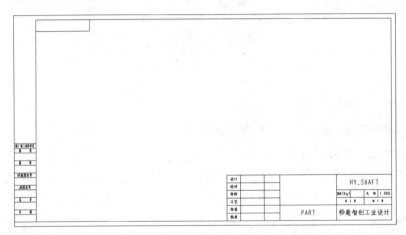

图 12-93　具有图框的空工程图

2. 工程图环境设置

① 单击"文件"按钮并从文件应用程序菜单中选择"准备"|"绘图属性"命令，系统弹出"绘图属性"对话框，接着在"绘图属性"对话框中选择"详细信息选项"对应的"更改"选项，系统弹出"选项"对话框。

② 在"选项"对话框的列表中查找并选择到"projection_type"选项，或者直接在"选项"文本框中输入"projection_type"，然后从"值"下拉列表框中选择"first_angle"，如图 12-94 所示。

③ 在"选项"对话框中单击"添加/更改"按钮，接着单击"确定"按钮。执行该选项设置后，接下去制作的工程图都符合第一角投影法。

④ 更改公差标准。在"绘图属性"对话框中单击"公差"对应的"更改"选项，系统弹出一个菜单管理器。从该菜单管理器的"公差设置"菜单中选择"标准"命令，则菜单管理器出现"公差标准"菜单，从中选择"ISO/DIN"公差标准选项以将默认的公差标准 ANSI 更改为 ISO/DIN，此时系统弹出"确认"对话框，单击"是"按钮，确认尺寸公差已

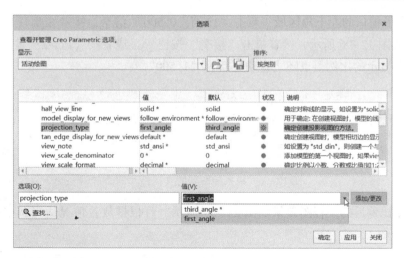

图 12-94 "选项"对话框

经修改并重新生成。在菜单管理器的"公差设置"菜单中选择"完成/返回"命令,然后关闭"绘图属性"对话框。

3. 添加主视图并调整绘图比例

① 在功能区的"布局"选项卡的"模型视图"面板中单击"普通视图"按钮 。

② 在图纸页面上图框内选择放置视图的位置,系统弹出"绘图视图"对话框。

③ 在"绘图视图"对话框的"视图类型"类别选项卡中,选择"查看来自模型的名称"单选按钮,并在"模型视图名"列表框中选择"TOP",接着单击"应用"按钮。

④ 切换到"视图显示"类别选项卡,从"显示样式"下拉列表框中选择"消隐"选项,从"相切边显示样式"下拉列表框中选择"无"选项,然后单击"应用"按钮。

⑤ 在"绘图视图"对话框中单击"确定"按钮。此时放置的第一个视图如图 12-95 所示(注意要关闭基准平面显示),视图相对于图框而言显得比较小,因此需要调整绘图比例。

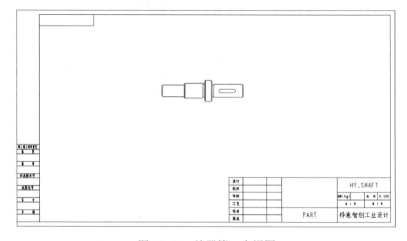

图 12-95 放置第一个视图

在图形窗口的左下角区域，双击"比例：0.500"信息，接着在出现的文本框中输入"1.5"，如图 12-96 所示，接着单击"接受"按钮 ✔，或者按〈Enter〉键确定。此时在图框标题栏中显示的比例值也随之自动更新为"1.500"。

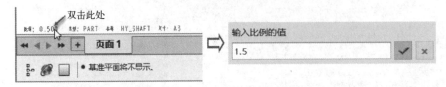

图 12-96　输入绘图刻度（比例）的值

更改绘图比例后的工程图效果如图 12-97 所示，可根据放置情况适当调整主视图的放置位置。

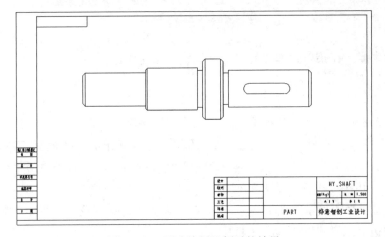

图 12-97　更改绘图比例后的效果

4. 添加第二个视图

① 在功能区"布局"选项卡的"模型视图"面板中单击"投影视图"按钮。

② 此时默认主视图作为父视图，并出现一个代表投影视图的矩形框，利用鼠标光标在主视图右侧的水平方向上放置该投影视图。

③ 双击该投影视图，弹出"绘图视图"对话框。切换到"视图显示"类别选项卡，从"显示样式"下拉列表框中选择"消隐"选项，从"相切边显示样式"下拉列表框中选择"无"选项，然后单击"应用"按钮，此时视图如图 12-98 所示。

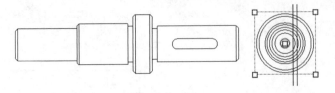

图 12-98　设置投影视图的显示

④ 切换到"截面"类别选项卡，选择"2D 横截面"单选按钮，单击"将横截面添加到视图"按钮。

⑤ 由于模型中不存在已保存的 2D 横截面（剖面），则系统自动调出"横截面创建"菜单，在该菜单中选择"平面"|"单一"|"完成"命令。

⑥ 输入剖面名称为"A"，单击"接受"按钮✓，或者按〈Enter〉键确定。

⑦ 菜单管理器出现"设置平面"菜单，默认选择"平面"选项。在模型树中选择 DTM2 基准平面，也可以利用"图形"工具栏中的"平面显示"🔲复选框设置显示基准平面，然后在图形窗口中选择 DTM2 基准平面，如图 12-99 所示。

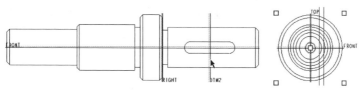

图 12-99　选择平面定义横截面

⑧ 在"绘图视图"对话框中单击"应用"按钮，则将第二个视图设置为剖视图，如图 12-100 所示，图中已经取消选中"平面显示"🔲复选框来设置不显示基准平面。

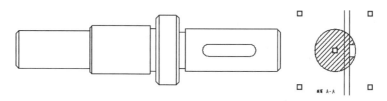

图 12-100　设置剖视图

⑨ 在"截面"类别选项卡中，从"模型边可见性"选项组中选择"区域"单选按钮来定义模型边的可见性，即只显示横截面而不显示模型的其他可见边。接着在剖切表中确保剖切区域选项为"完整"，单击"箭头显示"单元格，然后在图纸页面上选择第一个视图，此时"绘图视图"对话框如图 12-101 所示。

图 12-101　设置模型边可见性和箭头显示

说明　用于定义模型边可见性的单选按钮有"总计（全部）"和"区域"，如果要在显示横截面时也显示模型的可见边，则选择"总计（全部）"单选按钮。

⑩ 在"绘图视图"对话框中单击"应用"按钮，此时工程图如图 12-102 所示。

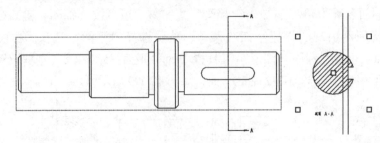

图 12-102　设置剖面后的效果

⑪ 切换到"对齐"类别选项卡，取消选中"将此视图与其他视图对齐"复选框，使该视图与父视图脱离对齐关系。单击"应用"按钮，然后单击"确定"按钮，退出"绘图视图"对话框。

⑫ 在功能区"布局"选项卡的"文档"面板中确保取消选中"锁定视图移动"按钮，以允许可以手动移动视图，接着将第二个视图拖至图纸中的合适位置处，如图 12-103 所示。完成移动视图操作后，可以单击选中"锁定视图移动"按钮以锁定视图移动。

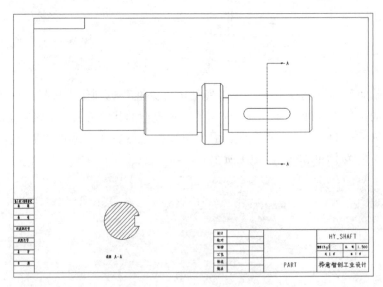

图 12-103　将第二个视图拖至更好的位置处

5. 在主视图中添加局部剖视图

① 双击主视图，弹出"绘图视图"对话框。

② 切换至"截面"类别选项卡，选择"2D 横截面"单选按钮，接着单击"将横截面添加到视图"按钮 ＋ 。

③ 需要创建新的有效横截面（剖面）。在弹出的"横截面创建"菜单中选择"平面"|"单一"|"完成"命令。

④ 输入剖面名称为"B"，单击"接受"按钮 ✓ ，或者按〈Enter〉键确定。

⑤ 在模型树中选择 TOP 基准平面定义剖切面。在"模型边可见性"选项组中默认选择"总计"单选按钮，在"剖切区域"框中选择"局部"选项。

⑥ 在主视图中的合适位置处单击一点，如图 12-104 所示。

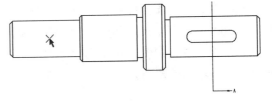

图 12-104　选取截面间断的中心点

⑦ 在该点周围按照一定的顺序依次单击若干点来产生边界样条，单击鼠标中键完成样条，接着在"绘图视图"对话框中单击"应用"按钮，效果如图 12-105 所示。

⑧ 在"绘图视图"对话框中单击"确定"按钮，在主视图中完成的局部剖视图如图 12-106 所示。

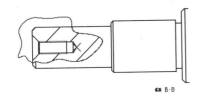

图 12-105　完成局部剖边界样条

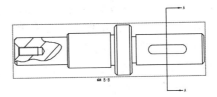

图 12-106　完成局部剖视图

6. 整理剖面注释与初步标注尺寸等

① 在功能区单击"注释"标签，从而打开"注释"选项卡。

② 在图纸页面中选择剖面注释文本"截面 B-B"，接着从出现的浮动工具栏中单击"拭除"按钮✖，从而将其拭除。

③ 在功能区的"注释"选项卡的"注释"面板中单击"显示模型注释"按钮，弹出"显示模型注释"对话框。

④ 在"显示模型尺寸"选项卡中，设置"类型"选项为"全部"，在模型树中选择轴零件名称，此时系统自动预览来自模型的所有尺寸，如图 12-107 所示。

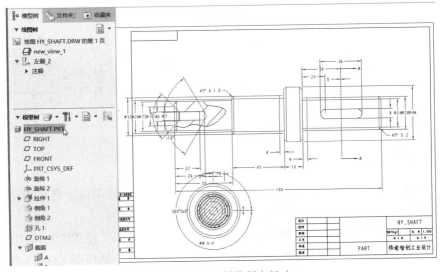

图 12-107　预览所有尺寸

⑤ 单击"全选"按钮 ✚，接着在图纸页面上单击第二个视图中的 3 个尺寸（尺寸数值为"360°"的两个尺寸和数值为"10"的一个尺寸）以将这 3 个尺寸从选择集中除去，在第一个视图（主视图）中单击数值为"34"的一个尺寸（该尺寸测量的是剖切平面到轴中间一个肩端面的距离）也将该尺寸从选择集中除去。另外，还将数值为"0"的两个尺寸也拭除。

⑥ 在"显示模型注释"对话框中单击"确定"按钮。

说明 如果不希望全部线性尺寸（中心引线配置除外）的默认文本方向为水平（horizontal ＊），那么可以通过更改绘图设置文件选项"default_lindim_text_orientation"的值来进行重新配置，如定制线性尺寸（中心引线配置除外）的默认文本方向为"平行且位于引线上方"。其方法是单击"文件"按钮并选择"准备"|"绘图属性"命令，打开"绘图属性"对话框，选择"详细信息选项"相应的"更改"选项，弹出"选项"对话框，利用"选项"对话框将选项"default_lindim_text_orientation"的值设置为"parallel_to_and_above_leader"即可。有兴趣的读者，可以了解更多的绘图设置文件选项。本案例定制线性尺寸（中心引线配置除外）的默认文本方向为"平行且位于引线上方"。

⑦ 在第一个视图（主视图）中，选择键槽宽度尺寸"8"，接着在弹出的浮动工具栏（也称"快捷工具栏"）中选择"移动到视图"按钮 ，然后选择第二个视图，从而将该尺寸移至剖切视图（第二个视图）中显示，如图 12-108 所示。

⑧ 将在剖切视图中显示的键槽宽度尺寸拖放到合适的位置，并可以调整其尺寸界线的起始点位置，效果如图 12-109 所示。

⑨ 在主视图中选择孔特征的一个"Φ7"尺寸，利用浮动工具栏中的"删除"按钮 ✗ 将该尺寸拭除，如图 12-110 所示。接着使用鼠标拖动的方式调整主视图中相关尺寸的放置位置，调整的参考结果如图 12-111 所示。

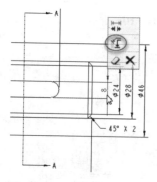
图 12-108 利用浮动工具栏

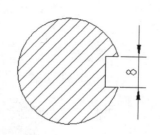
图 12-109 调整尺寸位置

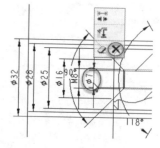
图 12-110 拭除选定的尺寸

⑩ 选择剖切视图（第二个视图）处的注释文本"A-A"，使用鼠标将其拖到该剖切视图上方的适当位置处，如图 12-112 所示。

⑪ 在功能区"注释"选项卡的"注释"面板中单击"尺寸"按钮 ，弹出"选择参考"对话框，默认选择"选择图元"图标选项 并在图纸页面上选择图 12-113 所示的图元 1，接着在"选择参考"对话框中单击"选择圆弧或圆的切线"按钮 ，按住〈Ctrl〉键选

择图元 2（圆弧），在预放置尺寸文本的地方单击鼠标中键，完成标注的该从动尺寸如图 12-114 所示。

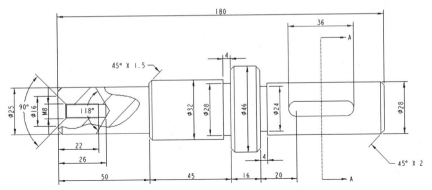

图 12-111　调整主视图相关尺寸放置位置的参考效果

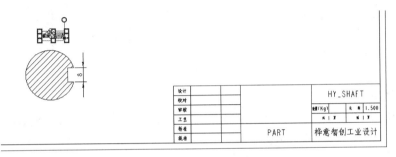

图 12-112　调整剖面注释文本的放置位置

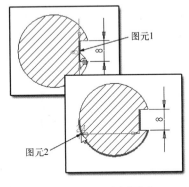

图 12-113　选择图元

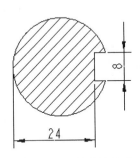

图 12-114　完成该尺寸

7. 设置显示中心轴线

❶ 在功能区的"注释"选项卡中单击"显示模型注释"按钮，系统弹出"显示模型注释"对话框。

❷ 单击"显示模型基准"选项卡，并从该选项卡的"类型"下拉列表框中选择"轴"选项。

❸ 在模型树中单击"旋转 1"特征，接着在对话框中单击"全选"按钮。

❹ 在"显示模型注释"对话框中单击"确定"按钮，显示轴线的工程图如图 12-115 所示，可拖动轴线端点控制滑块调整轴线的显示长度。

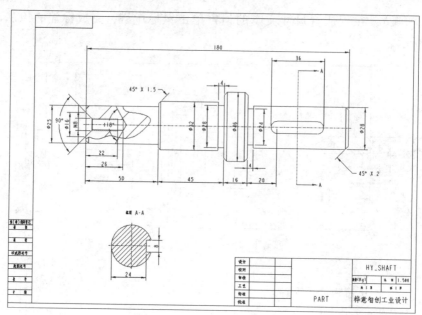

图 12-115　显示轴线后的工程图

8. 为选定的单个尺寸插入尺寸公差

① 单击"文件"按钮并选择"准备"|"绘图属性"命令，打开"绘图属性"对话框，接着在"绘图属性"对话框中单击"详细信息选项"相应的"更改"选项，系统弹出"选项"对话框，在"选项"文本框中输入"tol_display"并按〈Enter〉键确认，在"值"下拉列表框中选择"yes"，单击"添加/更改"按钮。另外，确保绘图设置文件选项"default_tolerance_mode"的值默认为"nominal*（公称）"。然后，在"选项"对话框中单击"确定"按钮，并在"绘图属性"对话框中单击"关闭"按钮。

🅡 说明　绘图设置文件选项"tol_display"用于控制尺寸公差的显示，而绘图设置文件选项"default_tolerance_mode"则用于设置新创建尺寸的默认公差模式。

② 选择图 12-116 所示的尺寸，在功能区出现"尺寸"上下文选项卡。

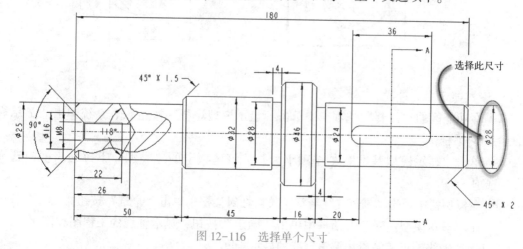

图 12-116　选择单个尺寸

③ 在"尺寸"上下文选项卡的"精度"面板中，选中"四舍五入尺寸"复选框，在 **10.123** 下拉列表框中选择"0.123"，在 **+0.123/-0.123** 下拉列表框中选择"同尺寸"选项；在"公差"面板的"公差类型"下拉列表框中选择"正负" **+0.2/-0.1**，上公差为"+0.010"，下公差为"-0.021"，如图12-117所示。在图形窗口的其他位置单击以确定尺寸公差的设置。

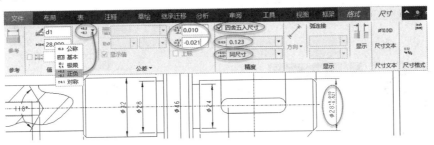

图12-117 设置尺寸公差

④ 使用相同的方法，为图12-118所示的另外两个尺寸添加相应的公差。

9. 修改指定标注

① 在主视图中选择螺纹孔特征的"M8"尺寸，则功能区出现"尺寸"上下文选项卡。

② 在功能区"尺寸"上下文选项卡的"尺寸文本"面板中单击"尺寸文本"按钮 **⌀10.00**，为此尺寸输入后缀为"×1"，如图12-119所示。在图形窗口中的其他合适位置处单击，完成此尺寸编辑。

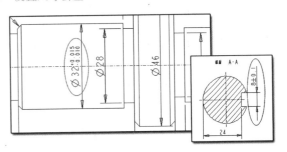

图12-118 为另外两个尺寸添加公差

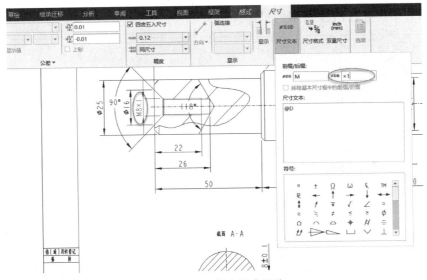

图12-119 修改尺寸显示

③ 选择一处" "的倒角标注，打开"尺寸"上下文功能区选项卡。

④ 在"尺寸"上下文功能区选项卡的"显示"面板中单击"显示"按钮 **⌀10.00**，接着

在"文本方向"下拉列表框中选择"ISO-居上-延伸"选项，在"配置"下拉列表框中选择"引线"选项，在"倒角文本"下拉列表框中选择"CD"，如图 12-120a 所示。在"尺寸文本"面板中单击"尺寸文本"按钮 ⌀10.0⓪，在尺寸文本"@ D"前添加"4×"，如图 12-120b 所示。前缀"4×"表示一共有 4 处同样规格的倒角。

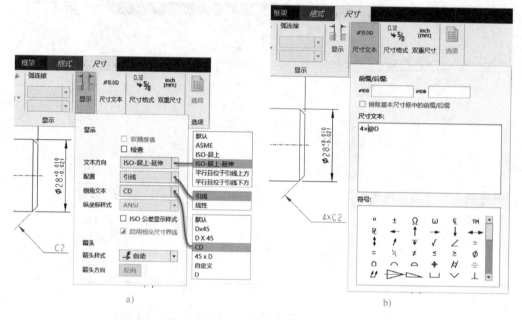

图 12-120　更改倒角参数及添加前缀

a）更改倒角尺寸的显示参数　b）为倒角尺寸添加前缀

⑤　使用同样的方法，将"45°×1.5°"倒角标注的倒角文本更改为"CD"。完成该步骤后的工程图效果如图 12-121 所示。

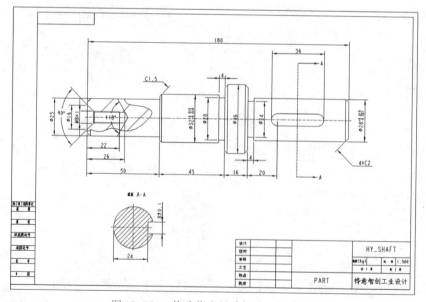

图 12-121　修改指定尺寸标注后的效果

选择"截面 A-A",接着从出现的浮动工具栏中单击"属性"按钮,打开"注解属性"对话框。切换到"文本样式"选项卡,取消选中"高度"文本框右侧的"默认"复选框,接着在"高度"文本框中输入"0.2"（该高度值应设置比原默认的高度值"0.156250"稍大一些,注意该高度值实际所采用的绘图单位算法）,单击"预览"按钮,如图 12-122 所示,预览满意后单击"确定"按钮。双击主视图中的剖切标识,利用弹出的"文本样式"对话框来将剖切标识"A"的字体高度也设置为"0.2"。

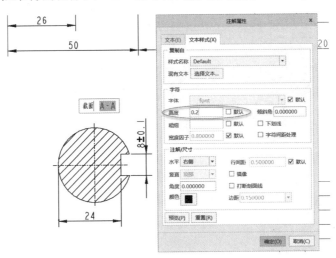

图 12-122　修改"截面 A-A"注解的高度

10. 修改剖面线

细心的读者可能会发现两个剖面的剖面线间距不同。实际上同一个零件的剖面线应一致,因此需要修改剖面线。

① 在功能区中单击"布局"标签,从而打开"布局"选项卡。

② 在主视图中选择局部剖视的剖面线,右击,接着在打开的快捷菜单中选择"属性"选项,系统弹出一个菜单管理器。

③ 在菜单管理器的"修改剖面线"菜单中,默认的选项为"X 分量"|"剖面线XCH"。选择"间距"选项,接着在菜单管理器中出现的"修改模式"菜单中选择"值"选项,输入间距值为"0.2"（这里采用的是英制绘图单位）,单击"接受"按钮✔,或者按〈Enter〉键确认。然后在"修改剖面线"菜单中选择"完成"命令,从而完成局部剖视的剖面线间距设置。

④ 在"截面 A-A"视图中选择剖面线,右击,接着在打开的快捷菜单中选择"属性"选项,弹出一个菜单管理器。

⑤ 在菜单管理器的"修改剖面线"菜单中,默认的选项为"X 分量"|"剖面线XCH"。选择"间距"选项,接着在出现的"修改模式"菜单中选择"值"选项,输入间距值为"0.2"（要求和步骤③中输入的间距值一样）,单击"接受"按钮✔,或者按〈Enter〉键确认。然后在"修改剖面线"菜单中选择"完成"命令,从而完成该剖面线间距的设置。

修改剖面线后的效果如图 12-123 所示。

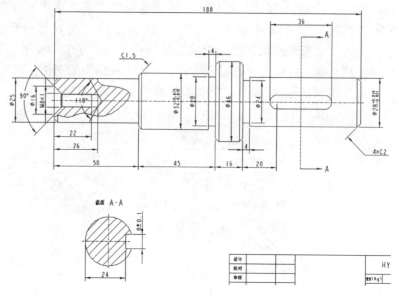

图 12-123 修改剖面线后的效果

11. 填写标题栏及添加技术要求等

① 切换到功能区的"注释"选项卡，双击图 12-124 所示的标题栏表格。

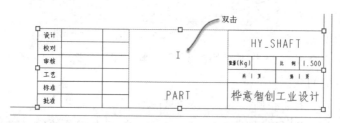

图 12-124 双击标题栏的指定表格

② 输入描述性文本为"传动轴(材料:45)"这几个字，单击"接受"按钮✓，或者按〈Enter〉键确认。

③ 在功能区"注释"选项卡的"注释"面板中单击"独立注解"按钮，打开"选择点"对话框，在图框标题栏上方的合适位置处指定一点，添加所需的技术要求，如图 12-125 所示。

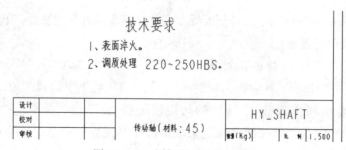

图 12-125 添加所需的技术要求

根据设计要求，双击标题栏的其他要填写的单元格以进行填写操作，并对相关注释文本的高度和放置位置进行合理性调整。进行此步骤后完成的工程图效果如图 12-126 所示。

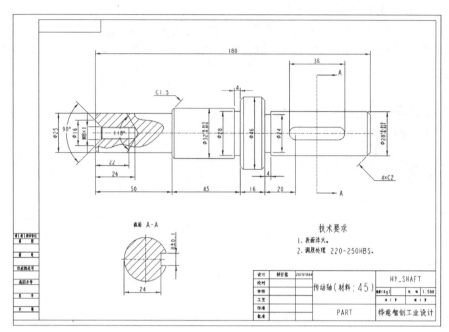

图 12-126　参考的工程图

　　说明　在实际设计工作中，如果觉得对默认的相关绘图样式不太满意，那么可以选择"文件"|"准备"|"绘图属性"命令，打开"绘图属性"对话框，并单击"详细信息选项"的"更改"选项打开"选项"对话框，通过该"选项"对话框来更改所需的绘图配置文件选项的值。

12.9　思考与练习题

　　1）如何新建一个工程图文件？什么是绘图树？绘图树与模型树有什么不同之处？

　　2）如何向绘图添加新模型？

　　3）在工程图中，如何设置所有默认的标注文本高度和箭头的大小？

　　提示　设置绘图文件配置选项"drawing_text_height"（设置绘图中所有文本的默认文本高度）、"draw_arrow_length"（设置导引线箭头的长度）、"draw_arrow_width"（设置导引线箭头的宽度）等的值。

　　4）掌握了哪些绘图视图的创建方法？

　　5）如何设置在工程图中显示出某特征的中心轴线？

　　6）在工程图环境中，如何创建爆炸形式（分解形式）的装配视图？

🔍 **提示** 一般情况下，要先在装配模式下通过视图管理器准备好组件的分解视图，并保存所需的分解视图。在其工程图模式下，插入绘图视图后，可利用"绘图视图"对话框的"视图状态"类别选项卡来进行相应的设置。

7）创建半剖视图需要指定有效的剖面、半剖基准平面参照和拾取侧。下面以图12-127所示的实体模型为例（bc12_ex7.prt），创建一般视图和一个投影视图，然后在一般视图中创建半剖视图，效果如图12-128所示。

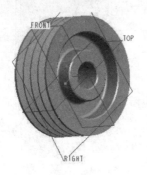
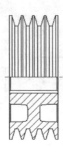
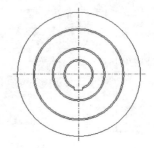

图12-127 三维实体模型　　　　　　图12-128 创建相关的绘图视图

8）如何进行对齐尺寸的操作？

9）请依照在AutoCAD中建立的工程图（如图12-129所示），在Creo Parametric 6.0中创建联轴器三维模型（材料是钢45），然后通过该三维模型生成Creo Parametric 6.0工程图。

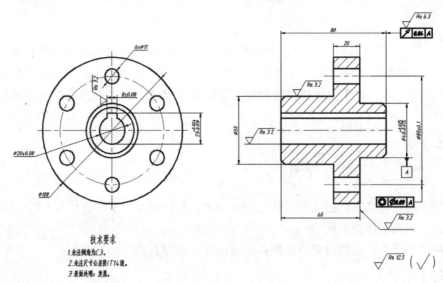

图12-129 在AutoCAD中建立的工程图

第13章 实战进阶案例

本章导读：

　　本章介绍若干个实战进阶案例，目的旨在让读者在实战中快速提升自己的综合设计水平。所介绍的案例涉及机械设计、塑料制品设计、工业产品设计等方面。具体案例模型包括主动齿轮轴、塑料瓶和袖珍耳机。

13.1 主动齿轮轴

　　本实战进阶案例要完成的机械零件是一个主动齿轮轴，其完成效果如图 13-1 所示。本案例的主要难点在于齿轮的构建，这需要应用到渐开线方程关系式。轴上齿轮的模数 m 为 2，齿数 Z 为 18，齿形角（压力角）α 为 20°，精度等级为 766GM。

扫码观看视频

　　本实战进阶案例——主动齿轮轴设计的操作步骤如下。

图 13-1　主动齿轮轴

1. 新建实体设计零件文件

　　① 在"快速访问"工具栏中单击"新建"按钮 🗋，弹出"新建"对话框。

　　② 在"类型"选项组中选择"零件"单选按钮，在"子类型"选项组中选择"实体"单选按钮，在"文件名"文本框中输入"hy_13_1"，取消选中"使用默认模板"复选框，然后单击"确定"按钮，弹出"新文件选项"对话框。

　　③ 在"模板"选项组中选择"mmns_part_solid"公制模板，然后单击"确定"按钮。

2. 创建旋转特征作为轴的主体

　　① 在功能区的"模型"选项卡的"形状"面板中单击"旋转"按钮 🔷，打开"旋转"选项卡。默认时，"旋转"选项卡中的"实心"按钮 □ 处于被选中的状态。

　　② 选择 FRONT 基准平面作为草绘平面，快速进入草绘模式。

　　③ 在"基准"面板中单击"中心线"按钮 ┊，绘制一条水平的几何中心线作为旋转轴。接着在"草绘"面板中单击"线链"按钮 ～ 绘制旋转剖面，完成的图形如图 13-2 所示。单击"确定"按钮 ✔，完成旋转剖面绘制并退出草绘模式。

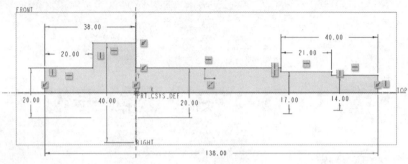

图 13-2 绘制旋转剖面等

④ 默认的旋转角度为 360°，在"旋转"选项卡中单击"确定"按钮✔，创建的旋转实体特征如图 13-3 所示。

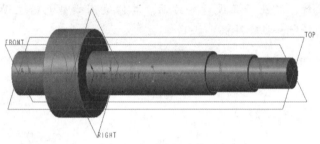

图 13-3 创建旋转实体特征

3. 以旋转的方式切除材料

① 单击"旋转"按钮 ，打开"旋转"选项卡。

② 默认时，"旋转"选项卡中的"实心"按钮 处于被选中的状态，单击"移除材料"按钮 。

③ 打开"放置"面板，单击"定义"按钮，弹出"草绘"对话框。在"草绘"对话框中单击"使用先前的"按钮，进入草绘模式。

④ 绘制图 13-4 所示的旋转剖面（由两个长方形构成），并务必单击"基准"面板中的"中心线"按钮 ，添加一条水平的几何中心线来作为旋转轴。注意相关线段的约束关系，然后单击"确定"按钮✔。

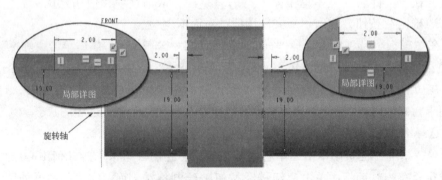

图 13-4 绘制旋转剖面等

⑤ 默认的旋转角度为360°，在"旋转"选项卡中单击"确定"按钮✔，结果如图13-5所示。

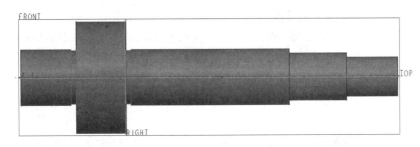

图13-5 旋转切除材料的效果

4. 创建环形槽（退刀槽）

说明　要使用 Creo Parametric 6.0 的"环形槽"功能来创建退刀槽，那么需要先将配置文件选项"allow_anatomic_features"的值设置为"yes"，并需要将该命令添加到功能区指定位置区域来显示。有关设置过程在此不再赘述。在本例中，仍然介绍采用"旋转"按钮切除材料来完成环形槽（退刀槽）的结构。

① 单击"旋转"按钮，打开"旋转"选项卡。

② 默认时，"旋转"选项卡中的"实心"按钮处于被选中的状态，单击"移除材料"按钮。

③ 打开"放置"面板，单击"定义"按钮，弹出"草绘"对话框。在"草绘"对话框中单击"使用先前的"按钮，进入草绘模式。

④ 在"基准"面板中单击"中心线"按钮，绘制一条水平的几何中心线作为旋转轴；接着在"草绘"面板中单击"拐角矩形"按钮来绘制图13-6所示的一个矩形。然后单击"确定"按钮✔。

⑤ 默认的旋转角度为360°，在"旋转"选项卡中单击"确定"按钮✔，结果如图13-7所示。

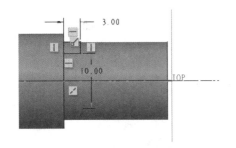
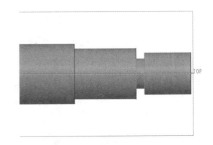

图13-6 绘制旋转剖面图形　　　　图13-7 完成退刀槽的创建

5. 构建键槽

① 在功能区的"模型"选项卡的"形状"面板中单击"拉伸"按钮。

② 默认时，"拉伸"选项卡中的"实心"按钮处于被选中的状态，单击"移除材

料"按钮 。

③ 打开"放置"面板,单击"定义"按钮,弹出"草绘"对话框。

④ 在功能区右侧区域单击"基准"|"平面"按钮 □,弹出"基准平面"对话框。选择 FRONT 基准平面作为偏移参照,输入指定方向的平移值为"6",如图 13-8 所示。然后在"基准平面"对话框中单击"确定"按钮,创建默认名为"DTM1"的基准平面。

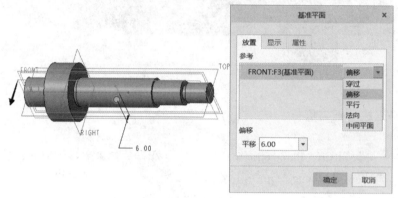

图 13-8　创建基准平面

⑤ 系统默认以刚创建的 DTM1 基准平面作为草绘平面,以 RIGHT 基准平面作为"右"方向参考,单击"草绘"对话框中的"草绘"按钮,进入草绘模式。

⑥ 绘制图 13-9 所示的拉伸剖面(跑道形图形),单击"确定"按钮✔。

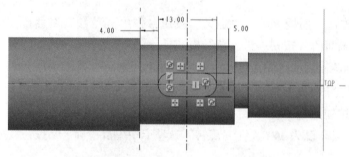

图 13-9　绘制拉伸剖面(跑道形图形)

⑦ 在"拉伸"选项卡中单击"将拉伸的深度方向更改为草绘平面的另一侧"按钮,以获得所需的深度方向,并从深度选项下拉列表框中选择"穿透"图标选项,此时拉伸切除特征的动态预览如图 13-10 所示。

⑧ 在"拉伸"选项卡中单击"确定"按钮✔,结果(完成键槽)如图 13-11 所示。

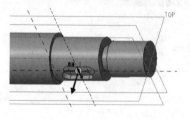

图 13-10　动态预览

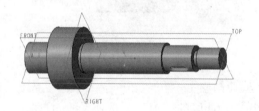

图 13-11　拉伸切除的结果(完成键槽)

6. 创建倒角

① 在功能区的"模型"选项卡的"工程"面板中单击"边倒角"按钮 。

② 在"边倒角"选项卡中选择边倒角标注形式为"45×D",并在"D"尺寸框中输入"2"。

③ 结合〈Ctrl〉键来选择图 13-12 所示的 3 条边参照。

④ 在"边倒角"选项卡中单击"确定"按钮 。

⑤ 使用同样的方法,单击"边倒角"按钮 ,选择边倒角标注形式为"45×D",将"D"值设置为"1.5",选择图 13-13 所示的一条边参照,单击"确定"按钮 。

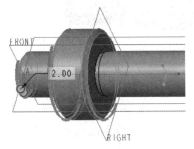

图 13-12 选择要倒角的多条边参照

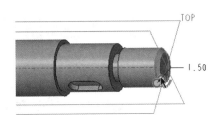

图 13-13 选择要倒角的一条边参照

7. 创建外螺纹

① 在功能区的"模型"选项卡的"形状"面板中单击"扫描"按钮 旁边的"下三角"按钮▼,单击"螺旋扫描"按钮 ,打开"螺旋扫描"选项卡。

② 在"螺旋扫描"选项卡中单击"实心"按钮 、"移除材料"按钮 和"使用右手定则"按钮 。

③ 在"螺旋扫描"选项卡中打开"参考"面板,在"截面方向"选项组中选择"穿过旋转轴"单选按钮,如图 13-14 所示,接着单击"螺旋轮廓"收集器右侧的"定义"按钮,系统弹出"草绘"对话框。

④ 选择 FRONT 基准平面作为草绘平面,默认以 RIGHT 基准平面为"右"方向参考,如图 13-15 所示,单击"草绘"按钮。

图 13-14 在"参考"面板中操作

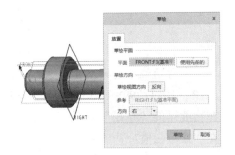

图 13-15 指定草绘平面

⑤ 在功能区的"草绘"选项卡的"基准"面板中单击"中心线"按钮，在水平绘图参考线上指定两点来绘制一条水平的几何中心线，接着在"草绘"面板中单击"线链"按钮，绘制图 13-16 所示的一段直线段。然后在"约束"面板中单击"重合"按钮，选择刚绘制的直线段和相应的轮廓线，然后标注尺寸和修改尺寸，结果如图 13-17 所示。在"草绘"选项卡中单击"确定"按钮。

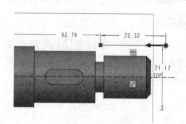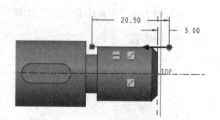

图 13-16　绘制一段直线段　　　　图 13-17　应用重合约束和尺寸约束

?说明 此时，若在"螺旋扫描"选项卡中打开"参考"面板，则可以看到"旋转轴"收集器内显示有"内部 CL"字样，即表示绘制的内部几何中心线默认为旋转轴。如果在绘制螺旋扫描轮廓截面时没有绘制一条将定义旋转轴的几何中心线或构造中心线，那么需要用户在"参考"面板中确保激活"旋转轴"收集器，然后选择所选的轴线等来定义旋转轴。

⑥ 在（螺距值/间距值）框中输入螺距值为"1.5"。

⑦ 在"螺旋扫描"选项卡中单击"创建或编辑扫描截面"按钮，绘制图 13-18 所示的等边三角形的牙型横截面。

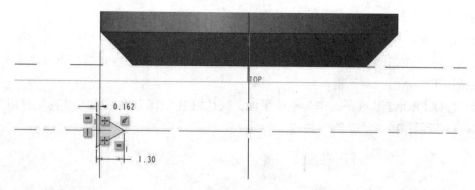

图 13-18　绘制普通螺纹的牙型截面

?说明 普通螺纹的牙型角为 60°，其横截面尺寸数值可根据螺距由经验公式算出来，例如在本例中，$H=1.299 \approx 0.866P$（P 为螺距，在这里 P=1.5），$H/8 \approx 0.162$。

⑧ 在功能区的"草绘"选项卡中单击"确定"按钮。

⑨ 在"螺旋扫描"选项卡中单击"确定"按钮。完成创建的外螺纹效果如图 13-19 所示（按〈Ctrl+D〉组合键以默认的标准方向视角显示模型）。

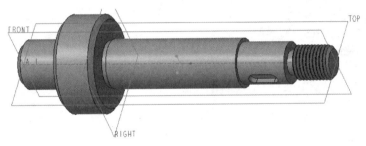

图 13-19 完成外螺纹

8. 以拉伸的方式切除出一个通孔

① 在功能区的"模型"选项卡的"形状"面板中单击"拉伸"按钮 🗖。

② 默认时,"拉伸"选项卡中的"实心"按钮 🗖 处于被选中的状态,单击"移除材料"按钮 🗖。

③ 选择 FRONT 基准平面作为草绘平面,快速进入草绘模式。

④ 确保使草绘平面与屏幕平行后,绘制图 13-20 所示的一个圆,然后单击"确定"按钮 ✔。

⑤ 在"拉伸"选项卡中打开"选项"面板,从"侧 1"下拉列表框中选择"⯊ 穿透",接着从"侧 2"下拉列表框中也选择"⯊ 穿透"。

⑥ 在"拉伸"选项卡中单击"确定"按钮 ✔,创建图 13-21 所示的一个通孔。

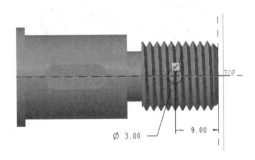

图 13-20 绘制拉伸切除的剖面

图 13-21 拉伸切除出的通孔

9. 建立齿轮参数

① 在功能区"模型"选项卡中单击"模型意图"|"参数"按钮 [],或者在功能区的"工具"选项卡的"模型意图"面板中单击"参数"按钮 [],打开"参数"对话框。

② 在"参数"对话框中单击"添加新参数"按钮 ➕,添加一个新参数。接着再分别单击 4 次"添加新参数"按钮 ➕,即在本例中一共添加 5 个新参数。

③ 分别修改新参数名称及其相应的数值、说明,如图 13-22 所示。

④ 在"参数"对话框中单击"确定"按钮,完成用户自定义参数的建立。

10. 草绘定义分度圆、基圆、齿根圆和齿顶圆的圆

① 在功能区的"模型"选项卡的"基准"面板中单击"草绘"按钮,弹出"草绘"对话框。

图 13-22 定义新参数

② 选择 RIGHT 基准平面作为草绘平面，以 TOP 基准平面作为"左"方向参考，单击"草绘"对话框中的"草绘"按钮，进入草绘模式。

③ 分别绘制 4 个同心的圆，如图 13-23 所示。这时候不必修改各圆的直径尺寸，因为接下去会使用关系式来驱动这些直径尺寸。

④ 在功能区中打开"工具"选项卡，从"模型意图"面板中单击"关系"按钮 **d=**，系统弹出"关系"对话框。此时，草绘截面的各尺寸以变量符号显示。

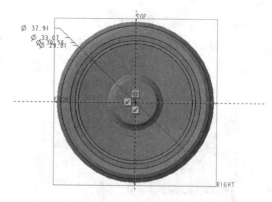

图 13-23 草绘 4 个圆

⑤ 在"关系"对话框中的"关系"文本框中输入如下关系式。可以单击"执行/校验关系并按关系创建新参数"按钮 来校验关系式。

$$sd0 = m * (z+2*ha) \qquad /* 齿顶圆直径$$
$$sd1 = m * z \qquad /* 分度圆直径$$
$$sd2 = m * z * \cos(PA) \qquad /* 基圆直径$$
$$sd3 = m * (z-2*ha-2*c) \qquad /* 齿根圆直径$$
$$DB = sd2$$

完成输入关系式的"关系"对话框如图 13-24 所示。

⑥ 在"关系"对话框中单击"确定"按钮。

⑦ 在功能区中切换到"草绘"选项卡，单击"确定"按钮 ，完成草绘并关闭"草绘"选项卡。

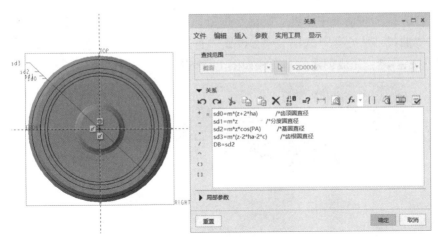

图 13-24　设置关系式

11. 生成渐开线

① 在功能区的"模型"选项卡中单击"基准"组溢出按钮，接着单击"曲线"命令旁的"三角展开"按钮▶，再从打开的曲线命令列表中选择"来自方程的曲线"命令，打开"曲线：从方程"选项卡。

② 从"坐标类型"🔽下拉列表框中选择"笛卡儿"选项，此时"参考"面板中的"坐标系"收集器处于活动状态，在图形窗口或模型树中选择 PRT_CSYS_DEF 基准坐标系。

③ 在"曲线：从方程"选项卡中单击"方程"按钮，系统弹出"方程"对话框。

④ 在"方程"对话框的"关系"文本框中输入下列函数方程。

$$r = DB/2 \qquad /* r \text{ 为基圆半径}$$
$$theta = t * 45 \qquad /* \text{设置渐开线展角为从 0 到 45°}$$
$$x = 0$$
$$y = r * \sin(theta) - r * (theta * pi/180) * \cos(theta)$$
$$z = r * \cos(theta) + r * (theta * pi/180) * \sin(theta)$$

完成输入函数方程的"方程"对话框如图 13-25 所示。

图 13-25　定义渐开线方程

⑤ 在"方程"对话框中单击"确定"按钮。

⑥ 在"曲线：从方程"选项卡中，设置"自"值为"0"，"至"值为"1"，然后单击"确定"按钮 ✔，完成创建的渐开线如图 13-26 所示。

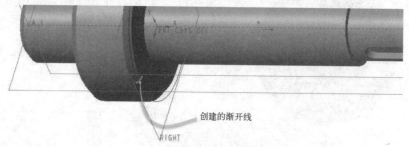

创建的渐开线

图 13-26　完成创建的渐开线

12. 创建基准点

① 在功能区的"模型"选项卡的"基准"面板中单击"基准点"按钮 ✕✕，打开"基准点"对话框。

② 选择渐开线，按住〈Ctrl〉键的同时选择分度圆曲线，如图 13-27 所示。

③ 在"基准点"对话框中单击"确定"按钮，从而在所选两条曲线的交点处创建一个基准点 PNT0。

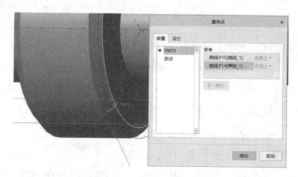

图 13-27　创建基准点 PNT0

13. 创建通过基准点与圆柱轴线的参考平面

① 在功能区的"模型"选项卡的"基准"面板中单击"基准平面"按钮 ⬜，打开"基准平面"对话框。

② 选择圆柱轴线 A_1，按住〈Ctrl〉键的同时选择基准点 PNT0，如图 13-28 所示。

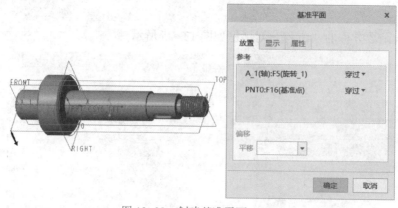

图 13-28　创建基准平面 DTM2

③ 在"基准平面"对话框中单击"确定"按钮，完成创建基准平面 DTM2。

14. 创建基准平面 M_DTM

① 单击"基准平面"按钮 ⬜，打开"基准平面"对话框。

② 确保选中 DTM2 基准平面，按住〈Ctrl〉键的同时选择轴线 A_1，接着在"基准平面"对话框的"旋转"框中输入"360/(4*z)"，按〈Enter〉键后，系统弹出一个对话栏，如图 13-29 所示，单击"是"按钮以添加"360/(4*z)"作为特征关系，系统开始计算该关系式。

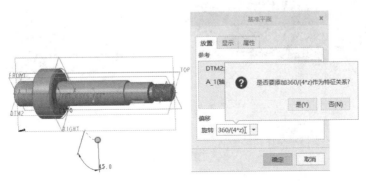

图 13-29　创建基准平面

③ 在"基准平面"对话框中，切换至"属性"选项卡，在"名称"文本框中将基准平面名称更改为"M_DTM"。

④ 在"基准平面"对话框中单击"确定"按钮。

15. 镜像渐开线

① 选择渐开线，在功能区的"模型"选项卡的"编辑"面板中单击"镜像"按钮 ▯▯，打开"镜像"选项卡。

② 选择 M_DTM 基准平面作为镜像平面参考。

③ 在"镜像"选项卡中单击"确定"按钮 ✔，镜像结果如图 13-30 所示。

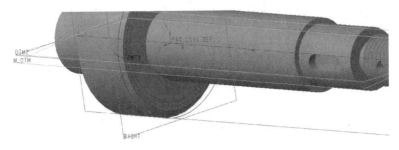

图 13-30　镜像结果

16. 以拉伸的方式切除出第一个齿槽

① 在功能区"模型"选项卡的"形状"面板中单击"拉伸"按钮 ▱，打开"拉伸"选项卡，默认时"实体"按钮 ▢ 处于被选中的状态，单击"移除材料"按钮 ◢。

② 选择 RIGHT 基准平面作为草绘平面，快速进入内部草绘模式。

③ 绘制图 13-31 所示的剖面，单击"确定"按钮 ✔。

④ 在"拉伸"选项卡中，从侧 1 的深度选项下拉列表框中选择"⋕⋲"，确保能有效切除出齿槽结构。

⑤ 在"拉伸"选项卡中单击"确定"按钮 ✔，创建的第一个齿槽如图 13-32 所示。

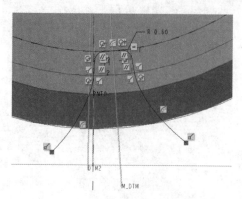

图 13-31 绘制用于拉伸切除的剖面

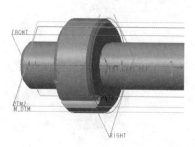

图 13-32 切除出第一个齿槽

17. 阵列齿槽

① 确保选中第一个齿槽，在功能区的"模型"选项卡的"编辑"面板中单击"阵列"按钮 田，打开"阵列"选项卡。

② 从"阵列"选项卡的阵列类型下拉列表框中选择"轴"选项，接着在模型中选择中心轴线 A_1。

③ 在"阵列"选项卡中单击"设置阵列的角度范围"按钮 ⚟，将阵列的角度范围设置为"360"（其单位默认为度"°"），接着输入第一方向的阵列成员数为"18"，如图 13-33 所示。

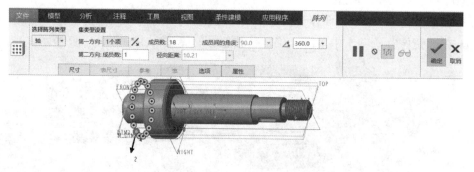

图 13-33 在"阵列"选项卡中设置阵列参数

④ 在"阵列"选项卡中单击"确定"按钮 ✔，完成该阵列操作。阵列齿槽的结果如图 13-34 所示。

18. 通过图层来管理曲线

① 在功能区中打开"视图"选项卡，从"可见性"面板中单击"层"按钮 ⬚，打开层树。

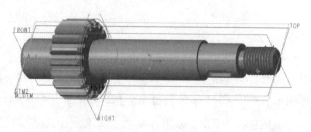

图 13-34 阵列齿槽的结果

② 在层树中选择"03___PRT_ALL_CURVES"层并单击鼠标右键，如图 13-35 所示，从弹出的快捷菜单中选择"隐藏"命令。

说明 用户也可以创建一个新图层，并选择相关曲线作为该图层的项目，然后隐藏该图层。新建图层的典型方法是在层树上方单击"层"按钮，接着从其下拉菜单中选择"新建层"命令，弹出图 13-36 所示的"层属性"对话框，在"名称"文本框中输入层的名称，选择模型中的相关草绘特征/曲线作为该层的项目，然后单击"确定"按钮即可。

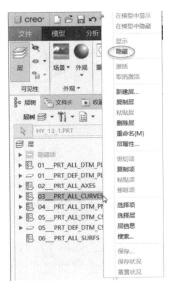

图 13-35　隐藏曲线层

图 13-36　"层属性"对话框

③ 在层树适当位置处单击鼠标右键，接着从弹出的快捷菜单中选择"保存状况"命令。

④ 在功能区的"视图"选项卡的"可见性"面板中单击"层"按钮，以取消选中该按钮，即退出层树显示状态。

19. 创建倒角和倒圆角

① 在功能区中切换回"模型"选项卡，从"工程"面板中单击"边倒角"按钮，打开"边倒角"选项卡。选择边倒角标注形式为"D×D"，并在"D"尺寸框中输入"0.5"，接着选择图 13-37 所示的一条边参照。在"边倒角"选项卡中单击"确定"按钮。

② 在"工程"面板中单击"倒圆角"按钮，设置当前倒圆角的半径为"0.5"，选择要倒圆角的边参照如图 13-38 所示，然后在"倒圆角"选项卡中单击"确定"按钮。

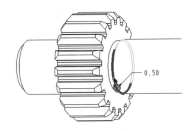

图 13-37　选择要倒角的边参照

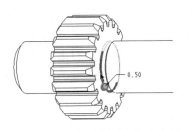

图 13-38　选择要倒圆角的边参照

20. 保存文件

在"快速访问"工具栏中单击"保存"按钮 🖫，选择指定的目录保存该零件文件。至此，完成该齿轮轴的创建，最后的模型效果如图13-39所示。

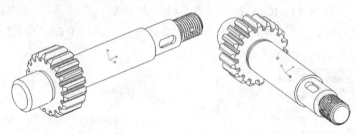

图13-39　完成的齿轮轴

13.2　塑料瓶

本实战进阶案例要完成的中空吹塑制品为一种容量约330 ml的PET瓶，其结构造型如图13-40所示。该PET瓶用于盛装矿泉水。

本实例的设计重点和难点主要有：①花瓣形状的底部设计，如图13-41所示；②瓶颈处的螺纹区域设计，如图13-42所示。另外，在该案例中还将学习如何在模型中应用颜色外观。

图13-40　容量约330 ml
的PET瓶

图13-41　花瓣形状的
底部设计

图13-42　瓶颈处的
螺纹区域设计

下面介绍该实战进阶案例具体的设计步骤。

1. 新建实体设计零件文件

① 在"快速访问"工具栏中单击"新建"按钮 🗋，打开"新建"对话框。

② 在"类型"选项组中选择"零件"单选按钮，在"子类型"选项组中选择"实体"单选按钮；在"文件名"文本框中输入"hy_13_2"，取消选中"使用默认模板"复选框。然后单击"确定"按钮，弹出"新文件选项"对话框。

③ 在"模板"选项组中选择公制模板"mmns_part_solid"，然后单击"确定"按钮，进入零件设计模式。

2. 创建混合特征

① 在功能区的"模型"选项卡的"形状"面板中单击"形状"|"混合"按钮 🗗，打

开"混合"选项卡。默认时"混合"选项卡中的"实心"按钮□和"草绘截面"按钮☑️处于被选中的状态。

②　在"混合"选项卡中打开"截面"面板，从中确保选择"草绘截面"单选按钮，单击"定义"按钮，弹出"草绘"对话框，选择 TOP 基准平面为草绘平面，默认以 RIGHT 基准平面为"右"方向参考，单击"草绘"按钮，进入内部草绘模式。

③　绘制图 13-43 所示的截面 1，单击"确定"按钮✔️。

④　在"截面"面板中设置截面 2 的草绘平面位置定义方式为"偏移尺寸"，偏移自截面 1 的偏移距离为"120"，单击"草绘"按钮。

⑤　绘制图 13-44 所示的截面 2（和截面 1 形状一样），单击"确定"按钮✔️。

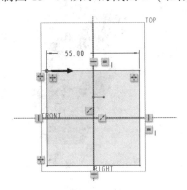　　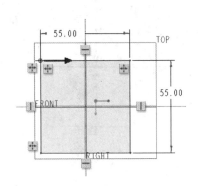

图 13-43　绘制混合截面 1　　　　　　　　图 13-44　绘制截面 2

⑥　在"截面"面板中单击"插入"按钮，接着设置截面 3 的草绘平面位置定义方式为"偏移尺寸"，截面 3 偏移自截面 2 的偏移距离为"20"，单击"草绘"按钮。

⑦　绘制截面 3：先绘制图 13-45 所示的圆和两条倾斜的构造中心线；接着单击"分割"按钮，分别单击圆上的点 1、点 2、点 3 和点 4，从而在这些选取点的位置处分割图元。注意设置起始点的方向，结果如图 13-46 所示。完成绘制截面 3 后，单击"确定"按钮✔️。

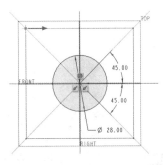　　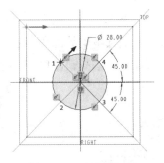

图 13-45　绘制圆和中心线　　　　　　　　图 13-46　绘制截面 3

❓说明　如果起始点的方向不是所需的，那么需要重新设置起始点位置及其方向。例如在本例中，若发现默认的起点方向相反了，则可先选中该起始点，接着从功能区的"草绘"选项卡中选择"设置"|"特征工具"|"起点"命令，即可更改起点方向。

⑧ 在"截面"面板中单击"插入"按钮，接着设置截面4的草绘平面位置定义方式为"偏移尺寸"，截面4偏移自截面3的偏移距离为"25"，单击"草绘"按钮。

⑨ 绘制图13-47所示的截面4，该截面和截面3相同，注意圆同样被分割成4等份（4个分割点均为相应倾斜中心线与圆的交点），并注意截面起点和起点方向。完成绘制截面4后，单击"确定"按钮✔。

⑩ 在"混合"选项卡中打开"选项"面板，从"混合曲面"选项组中选择"直"单选按钮。

⑪ 在"混合"选项卡中单击"确定"按钮✔，完成图13-48所示的混合实体特征。

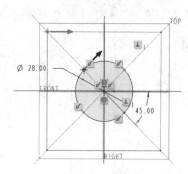 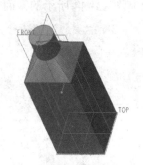

图 13-47　绘制截面4　　　　　　　图 13-48　创建混合实体特征

3. 创建倒圆角1特征

① 在功能区的"模型"选项卡的"工程"面板中单击"倒圆角"按钮✔，打开"倒圆角"选项卡。

② 设置当前倒圆角集的圆角半径为"12"。

③ 结合〈Ctrl〉键选择图13-49所示的边线。

④ 在"倒圆角"选项卡中单击"确定"按钮✔，得到的倒圆角效果如图13-50所示。

4. 创建倒圆角2特征

① 单击"倒圆角"按钮✔，打开"倒圆角"选项卡。

② 设置当前倒圆角集的圆角半径为"12"。

③ 结合〈Ctrl〉键选择图13-51所示的边线。

图 13-49　选择边线　　　　图 13-50　倒圆角1的效果　　　图 13-51　倒圆角2

④ 在"倒圆角"选项卡中单击"确定"按钮✔。

5. 创建倒圆角 3 特征

① 单击"倒圆角"按钮✔，打开"倒圆角"选项卡。

② 设置圆角半径为"12"。

③ 选择图 13-52 所示的边线。

④ 在"倒圆角"选项卡中单击"确定"按钮✔。

6. 倒圆角 4 和倒圆角 5

① 单击"倒圆角"按钮✔，打开"倒圆角"选项卡。

② 设置圆角半径为"5"。

③ 选择图 13-53 所示的边线。

④ 在"倒圆角"选项卡中单击"确定"按钮✔，完成倒圆角 4 操作。

⑤ 使用同样的方法，单击"倒圆角"按钮✔，创建图 13-54 所示的倒圆角 5 特征，其圆角半径为"8"。

图 13-52　倒圆角 3

图 13-53　倒圆角 4

图 13-54　倒圆角 5

7. 以拉伸的方式切除材料

① 在功能区的"模型"选项卡中单击"形状"面板的"拉伸"按钮，打开"拉伸"选项卡。

② 在"拉伸"选项卡中单击"移除材料"按钮。

③ 在"拉伸"选项卡中打开"放置"面板，单击"定义"按钮，系统弹出"草绘"对话框。

④ 在功能区右侧部位单击"基准"|"平面"按钮，系统弹出"基准平面"对话框。选择 TOP 基准平面作为"偏移"参考，输入其平移距离为"18"，如图 13-55 所示。单击"确定"按钮，完成创建基准平面 DTM1。

⑤ 以 DTM1 新基准平面为草绘平面，默认以 RIGHT 基准平面为"右"方向参考，单击"草绘"按钮，进入草绘模式。需要时单击"草绘视图"按钮。

⑥ 绘制图 13-56 所示的剖面，单击"确定"按钮✔。

⑦ 输入侧 1 的深度值为"80"，并在"拉伸"选项卡中分别单击"将拉伸的深度方向更改为草绘的另一侧"按钮和"将材料的拉伸方向更改为草绘的另一侧"按钮，使两个箭头方向如图 13-57 所示。

⑧ 在"拉伸"选项卡中单击"确定"按钮✔，切除操作完成后得到的模型如图 13-58 所示。

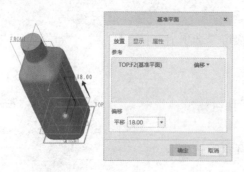

图 13-55 创建基准平面 DTM1

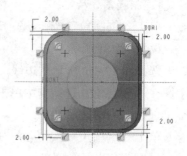

图 13-56 绘制剖面

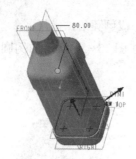

图 13-57 设置方向

图 13-58 拉伸切除

8. 倒圆角 6

① 单击"倒圆角"按钮✓，打开"倒圆角"选项卡。

② 设置圆角半径为"6"。

③ 结合〈Ctrl〉键选择图 13-59 所示的两处边线。

④ 单击"倒圆角"选项卡中的"确定"按钮✓。

9. 倒圆角 7

① 单击"倒圆角"按钮✓，打开"倒圆角"选项卡。

② 设置圆角半径为"2"。

③ 结合〈Ctrl〉键选择图 13-60 所示的两处边线。

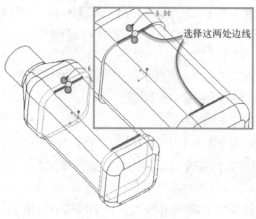

图 13-59 倒圆角 6

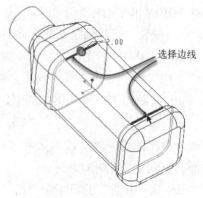

图 13-60 倒圆角 7

④ 单击"倒圆角"选项卡中的"确定"按钮✔。

10. 以旋转的方式切除材料

① 在功能区的"模型"选项卡的"形状"面板中单击"旋转"按钮🔄。

② 在"旋转"选项卡中单击"移除材料"按钮📄。

③ 选择 FRONT 基准平面为草绘平面，快速进入内部草绘模式。

④ 绘制图 13-61 所示的旋转剖面，可以单击"基准"面板中的"中心线"按钮⫶，绘制作为旋转轴的一条几何中心线，然后单击"确定"按钮✔。

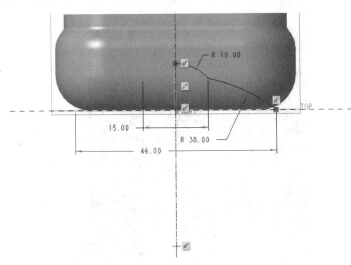

图 13-61 绘制图形

⑤ 默认的旋转角度为 360°，单击"旋转"选项卡中的"确定"按钮✔，得到图 13-62 所示的底部造型。

11. 倒圆角 8

① 单击"倒圆角"按钮🔘，打开"倒圆角"选项卡。

② 设置圆角半径为"3"。

③ 结合〈Ctrl〉键选择图 13-63 所示的边线。

图 13-62 获得底部造型

图 13-63 倒圆角 8

④ 单击"倒圆角"选项卡中的"确定"按钮✔。

12. 创建旋转实体特征

① 在功能区的"模型"选项卡的"形状"面板中单击"旋转"按钮🔄，打开"旋

转"选项卡，默认将创建旋转实体特征。

② 在"旋转"选项卡中打开"放置"面板，单击"定义"按钮，弹出"草绘"对话框。

③ 选择 FRONT 基准平面为草绘平面，以 RIGHT 基准平面为"右"方向参考，单击"草绘"按钮，进入草绘模式。

④ 绘制图 13-64 所示的剖面，并绘制一条将要作为旋转轴的几何中心线，然后单击"确定"按钮 ✔，完成草绘并退出草绘模式。

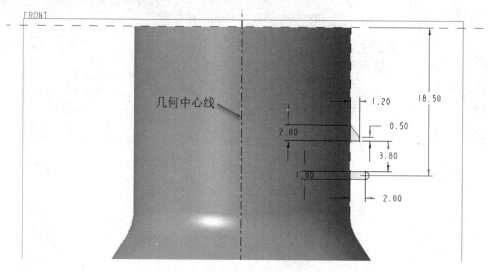

图 13-64　绘制图形

⑤ 默认的旋转角度为 360°，单击"旋转"选项卡中的"确定"按钮 ✔，创建的旋转实体特征如图 13-65 所示。

图 13-65　创建旋转实体特征

13. 创建基准平面 DTM2

① 在功能区的"模型"选项卡的"基准"面板中单击"平面"按钮 ▱，打开"基准平面"对话框。

② 选择的参考及其放置约束、旋转偏移角度如图 13-66 所示。

③ 在"基准平面"对话框中单击"确定"按钮，完成创建基准平面 DTM2。

14. 草绘 1

1️⃣ 在功能区的"模型"选项卡的"基准"面板中单击"草绘"按钮，打开"草绘"对话框。

2️⃣ 选择 DTM2 基准平面为草绘平面，以 TOP 基准平面为"上（顶）"方向参考，单击"草绘"按钮，进入草绘模式。

3️⃣ 单击"参考"按钮打开"参考"对话框，指定 TOP 基准平面和旋转

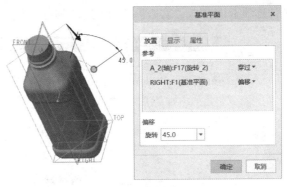

图 13-66　创建基准平面 DTM2

特征的一个特征轴为绘图参考，单击"关闭"按钮。绘制图 13-67 所示的相切曲线。

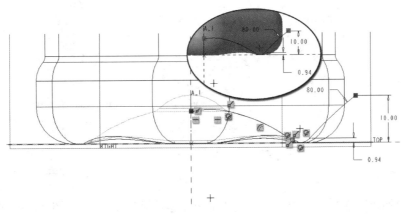

图 13-67　草绘 1

4️⃣ 单击"确定"按钮✔。

15. 以旋转变换的方式复制曲线

1️⃣ 在模型树中选择上步骤刚创建的"草绘 1"特征，在功能区的"模型"选项卡的"操作"面板中单击"复制"按钮。

2️⃣ 在"操作"面板中单击"选择性粘贴"按钮，打开"选择性粘贴"对话框。

3️⃣ 从"选择性粘贴"对话框中选中图 13-68 所示的选项，单击"确定"按钮。

4️⃣ 在出现的"移动（复制）"选项卡中单击"相对选定参考旋转特征"按钮，在模型中选择旋转特征的特征轴 A_1，接着输入旋转角度为"22.5"，如图 13-69 所示。

5️⃣ 单击"移动（复制）"选项卡中的"确定"按钮✔，得到的曲线如图 13-70 所示。

图 13-68　"选择性粘贴"对话框

16. 以扫描的方式切除材料

1️⃣ 在功能区的"模型"选项卡的"形状"面板中单击"扫描"按钮，接着在"扫

描"选项卡中单击"实心"按钮□、"移除材料"按钮◢和"截面保持不变"按钮⊢。

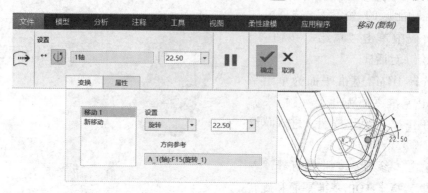

图 13-69　设置旋转变换参照及参数

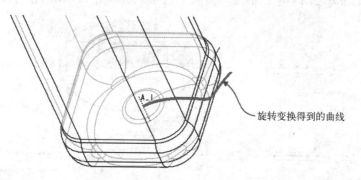

图 13-70　通过旋转变换得到的曲线

② 在"扫描"选项卡中打开"参考"面板，在图形窗口中单击图 13-71 所示的曲线，"截平面控制"选项为"垂直于轨迹"，"水平/竖直控制"选项为"自动"。

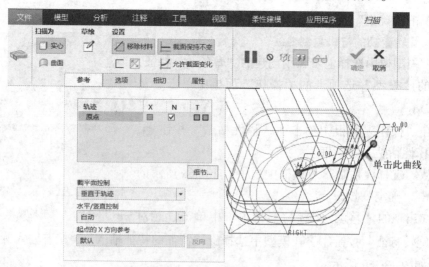

图 13-71　指定原点轨迹等

③ 在"扫描"选项卡中打开"选项"面板，确保没有选中"合并端"复选框。

④ 在"扫描"选项卡中单击"创建或编辑扫描截面"按钮☑️，进入草绘模式。

⑤ 单击"中心和轴椭圆"按钮 绘制一个椭圆，并单击"尺寸"按钮 标注其长轴半径和短轴半径尺寸，如图 13-72 所示，单击"确定"按钮 。

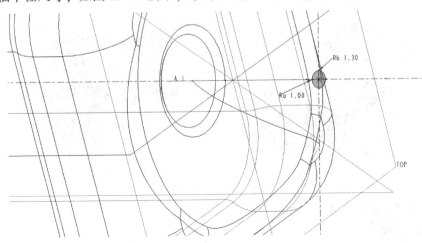

图 13-72 绘制扫描横截面

⑥ 在"扫描"选项卡中单击"确定"按钮 ，完成的扫描切口如图 13-73 所示。

此时，可以将相关的曲线隐藏起来。

17. 阵列操作

① 选择刚创建的扫描切口，在功能区的"模型"选项卡的"编辑"面板中单击"阵列"按钮 ，打开"阵列"选项卡。

② 从"阵列"选项卡的阵列类型选项列表框中选择"轴"选项，然后选择模型中的特征轴 A_1。

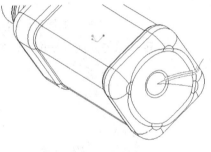

图 13-73 扫描切口

③ 在"阵列"选项卡中单击"设置阵列的角度范围"按钮 ，将阵列的角度范围设置为"360"，接着输入第一方向的阵列成员数为"8"，如图 13-74 所示。注意"选项"面板中默认的"重新生成选项"为"常规"，并默认选中"跟随轴旋转"复选框。

图 13-74 设置"轴"阵列参数

④ 单击"阵列"选项卡的"确定"按钮 ，阵列的结果如图 13-75 所示。

18. 倒圆角 9

① 单击"倒圆角"按钮 ，打开"倒圆角"选项卡。

② 设置当前倒圆角集的圆角半径为"1"。

③ 结合〈Ctrl〉键选择图 13-76 所示的多条边线链。

图 13-75 阵列的结果

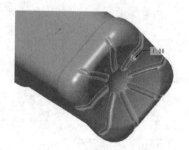

图 13-76 倒圆角 9

④ 单击"倒圆角"选项卡中的"确定"按钮 ✔️。

19. 抽壳操作

① 在功能区"模型"选项卡的"工程"面板中单击"壳"按钮 ▣，打开"壳"选项卡。

② 在"壳"选项卡的厚度尺寸框中输入"0.38"。

③ 指定移除的曲面，如图 13-77 所示，即指定开口面。

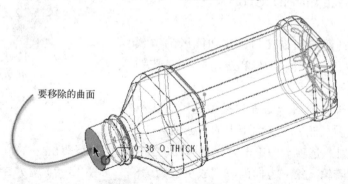

图 13-77 指定要移除的曲面

④ 在"壳"选项卡中单击"确定"按钮 ✔️。

20. 创建旋转特征

① 在功能区的"模型"选项卡的"形状"面板中单击"旋转"按钮 ⬥，打开"旋转"选项卡。默认创建的是旋转实体。

② 打开"放置"面板，接着单击该面板中的"定义"按钮，弹出"草绘"对话框。

③ 选择 FRONT 基准平面为草绘平面，以 RIGHT 基准平面为"右"方向参考，单击"草绘"对话框中的"草绘"按钮，进入草绘模式。

④ 绘制图 13-78 所示的图形，并绘制一条几何中心线作为旋转轴。单击"确定"按钮 ✔️，从而完成草绘并退出草绘模式。

⑤ 默认的旋转角度为 360°，单击"旋转"选项卡中的"确定"按钮 ✔️，使瓶口这部分区域的壁厚增加。

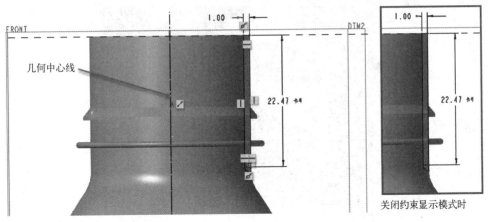

图 13-78　绘制图形

21. 创建螺旋扫描特征

① 在功能区的"模型"选项卡的"形状"面板中单击"扫描"按钮旁边的"三角展开"按钮▼，接着单击"螺旋扫描"按钮，并在"螺旋扫描"选项卡中单击"实心"按钮▢和"右手定则"按钮⟳。

② 在"螺旋扫描"选项卡中打开"参考"面板，从该面板的"截面方向"选项组中选择"穿过旋转轴"单选按钮，接着单击"螺旋轮廓"收集器右侧的"定义"按钮，弹出"草绘"对话框。

③ 选择 FRONT 基准平面为草绘平面，以 RIGHT 基准平面为"右"方向参考，单击"草绘"按钮，进入草绘模式。

④ 绘制图 13-79 所示的几何中心线和直线，单击"确定"按钮✔。

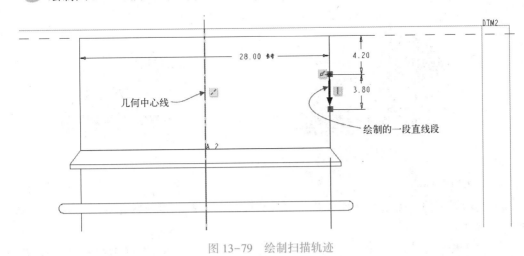

图 13-79　绘制扫描轨迹

⑤ 在"螺距（间距值）"文本框中输入螺距值为"10"。也可以在"螺旋扫描"选项卡的"间距"面板中设置恒定螺距值为"10"。

⑥ 单击"草绘（创建或编辑扫描截面）"按钮✐，接着草绘横截面如图 13-80 所示，单击"确定"按钮✔。

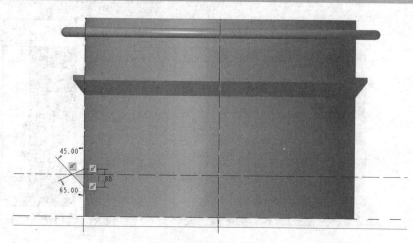

图 13-80　草绘横截面

⑦ 在"螺旋扫描"选项卡中单击"确定"按钮 ✔，完成创建的螺旋扫描特征如图 13-81 所示。

22. 阵列操作

① 刚创建的螺旋扫描特征处于被选中的状态，单击"阵列"按钮 ▦/⊞，打开"阵列"选项卡。

② 从"阵列"选项卡的阵列类型选项列表框中选择"轴"选项，然后选择模型中的特征轴 A_2。

③ 在"阵列"选项卡中单击"设置阵列的角度范围"按钮 ◢，将阵列的角度范围设置为"360"（角度的默认单位为度"°"），接着输入第一方向的阵列成员数为"3"。

④ 单击"阵列"选项卡中的"确定"按钮 ✔，阵列的结果如图 13-82 所示。

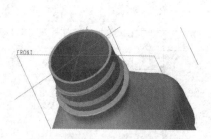

图 13-81　创建螺旋扫描特征

图 13-82　阵列的结果

23. 创建投影曲线 1

① 在功能区的"模型"选项卡的"编辑"面板中单击"投影"按钮 ⟋，打开"投影曲线"选项卡。

② 在"投影曲线"选项卡中打开"参考"面板，从下拉列表框中选择"投影草绘"选项。

③ 在"参考"面板中单击"草绘"收集器右侧的"定义"按钮，弹出"草绘"对话框。

④ 选择 RIGHT 基准平面为草绘平面，以 TOP 基准平面为"左"方向参考，单击"草

绘"对话框中的"草绘"按钮，进入草绘模式。

⑤ 绘制图 13-83 所示的圆弧，注意该圆弧的相切约束关系，然后单击"确定"按钮✔。

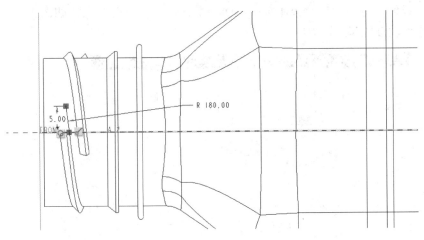

图 13-83　绘制圆弧

⑥ 在状态栏中出现"选择一组曲面，以将曲线投影到其上"的提示信息。按〈Ctrl+D〉组合键以默认的标准方向视角来显示模型，接着选择图 13-84 所示的侧面为要投影到的曲面。

⑦ 默认的方向选项为"沿方向"，在"投影曲线"选项卡中激活"方向参考"收集器，选择 RIGHT 基准平面。

⑧ 单击"投影曲线"选项卡中的"确定"按钮✔，创建的投影曲线如图 13-85 所示。

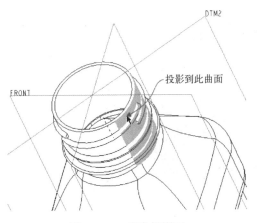

图 13-84　指定投影面

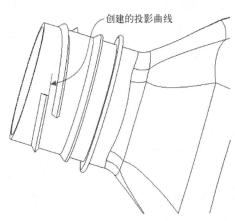

图 13-85　创建投影曲线

24. 创建扫描混合特征 1

① 在功能区的"模型"选项卡的"形状"面板中单击"扫描混合"按钮，打开"扫描混合"选项卡。

② 在"扫描混合"选项卡中单击"实心（创建一个实体）"按钮□。

③ 选择投影线作为原点轨迹，注意设置原点轨迹的起始点位于螺旋扫描特征的一个末端。

④ 在"扫描混合"选项卡中打开"参考"面板，从"截平面控制"下拉列表框中选择"垂直于投影"选项，接着选择瓶口顶面为垂直依据，方向向上，如图13-86所示，并注意设定原点轨迹的起点箭头位置。

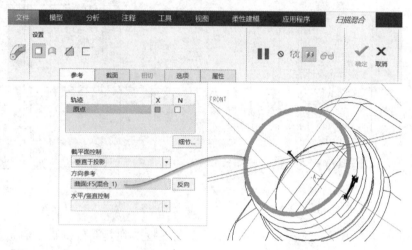

图13-86　设置截平面控制方式及其方向参照等

⑤ 进入"扫描混合"选项卡的"截面"面板，默认选中"草绘截面"单选按钮。截面位置为"开始"，旋转角度为"0"，在"截面"面板中单击"草绘"按钮，进入草绘模式。

⑥ 在"草绘"面板中单击"投影"按钮□，绘制开始剖面（起点剖面），如图13-87所示，单击"确定"按钮✔。起点剖面不旋转。

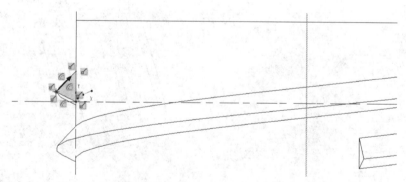

图13-87　绘制起点剖面

⑦ 在"截面"面板中单击"插入"按钮，设置截面位置为"结束"，然后在"截面"面板中单击"草绘"按钮，进入草绘模式。

⑧ 单击"草绘视图"按钮定向草绘平面后，在功能区的"草绘"选项卡的"草绘"面板中单击"点"按钮✕，在图13-88所示的位置处绘制一个点，然后单击"确定"按钮✔。该剖面也不旋转。

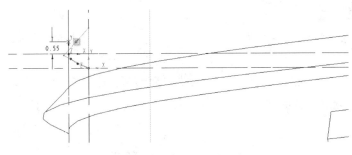

图 13-88　创建点作为终止剖面

9️⃣ 打开"扫描混合"选项卡中的"相切"面板，选择"终止截面"，将其条件设置为"平滑"，如图 13-89 所示。

图 13-89　设置边界相切条件

❓说明　有兴趣的读者还可以在"扫描混合"选项卡的"相切"面板中选择"开始截面"，将其相切条件设置为"相切"，然后根据加亮边界提示依次选择要相切的曲面。

🔟 单击"扫描混合"选项卡中的"确定"按钮✔️。完成好的其中一个螺纹开始端造型如图 13-90 所示（图中隐藏了投影曲线）。

25. 阵列操作

1️⃣ 刚创建的扫描混合 1 特征处于被选中的状态，单击"阵列"按钮⊞，打开"阵列"选项卡。

2️⃣ 从"阵列"选项卡的阵列类型选项列表框中选择"轴"选项，然后在模型中选择中心特征轴 A_1 或 A_2。

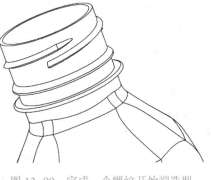

图 13-90　完成一个螺纹开始端造型

3️⃣ 在"阵列"选项卡中单击"设置阵列的角度范围"按钮◢，将阵列的角度范围设置为"360"，接着输入第一方向的阵列成员数为"3"。

4️⃣ 单击"阵列"选项卡中的"确定"按钮✔️。

26. 创建基准平面

① 在功能区的"模型"选项卡的"基准"面板中单击"平面"按钮 ▱，打开"基准平面"对话框。

② 选择第一个螺旋扫描特征的一个末端面为参考，设置其放置约束选项为"法向"；然后按住〈Ctrl〉键选择特征轴 A_2，并设置其放置约束选项为"穿过"，如图 13-91 所示。

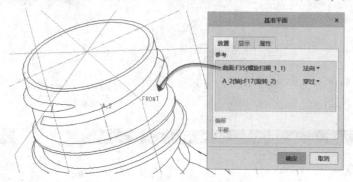

图 13-91　创建基准平面

③ 切换到"属性"选项卡，在"名称"文本框中输入"HY_DTM_F"。

④ 在"基准平面"对话框中单击"确定"按钮。

27. 创建投影 2 曲线

① 在功能区的"模型"选项卡的"编辑"面板中单击"投影"按钮 ⤳，打开"投影曲线"选项卡。

② 在"投影曲线"选项卡中打开"参考"面板，从第一个下拉列表框中选择"投影草绘"选项。

③ 在"参考"面板中单击"定义"按钮，打开"草绘"对话框。

④ 选择 HY_DTM_F 基准平面为草绘平面，默认方向参照，单击"草绘"对话框中的"草绘"按钮，进入草绘模式，需要时可以单击"草绘视图"按钮 ⤢。

⑤ 使用圆弧工具绘制图 13-92 所示的线条，注意该圆弧的相切约束关系。单击"确定"按钮 ✓。

⑥ 选择图 13-93 所示的侧曲面为投影面。

⑦ 默认的方向选项为"沿方向"，激活"投影曲线"选项卡中的"方向参考"收集器，选择 HY_DTM_F 基准平面。

⑧ 单击"投影曲线"选项卡中的"确定"按钮 ✓，创建的投影曲线如图 13-94 所示。

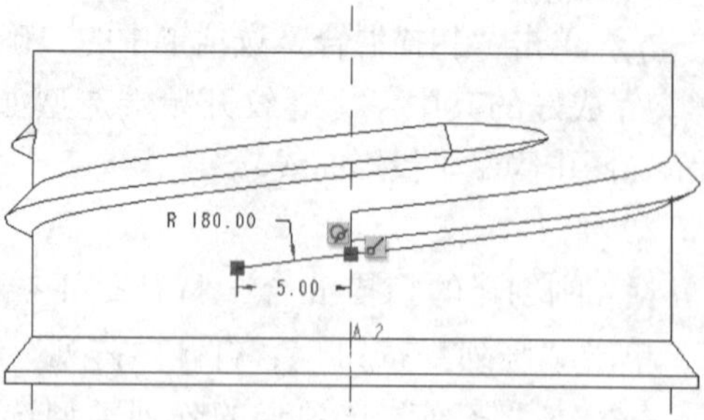

图 13-92　绘制圆弧

28. 扫描混合 2

① 在功能区的"模型"选项卡的"形状"面板中单击"扫描混合"按钮 ◿，打开"扫描混合"选项卡，确保该选项卡中的"实心（创建一个实体）"按钮 ▢ 处于被选中的状态。

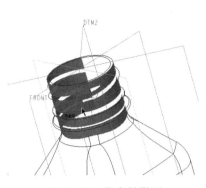

图 13-93　指定投影面

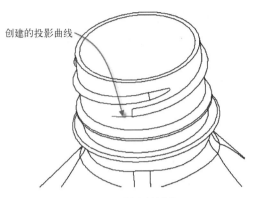

创建的投影曲线

图 13-94　创建投影线 2

② 选择刚创建的投影线作为轨迹，将原点设置在轨迹与螺旋扫描特征相接的端点处。

③ 在"扫描混合"选项卡中打开"参考"面板，从"截平面控制"下拉列表框中选择"垂直于投影"选项，接着选择瓶口顶面为垂直依据，方向向上，如图 13-95 所示，注意设定原点轨迹的起点箭头所处位置。

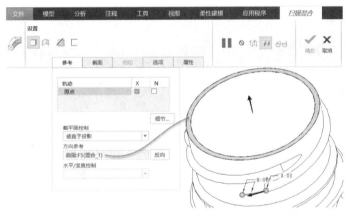

图 13-95　设置截平面控制方式及其方向参考等

④ 在"扫描混合"选项卡中打开"截面"面板，默认截面位置为"开始"，接着在"截面"面板中单击"草绘"按钮，进入草绘模式。

⑤ 执行草绘工具中的"投影"按钮☐绘制起点剖面，如图 13-96 所示，然后单击"确定"按钮✔。起点剖面不旋转。

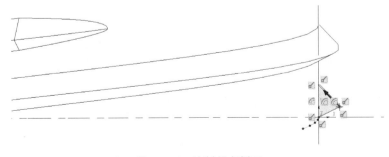

图 13-96　绘制起点剖面

⑥ 在"截面"面板中单击"插入"按钮，新截面位置为"结束"，然后在"截面"面板中单击"草绘"按钮，进入草绘模式。

⑦ 在"草绘"面板中单击"点"按钮 ✖，在图 13-97 所示的位置处绘制一个点，单击"确定"按钮 ✔。该剖面也不旋转。

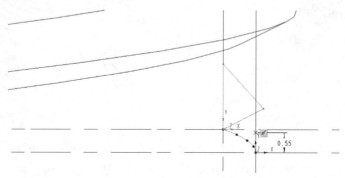

图 13-97 创建点作为终止剖面

⑧ 进入"扫描混合"选项卡中的"相切"面板，选择"终止截面"，将其条件设置为"平滑"。

❓ 说明 有兴趣的读者，可以在"扫描混合"选项卡的"相切"面板中选择"开始截面"，将其相切条件设置为"相切"，然后根据加亮边界提示依次选择要相切的曲面。

⑨ 单击"扫描混合"选项卡中的"确定"按钮 ✔，完成好的一处螺纹末端造型如图 13-98 所示，图中已经隐藏了投影线。

29. 阵列操作

① 选中刚创建的扫描混合 2 特征，单击"阵列"按钮 ⊞，打开"阵列"选项卡。

② 从"阵列"选项卡的阵列类型下拉列表框中选择"轴"选项，然后选择模型中的一个特征轴。

③ 在"阵列"选项卡中单击"设置阵列的角度范围"按钮 △，将阵列的角度范围设置为"360"，接着输入第一方向的阵列成员数为"3"。

④ 单击"阵列"选项卡的"确定"按钮 ✔。

30. 相关倒圆角

单击"倒圆角"按钮 ⬠，打开"倒圆角"选项卡，在模型的螺纹结构部位中添加一系列倒圆角特征，完成的参考效果如图 13-99 所示。

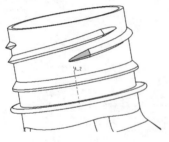

图 13-98 扫描混合 2

图 13-99 倒圆角后的参考效果

在模型螺纹结构部位添加一系列倒圆角特征的图解简要步骤如图 13-100 所示。

图 13-100　在模型螺纹结构部位添加一系列倒圆角特征的图解简要步骤

31. 设置"03___PRT_ALL_CURVES"曲线层的状态为隐藏

① 在功能区中单击"视图"标签以打开"视图"选项卡，接着从"视图"选项卡的"可见性"面板中单击"层"按钮 ，打开层树。

② 在层树中选择" 03___PRT_ALL_CURVES"层，接着右击该层，并从打开的快捷菜单中选择"隐藏"命令。

③ 再次右击，然后从弹出的快捷菜单中选择"保存状况"命令。

④ 单击"层"按钮 ，以关闭层树。

32. 设置外观材质

① 在功能区"视图"选项卡的"外观"面板中单击"外观库"按钮 下方的"下三角形"按钮 ，从而打开外观库面板，如图 13-101 所示。

② 在"库"列表中选择图 13-102 所示的外观文件。

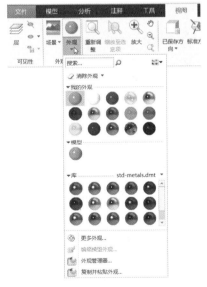

图 13-101　打开外观库面板

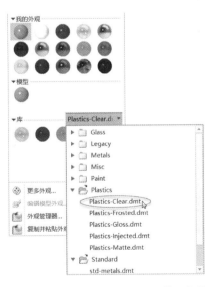

图 13-102　从库中选择所需的外观文件

③ 右击所指的外观，如图 13-103 所示，接着从弹出的快捷菜单中选择"New（新建）"命令，从而新建一个外观。

④ 系统弹出新外观的"外观编辑器"对话框，输入新外观的名称为"hy_p1"，接着

在"基本"选项卡中，确保从"等级"下拉列表框中选择"塑性"，并从"子类"下拉列表框中选择"半透明"选项，然后分别设置"颜色"（颜色为白色）"扩散""反射率""光泽度""透明度"和"折射指数"这些参数，如图 13-104 所示。

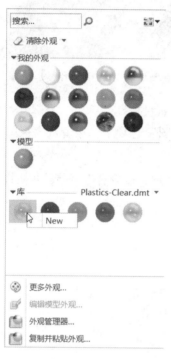

图 13-103　在指定外观基础上新建外观

图 13-104　编辑新外观

⑤　在"外观编辑器"对话框中单击"关闭"按钮。

⑥　在选择过滤器中选择"零件"，如图 13-105 所示，接着在图形窗口中单击塑料瓶模型，然后单击鼠标中键，或者在"选择"对话框中单击"确定"按钮，应用效果如图 13-106 所示。

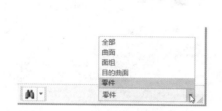

图 13-105　选择"零件"过滤选项

图 13-106　设置外观材质的初步效果

?　说明　如果要重新编辑应用到模型中的外观材质，那么可以打开外观库面板，接着单击"编辑模型外观"按钮🖌️，或者在"模型"外观列表中右击模型外观并从弹出的快捷菜单中选择"编辑"命令，然后利用弹出的"外观编辑器"对话框来进行相关的编辑操作即可。

33. 保存文件

① 在"快速访问"工具栏中单击"保存"按钮圖。

② 在打开的"保存对象"对话框中，指定要保存的目录位置（即定义保存路径），然后单击"确定"按钮。

13.3 袖珍耳机

本实战进阶案例要完成的零件模型是一个常见的袖珍耳机，其完成效果如图 13-107 所示。此案例模型的重点和难点在于袖珍耳机相关曲面的构建，而曲面构建的关键是搭建相应的曲线。此案例主要应用草绘工具、旋转工具、基准点工具、边界混合工具、合并工具、投影工具、拉伸工具、扫描工具和倒圆角工具等。本实战进阶案例的操作步骤如下。

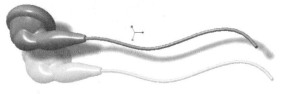

图 13-107　袖珍耳机

1. 新建实体设计零件文件

① 在"快速访问"工具栏中单击"新建"按钮⬜，弹出"新建"对话框。

② 在"类型"选项组中选择"零件"单选按钮，在"子类型"选项组中选择"实体"单选按钮，在"文件名"文本框中输入"hy_13_3"，取消选中"使用默认模板"复选框，然后单击"确定"按钮，弹出"新文件选项"对话框。

③ 在"模板"选项组中选择"mmns_part_solid"公制模板，然后单击"确定"按钮。

2. 草绘 1

① 在功能区的"模型"选项卡的"基准"面板中单击"草绘"按钮，弹出"草绘"对话框。

② 选择 FRONT 基准平面作为草绘平面，默认以 RIGHT 基准平面为"右"方向参考，单击"草绘"对话框中的"草绘"按钮，进入草绘模式。

③ 绘制图 13-108 所示的一个圆。

④ 单击"确定"按钮✔，完成草绘并退出草绘模式。

3. 创建旋转曲面

① 在功能区的"模型"选项卡的"形状"面板中单击"旋转"按钮，接着在打开的"旋转"选项卡中单击"曲面"按钮⬜。

② 在"旋转"选项卡中打开"放置"面板，单击"定义"按钮，弹出"草绘"对话框。

③ 选择 TOP 基准平面作为草绘平面，草绘方向参考为 RIGHT 基准平面，在"草绘"对话框的"方向"下拉列表框中选择"下（底部）"选项，然后单击"草绘"按钮。

④ 在"基准"面板中单击"中心线"按钮，绘制一条水平几何中心线为旋转轴；在"草绘"面板中单击"样条"按钮绘制图 13-109 所示的一条样条曲线，注意相关的

尺寸和几何约束，然后单击"确定"按钮 ✔。

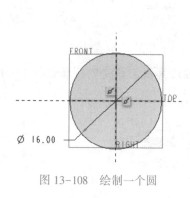

图 13-108　绘制一个圆

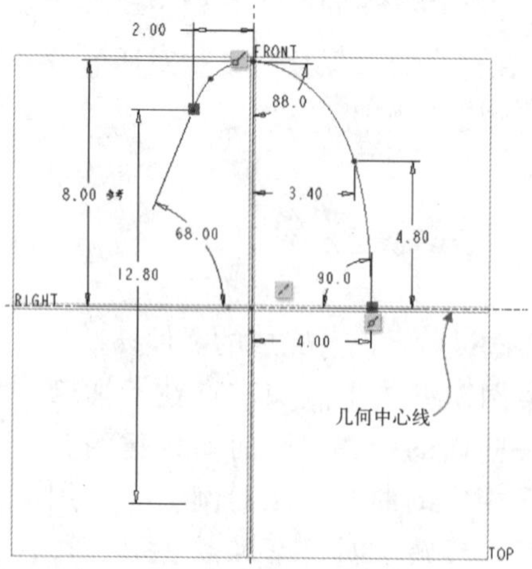

图 13-109　绘制样条曲线

说明 为了使绘制的样条曲线经过"草绘 1"圆上一点，可在功能区的"草绘"选项卡的"设置"面板中单击"参考"按钮 ▣，打开"参考"对话框，接着将鼠标光标置于绘图区域，按住鼠标中键并移动鼠标来稍微调整视角，这样便很容易选择到"草绘 1"圆作为绘图参考（有利于在绘制样条时捕捉该绘图参考的投影末端为样条曲线点），指定绘图参考后，在图 13-110 所示的"参考"对话框中单击"关闭"按钮。此时单击"草绘视图"按钮 ⬚，定向草绘平面使其与屏幕平行。

⑤ 默认的旋转角度为 360°，单击"确定"按钮 ✔，完成旋转操作。完成创建的旋转曲面如图 13-111 所示。

图 13-110　"参考"对话框

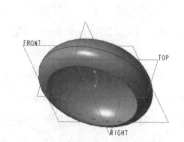

图 13-111　创建旋转曲面

4. 创建草绘 2 特征

① 单击"草绘"按钮 ▨，弹出"草绘"对话框。

② 选择 TOP 基准平面作为草绘平面，默认以 RIGHT 基准平面为"右"方向参考，单击"草绘"对话框中的"草绘"按钮，进入草绘模式。

③ 绘制图 13-112 所示的样条曲线。

④ 单击"确定"按钮✔，完成草绘并退出草绘模式。

5. 创建 3 个基准点

① 在功能区的"模型"选项卡的"基准"面板中单击"基准点"按钮✖✖，弹出"基准点"对话框。

② 分别选择参考来创建 3 个基准点，如图 13-113 所示。它们均是由相应的边线（或曲线）与 RIGHT 基准平面相交而定义的基准点。注意 PNT1 基准点是在"草绘 2"曲线与基准平面 RIGHT 的交点处生成的。

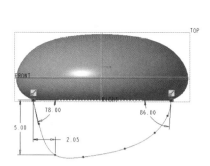

图 13-112 草绘 2

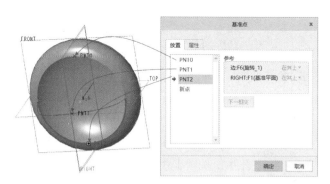

图 13-113 创建基准点

③ 在"基准点"对话框中单击"确定"按钮。

6. 创建草绘 3 特征

① 单击"草绘"按钮，弹出"草绘"对话框。

② 选择 RIGHT 基准平面作为草绘平面，以 TOP 基准平面为"左"方向参考，单击"草绘"对话框中的"草绘"按钮，进入草绘模式。

③ 指定绘图参考后单击"样条"按钮∿，绘制图 13-114 所示的样条曲线。

④ 单击"确定"按钮✔，完成草绘并退出草绘模式。

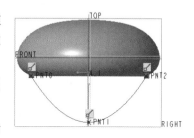

图 13-114 草绘 3

7. 创建边界混合曲面

① 在功能区的"模型"选项卡的"曲面"面板中单击"边界混合"按钮，打开"边界混合"选项卡。

② "边界混合"选项卡中的"第一方向链"收集器处于活动状态，结合〈Ctrl〉键按照顺序选择图 13-115 所示的 3 条边链（边线 1、边线 2 和边线 3）作为第一方向链曲线。

③ 在"边界混合"选项卡中单击"第二方向链"收集器的框，将其激活，接着选择图 13-116 所示的一条草绘基准曲线作为该方向链曲线。

④ 在"边界混合"选项卡中单击"确定"按钮✔，从而完成边界混合曲面 1 的创建。

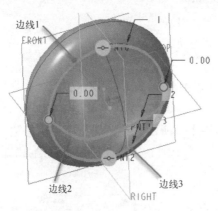

图 13-115 选择第一方向链曲线

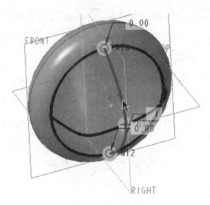

图 13-116 选择第二方向链曲线

8. 合并曲面

① 选择"旋转1"曲面,按住〈Ctrl〉键的同时选择"边界混合1"曲面。

② 在功能区的"模型"选项卡的"编辑"面板中单击"合并"按钮🔲。

③ 在"合并"选项卡中打开"选项"面板,在该面板中选择"连接"单选按钮。

④ 在"合并"选项卡中单击"确定"按钮✔。

9. 投影 1

① 在功能区的"模型"选项卡的"编辑"面板中单击"投影"按钮🖾,打开"投影曲线"选项卡。

② 打开"投影曲线"选项卡的"参考"面板,从一个下拉列表框中选择"投影草绘"。

③ 在"参考"面板单击"定义"按钮,弹出"草绘"对话框。选择 FRONT 基准平面作为草绘平面,以 RIGHT 基准平面为"右"方向参考,单击"草绘"按钮,进入草绘模式。

④ 绘制图 13-117 所示的一个圆,单击"确定"按钮✔。

⑤ 选取一组曲面,如图 13-118 所示,以将曲线投影到其上。

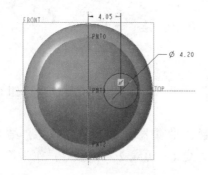

图 13-117 绘制一个圆

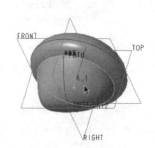

图 13-118 选择所需的曲面

⑥ "投影曲线"选项卡的"方向"下拉列表框中默认的选项为"沿方向",在该框右侧的"方向参考"收集器的框中单击,以将该收集器激活,接着选择 FRONT 基准平面作为方向参考,此时如图 13-119 所示。

⑦ 在"投影曲线"选项卡中单击"确定"按钮 ✔，完成创建的投影曲线如图13-120所示。

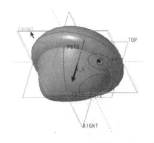

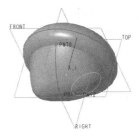

图13-119　选择FRONT基准平面为方向参考　　　图13-120　完成投影曲线创建

10. 创建草绘4曲线特征

① 在"基准"面板中单击"草绘"按钮，弹出"草绘"对话框。

② 在功能区的"模型"选项卡的"基准"面板中单击"平面"按钮□，弹出"基准平面"对话框。选择RIGHT基准平面作为偏移参照，接着输入指定方向的平移距离为"16"，如图13-121所示，单击"确定"按钮，从而创建DTM1基准平面。

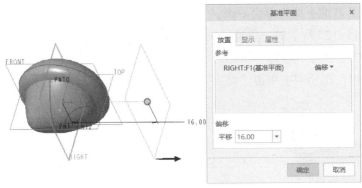

图13-121　创建基准平面DTM1

③ 以刚创建的内部基准平面DTM1作为草绘平面，以TOP基准平面为草绘方向参考，从"草绘"对话框的"方向"下拉列表框中选择"上（顶）"选项，然后单击"草绘"按钮，进入草绘模式。

④ 绘制图13-122所示的图形，单击"确定"按钮 ✔。

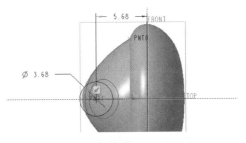

图13-122　绘制图形

11. 创建草绘5曲线特征

① 单击"草绘"按钮，弹出"草绘"对话框。

② 选择TOP基准平面作为草绘平面，以RIGHT基准平面为"右"方向参考，单击"草绘"按钮，进入草绘模式。

③ 在功能区的"草绘"选项卡的"设置"面板中单击"参考"按钮，弹出"参考"对话框，在图形窗口中选择"草绘4"曲线和"投影1"曲线作为新绘图参照，如

图 13-123 所示。然后单击"参考"对话框中的"关闭"按钮。

④ 绘制图 13-124 所示的两条样条曲线，单击"确定"按钮✔。

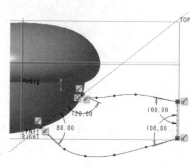

图 13-123　"参考"对话框

图 13-124　草绘 5

12. 创建拉伸曲面

① 单击"拉伸"按钮，接着在出现的"拉伸"选项卡中单击"曲面"按钮。

② 选择 TOP 基准平面为草绘平面。

③ 绘制图 13-125 所示的一条直线段，单击"确定"按钮✔。

④ 选择深度选项为"对称"图标选项，接着设置深度值为"15"。

⑤ 在"拉伸"选项卡中单击"确定"按钮✔，创建的拉伸曲面如图 13-126 所示。

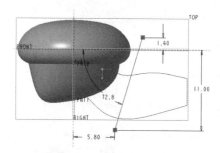

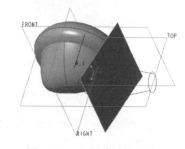

图 13-125　绘制一条直线段

图 13-126　创建的拉伸曲面

13. 创建两个基准点

① 可以先将先前的基准点特征隐藏，接着单击"基准点"按钮，弹出"基准点"对话框。

② 分别选择相交的曲线参照和曲面参照来创建基准点，一共创建 2 个基准点，即 PNT3 和 PNT4，如图 13-127 所示。

③ 在"基准点"对话框中单击"确定"按钮。

14. 创建草绘 6 曲线

① 单击"草绘"按钮，弹出"草绘"对话框。

② 选择之前创建的拉伸曲面为草绘平面，草绘方向默认，单击"草绘"对话框中的"草绘"按钮，进入草绘模式。

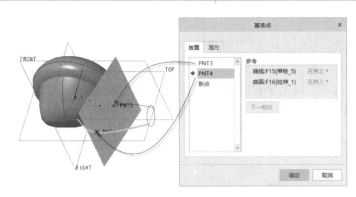

图 13-127　创建两个基准点

③ 以 PNT3 和 PNT4 作为绘图参考，单击"轴端点椭圆"按钮 绘制图 13-128 所示的一个椭圆。

④ 单击"确定"按钮 。

此时，在模型树中将"拉伸 1"曲面隐藏。

15. 创建边界混合 2 曲面

① 单击"边界混合"按钮 ，出现"边界混合"选项卡。

② "边界混合"选项卡中的"第一方向链"收集器 处于活动状态，结合〈Ctrl〉键按照顺序选择图 13-129 所示的 3 条边链作为第一方向链曲线。

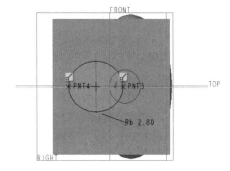

图 13-128　绘制椭圆

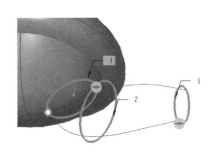

图 13-129　指定第一方向链

③ 在"边界混合"选项卡中单击"第二方向链"收集器 的框，将其激活，接着选择图 13-130 所示的 2 条草绘基准曲线作为该方向链曲线。

④ 在"边界混合"选项卡中单击"确定"按钮 ，创建的该边界混合曲面如图 13-131 所示。

图 13-130　指定第二方向链

图 13-131　创建边界混合曲面 2

16. 创建草绘 7 曲线特征

① 单击"草绘"按钮 ，弹出"草绘"对话框。

② 单击"平面"按钮 ，弹出"基准平面"对话框。选择 RIGHT 基准平面作为偏移参照，接着输入指定方向的平移距离为"20"，如图 13-132 所示，然后单击"确定"按钮，从而创建 DTM2 基准平面。

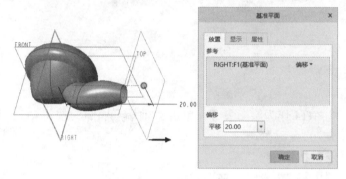

图 13-132 创建基准平面 DTM2

③ 以刚创建的内部基准平面 DTM2 作为草绘平面，以 TOP 基准平面为"左"方向参考，单击"草绘"对话框中的"草绘"按钮，进入草绘模式。

④ 绘制图 13-133 所示的图形，单击"确定"按钮 。此时，按〈Ctrl+D〉组合键以默认的标准方向来显示模型，效果如图 13-134 所示。

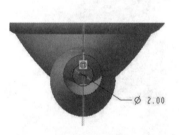

图 13-133 绘制一个同心圆

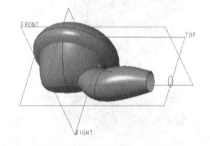

图 13-134 模型显示效果

17. 创建草绘 8 曲线特征

① 单击"草绘"按钮 ，弹出"草绘"对话框。

② 选择 TOP 基准平面作为草绘平面，以 RIGHT 基准平面为"右"方向参考，单击"草绘"对话框中的"草绘"按钮，进入草绘模式。

③ 单击"参考"按钮 ，打开"参考"对话框，分别指定所需的绘图参考，然后关闭"参照"对话框。此分步骤可以省略。

④ 绘制图 13-135 所示的 2 条圆弧，然后单击"确定"按钮 。

18. 创建边界混合曲面 3

① 单击"边界混合"按钮 ，出现"边界混合"选项卡。

② "边界混合"选项卡中的"第一方向链"收集器 处于活动状态，结合〈Ctrl〉键

按照顺序选择图 13-136 所示的 2 条边链（曲线）作为第一方向链曲线。

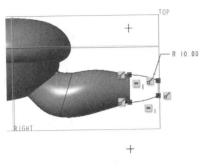

图 13-135　草绘图形

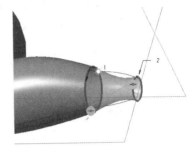

图 13-136　选择 2 条曲线定义第一方向链

③ 在"边界混合"选项卡中单击"第二方向链"收集器 的框，将其激活，接着选择同一方向的 2 条曲线，如图 13-137 所示。

④ 在"边界混合"选项卡中单击"确定"按钮 。完成该边界混合曲面后的曲面模型效果如图 13-138 所示。

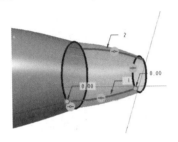

图 13-137　选择 2 条曲线定义第二方向链

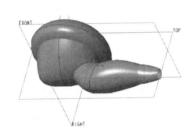

图 13-138　完成边界混合曲面 3

19. 合并 2

① 在选择过滤器的下拉列表框中选择"特征"选项，接着在图形窗口中选中"边界混合曲面 3"特征，按住〈Ctrl〉键选择"边界混合曲面 2"特征，如图 13-139 所示。

② 单击"合并"按钮 ，打开"合并"选项卡。

③ 在"选项"面板中选择"联接（连接）"单选按钮，如图 13-140 所示。

图 13-139　选择要合并的曲面

图 13-140　采用连接合并的方式

④ 在"合并"选项卡中单击"确定"按钮 。

20. 合并 3

① 确保刚合并得到的面组特征（"合并 2"特征）处于被选中的状态，按住〈Ctrl〉键

选择主体面组对象。

② 单击"合并"按钮，打开"合并"选项卡。

③ 确保图 13-141 所示的"相交"合并设置，然后单击"确定"按钮。

21. 创建填充曲面

① 在功能区的"模型"选项卡的"曲面"面板中单击"填充"按钮，打开"填充"选项卡。

② 系统提示选择一个封闭的草绘。在图形窗口中选择图 13-142 所示的一个草绘。

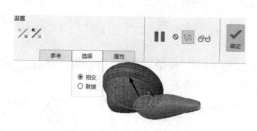

图 13-141 相交合并设置

图 13-142 选择一个封闭的草绘

③ 在"填充"选项卡中单击"确定"按钮，从而创建一个填充曲面。

22. 合并 4

① 选择刚创建的填充曲面，按住〈Ctrl〉键选择主体面组。

② 单击"合并"按钮，打开"合并"选项卡。

③ 在"选项"面板中选择"联接（连接）"单选按钮。

④ 在"合并"选项卡中单击"确定"按钮。

23. 在面组中创建倒圆角 1 和倒圆角 2

① 单击"倒圆角"按钮，打开"倒圆角"选项卡。

② 设置当前倒圆角集的圆角半径为"1.2"。

③ 选择图 13-143 所示的一条边链。

④ 在"倒圆角"选项卡中单击"确定"按钮，完成倒圆角 1。

⑤ 使用同样的方法，单击"倒圆角"按钮，设置圆角半径为"0.5"，选择图 13-144 所示的边链，单击"确定"按钮，完成倒圆角 2。

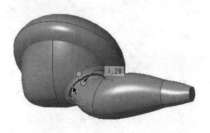

图 13-143 倒圆角 1

图 13-144 倒圆角 2

24. 实体化操作

① 将选择过滤器的选项设置为"面组"，单击主体面组以选择它，接着在功能区的

"模型"选项卡的"编辑"面板中选择"实体化"按钮🔲。

  ② 在出现的"实体化"选项卡中接受图 13-145 所示的设置，单击"确定"按钮✔，从而由封闭的面组来生成一个实体。

图 13-145 "实体化"选项卡

25. 创建一个草绘特征

  ① 单击"草绘"按钮，弹出"草绘"对话框。

  ② 选择 TOP 基准平面作为草绘平面，以 RIGHT 基准平面为"右"方向参考，单击"草绘"对话框中的"草绘"按钮，进入草绘模式。

  ③ 绘制图 13-146 所示的样条曲线。

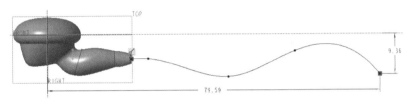

图 13-146 使用"样条"工具绘制样条曲线

  ④ 单击"确定"按钮✔，绘制好的该样条曲线如图 13-147 所示。

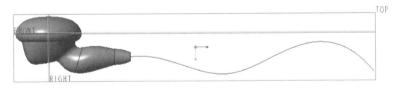

图 13-147 绘制好样条曲线

26. 创建扫描实体以构造成耳机线

  ① 在功能区的"模型"选项卡的"形状"面板中单击"扫描"按钮，打开"扫描"选项卡。

  ② 在"扫描"选项卡中单击"实心"按钮🔲和"截面保持不变"按钮。

  ③ 在"扫描"选项卡中打开"参考"面板，在图形窗口中单击上步骤创建的样条曲线，该样条曲线作为原点轨迹。此时若发现轨迹起点如图 13-148 所示，则需要重新设置轨迹起点，其方法是在图形窗口中单击显示的轨迹起点箭头即可将起点箭头切换到轨迹的另一个端点处，如图 13-149 所示。注意确保在"参考"面板中设置"截平面控制选项"为"垂直于轨迹"。

  ④ 在"扫描"选项卡中打开"选项"面板，从中选中"合并端"复选框，如图 13-150 所示。

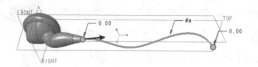

图 13-148　显示轨迹起点箭头　　　　　图 13-149　重新设置轨迹起点

⑤ 在"扫描"选项卡中单击"创建或编辑扫描截面"按钮，进入草绘模式。绘制图 13-151 所示的一个小圆作为扫描截面，单击"确定"按钮。

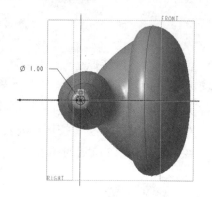

图 13-150　选中"合并端"复选框　　　　图 13-151　绘制扫描截面

⑥ 在"扫描"选项卡中单击"确定"按钮，完成创建该扫描实体线造型后的耳机效果如图 13-152 所示。

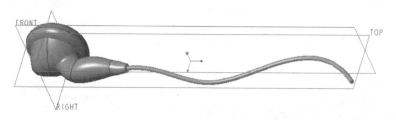

图 13-152　创建扫描实体线造型

27. 隐藏曲线层

① 在功能区切换到"视图"选项卡，从"可见性"面板中单击"层"按钮，打开层树。

② 在层树中选择"03__PRT_ALL_CURVES"层，接着右击该层，并从打开的快捷菜单中选择"隐藏"命令。

③ 再次右击，然后从弹出的快捷菜单中选择"保存状况"命令。

④ 单击"层"按钮，以取消选中该按钮，从而关闭层树。

至此，完成了本案例的袖珍耳机模型设计，效果如图 13-153 所示。

28. 保存文件

① 在"快速访问"工具栏中单击"保存"按钮。

② 在打开的"保存对象"对话框中，指定要保存的目录位置（即定义保存路径），然后单击"确定"按钮。

图 13-153 袖珍耳机模型设计

说明 有兴趣的读者可以继续在上述耳机模型的基础上创建特征，使耳机造型有所变化，例如可以使最终的耳机外形如图 13-154 所示，下面以简单图解的方式给出此设计变化的参考步骤，如图 13-155 所示，为了便于曲线选取操作而不隐藏"03__PRT_ALL_CURVES"层。

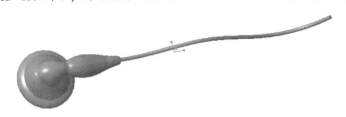

图 13-154 增加某外形曲面的耳机造型

步骤1：创建DTM3基准平面

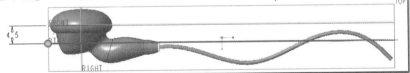

步骤2：在DTM3基准平面中绘制一条样条曲线

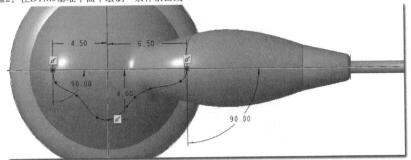

步骤3：在草绘曲线两个端点处创建基准点

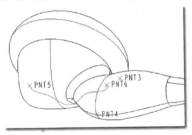

步骤4：在TOP基准平面内绘制曲线

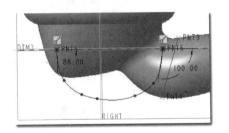

图 13-155 此设计变化增加的步骤图解

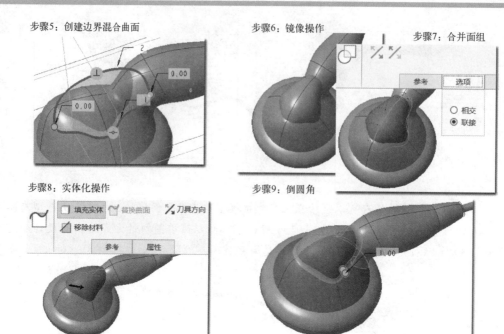

步骤5：创建边界混合曲面

步骤6：镜像操作

步骤7：合并面组

参考　选项

○ 相交
◉ 联接

步骤8：实体化操作

填充实体　替换曲面　刀具方向

移除材料

参考　属性

步骤9：倒圆角

图 13-155　此设计变化增加的步骤图解（续）

13.4　思考与练习题

1）掌握渐开线齿轮的相关函数方程。

2）如何创建工业螺纹孔？

3）如何创建螺纹收尾结构？可以举例并上机实践。

4）在设计中空吹塑制品时，应该注意哪些方面？可以课外查阅相关的专业书籍。

5）如何清除指定外观和清除模型中的全部外观？

提示　在外观库面板中提供了"清除外观"按钮和"清除所有外观"按钮。

6）上机练习：创建图 13-156 所示的渐开线直齿圆柱齿轮，该齿轮的模数 m 为 2.5，齿数 z 为 125，齿宽为 80mm，压力角 $\alpha = 20°$，其他细节结构由读者根据相关齿轮参数、传统经验公式和模型效果图来自行确定。

图 13-156　渐开线直齿圆柱齿轮

7) 上机练习：参照图 13-157 所示的滴水筛产品效果，使用 Creo Parametric 6.0 建立其模型效果，具体尺寸由读者自行确定。

图 13-157 滴水筛产品效果

8) 上机练习：参照本章袖珍耳机的创建方法，自行设计图 13-158 所示的耳机，具体尺寸由读者自行确定。

图 13-158 袖珍耳机产品效果